Gelerntes sichern und überprüfen

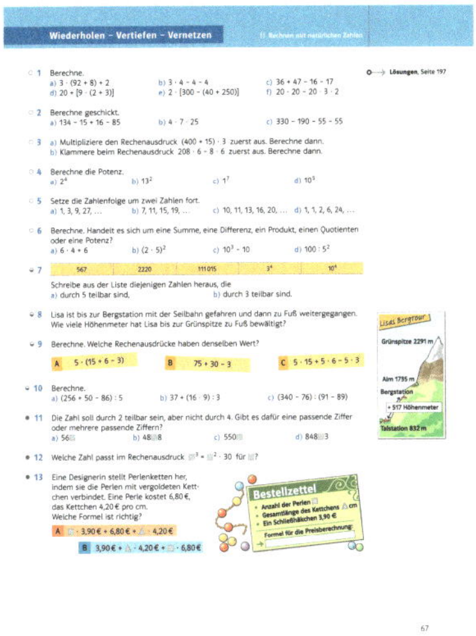

Mit **Wiederholen – Vertiefen – Vernetzen** kannst du nochmals alle Inhalte des Kapitels wiederholen und vernetzend trainieren. (Mit Lösungen)

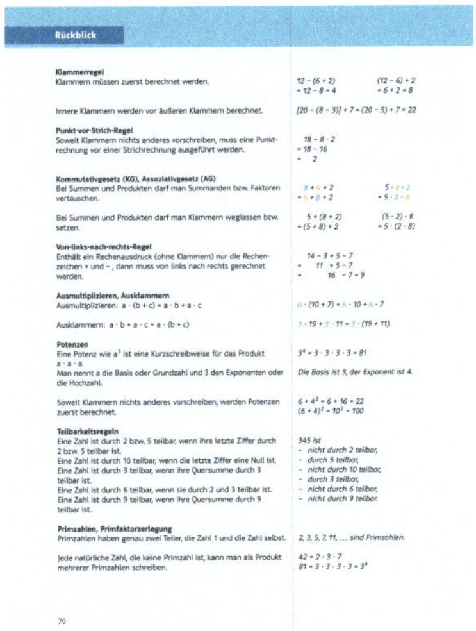

Im **Rückblick** ist zum schnellen Nachschlagen zusammengefasst, was du in dem Kapitel gelernt hast.

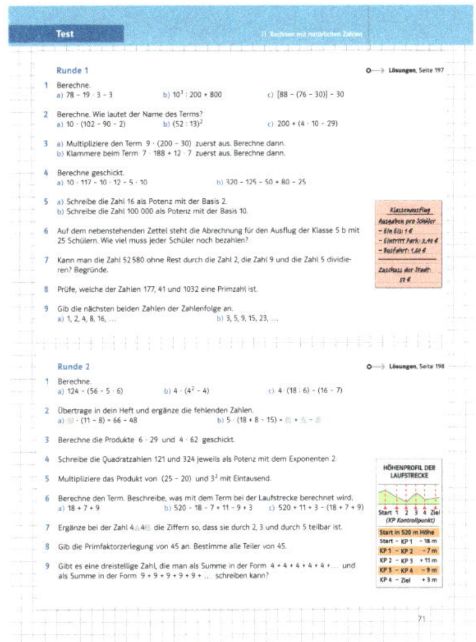

Mit dem **Test** kannst du dich auf Klassenarbeiten vorbereiten. (Mit Lösungen)

Interessantes entdecken

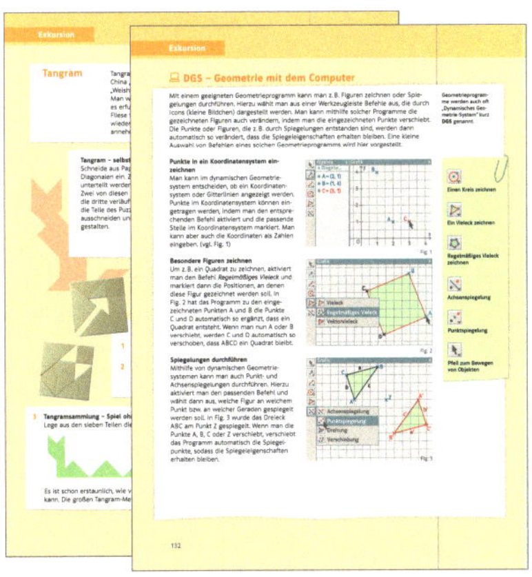

Exkursionen bieten Anregungen, neu Gelerntes in deine Lebenswelt zu übertragen.

Grundwissen sichern

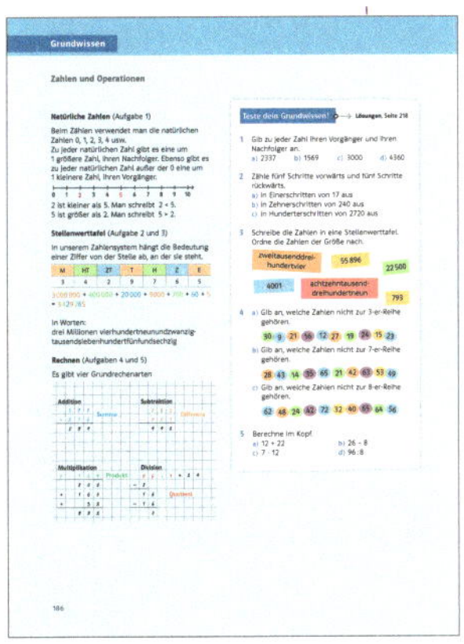

Im **Grundwissen** am Ende des Buches findest du Stoff aus früheren Klassen zum Nachschlagen und Wiederholen und weitere Aufgaben zum Üben. (Mit Lösungen)

Selbstständig lernen

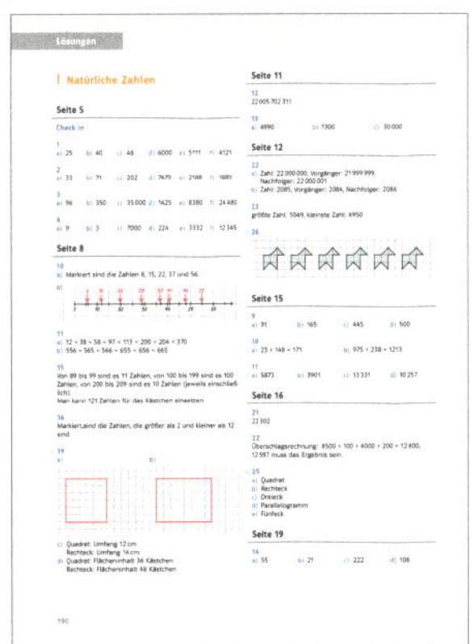

Zu zahlreichen Aufgaben findest du **Lösungen** im Buch, sodass du die Inhalte eigenständig üben und dich selbst überprüfen kannst.

Zusatzmaterialien zu diesem Band für Schülerinnen und Schüler:
- Arbeitsheft Lambacher Schweizer 5 (ISBN 978-3-12-733255-1)
- Lösungen Lambacher Schweizer 5 (ISBN 978-3-12-733253-7)

Dr. Theophil Lambacher (13.04.1899 – 14.12.1981) und **Wilhelm Schweizer** (11.11.1901 – 23.07.1990) lehrten beide Mathematik an der Schule. Theophil Lambacher wurde danach Oberschulamtspräsident und Ministerialrat am Kultusministerium, Wilhelm Schweizer arbeitete als Schulleiter, Fachleiter am Seminar und Dozent an der Universität. Der erste Band des Lambacher Schweizer erschien 1946: Lambacher Schweizer Mathematik für höhere Schulen, Mittelstufe 1. Teil enthielt auf 91 Seiten Algebra und Geometrie für die Klasse 7.

1. Auflage 1 5 4 3 2 1 | 25 24 23 22 21

Autorinnen und Autoren: Manfred Baum, Martin Bellstedt, Boris Boor, Dr. Dieter Brandt, Anke Braun, Heidi Buck (†), Gunnar Demuth, Dr. Detlef Dornieden, Christina Drüke-Noe, Prof. Rolf Dürr, Harald Eisfeld, Mirko Elenz, Prof. Hans Freudigmann, Birgit Frohmader , Inga Giersemehl, Herbert Götz, Dieter Greulich, Matthias Grosche, Prof. Dr. Heiko Harborth, Dr. Frieder Haug, Manfred Herbst, Edmund Herd, Prof. Dr. Stephan Hußmann, Thomas Jörgens, Klaus-Peter Jungmann, Thorsten Jürgensen-Engl, Karen Kaps, Christine Kestler, Andreas König, Prof. Dr. Timo Leuders, Prof. Dr. Detlef Lind, Judith Lohmann, Prof. Dr. Hinrich Lorenzen, Dr. Johannes Novotný, Prof. Dr. Reinhard Oldenburg, Hekyung Reichhart, Rolf Reimer, Dr. Günther Reinelt, Kathrin Richter, Dr. Wolfgang Riemer, Rüdiger Sandmann, Dr. Torsten Schatz, Hartmut Schermuly (†), Reinhard Schmitt-Hartmann, Dr. Michael Schmitz, Ulrich Schönbach, Raphaela Sonntag, Heike Spielmans, Andrea Stühler, Barbara Sy, Thomas Thiessen, Oliver Thomsen, Rainer Topp, Dr. Peter Zimmermann

Entstanden in Zusammenarbeit mit dem Projektteam des Verlages.

Gestaltung: Petra Michel, Essen
Umschlaggestaltung: normaldesign GbR, Schwäbisch Gmünd
Titelbild: Adobe Stock, Dublin; 123rf Germany, c/o Inmagine GmbH (gonewiththewind), Nidderau
Satz: medienwerkstatt adrion, Bietigheim-Bissingen
Druck: Industriedruck Brandenburg GmbH, Wustermark

Printed in Germany
ISBN 978-3-12-733251-3

9 783127 332513

Lambacher Schweizer

Mathematik für Gymnasien

5

Rheinland-Pfalz

erarbeitet von

Boris Boor
Mirko Elenz

Ernst Klett Verlag
Stuttgart · Leipzig · Dortmund

3 + 3
3·3 = 9
5+5+5

*Lerneinheiten, die mit einem Stern gekennzeichnet sind, bieten eine Ergänzung zu den verpflichtenden Inhalten des Lehrplans.

I Natürliche Zahlen

Das kannst du bald

- Mit dem Zahlenstrahl umgehen
- Große Zahlen schreiben und darstellen
- Große Zahlen addieren, subtrahieren, multiplizieren und dividieren

Check-in

Schätze dich ein:

	☺	😐	☹
1. Ich kann zwei natürliche Zahlen addieren.	☐	☐	☐
2. Ich kann zwei natürliche Zahlen subtrahieren.	☐	☐	☐
3. Ich kann zwei natürliche Zahlen multiplizieren.	☐	☐	☐
4. Ich kann zwei natürliche Zahlen dividieren.	☐	☐	☐

Lerntipps

zu 1. **Grundwissen,** Seite 186
zu 2. **Grundwissen,** Seite 186
zu 3. **Grundwissen,** Seite 186
zu 4. **Grundwissen,** Seite 186

Teste dich!

→ **Lösungen**, Seite 190

1 Zahlen addieren
Berechne im Kopf oder schriftlich.
a) 17 + 8 b) 25 + 15 c) 32 + 16
d) 3281 + 2719 e) 2436 + 2675 f) 2677 + 1444

2 Zahlen subtrahieren
Berechne im Kopf oder schriftlich.
a) 44 − 11 b) 92 − 21 c) 307 − 105
d) 7573 − 94 e) 7053 − 4865 f) 8706 − 6817

3 Zahlen multiplizieren
Berechne im Kopf oder schriftlich.
a) 12 · 8 b) 70 · 5 c) 7000 · 5
d) 475 · 3 e) 419 · 20 f) 408 · 60

4 Zahlen dividieren
Berechne im Kopf oder schriftlich.
a) 99 : 11 b) 210 : 70 c) 21 000 : 3
d) 896 : 4 e) 9996 : 3 f) 86 415 : 7

1 Der Zahlenstrahl – Zahlen vergleichen

Welche Hausnummer hat das 12. Haus in der oberen Reihe?
Das wievielte Haus in dieser Reihe hat die Hausnummer 37?

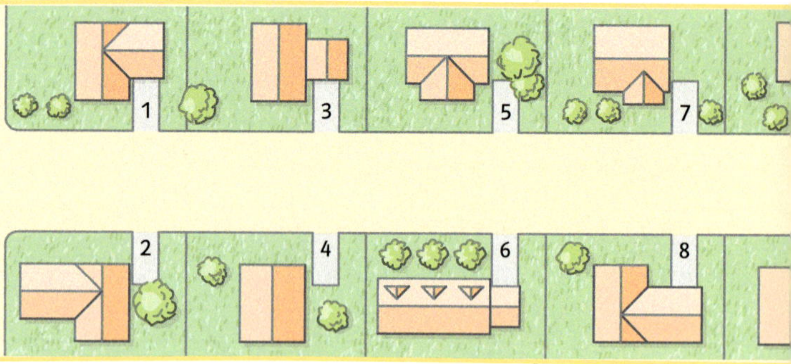

Beim Zählen verwendet man die **natürlichen Zahlen** 0, 1, 2, 3, 4 usw. Zu jeder natürlichen Zahl gibt es eine um 1 größere Zahl, ihren **Nachfolger**. Ebenso gibt es zu jeder natürlichen Zahl, außer der 0, eine um 1 kleinere Zahl, ihren **Vorgänger**.

Die natürlichen Zahlen kann man am **Zahlenstrahl** veranschaulichen.
In Pfeilrichtung werden die Zahlen größer.

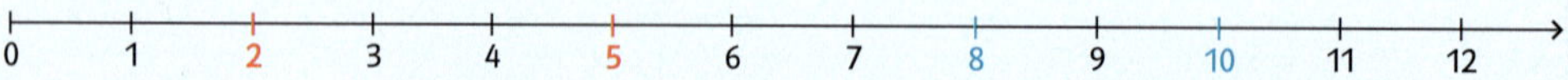

	2 liegt links von 5.		10 liegt rechts von 8.
Man sagt:	„2 ist **kleiner** als 5."	Man sagt:	„10 ist **größer** als 8."
Man schreibt:	2 < 5	Man schreibt:	10 > 8

kleinere Zahl < größere Zahl

Je nachdem, welche Zahlen man darstellen will, kann man die Abstände der Zahlen auf dem Zahlenstrahl verschieden wählen.

Der Abstand von 0 bis 1 ist 1 cm:

Der Abstand von 0 bis 50 ist 1 cm:

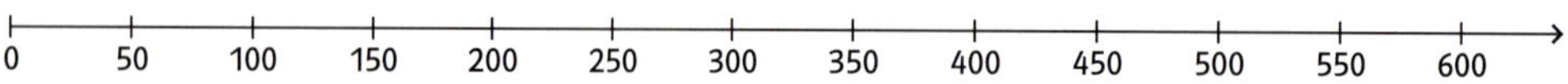

Will man zum Beispiel die Zahlen 85, 95, 110, 125, 140 und 155 auf einem Zahlenstrahl eintragen, kann man auch nur einen Teil des Zahlenstrahls zeichnen.

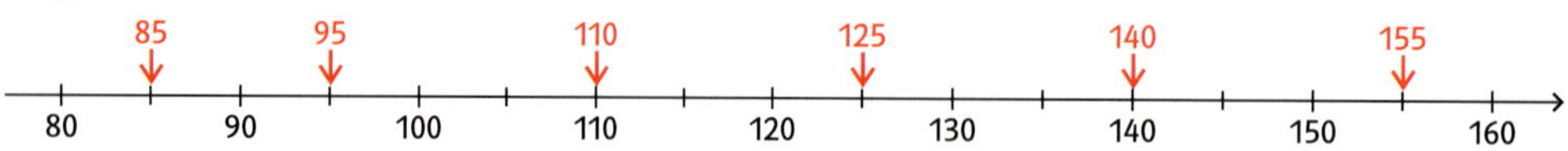

Beispiel 1 Zahlen auf einem Zahlenstrahl einzeichnen
Zeichne einen Zahlenstrahl von 0 bis 100. Wähle 1 cm für den Abstand von 0 bis 10. Trage die Zahlen 5, 20, 35, 50, 75 und 95 ein.

Lösung

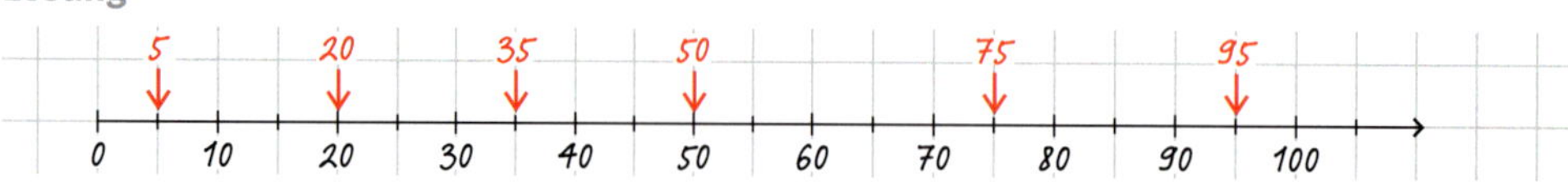

Beispiel 2 Kleiner oder größer

a) Welches der Zeichen < oder > gehört in das Kästchen?

45 □ 42 122 □ 212 57 □ 0 9898 □ 8989

b) Ordne die Zahlen 22, 68, 175, 101, 0, 45, 126, 2, 89 und 51 der Größe nach. Verwende das Kleinerzeichen.

Lösung

a) 45 > 42 122 < 212 57 > 0 9898 > 8989

b) 0 < 2 < 22 < 45 < 51 < 68 < 89 < 101 < 126 < 175

Aufgaben

○ **1** Gib den Nachfolger der Zahl an.
a) 57 b) 156 c) 599 d) 1025 e) 2719 f) 9999

○ **2** Gib den Vorgänger der Zahl an.
a) 83 b) 199 c) 400 d) 2759 e) 1000 f) 5790

○ **3** Welche natürlichen Zahlen sind markiert?

a)
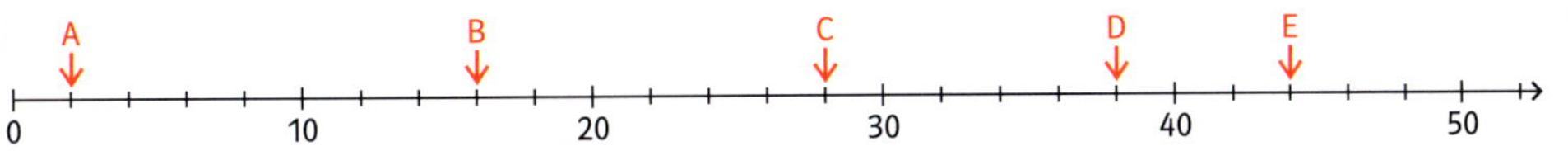

b)
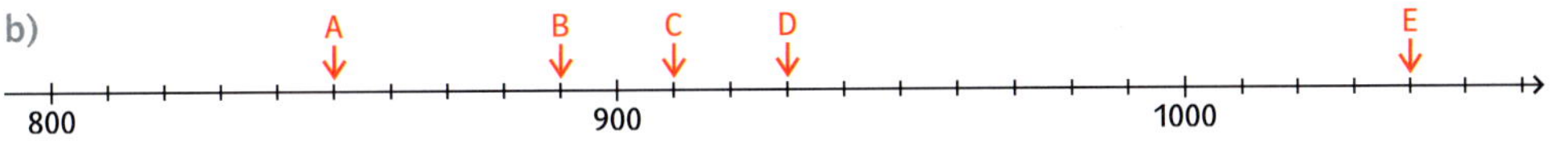

○ **4** a) Zeichne einen Zahlenstrahl von 0 bis 30. Wähle 1cm für den Abstand von 0 bis 2. Trage die Zahlen 1, 5, 8, 13, 15, 19, 20, 24 und 28 ein.
b) Zeichne einen Zahlenstrahl von 0 bis 120. Wähle 1cm für den Abstand von 0 bis 10. Trage die Zahlen 0, 5, 15, 35, 50, 65, 80, 105 und 115 ein.

○ **5** a) Zeichne einen Zahlenstrahl von 100 bis 200. Wähle 1cm für den Abstand von 0 bis 10. Trage die Zahlen 110, 125, 140, 155, 170, 185 und 200 ein.
b) Zeichne einen Zahlenstrahl von 900 bis 1200. Wähle 1cm für den Abstand von 0 bis 20. Trage die Zahlen 910, 940, 990, 1050, 1100, 1150 und 1190 ein.

○ **6** Zeichne einen Zahlenstrahl und trage die angegebenen natürlichen Zahlen ein.
a) 13, 8, 2, 11, 17, 5, 7, 0, 14
b) 35, 75, 20, 5, 25, 50, 110, 80, 95
c) 320, 130, 750, 290, 410, 300, 540
d) 305, 311, 328, 315, 317, 323, 309

○ **7** Schreibe mit dem Zeichen < oder >.

27 ist kleiner als 73.

91 ist größer als 55.

99 ist kleiner als 990.

○ **8** Übertrage in dein Heft. Welches der Zeichen < oder > gehört in das Kästchen?
a) 24 □ 35 b) 49 □ 38 c) 573 □ 485 d) 9837 □ 9999

○ **9** Ordne der Größe nach. Verwende das <-Zeichen.
a) 95, 73, 9, 38, 49, 37, 22, 7, 20, 12
b) 759, 293, 101, 399, 578, 400, 607
c) 312, 212, 231, 321, 123, 323, 132
d) 9099, 9009, 9990, 9090, 9000, 9909

Teste dich!

Lösungen, Seite 190

○ **10** a) Welche natürlichen Zahlen sind markiert?

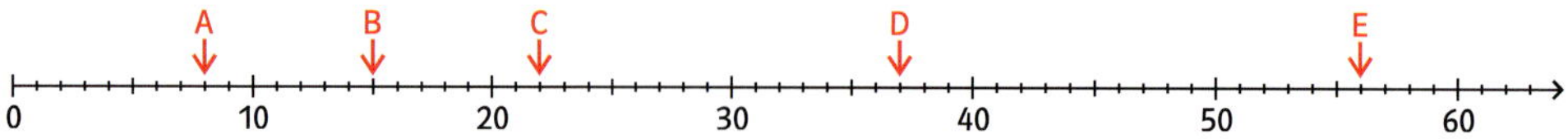

b) Zeichne einen Zahlenstrahl und trage die Zahlen 37, 20, 55, 48, 12, 29, 6 und 41 ein.

○ **11** Ordne der Größe nach. Verwende das <-Zeichen.

a) 12, 204, 58, 370, 97, 38, 113, 200 b) 565, 665, 556, 656, 566, 655

◒ **12** Welche Zahlen sind auf dem Zahlenstrahl markiert? Ordne das richtige Kärtchen zu.

a)

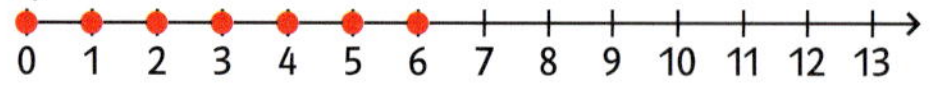

b)

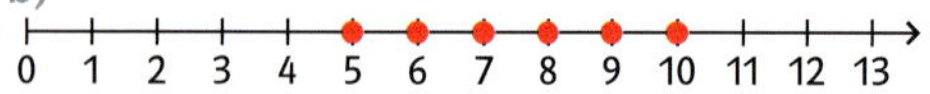

c)

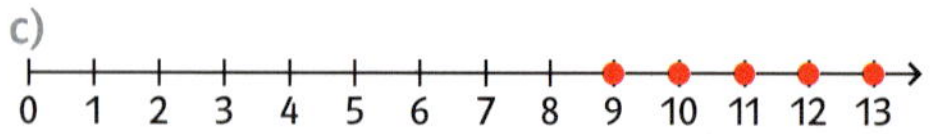

A Markiert sind die Zahlen, die kleiner als 6 sind.

B Markiert sind die Zahlen, die größer als 8 sind.

C Markiert sind die Zahlen, die kleiner als 7 sind.

D Markiert sind die Zahlen, die größer als 5 und kleiner als 10 sind.

E Markiert sind die Zahlen, die größer als 9 sind.

F Markiert sind die Zahlen, die größer als 4 und kleiner als 11 sind.

◒ **13** Zeichne einen Zahlenstrahl von 0 bis 15. Markiere alle Zahlen, die

a) kleiner als 9 sind, b) größer als 9 sind,

c) größer als 4 und kleiner als 10 sind, d) größer als 3 und kleiner als 5 sind.

Die Schreibweise $2 < 5 < 9$ bedeutet: 5 liegt zwischen 2 und 9.

◒ **14** Wie viele natürliche Zahlen kann man für das Kästchen einsetzen?

a) $7 < \square < 17$ b) $10 < \square < 30$ c) $400 < \square < 800$ d) $5 < \square < 6$

Teste dich!

Lösungen, Seite 190

◒ **15** Wie viele natürliche Zahlen kann man für das Kästchen in $88 < \square < 210$ einsetzen?

◒ **16** Beschreibe in Worten, welche Zahlen auf dem Zahlenstrahl markiert sind.

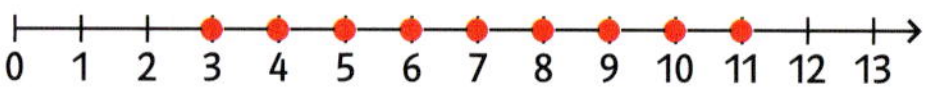

● **17** a) Welche Zahl ist das? Ihr Vorgänger ist der Nachfolger der Zahl 257.

b) Welche Zahl ist das? Ihr Vorgänger hat keinen Vorgänger.

● **18** Fünf Mädchen gehen hintereinander. Lea und Julia gehen zwischen Marie und Emmy, Julia und Marie zwischen Lea und Fanny. Wie heißt das Mädchen mit der roten Mütze?

Teste dein Grundwissen!

Grundwissen, Seite
Lösungen, Seite 190

G **19** a) Zeichne ein Quadrat mit einer Seitenlänge von 3 cm.

b) Zeichne ein Rechteck mit den Seitenlängen 4 cm und 3 cm.

c) Bestimme den Umfang beider Figuren.

d) Bestimme den Flächeninhalt beider Figuren durch Zählen der enthaltenen Kästchen.

2 Das Zehnersystem – Zahlen runden

Die Entfernungen im Weltraum sind unvorstellbar groß.
Die Erde hält von ihrem Nachbarplaneten Venus einen Abstand von mindestens 40 Millionen km. Bis zum Mond sind es dagegen „nur" 380 000 km, die Sonne ist 150 Millionen km von uns entfernt. Die Entfernung bis zum nächsten Fixstern, dem Proxima Centauri, ist bereits beim Lesen eine echte Herausforderung:
40 000 000 000 000 km.

Die natürlichen Zahlen kann man mit den **Ziffern** 0, 1, 2, 3, 4, 5, 6, 7, 8 und 9 schreiben.
Dabei hängt die Bedeutung einer Ziffer davon ab, an welcher Stelle sie steht.

	Tausender	Hunderter	Zehner	Einer
7552	7	5	5	2
5725	5	7	2	5

Die Ziffer 2 hat bei der ersten Zahl den Wert 2, bei der zweiten Zahl hat sie den Wert 20.
Der **Stellenwert** der Ziffer hat sich verzehnfacht, weil sie eine Stelle weiter links steht.
Man sagt: Die Zahlen sind im **Zehnersystem (Dezimalsystem)** geschrieben.
Die **Stellenwerttafel** gibt den Wert der einzelnen Stellen an, an denen eine Ziffer stehen kann:

decem (lat.): zehn

Stellenwerttafel für das Zehnersystem

…	Hundert Milliarden	Zehn Milliarden	Milliarden	Hundert Millionen	Zehn Millionen	Millionen	Hunderttausender	Zehntausender	Tausender	Hunderter	Zehner	Einer

·10 ·10 ·10 ·10 ·10 ·10 ·10 ·10 ·10 ·10 ·10

Nach jeweils drei Stellen ergibt sich ein neues Zahlwort.
1 **Tausend** = 1 000
1 **Million** = 1 000 000 = 1 000 Tausender
1 **Milliarde** = 1 000 000 000 = 1 000 Millionen
1 **Billion** = 1 000 000 000 000 = 1 000 Milliarden
1 **Billiarde** = 1 000 000 000 000 000 = 1 000 Billionen
Es folgen: Trillion (18 Nullen), Trilliarde (21 Nullen), Quadrillion (24 Nullen) …

Im Englischen verwendet man die Bezeichnungen für große Zahlen anders:
1 billion = 1000 millions
1 trillion = 1000 billions
1 quadrillion = 1000 trillions

In Worten geschriebene Zahlen, die unter einer Million liegen, schreibt man klein und zusammen. Zahlen über einer Million schreibt man dagegen getrennt.
Also „viertausenddreihundert", aber „acht Millionen neunzehn".

Wenn eine genaue Angabe nicht sinnvoll oder nicht wichtig ist, werden Zahlen gerundet.

Zahlen runden

35761 ≈ 36000 — Steht rechts von der Rundungsstelle eine 5, 6, 7, 8 oder 9, so wird **aufgerundet**.

Rundungsstelle (z. B. Tausender)

35261 ≈ 35000 — Steht rechts von der Rundungsstelle eine 0, 1, 2, 3 oder 4, so wird **abgerundet**.

Gibt man ein Ergebnis gerundet an, so verwendet man anstelle von „=" das Zeichen „≈" (lies: ist ungefähr).

Beispiel 1 Zahlen im Zehnersystem
Welchen Stellenwert hat die Ziffer 3 in 123456?
Lösung
Der Stellenwert der Ziffer 3 ist 3000.

Beispiel 2 Runden
a) Runde 3449 auf Hunderter.
b) Runde 7540 auf Tausender.
c) Welche Zahlen ergeben auf Zehner gerundet 1230?
Lösung
a) 3449 ≈ 3400
b) 7540 ≈ 8000
c) Es sind die Zahlen 1225, 1226, 1227, 1228, 1229, 1230, 1231, 1232, 1233 und 1234.

Aufgaben

○ **1** Lies die Zahl laut vor.
a) 5732 b) 8501 c) 3002 d) 12784 e) 125006 f) 200200
g) 21905 h) 123456 i) 44044 j) 555555 k) 987654 l) 989989

○ **2** Schreibe die Zahl in Ziffern.
a) dreitausendfünfhundertzwölf
b) achttausendsiebenhundertfünfzehn
c) zehntausendzweihundertsieben
d) einundzwanzigtausendelf
e) zwölftausendachthundertsiebzehn
f) dreiunddreißigtausenddreiunddreißig

○ **3** Schreibe die Zahl in Worten.
a) 387 b) 123 c) 2507 d) 6666 e) 15003 f) 10010

○ **4** Lies die Zahl laut vor.
a) 2000000
b) 15000000000
c) 82567845
d) 579234105
e) 35705000175
f) 123456789
g) 900900900900900
h) 333333333333333
i) 1000000000000000

○ **5** Schreibe die Zahl in Ziffern.
a) achtundzwanzig Millionen dreihundertsiebenundvierzigtausend
b) sieben Millionen fünfhundertzweiundsechzigtausenddreihundertsiebenundzwanzig
c) neunundsechzig Milliarden fünfhundert
d) dreiundfünfzig Milliarden siebenundzwanzig Millionen fünfhunderttausendzwölf
e) neun Billionen sechs Milliarden fünfundzwanzig

6 Ordne die Zahlenangaben auf den Briefmarken der Größe nach.
An der wievielten Stelle von rechts steht jeweils die 1?

7 Welchen Stellenwert hat die Ziffer 7 jeweils?
a) 75 b) 8175 c) 170 089 d) 7 000 015 e) 717 f) 70 707 070

8 Runde auf Zehner.
a) 741 b) 307 c) 565 d) 1283 e) 850 f) 102 799

9 Runde auf Hunderter.
a) 345 b) 251 c) 749 d) 1499 e) 20 050 f) 454 454

10 Runde auf Tausender.
a) 75 499 b) 24 971 c) 12 088 d) 8501
e) 444 444 f) 555 555 g) 500 h) 999 999 500

11 Übertrage die Tabelle in dein Heft und vervollständige sie.

gerundet auf …	Millionen	Tausender	Hunderter	Zehner
5 875 125				
5 555 555				
12 012 012				
999 995				
1 545 454				

Teste dich!

Lösungen, Seite 190

12 Schreibe die Zahl in Ziffern:
zweiundzwanzig Milliarden fünf Millionen siebenhundertzweitausenddreihundertelf.

13 Runde.
a) 4994 auf Zehner b) 1250 auf Hunderter c) 29 500 auf Tausender

14 Gib den Vorgänger und den Nachfolger in Ziffernschreibweise an.
a) eine Million
b) siebzehntausend
c) fünfundzwanzig Milliarden
d) vierhundertvierzig Millionen
e) achthunderttausend
f) neun Billionen fünfhundert Milliarden

15 Zeichne einen Zahlenstrahl von 0 bis 30. Wähle 1 cm für den Abstand von 0 bis 2. Markiere alle Zahlen, die auf Zehner gerundet 20 ergeben.

16 Charlotte hat gezählt, wie viele Bonbons sich in einem großen Glas befinden. Sie verrät das Ergebnis aber nur auf Hunderter gerundet: 1400 Bonbons.
Wie viele Bonbons sind mindestens, wie viele höchstens im Glas?

Schätzt selbst, wie viele Bonbons in den Gläsern sind.

17 Gib die kleinste und die größte Zahl an, die auf Tausender gerundet die Zahl ergibt.
a) 4000 b) 1000 c) 25 000 d) 1 000 000

18 a) Wie viele Zahlen ergeben auf Hunderter gerundet 2800?
b) Wie viele Zahlen ergeben auf Millionen gerundet 2 000 000?

19 Welche Städte in Rheinland-Pfalz haben auf Zehntausender gerundet gleich viele Einwohner (Fig. 1)?

Einwohnerzahlen der 10 größten Städte in Rheinland-Pfalz (Stand 2018)

Stadt	Einwohner
Bad Kreuznach	50 948
Kaiserslautern	99 845
Koblenz	114 024
Ludwigshafen	171 061
Mainz	217 118
Neustadt/Wstr.	53 148
Neuwied	64 574
Speyer	50 378
Trier	110 636
Worms	83 330

Fig. 1

20 Auf der Suche nach der Zahl …

a)

WANTED
Sie ist die kleinste natürliche Zahl mit neun Stellen. Vorsicht: Die Gesuchte könnte mit vielen Nullen bewaffnet sein.

b)

Dringend gesucht
Sie ist die größte natürliche Zahl, in der jede der zehn Ziffern genau einmal vorkommt.

c)

Bitte melde dich!
Von allen Zahlen, die aus zwei Vieren und zwei Fünfen bestehen, liegst du am dichtesten an 5000.

21 Wie muss man die Zahlenkärtchen nebeneinander legen, damit
a) eine möglichst große Zahl,
b) eine möglichst kleine Zahl,
c) die zweitgrößte mögliche Zahl,
d) eine Zahl entsteht, die möglichst nahe an 2 Milliarden ist.

Teste dich!

→ **Lösungen**, Seite 190

22 Gib den Vorgänger und den Nachfolger in Ziffernschreibweise an.
a) zweiundzwanzig Millionen
b) zweitausendfünfundachtzig

23 Gib die größte und die kleinste Zahl an, die auf Hunderter gerundet 5000 ergibt.

24 Emilia sagt: „Ich sollte 847 auf Hunderter runden …"
Franka antwortet: „Ist doch ganz einfach: Das gibt 800."
Emilia entgegnet: „Stimmt. Aber pass auf: Ich habe aus Versehen zuerst auf Zehner gerundet – das ergibt 850. Dann habe ich 850 auf Hunderter gerundet und 900 erhalten. Was sagst du nun?"
a) Welches Ergebnis ist richtig? Begründe deine Entscheidung. Die Begriffe auf dem Rand können helfen.
b) Gib eine Zahl an, bei der man die gleichen Ergebnisse erhält.

Wortliste
- der Stellenwert
- das Zehnersystem
- aufrunden
- abrunden

25 Welches ist die größte Zahl, die du mit zwölf Streichhölzern legen kannst?

Teste dein Grundwissen!

→ **Grundwissen**, Seite 1
Lösungen, Seite 190

G **26** Übertrage das Muster in dein Heft, male es an und setze es fort.

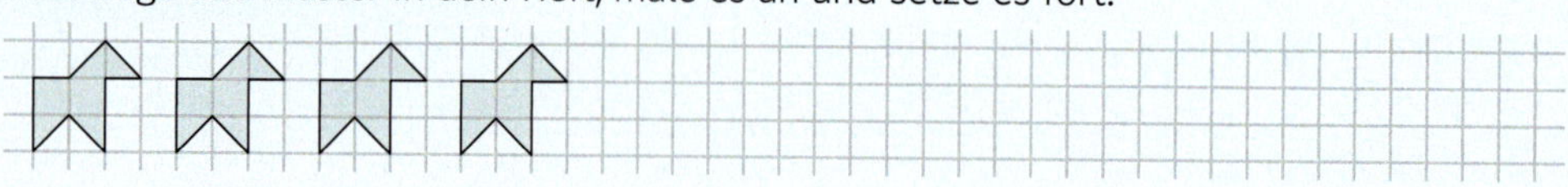

3 Addieren

Welche Ziffern verändern sich bei der Kilometerstandanzeige des Autos von Annikas Opa, wenn er zu ihr fährt und sie 15 km entfernt wohnt?

Wenn man zur Zahl 7 die Zahl 4 **addiert**, so geht man am Zahlenstrahl von der Zahl 7 aus um 4 **nach rechts**.

Addieren natürlicher Zahlen

1. Summand + **2. Summand**

7 + 4 = 11

Summe

Die Rechenart heißt **Addition**.

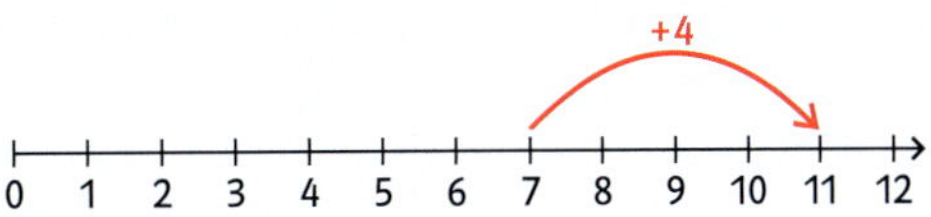

addere (lat.): hinzufügen

summa (lat.): die Gesamtzahl

Schriftliche Addition

Eine Addition kann man auch schriftlich durchführen. Dazu schreibt man die Summanden mit den entsprechenden Stellen untereinander, d.h. Einer unter Einer, Zehner unter Zehner, Hunderter unter Hunderter usw. Dann wird von rechts beginnend stellenweise addiert. Dabei können Überträge entstehen, die man beachten muss.

	H	Z	E
	2	4	7
+	3	8	2
	1		
	6	2	9

Sprich „2 plus 7 gleich 9“, schreibe 9.

Sprich „8 plus 4 gleich 12“, schreibe 2, übertrage 1 auf die nächste Stelle.

Sprich „1 plus 3 plus 2 gleich 6“, schreibe 6.

Tipp:
Für das stellenwertgerechte Untereinanderschreiben der Summanden nutze die Kästchen im Heft.

Überschlagsrechnung

Eine Überschlagsrechnung macht man, um das Ergebnis einer Rechnung ungefähr zu ermitteln oder um das Ergebnis einer schriftlichen Rechnung zu kontrollieren. Man wählt anstatt der exakten Zahlen solche, mit denen man die Rechnung einfach im Kopf ausführen kann. Dabei muss man sich nicht an die Rundungsregeln halten.

Zur Rechnung 21798 + 9608 sind beispielsweise folgende Überschlagsrechnungen möglich:

22 000 + 9000 = 31 000 20 000 + 10 000 = 30 000 21 000 + 10 000 = 31 000

Beispiel 1 Additionsaufgabe in Worten

a) Berechne die Summe von 287 und 515. b) Addiere 89 zu 44.

Lösung

a) 287 + 515 = 802

b) 44 + 89 = 133

Beispiel 2 **Schriftliches Addieren**

Berechne schriftlich. Führe zunächst eine Überschlagsrechnung durch.

a) 5113 + 362 b) 1213 + 142 + 562 c) 4807 + 100 700 + 904

Lösung

a)
Überschlag:
5100 + 400 = 5500

```
  5113
+  362
------
  5475
```

b)
Überschlag:
1200 + 100 + 600 = 1900

```
  1213
+  142
+  562
   1
------
  1917
```

c)
Überschlag:
5000 + 101 000 + 1000
= 107 000

```
    4807
+ 100700
+    904
    2 1
--------
  106411
```

Aufgaben

○ **1** Berechne.

a) 17 + 8 b) 32 + 16 c) 24 + 15 d) 17 + 58
e) 64 + 46 f) 19 + 36 g) 50 + 82 h) 68 + 80
i) 120 + 530 j) 340 + 160 k) 1200 + 300 l) 2400 + 800

○ **2** Berechne.

a) 125 + 52 b) 32 + 507 c) 273 + 26 d) 555 + 555
e) 250 + 703 f) 0 + 25 757 g) 3022 + 1711 h) 2540 + 380

○ **3** In einer Zahlenmauer steht über zwei Zahlen deren Summe. Übertrage die Zahlenmauer in dein Heft und vervollständige sie.

a)

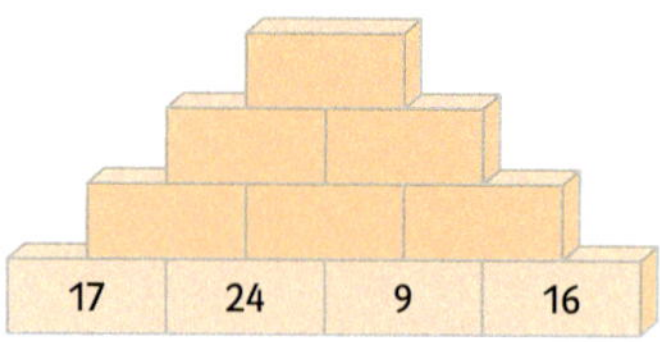

b)

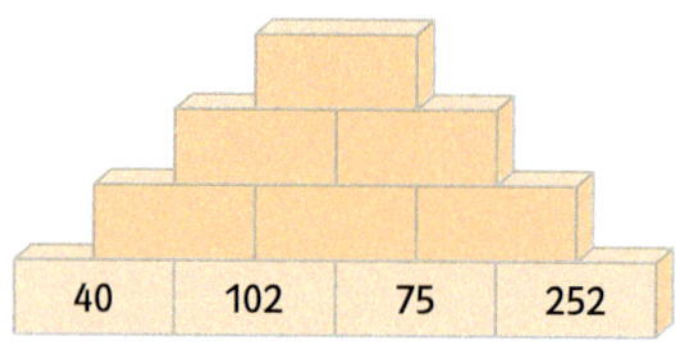

○ **4** a) Addiere zur Zahl 45 die Zahl 88. b) Berechne die Summe von 120 und 58.
c) Addiere 99 zur Zahl 264. d) Berechne die Summe von 245 und 36.

○ **5** Übertrage in dein Heft und ergänze die fehlenden Zahlen.

82 —(+25)→ ☐ —(+510)→ ☐ —(+83)→ ☐ —(+312)→ ☐

○ **6** Übertrage in dein Heft und berechne.

a)
```
  247
+ 382
```
b)
```
  2724
+  215
```
c)
```
  31006
+ 60060
```
d)
```
  210415
+ 468574
```
e)
```
  37563
+ 80040
```
f)
```
  60521
+ 42731
```
g)
```
  98876
+ 87948
```
h)
```
  879467
+ 935559
```

Nutze für die Stellenschreibweise die Kästchen:

```
  128
+ 546
   1
-----
  674
```

○ **7** Berechne schriftlich.

a) 492 + 699 b) 52 008 + 60 070 c) 765 567 + 56 775 d) 999 999 + 1 111 111

8 Paco hat das Starterset einer Modelleisenbahn geschenkt bekommen. Wie viele Gleisstücke sind in dem Set enthalten?

Startset Inhalt: Schwarzwald-Express

Lok, 14 gebogene Gleise, 8 gerade Gleise lang, 7 gerade Gleise kurz und 3 Gleise mit Weichen

Teste dich!

Lösungen, Seite 190

9 Berechne.

a) 63 + 28 b) 87 + 78 c) 195 + 250 d) 378 + 122

10 a) Berechne die Summe von 23 und 148. b) Addiere 975 und 238.

11 Berechne schriftlich.

a) 3518 + 2355 b) 1025 + 2876 c) 12 547 + 784 d) 6751 + 3506

12 Berechne.

a) 7000 + 4000 b) 21 000 + 87 000 c) 220 000 + 570 000
d) 16 000 + 99 000 e) 37 000 + 125 000 f) 279 000 + 4000

13 Marius, Elsa und Alina haben gerechnet. Überprüfe durch eine Überschlagsrechnung, welches Ergebnis korrekt ist.

	Aufgabe	Marius	Elsa	Alina
a)	2523 + 5768	6951	8291	9121
b)	23 728 + 52 615	76 343	71 273	80 963
c)	128 874 + 383 517	451 511	412 981	512 391

14 Führe eine Überschlagsrechnung durch und suche das genaue Ergebnis auf dem Rand.

a) 3456 + 183 + 4044 + 30 167 b) 77 848 + 2 056 101 + 582 000
c) 9 + 9009 + 90 009 + 900 009 d) 89 + 17 843 + 60 320 + 4855
e) 44 999 + 9999 + 9100 + 5005 f) 1001 + 1111 + 9999 + 800 112

2 715 949 | 812 223 | 37 850 | 83 107 | 999 036 | 69 103

15 Berechne schriftlich. Führe zunächst eine Überschlagsrechnung durch.

a) 345 + 287 + 506 b) 1252 + 3200 + 4280
c) 2431 + 27 + 804 d) 165 + 8524 + 754 + 23
e) 514 + 784 + 406 + 214 f) 207 + 4500 + 3010

16 Addiere die Zahlen. Führe zunächst eine Überschlagsrechnung durch.

a) siebenhundertsechs, dreiundachtzig, eintausendeinhunderteins
b) viertausendsechzig, zwei Millionen einhunderttausendvierundsiebzig, achthundertachtunddreißigtausendfünfhundertfünf
c) sechshundertdrei, sechs Millionen eintausendneunundachtzig, dreihundertsiebenundzwanzigtausendneunhundertdreiundachtzig

17 Übertrage in dein Heft und ergänze die fehlenden Ziffern in den Kästchen.

a)	b)	c)	d)
☐ 4 2	1 ☐ 7 2	6 7 ☐	☐ 6 9 ☐
+ 3 ☐ 1	+ 6 3 0 ☐	+ 7 ☐ 9	+ 3 ☐ 7 2
+ 1 3 ☐	+ ☐ 4 2 3	+ ☐ 4 7	+ 7 ☐ 9
9 9 9	9 9 9 9	2 1 8 9	5 8 6 5

18 Eine Banane erzählt:
Ich bin weit gereist:
Von der Plantage bis zum Lager im Hafen 123 km.
Mit dem Schiff von Südamerika nach Hamburg 12 968 km.
Von Hamburg zum Großhändler in Stuttgart 655 km.
Vom Großhändler zum Supermarkt 172 km.
Vom Supermarkt zu dir nach Hause 3 km.
Und nun isst du mich auf …
Wie weit ist die Banane insgesamt gereist?

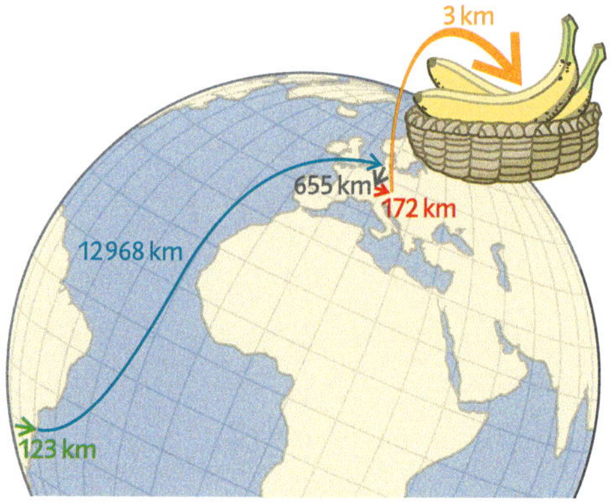

19 Aus der Tabelle lässt sich ablesen, wie viele Autobahnkilometer man im günstigsten Fall zurücklegen muss.

a) Familie Weit aus Stuttgart plant eine Fünf-Städte-Tour: Frankfurt/Main – Dortmund – Kassel – Hannover – Hamburg. Wie viele Autobahnkilometer müssen zurückgelegt werden?

b) Plant mithilfe der Tabelle eine eigene Tour, die über mindestens drei Städte führt. Berechnet die Länge der Gesamtstrecke und schätzt die Fahrzeit.

Autobahnentfernungen (in km)	Stuttgart	Frankfurt/Main	Dortmund	Hamburg	Hannover	Kassel
Stuttgart		217	451	668	526	366
Frankfurt/Main	217		264	495	352	193
Dortmund	451	264		343	208	165
Hamburg	668	495	343		154	307
Hannover	526	352	208	154		164
Kassel	366	193	165	307	164	

20 a) Wie ändert sich die Summe zweier Zahlen, wenn man den ersten Summanden um 17 und den zweiten Summanden um 27 vergrößert?

b) Wie ändert sich die Summe zweier Zahlen, wenn man jeden Summanden verdoppelt?

Teste dich!

→ **Lösungen**, Seite 190

21 Berechne 2478 + 14 003 + 481 + 5340.

22 Entscheide durch eine Überschlagsrechnung, welches das richtige Ergebnis der Rechnung 8516 + 92 + 3778 + 211 ist. Suche das Ergebnis auf dem Rand.

15 014 | 9247 | 13 982 | 12 597 | 11 987

23 Bilde aus den Ziffern 1, 2, 3, 6, 7 und 8 zwei dreistellige Zahlen. Jede dieser Ziffern soll genau einmal verwendet werden. Wie musst du die Zahlen wählen, damit die Summe
a) möglichst groß wird, b) möglichst klein wird, c) genau 900 beträgt?

24 Bilde alle Zahlen, die die Ziffern 2, 5 und 8 genau einmal enthalten, und addiere sie. Verfahre ebenso mit den Ziffern 3, 5 und 7. Was stellst du fest? Begründe.

Teste dein Grundwissen!

→ **Grundwissen**, Seite
Lösungen, Seite 190

G **25** Gib die Bezeichnung für die Figur an.

a) 
b)
c)
d) 
e)

4 Subtrahieren

In der Karte ist in Rot eingetragen, wie weit es auf dem Radweg von den jeweiligen Uferstädten der Mosel bis zur Mündung in den Rhein in Koblenz ist.
Julia, Sofia und Tobias sind uneinig, wessen Radtour länger gewesen ist.
Julia ist von Perl nach Bernkastel-Kues, Sofia von Trier nach Cochem und Tobias von Bernkastel-Kues bis zur Rheinmündung gefahren.
Wie lange waren die Touren jeweils?

Wenn man von der Zahl 10 die Zahl 4 **subtrahiert**, so geht man am Zahlenstrahl von der Zahl 10 aus um 4 **nach links**.

Subtrahieren natürlicher Zahlen

Minuend **Subtrahend**

10 − 4

= 6

Differenz

Die Rechenart heißt **Subtraktion**.

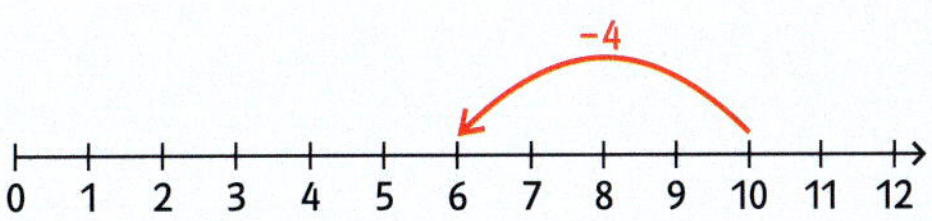

subtrahere (lat.): entfernen

differentia (lat.): der Unterschied

Wie beim Addieren gibt es auch beim Subtrahieren ein schriftliches Verfahren. Man schreibt die Zahlen mit den entsprechenden Stellen untereinander, d.h. Einer unter Einer, Zehner unter Zehner, Hunderter unter Hunderter usw. Auch hier können Überträge entstehen.

	H	Z	E
	9	3	2
−	3	7	1
	1		
	5	6	1

Sprich „1 plus 1 gleich 2“, schreibe 1.

Sprich „7 plus 6 gleich 13“, schreibe 6, übertrage 1 auf die nächste Stelle.

Sprich „1 plus 3 plus 5 gleich 9“, schreibe 5.

Tipp:
Für das stellenwertgerechte Untereinanderschreiben der Summanden nutze die Kästchen im Heft.

Beispiel 1 Subtraktionsaufgabe in Worten

a) Berechne die Differenz von 103 und 48.
b) Welche Zahl muss man zu 312 addieren um 798 zu erhalten?
c) Wie viel fehlt von 654 zu 1000?

Lösung

a) 103 − 48 = 55
b) 798 − 312 = 486
c) 1000 − 654 = 346

Beispiel 2 Schriftliches Subtrahieren

Berechne schriftlich. Führe zunächst eine Überschlagsrechnung durch.

a) 625 - 344 b) 4388 - 1689 c) 4021 - 701

Lösung

a) Überschlag:
630 - 340 = 290

```
  625
- 344
  1
-----
  281
```

b) Überschlag:
4400 - 1700 = 2700

```
  4388
- 1689
  111
------
  2699
```

c) Überschlag:
4000 - 700 = 3300

```
  4021
-  701
  1
------
  3320
```

Aufgaben

○ **1** Berechne.

a) 34 - 22 b) 42 - 11 c) 77 - 35 d) 59 - 19
e) 68 - 15 f) 37 - 23 g) 25 - 8 h) 84 - 17
i) 51 - 13 j) 92 - 88 k) 31 - 24 l) 45 - 37

○ **2** Berechne.

a) 183 - 22 b) 307 - 102 c) 278 - 79 d) 130 - 80
e) 145 - 50 f) 274 - 95 g) 555 - 222 h) 1111 - 777
i) 2600 - 1700 j) 3000 - 1775 k) 4786 - 0 l) 5678 - 1234

○ **3** Berechne.

a) 64 - 42 b) 74 - 52 c) 84 - 62 d) 34 - 12
e) 27 - 18 f) 37 - 18 g) 47 - 18 h) 77 - 18

○ **4** Übertrage in dein Heft und ergänze die fehlenden Zahlen.

a) 65 —(−18)→ ☐ —(+13)→ ☐ —(−23)→ ☐ —(−18)→ ☐

b) 178 —(−92)→ ☐ —(+35)→ ☐ —(−96)→ ☐ —(+185)→ ☐

○ **5** a) Subtrahiere 53 von 72.
b) Berechne die Differenz von 288 und 134.
c) Wie viel fehlt von 47 bis 111?
d) Um wie viel ist 87 größer als 39?

○ **6** Übertrage in dein Heft und berechne.

a) 241 − 181
b) 987 − 53
c) 385 − 243
d) 4792 − 3032
e) 2578 − 435
f) 3006 − 2463
g) 23866 − 11688
h) 345635 − 38477

○ **7** Vor wie vielen Jahre wurde …

a) die erste SMS verschickt (1992),
b) die erste E-Mail verschickt (1984),
c) der erste Computer gebaut (1941),
d) das Farbfernsehen eingeführt (1967)?

○ **8** Im Schwimmverein gab es im vergangenen Jahr 20 Austritte und 109 Neuaufnahmen. Nun sind es 534 Mitglieder.

a) Wie viele Mitglieder waren es vor einem Jahr?
b) Wie viele Mitglieder sind es nach einem Jahr, wenn sich dieser Trend fortsetzt?

9 Benjamin sammelt Münzen und hat bereits 977 Cent-Stücke zusammengetragen.
a) Wie viele Cent-Stücke fehlen ihm noch, bis er 25 € in Cent besitzt?
b) Mara tauscht mit Benjamin 25 5-Cent-Münzen. Wie viele Cent-Stücke bleiben ihm?

10 Führe eine Überschlagsrechnung durch und suche das genaue Ergebnis auf dem Rand.
a) 586 - 215 b) 1252 - 987 c) 3458 - 2361 d) 2585 - 403

1097 265 2182 371

11 Berechne schriftlich. Führe zunächst eine Überschlagsrechnung durch.
a) 836 - 588 b) 4792 - 3023 c) 8206 - 7210 d) 23 855 - 11 688
e) 70 007 - 69 008 f) 99 635 - 57 605 g) 345 635 - 38 477 h) 100 047 - 57 008

12 Übertrage ins Heft und ergänze die fehlende Zahl.
a) b) c)

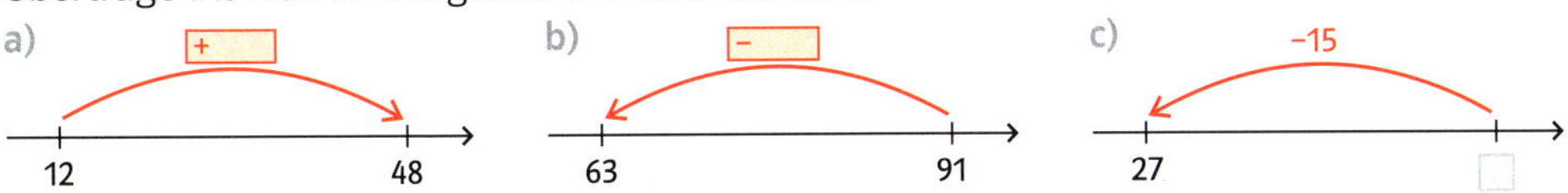

13 Wie heißt die fehlende Zahl?
a) 54 + □ = 83 b) 72 + □ = 100 c) 21 - □ = 5 d) 85 + □ = 137
e) 95 - □ = 61 f) 147 - □ = 86 g) 123 + □ = 300 h) 121 - □ = 89

Teste dich!

Lösungen, Seite 190

14 Berechne.
a) 82 - 27 b) 116 - 95 c) 378 - 156 d) 281 - 173

15 a) Berechne die Differenz von 72 und 35. b) Subtrahiere 154 von 202.

16 Berechne schriftlich. Führe zunächst eine Überschlagsrechnung durch.
a) 6745 - 1234 b) 7712 - 3606 c) 330 167 - 41 163 d) 209 901 - 119 010

---

17 Übertrage in dein Heft und ergänze die fehlenden Zahlen.
a) b)

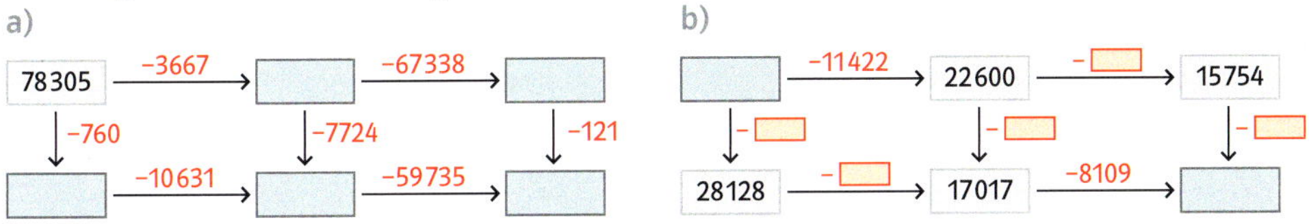

18 a) Wie viel muss man zu 87 addieren, um 157 zu erhalten?
b) Zu welcher Zahl muss man 43 addieren, um zu 120 zu gelangen?
c) Welche Zahl muss man zu 72 addieren, um 110 zu erhalten?
d) Wie viel muss man von 123 subtrahieren, um 81 zu erhalten?

19 a) Subtrahiere achtundfünfzig von siebenundsechzig.
b) Vermindere siebenhundertdreiundneunzig um zweihundertachtzig.
c) Berechne die Differenz von dreihundertzwölf und einhundertvierundfünfzig.
d) Subtrahiere die Differenz von siebenundsiebzig und fünfundfünfzig von dreiunddreißig.

20 a) Wie viel fehlt von 924 087 zu einer Milliarde?
b) Wie viel muss man zu 4359 addieren, um die größte fünfstellige Zahl zu erhalten?
c) Subtrahiere die kleinste fünfstellige Zahl von der größten sechsstelligen Zahl.

21 Die Aufgabe wurde falsch gerechnet. Beschreibe den Fehler und berechne die Aufgabe korrekt in deinem Heft.

a) $607 - 413 = 294$ b) $345 - 423 = 768$ c) $311 - 202 = 119$ d) $12973 - 4065 = 188998$

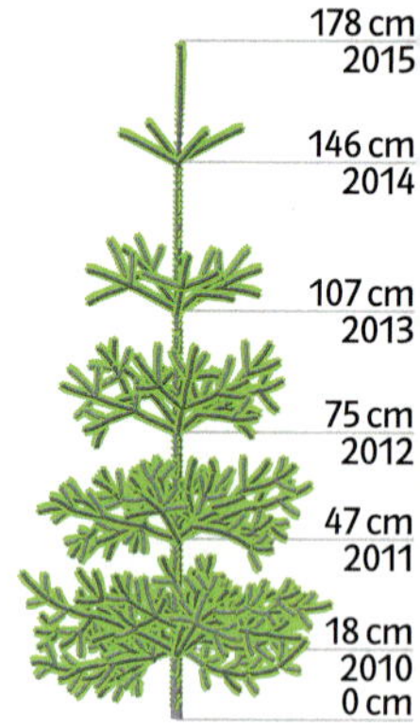

22 Bei Nadelbäumen kann man das jährliche Längenwachstum am Abstand der Astkränze erkennen.

a) Um wie viel Zentimeter ist der Baum auf dem Rand in den einzelnen Jahren gewachsen?

b) Wie viel Zentimeter muss er noch wachsen, bis er eine Höhe von 320 cm erreicht hat?

23 Bei der Fahrt auf der Autobahn A 5 kommt Familie Schatz nacheinander an folgenden Schildern vorbei. Bestimme die fehlenden Entfernungsangaben auf den Schildern.

Teste dich!

Lösungen, Seite 191

24 Wie viel muss man zu der Zahl 8421 addieren, um eine Million zu erhalten?

25 Das Fußballstadion in Mainz-Bretzenheim hat Platz für 33 305 Zuschauer, davon sind 17 300 Sitzplätze, der Rest sind Stehplätze.
Wie viele Stehplätze hat das Stadion?

26 Wie verändert sich die Differenz zweier Zahlen, wenn man

a) beide Zahlen um 12 vergrößert,

b) beide Zahlen verdoppelt,

c) den Minuenden um 3 vergrößert,

d) den Subtrahenden um 3 vergrößert?

27 Nach dem bisherigen Vorverkauf von Eintrittskarten für ein Konzert befragt, antwortet der Kassierer: „Wenn wir noch einmal so viele Karten wie bisher verkaufen würden, dann hätten wir 3953 Karten weniger verkauft als Plätze vorhanden sind." Die Konzerthalle hat 14 853 Plätze.

a) Wie viele Karten sind bereits verkauft?

b) Wie viele Karten können noch verkauft werden?

Teste dein Grundwissen!

Grundwissen, Seite
Lösungen, Seite 191

G **28** Übertrage die Figur in dein Heft. Färbe die Karos spiegelbildlich.

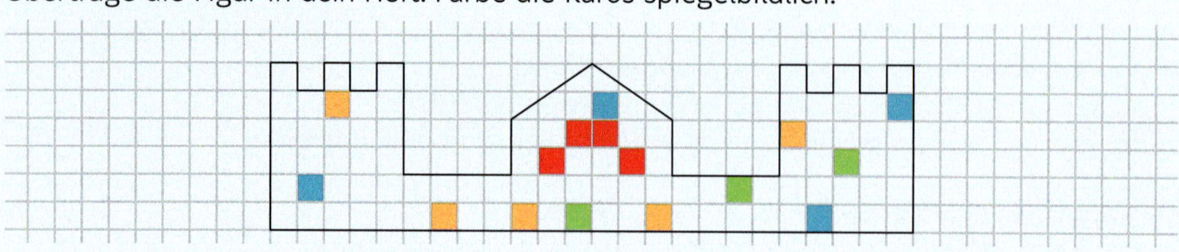

5 Multiplizieren

Ein Frosch aus Konz
plant eine Reise,
und fragt Frau Meise:

Statt mehrfach denselben Summanden zu addieren, kann man auch **multiplizieren**, z. B. ist $7 + 7 + 7 + 7$ dasselbe wie $4 \cdot 7$.

Multiplizieren natürlicher Zahlen

1. Faktor · **2. Faktor**

$$\underbrace{4 \cdot 7 = 28}_{\text{Produkt}}$$

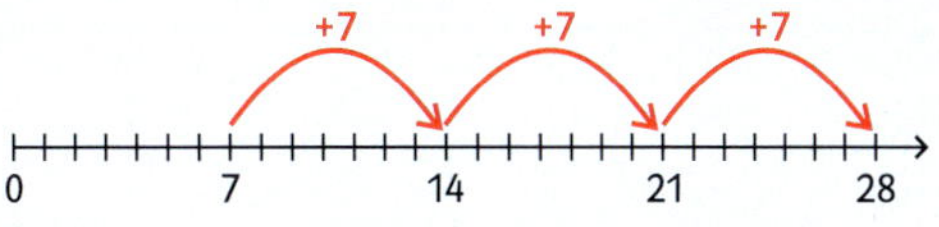

Die Rechenart heißt **Multiplikation**.

multiplicare (lat.): vervielfachen

productum (lat.): das Erzeugnis

Multiplikation mit 0 und 1

$5 \cdot 0 = 0$ $\quad 0 \cdot 5 = 0$ $\quad 0 \cdot 0 = 0$

Wenn man eine Zahl mit 0 multipliziert, so erhält man als Ergebnis 0.

$1 \cdot 5 = 5$ $\quad 5 \cdot 1 = 5$

Wenn man eine Zahl mit 1 multipliziert, so erhält man als Ergebnis die Zahl selbst.

Verzehnfachen, Verhundertfachen, Vertausendfachen eines Faktors

Wird bei einem Produkt ein Faktor verzehnfacht, verhundertfacht, vertausendfacht …, so wird auch das Ergebnis verzehnfacht, verhundertfacht, vertausendfacht …

Zum Beispiel: $3 \cdot 18 = 54$, $30 \cdot 18 = 540$, $3 \cdot 1800 = 5400$, $3000 \cdot 18 = 54\,000$

Schriftliches Multiplizieren

Das Beispiel zeigt das Verfahren der schriftlichen Multiplikation, wenn der zweite Faktor einstellig ist.

```
453 · 7
3171 ——— 7 · 3      = 21; schreibe 1, übertrage 2
        7 · 5 + 2  = 37; schreibe 7, übertrage 3
        7 · 4 + 3  = 31; schreibe 31
```

Hat der zweite Faktor mehrere Stellen, so muss man darauf achten, dass die einzelnen Zeilen versetzt geschrieben werden.

```
453 · 76
 3171
+ 2718
   1
 34428
```

Als Überschlagsrechnung verwendet man z. B. $500 \cdot 80 = 40\,000$.

Beispiel 1 Multiplikationsaufgabe in Worten

a) Multipliziere 4 mit 17. b) Berechne das Produkt von 200 und 700.

Lösung

a) $4 \cdot 17 = 68$ b) $200 \cdot 700 = 140\,000$

Beispiel 2 Schriftliches Multiplizieren

Berechne schriftlich. Führe zunächst eine Überschlagsrechnung durch.

a) $179 \cdot 314$ b) $5136 \cdot 740$ c) $3105 \cdot 40\,730$

Lösung

a) Überschlag:
$200 \cdot 300 = 60\,000$

```
179·314
  537
 +  179
 +    716
      21
    56206
```

b) Überschlag:
$5000 \cdot 700 = 3\,500\,000$

```
5136·740
 35952
+  205440
    11
 3800640
```

c) Überschlag:
$3000 \cdot 40\,000 = 120\,000\,000$

```
3105·40730
 124200
+   21735
+     93150
      1
 126466650
```

Aufgaben

○ **1** Berechne.

a) $7 \cdot 8$ b) $9 \cdot 6$ c) $4 \cdot 13$ d) $12 \cdot 8$
e) $22 \cdot 10$ f) $6 \cdot 15$ g) $11 + 4$ h) $9 - 7$
i) $3 \cdot 75$ j) $27 \cdot 0$ k) $25 \cdot 3$ l) $15 \cdot 9$

○ **2** Welche Rechnungen haben dasselbe Ergebnis?

A $200 \cdot 40$ B $2 \cdot 400$ C $400 \cdot 20$ D $200 \cdot 400$ E $40 \cdot 20$ F $4 \cdot 2000$

○ **3** Berechne.

a) $5 \cdot 40$ b) $20 \cdot 7$ c) $3 \cdot 200$ d) $400 \cdot 3$
e) $20 \cdot 30$ f) $60 \cdot 60$ g) $50 - 40$ h) $80 + 500$
i) $2000 \cdot 5$ j) $500 \cdot 500$ k) $300 \cdot 7000$ l) $1200 \cdot 3000$

○ **4** Übertrage in dein Heft und ergänze die fehlenden Zahlen.

2 $\xrightarrow{\cdot 80}$ ☐ $\xrightarrow{\cdot 50}$ ☐ $\xrightarrow{\cdot 30}$ ☐ $\xrightarrow{\cdot 20}$ ☐

○ **5** a) Multipliziere 30 mit 22.
b) Berechne das Produkt von 7 und 15.
c) Multipliziere die Summe von 9 und 7 mit der Zahl 4.
d) Multipliziere die Zahl 14 mit sich selbst.
e) Wie viel ist $7 + 7 + 7 + 7 + 7 + 7 + 7 + 7 + 7 + 7 + 7 + 7$?

○ **6** Die 28 Schülerinnen und Schüler der Klasse 5 b gehen mit ihrer Lehrerin ins Theater. Wie viel müssen sie zusammen bezahlen?

○ **7** Davinas Lieblingszeitschrift erscheint alle zwei Monate und kostet 4 €. Wenn sie die Zeitschrift abonniert, bezahlt sie im Jahr 22 €. Wie viel spart sie durch das Abonnement?

8 Berechne schriftlich.
a) 231 · 5 b) 385 · 2 c) 822 · 6 d) 749 · 3
e) 1321 · 4 f) 3209 · 3 g) 5152 · 5 h) 3870 · 7

9 Berechne schriftlich.
a) 35 · 46 b) 87 · 23 c) 155 · 14 d) 283 · 19
e) 345 · 40 f) 407 · 28 g) 565 · 81 h) 901 · 47

10 Führe eine Überschlagsrechnung durch und suche das richtige Ergebnis auf dem Rand.
a) 195 · 73 b) 3195 · 52 c) 92 · 2379 d) 2143 · 15
e) 475 · 2219 f) 19 896 + 1489 g) 5213 · 42 890 h) 1741 · 2997

32 145 | 218 868 | 5 217 777 | 166 140 | 14 235 | 21 385 | 1 054 025 | 223 585 570

11 Berechne schriftlich. Führe zunächst eine Überschlagsrechnung durch.
a) 378 · 412 b) 2346 · 534 c) 6252 · 578 d) 8475 · 297
e) 9723 · 5203 f) 12 247 − 248 g) 75 303 · 2061 h) 4444 · 7777

12 Berechne schriftlich.
A 231 · 409 B 2310 · 409 C 2301 · 409 D 2031 · 409

Teste dich! → **Lösungen**, Seite 191

13 a) Berechne das Produkt von 9 und 35. b) Multipliziere 21 mit 7.

14 Berechne schriftlich. Führe zunächst eine Überschlagsrechnung durch.
a) 49 · 12 b) 153 · 805 c) 930 · 107 d) 207 · 889

15 Übertrage in dein Heft und ergänze die fehlenden Zahlen.
a)
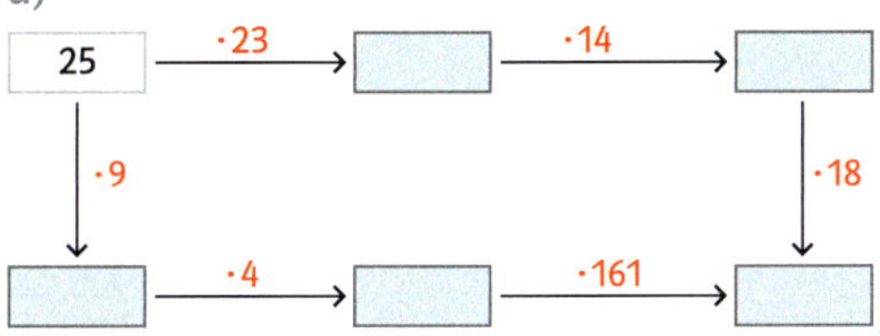

b)
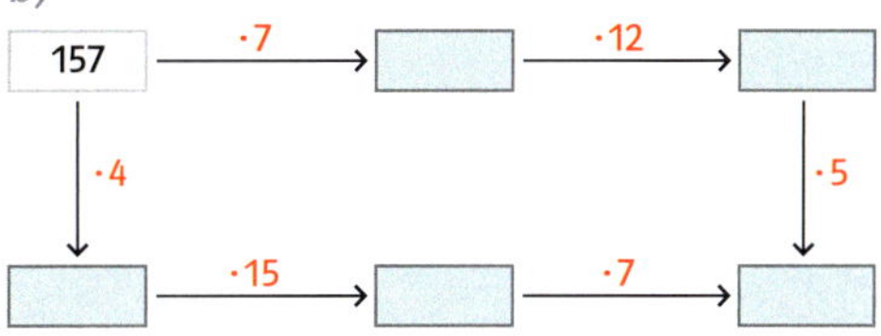

16 Die Aufgabe wurde falsch gerechnet. Beschreibe den Fehler und berechne die Aufgabe korrekt in deinem Heft.
a)
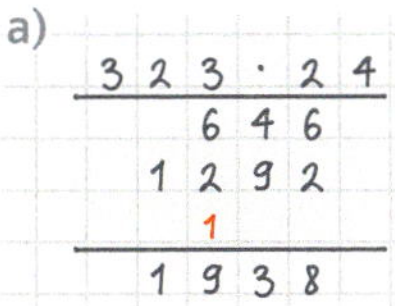

b)
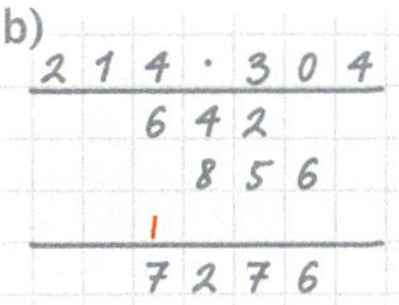

c)
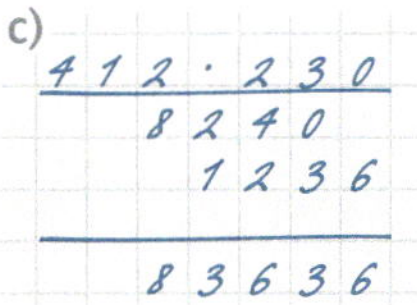

d)
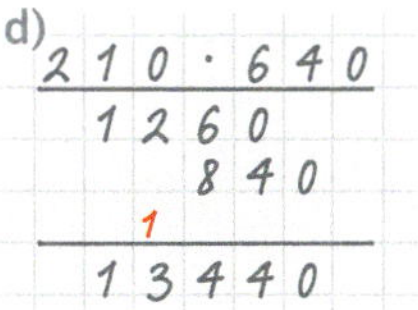

17 Übertrage in dein Heft und ergänze die fehlende Zahl.
a) 17 · ▢ = 17 b) ▢ · 1 = 321 c) 5 · ▢ = 0 d) 85 + ▢ = 85
e) 178 · ▢ = 178 f) ▢ − 0 = 17 g) 0 − ▢ = 0 h) 0 · ▢ = 0

18 Ein Buch hat 240 Seiten, jede Buchseite enthält etwa 42 Zeilen und jede Zeile 60 Buchstaben. Wie viele Buchstaben enthält das Buch etwa?

19 a) Wie viele Liter Wasser verbraucht eine Person durchschnittlich in einem Jahr?
b) Wie viele Liter Wasser werden pro Person in einem Jahr durchschnittlich für die Toilettenspülung verbraucht?
c) Wie viele Liter Wasser pro Tag verbrauchen alle 80 Millionen Einwohner Deutschlands zusammen?

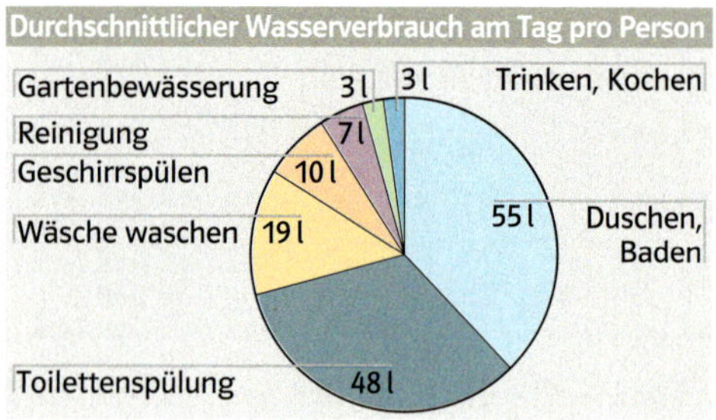

20 Ordne die gelben und die blauen Karten richtig zu.

- Wenn man beim Produkt $4 \cdot 3$ den zweiten Faktor verdoppelt,
- Wenn man beim Produkt $4 \cdot 3$ beide Faktoren verdoppelt,
- Wenn man beim Produkt $4 \cdot 3$ den ersten Faktor verdoppelt,

dann

- vervierfacht sich das Produkt.
- verdreifacht sich das Produkt.
- verdoppelt sich das Produkt.

21 Wie ändert sich das Produkt zweier Zahlen, wenn man
a) beide Faktoren verdoppelt,
b) beide Faktoren halbiert,
c) einen Faktor verdoppelt und den anderen halbiert?

Teste dich!

→ **Lösungen**, Seite 191

22 Im Festsaal einer Schule gibt es links und rechts vom Mittelgang jeweils 27 Reihen mit 16 Plätzen. Wie viele Sitzplätze hat der Saal?

23 Bei einem Produkt wurde der erste Faktor vervierfacht und der zweite Faktor halbiert. Wie ändert sich das Ergebnis?

24 Man kann Zahlen „verzaubern", indem man jede Ziffer mit sich selbst multipliziert und anschließend die entstandenen Ergebnisse addiert. So kann man aus der Zahl 24 die Zahl 20 zaubern, aus 20 die Zahl 4 usw. (Fig. 1). Es entstehen „zauberhafte" Zahlenketten.
a) Kontrolliere die Zahlenkette rechts. Zaubere sechs Schritte weiter.
b) Zaubere eine Zahlenkette, bei der du mit der Zahl 19 startest. Zaubere dann beginnend mit der Zahl 44.
Die Zahlen 19 und 44 gehören zu den „Happy Numbers". Kannst du dir denken, warum? Versuche weitere „Happy Numbers" zu finden.

Fig. 1

Teste dein Grundwissen!

→ **Grundwissen**, Seite
Lösungen, Seite 191

G **25** Übertrage die Figur in dein Heft und ergänze das Spiegelbild.

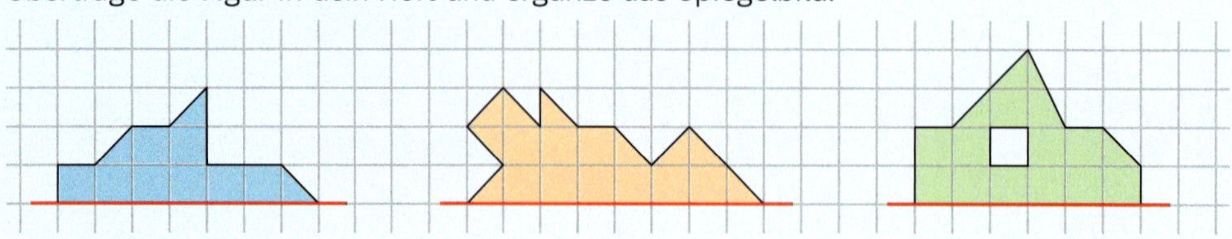

6 Dividieren

Vincent, Mia und Emil wollen Quartett spielen. Das Spiel besteht aus 36 Karten. Wie viele Karten bekommt jeder?
In der zweiten Runde spielt noch Alisa mit. Wie viele Karten bekommt jeder?
Was macht man bei 5 Spielern?

Mit der Division 24 : 8 wird berechnet, wie oft 8 in 24 passt. Die Zahl 8 kann man dreimal hintereinander von 24 subtrahieren und passt somit dreimal in die 24. Also gilt: 24 : 8 = 3

Dividieren natürlicher Zahlen

Dividend		**Divisor**
24	:	8
=	3	

Quotient (= 3)

Die Rechenart heißt **Division**.

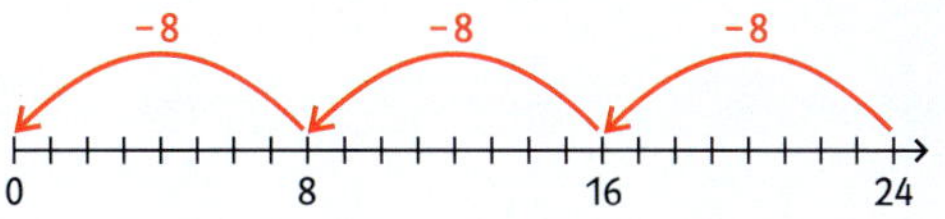

dividere (lat.): teilen

divisor (lat.): Verteiler

quotiens (lat.): wie oft, wievielmal

Man kann das Ergebnis einer Divisionsaufgabe durch eine Multiplikationsaufgabe überprüfen.
Divisionsaufgabe: 72 : 18 = 4, zugehörige Multiplikationsaufgabe: 4 · 18 = 72

Die Division ist die Umkehrung der Multiplikation:

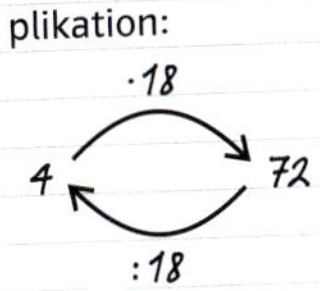

Die Division geht nicht immer auf. Es kann ein **Rest** bleiben, der immer kleiner ist als die Zahl, durch die geteilt wird. Wenn man 26 : 6 teilt, bleibt der Rest 2. Man schreibt dafür 26 : 6 = 4 Rest 2.

Die Null bei Divisionen

Durch 0 kann man nicht dividieren. Dies erkennt man so: Die zur Divisionsaufgabe 5 : 0 = ▢ zugehörige Multiplikationsaufgabe lautet ▢ · 0 = 5.
Es gibt jedoch keine Zahl, die mit 0 multipliziert 5 ergibt.

Jedoch kann man 0 : 5 = 0 berechnen, denn 0 · 5 = 0.

Achtung:
Dividieren durch null ist verboten.

Beispiel Divisionsaufgabe in Worten

a) Berechne den Quotienten von 78 und 13.
b) Welche Zahl muss man mit 22 multiplizieren, um 242 zu erhalten?
c) Welcher Rest bleibt bei der Division von 100 durch 8?

Lösung

a) 78 : 13 = 6 b) 242 : 22 = 11 c) 100 : 8 = 12 Rest 4

Aufgaben

○ **1** Berechne.

a) 35 : 7 b) 54 : 6 c) 27 : 3 d) 45 : 9 e) 42 : 6 f) 36 : 4 g) 56 : 8 h) 49 : 7
i) 88 : 8 j) 100 : 5 k) 240 : 6 l) 280 : 4 m) 630 : 7 n) 810 : 9 o) 350 : 5 p) 420 : 6

○ **2** Berechne.

a) 120 : 20 b) 60 : 12 c) 39 : 13 d) 90 : 15
e) 38 : 19 f) 96 : 12 g) 99 : 11 h) 60 : 15
i) 84 : 12 j) 52 : 13 k) 80 : 16 l) 190 : 19

○ **3** Berechne. Gib das Ergebnis mit Rest an.

a) 27 : 5 b) 38 : 6 c) 23 : 4 d) 30 : 9 e) 72 : 8 f) 25 : 6
g) 20 : 3 h) 55 : 7 i) 42 : 5 j) 80 : 9 k) 29 : 3 l) 42 : 7
m) 12 : 8 n) 10 : 4 o) 15 : 6 p) 56 : 7 q) 19 : 2 r) 76 : 9

○ **4** a) Dividiere 72 durch 8.
b) Berechne den Quotienten von 64 und 16.
c) Welche Zahl muss man mit 7 multiplizieren um 63 zu erhalten?
d) Wie oft passt 13 in 78?
e) Berechne den Quotienten von 81 und 3.

○ **5** Berechne.

a) 28 : 4 b) 8 · 5 c) 17 + 25 d) 99 : 9
e) 81 − 37 f) 81 : 3 g) 12 · 9 h) 35 + 83
i) 18 · 3 j) 105 − 47 k) 150 : 6 l) 101 · 8
m) 97 + 185 n) 57 : 3 o) 4 · 29 p) 128 : 8

○ **6** Lasse und Chiara haben Rechenaufgaben notiert. Berechne, falls möglich.

a) 27 : 1 b) 0 : 15 c) 7 : 0 d) 16 · 0
e) 52 · 1 f) 0 · 1 g) 0 : 1 h) 0 · 0

○ **7** Eine Klasse mit 30 Schülerinnen und Schülern hat für einen Ausflug einen Bus gemietet. Dieser kostet 330 €. Wie viel Euro muss jeder bezahlen?

○ **8** 56 Paletten sollen transportiert werden.
a) Ein Lkw kann 8 Paletten laden. Wie oft muss er zum Transport der 56 Paletten fahren?
b) Wie viele Fahrten braucht man mit einem Lkw, der 9 Paletten laden kann?

Teste dich! → **Lösungen**, Seite 191

○ **9** Berechne.

a) 24 : 6 b) 39 : 3 c) 0 : 4 d) 160 : 30

○ **10** a) Dividiere 84 durch 4. b) Berechne den Quotienten von 220 und 4.

◒ **11** Bei der Rechenrallye beginnt die nächste Aufgabe mit der Lösung der vorhergehenden Aufgabe. Beginne mit der Karte mit dem „F“. Welches Lösungswort erhältst du?

I 14 + 58 | N 84 : 4 | D 21 + 41 | A 12 · 7 | L 27 − 15 | N 72 : 8 | F 62 − 48 | N 9 · 3

Was passiert, wenn du nicht mit „F“ sondern mit einem anderen Buchstaben beginnst? Probiere es aus.

◒ **12** Übertrage in dein Heft und ergänze die fehlende Zahl.

a) □ : 3 = 6 b) 48 : □ = 8 c) 63 : □ = 7 d) □ : 6 = 6
e) 6 + □ = 15 f) □ − 11 = 5 g) □ : 7 = 0 h) 20 : □ = 20

13 Übertrage in dein Heft und ergänze die fehlende Zahl.
a) □ + 34 = 50 b) 76 − □ = 35 c) 13 · □ = 52 d) □ : 25 = 20
e) 44 : □ = 11 f) □ − 324 = 140 g) □ + 278 = 1000 h) 25 · □ = 10 000

14 Übertrage in dein Heft und ergänze die fehlenden Zahlen.
a)
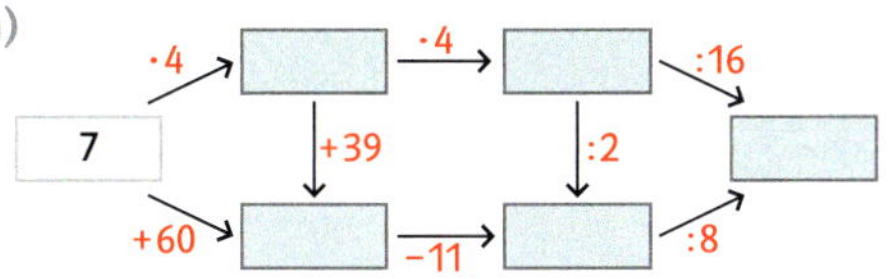

b)
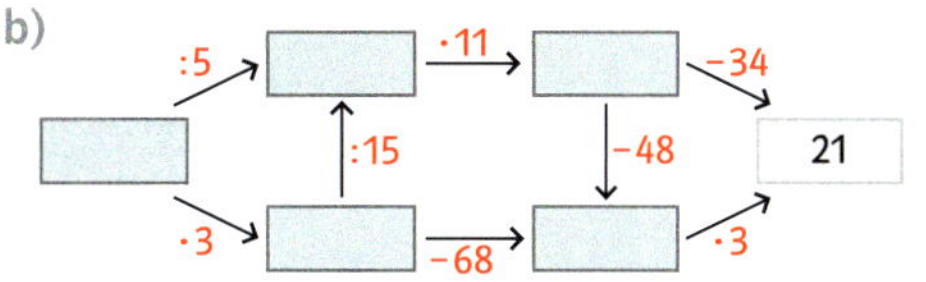

15 Berechne.
a) 50 : 10 b) 500 : 100 c) 5000 : 1000 d) 50 000 : 10 000
e) 500 : 10 f) 5000 : 100 g) 50 000 : 100 h) 5000 : 10

16 a) Mit welcher Zahl muss man 3 multiplizieren, um die größte 3-stellige Zahl zu erhalten?
b) Durch welche Zahl muss man 5000 teilen, um die kleinste 3-stellige Zahl zu erhalten?

Teste dich!

→ **Lösungen**, Seite 191

17 Übertrage in dein Heft und ergänze die fehlende Zahl.
a) 88 : 8 = □ b) 132 + □ = 287 c) 105 : □ = 21 d) □ · 15 = 300

18 Durch welche Zahl muss man 2997 teilen, um die größte dreistellige Zahl zu erhalten?

19 Denke dir eine Zahl. Bilde aus ihr nach folgenden Regeln weitere Zahlen:
1. Wenn die Zahl gerade ist, teile sie durch 2.
2. Wenn die Zahl ungerade ist, multipliziere sie mit 3 und addiere 1.

Notiere die Zahlenfolge für verschiedene Startzahlen. Was fällt dir auf?

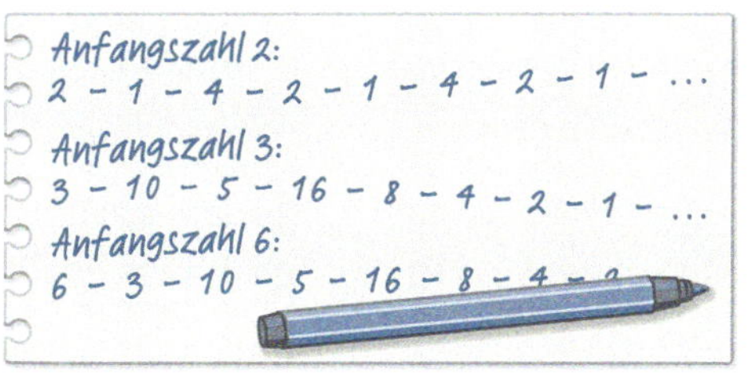

20 Ordne soweit möglich jeder Rechnung auf einem gelben Kärtchen das richtige Ergebnis auf einem blauen Kärtchen zu. Bei a handelt es sich um einen Platzhalter für eine beliebige Zahl.

Gelbe Kärtchen: A 0 + 0; B 0 − 0; C 0 · 0; D a + 0; E 0 + a; F a − 0; G 0 − a; H a · 0; I 0 · a; J 0 : a; K a · 1; L 1 · a; M a : 1; N a : a

Blaue Kärtchen: I 0; II a; III 1

Teste dein Grundwissen!

→ **Grundwissen**, Seite 187
Lösungen, Seite 191

21 Welche Figur enthält die meisten Kästchen?
a)
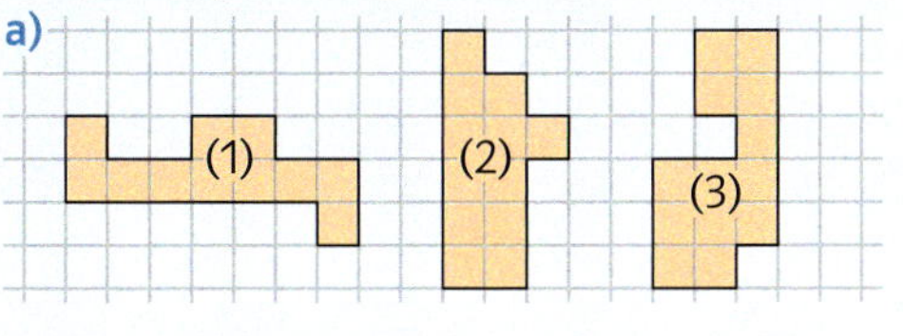

b)
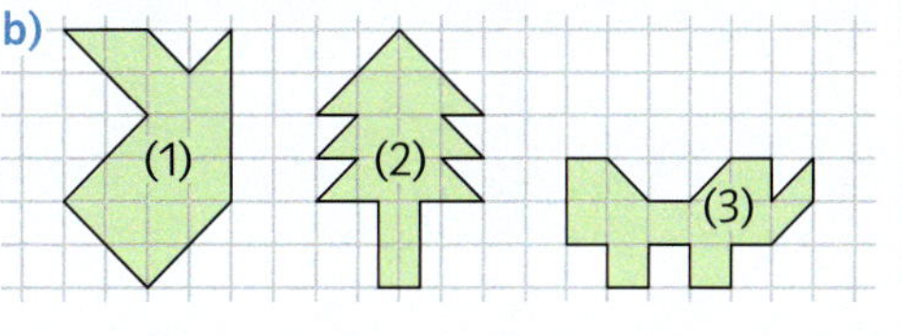

7 Schriftlich dividieren

Welche Zahlen passen in die Kästchen?

Divisionsaufgaben kann man schriftlich durchführen.

```
 H|Z|E            H|Z|E
 7 6 2      : 6 =  1 2 7
-6    <------ · 6 --┘ |  |
 1 6                  |  |
-1 2  <------ · 6 ----┘  |
   4 2                   |
 - 4 2 <---- · 6 --------┘
     0
```

6 geht in 7 einmal, schreibe 1 Hunderter

6 geht in 16 zweimal, schreibe 2 Zehner

6 geht in 42 siebenmal, schreibe 7 Einer

Hier ergibt die letzte Subtraktion das Ergebnis 0. Die Division geht auf. Wenn dies nicht der Fall ist, ist das Ergebnis der letzten Subtraktion der Rest.

Schriftlich dividieren

```
3247 : 24 = 135 Rest 7
-24
  84
 -72
  127
 -120
    7
```

24 geht einmal in 32, schreibe 1.
Rechne 32 − 24 = 8.
Hole 4 nach unten.
24 geht dreimal in 84, schreibe 3.
Rechne 84 − 72 = 12.
Hole 7 nach unten.
24 geht fünfmal in 127, schreibe 5.
Rechne 127 − 120 = 7,
24 geht nicht in 7, Rest 7.

Bei einer Divisionsaufgabe, wie 8267 : 17 = 486 Rest 5, führt man die **Probe** mithilfe der zugehörigen Multiplikationsaufgabe durch. Dabei muss man abschließend noch den Rest addieren.

```
 486 · 17
  486
+ 3402
   1
 8262      8262 + 5 = 8267
```

Beispiel 1 Schriftliches Dividieren mit Probe

a) Berechne 2784 : 24.

b) Berechne 1688 : 32.

Lösung

a)
```
2784 : 24 = 116
-24
  38             Probe: 116 · 24
 -24                      232
  144                   + 464
 -144                    2784
    0
```

b)
```
1688 : 32 = 52 Rest 24
-160
  88             Probe: 52 · 32
 -64                      156
  24                    + 104
                         1664
                 1664 + 24 = 1688
```

Beispiel 2 Die Ziffer 0 beim schriftlichen Dividieren

a) Berechne 4635 : 15. b) Berechne 8550 : 57.

Lösung

a)
```
4635 : 15 = 309
-45
 13
- 0  ← 15 passt 0-mal in 13
 135
-135
   0
```

b)
```
8550 : 57 = 150
-57
 285
-285
  00   Auch diese 0 muss noch dazu.
 - 0
   0
```

Aufgaben

1 Berechne.
a) 348 : 6 b) 258 : 3 c) 455 : 5 d) 238 : 7
e) 576 : 8 f) 1890 : 7 g) 921 : 3 h) 4581 : 9

2 Berechne.
a) 1488 : 12 b) 3765 : 15 c) 6644 : 22 d) 6608 : 14
e) 10 940 : 20 f) 3052 : 14 g) 39 400 : 50 h) 15 371 : 19

Ordne die Buchstaben nach den Resten aus Aufgabe 3.

1 K, 8 T, 2 M, 9 E, 3 P, 10 T, 5 O, 12 L

3 Berechne und gib das Ergebnis mit Rest an.
a) 256 : 3 b) 3946 : 7 c) 2266 : 8 d) 3903 : 4
e) 687 : 15 f) 295 : 11 g) 15 400 : 30 h) 7460 : 12

4 Berechne und führe die Probe durch.
a) 4448 : 16 b) 11 250 : 25 c) 5880 : 40 d) 16 905 : 35

5 Berechne und gib das Ergebnis mit Rest an. Führe die Probe durch.
a) 5905 : 17 b) 23 281 : 55 c) 17 615 : 38 d) 22 778 : 42

6 Berechne.
a) 840 : 12 b) 804 : 12 c) 8004 : 12 d) 80 004 : 12
e) 3485 : 17 f) 34 085 : 17 g) 340 085 : 17 h) 340 850 : 17

Teste dich! → **Lösungen**, Seite 191

7 Berechne und führe die Probe durch.
a) 1687 : 7 b) 392 : 4 c) 1863 : 9 d) 20 286 : 7

8 Berechne und führe die Probe durch.
a) 364 : 14 b) 2272 : 25 c) 27 006 : 42 d) 17 000 : 55

9 Übertrage in dein Heft und ergänze die fehlende Zahl.
a) 6250 : 50 = □ b) 28 · □ = 952 c) 1896 : □ = 12 d) □ : 37 = 247
e) □ · 18 = 846 f) 7587 : □ = 9 g) □ · 66 = 2904 h) 34 · □ = 8704
i) 23 · □ = 391 j) □ : 15 = 17 k) 2050 : □ = 82 l) 27 · □ = 3915

10 Der Wasserverbrauch einer vierköpfigen Familie beträgt pro Jahr durchschnittlich rund 186 000 Liter. Wie viele Liter Wasser verbraucht eine Person pro Jahr (pro Monat, pro Tag) im Durchschnitt?

11 Peter und Pauline haben 8235 durch 27 dividiert. Finde und erläutere die Fehler. Führe die Division in deinem Heft richtig aus.

12 Die Klasse 5 c hat einen Ausflug gemacht. Für die 29 Schülerinnen und Schüler entstanden Kosten von insgesamt 348 €. Wie hoch sind die Kosten pro Person?

13 Für eine Bestellung werden 3800 Konservendosen verpackt.
a) Jeweils 25 Dosen kommen in eine Schachtel. Wie viele Schachteln benötigt man?
b) Die Dosen werden auf 200 Schachteln verteilt. Wie viele Dosen kommen in eine Schachtel?

14 a) Berechne den Quotienten der Zahlen 3108 und 37.
b) Dividiere die Summe der Zahlen 87 und 810 durch 13.
c) Dividiere das Produkt von 38 und 49 durch die Summe der Zahlen 65 und 68.

15 Übertrage in dein Heft und ersetze das Zeichen □ durch die größtmögliche Zahl. Berechne den Rest △.
a) 89 = □ · 11 + △ b) 175 = 12 · □ + △ c) 344 = □ · 3 + △
d) 205 = 34 · □ + △ e) 394 : □ = 13 Rest △ f) 534 : □ = 38 Rest △

Teste dich!

Lösungen, Seite 192

16 Übertrage in dein Heft und ergänze die fehlende Zahl.
a) 15 · □ = 675 b) 1296 : □ = 24 c) □ : 44 = 33 d) □ · 16 = 1984

17 In einer Molkerei werden 1000 Milchflaschen in 6-er-Kästen ausgeliefert. Wie viele Kästen können gefüllt werden? Wie viele Flaschen bleiben übrig?

18 Übertrage in dein Heft und vervollständige.

a)
```
 □3□ : 8 = 1□
-□
 5□
-□□
  0
```

b)
```
 □□3 : □ = 2□
-18
  6□
 -□□
   0
```

c)
```
 □□□ : □2 = 3□ Rest □
-3□
  17
 -□□
   5
```

19 Welche Einerziffer hat eine Zahl, die bei der Division durch
a) 10 den Rest 3 hat, b) 5 den Rest 2 hat, c) 25 den Rest 14 hat?

Teste dein Grundwissen!

Grundwissen, Seite
Lösungen, Seite 192

G **20** Übertrage die Figur so in dein Heft, dass jede Linie doppelt so lang ist.

a)
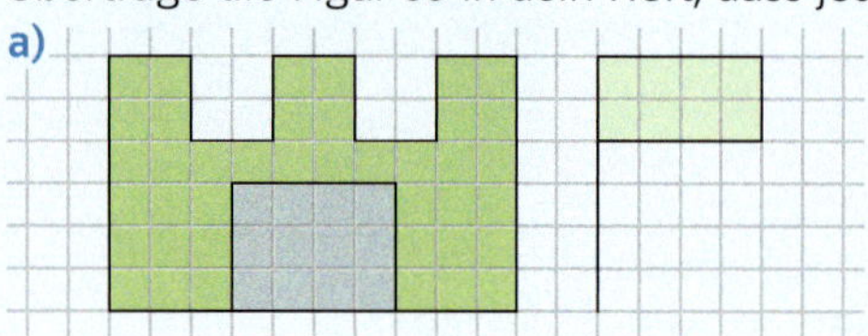

b)
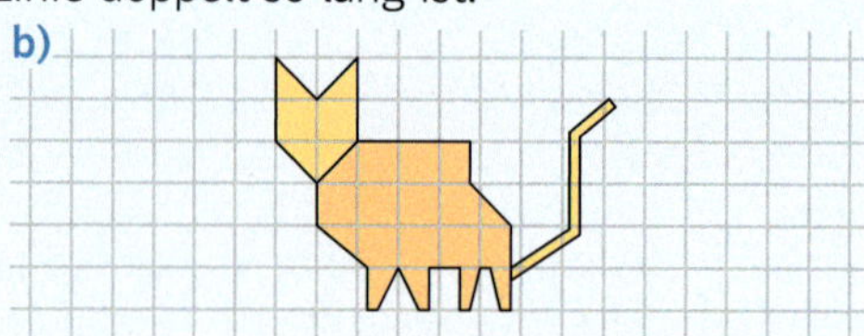

*8 Das Zweiersystem

Moritz stellt Zahlen mit LED-Lämpchen dar. Jedes Lämpchen kann unabhängig von den anderen ein- und ausgeschaltet werden. Ergänze in der Tabelle weitere Zeilen.

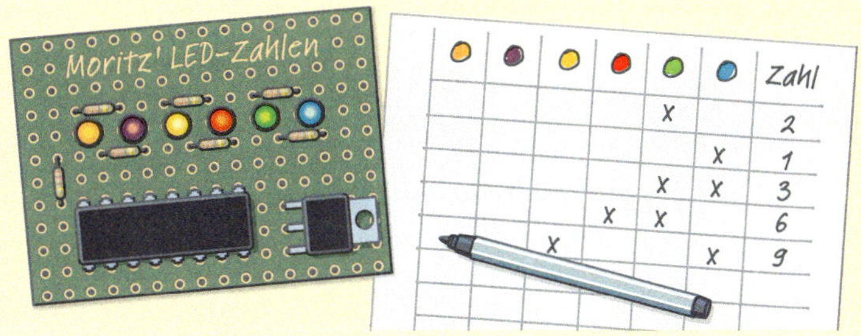

Das Zweiersystem wird auch Binärsystem oder Dualsystem genannt.

Im Zweiersystem ist genauso wie im Zehnersystem der Wert einer Ziffer abhängig von der Stelle, an der sie steht.

Beim Zehnersystem verzehnfacht sich der Wert.

1 1 1

Wert 100 Wert 10 Wert 1

$1 \cdot 100 + 1 \cdot 10 + 1 \cdot 1 = 111$

Beim Zweiersystem verdoppelt sich der Wert.

1 1 1

Wert 4 Wert 2 Wert 1

$1 \cdot 4 + 1 \cdot 2 + 1 \cdot 1 = 7$

Um zu verdeutlichen, dass die Zahl 111 im Zweiersystem geschrieben ist, schreibt man dafür $(111)_2$ und sagt „eins eins eins im Zweiersystem" (nicht: „einhundertelf im Zweiersystem").

Im Zweiersystem werden nur die Ziffern 0 und 1 verwendet.

·2 ·2 ·2 ·2 ·2

…	32er	16er	8er	4er	2er	1er	
					(1	$1)_2$	$= 1 \cdot 2 + 1 \cdot 1 = 3$
			(1	1	0	$1)_2$	$= 1 \cdot 8 + 1 \cdot 4 + 0 \cdot 2 + 1 \cdot 1 = 13$

$(0)_2 = 0$
$(1)_2 = 1$
$(10)_2 = 2$
$(11)_2 = 3$
$(100)_2 = 4$
$(101)_2 = 5$
$(110)_2 = 6$
$(111)_2 = 7$
$(1000)_2 = 8$
$(1001)_2 = 9$
$(1010)_2 = 10$

Mit Zahlen im Zweiersystem kann man ähnlich rechnen wie mit Zahlen im üblichen Zehnersystem. Beispielsweise gelten beim Addieren von Zahlen im Zweiersystem die gleichen Regeln wie bei der schriftlichen Addition mit folgender Ausnahme:
Es gilt $1 + 1 = 0$ mit dem Übertrag 1.

$(1011)_2 + (110)_2$ wird zu:

```
  1011
 +0110
  111
 -----
 10001
```

Probe:
$(1011)_2 + (110)_2 = (10001)_2$ steht für $11 + 6 = 17$.

Beispiel Zwischen Zehner- und Zweiersystem umrechnen
a) Schreibe die Zahl $(10\,011)_2$ im Zehnersystem.
b) Schreibe die Zahl 22 im Zweiersystem.

Lösung
a) $(10\,011)_2 = 1 \cdot 16 + 0 \cdot 8 + 0 \cdot 4 + 1 \cdot 2 + 1 \cdot 1 = 19$
b) $22 = 1 \cdot 16 + 0 \cdot 8 + 1 \cdot 4 + 1 \cdot 2 + 0 \cdot 1 = (10\,110)_2$

Aufgaben

○ **1** Schreibe im Zehnersystem.

a) $(10)_2$ b) $(101)_2$ c) $(1101)_2$ d) $(11\,111)_2$
e) $(111)_2$ f) $(1110)_2$ g) $(1)_2$ h) $(10\,001)_2$
i) $(1000)_2$ j) $(10\,101)_2$ k) $(1011)_2$ l) $(11\,000)_2$
m) $(10\,000)_2$ n) $(1111)_2$ o) $(110\,011)_2$ p) $(111\,110)_2$

○ **2** Schreibe im Zweiersystem.

a) 6 b) 9 c) 14 d) 32 e) 4 f) 10 g) 0 h) 8
i) 11 j) 20 k) 33 l) 5 m) 30 n) 34 o) 100 p) 125

○ **3** Gib jeweils den Vorgänger und den Nachfolger im Zweiersystem an.

a) $(11)_2$ b) $(111)_2$ c) $(10)_2$ d) $(100)_2$
e) $(1)_2$ f) $(1010)_2$ g) $(1000)_2$ h) $(1111)_2$

Teste dich!

Lösungen, Seite 19

○ **4** Schreibe im Zehnersystem.

a) $(11)_2$ b) $(110)_2$ c) $(1001)_2$ d) $(10\,111)_2$

○ **5** Schreibe im Zweiersystem.

a) 12 b) 16 c) 60 d) 84

◒ **6** a) Zähle laut im Zweiersystem von eins bis zwanzig: eins, eins null, eins eins, …
b) Zähle im Zweiersystem von $(1111)_2$ aus zu $(0)_2$ zurück.
c) Zähle laut im Zweiersystem alle geraden Zahlen von zwei bis zehn auf.

◒ **7** a) Welche Zahl ist im Zweiersystem die größte vierstellige Zahl?
b) Welche Zahl ist im Zweiersystem die kleinste fünfstellige Zahl?
c) Welche Zahl ist im Zweiersystem die größte sechsstellige Zahl?

◒ **8** a) Wie kann man mit den Holzstücken einen Stab (Fig. 1) der Länge 23 cm legen?
b) Welche Stäbe benötigt man, um einen Stab der Länge $(1001)_2$ zu legen?
c) Nele sagt: „Mir genügen diese fünf Holzstücke, um alle vollen Zentimeterlängen von 1 cm bis 31 cm abzumessen." Begründe, dass sie recht hat.

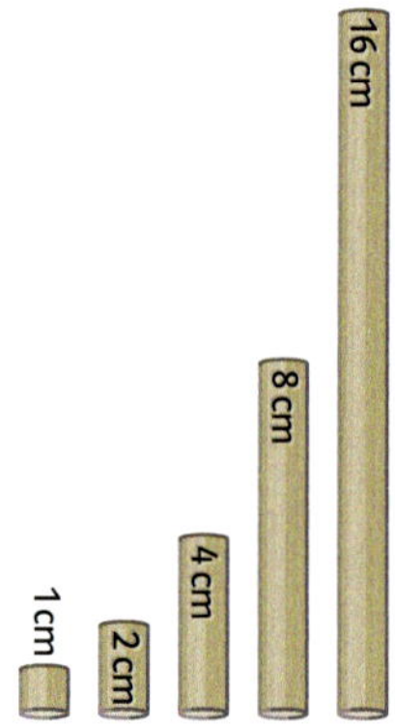

Fig. 1

Teste dich!

Lösungen, Seite 19

◒ **9** a) Wie viele Stellen hat die Zahl 1000 im Zweiersystem?
b) Wie viele Zahlen haben im Zweiersystem höchstens sechs Stellen? Welche sind es?

● **10** a) Wie ändert sich eine Zahl, wenn man im Zweiersystem eine Null anhängt?
b) Woran erkennt man im Zweiersystem, ob eine Zahl gerade oder ungerade ist?

● **11** Addiere im Zweiersystem und überprüfe dein Ergebnis im Dezimalsystem.

a) $(101)_2 + (111)_2$ b) $(1101)_2 + (1011)_2$ c) $(1111)_2 + (1001)_2$

Teste dein Grundwissen!

Grundwissen, Seite
Lösungen, Seite 19

G **12** a) Zeichne drei verschiedene Rechtecke, bei denen eine Seite 3 cm lang ist.
b) Zeichne drei verschiedene Dreiecke, bei denen eine Seite 4 cm lang ist.

Lösungen, Seite 193

1 Zeichne einen Zahlenstrahl und trage die angegebenen natürlichen Zahlen ein.
a) 28, 5, 17, 20, 8, 14, 23
b) 455, 580, 485, 500, 545, 520

2 a) Runde die Zahlen 142, 705, 398 und 4214 auf Zehner.
b) Runde die Zahlen 5612, 12 455, 60 500 und 229 968 auf Tausender.

3 Berechne.
a) 183 + 319
b) 247 − 63
c) 4 · 19
d) 144 : 12
e) 51 : 17
f) 34 · 5
g) 975 − 821
h) 555 + 666
i) 90 · 60
j) 4800 : 60
k) 12 300 + 753
l) 20 000 − 8005

4 Berechne schriftlich.
a) 28 234 + 37 012
b) 700 308 − 6666
c) 421 · 106
d) 9756 : 18
e) 5021 · 780
f) 41 587 − 29 742
g) 27 370 : 35
h) 705 · 541

5 Übertrage die Zahlenmauern in dein Heft und vervollständige sie.
a) Addiere
b) Addiere
c) Multipliziere
d) Multipliziere

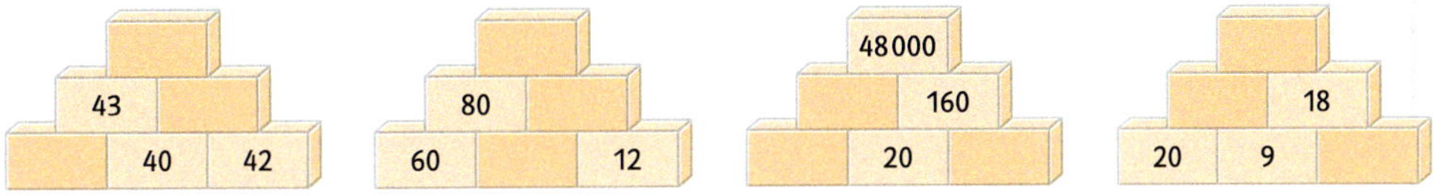

6 Eine fünfköpfige Familie möchte für Samstag und Sonntag Fahrräder ausleihen. Lohnt sich das Familienangebot?

***7** Schreibe die Zahlen im Zehnersystem.
a) $(110)_2$
b) $(11010)_2$
c) $(1010)_2$
d) $(100001)_2$

8 a) Welche Zahl muss man von 10 000 subtrahieren, um 325 zu erhalten?
b) Mit welcher Zahl muss man 17 multiplizieren, um 5100 zu erhalten?
c) Wie viel fehlt von 987 zu einer Million?

9 Wie viele natürlichen Zahlen
a) sind größer als 28 und kleiner als 93,
b) liegen zwischen 10 und 100?

10 a) Welche Zahlen ergeben auf Zehner gerundet 1000?
b) Wie viele Zahlen ergeben auf Hunderter gerundet 1000?

11 Das größte Fußballstadion Europas mit fast 100 000 Plätzen ist das „Camp Nou" in Barcelona. Angenommen, das Stadion ist voll besetzt und alle Zuschauer kommen
a) mit Autos, in denen jeweils 4 Personen sitzen. Wie viele Autos wären dies?
b) mit Bussen, in denen jeweils 50 Personen sitzen. Wie viele Busse wären dies?
c) mit Zügen, in denen jeweils 1000 Personen sitzen. Wie viele Züge wären dies?

12 Die beiden Kinder von Herrn und Frau Meier streiten sich öfter um die Plätze beim Abendessen. Frau Meier schlägt vor: „Wir vier wollen uns jeden Tag in einer anderen Sitzordnung hinsetzen. An keinem Tag dieser Woche soll die Platzverteilung die gleiche sein wie an einem anderen Tag. Wie viele Tage kann die Familie wechseln?"

Römische Zahlzeichen

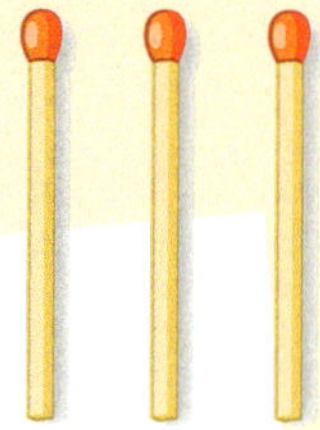

Die **römischen Zahlzeichen** wurden vor etwa 500 Jahren durch unsere heute gebräuchliche Ziffernschreibweise ersetzt. In vielen alten Inschriften und Texten treten diese römischen Zahlzeichen noch auf: beim Schreiben von Jahreszahlen, auf Zifferblättern oder Gebäuden, bei der Zählung von Königen, Kaisern und Herrschern oder wie in diesem Buch bei der Zählung von Kapiteln.

Mit den folgenden Aufgaben könnt ihr die Welt der römischen Zahlzeichen erforschen.

I a) Rechts oben auf Seite 35 seht ihr, dass das Kapitel mit einem römischen Zahlzeichen nummeriert wurde. Welche Bedeutung hat der Buchstabe I?
b) Schlagt das Inhaltsverzeichnis des Buches auf. Wie sind die weiteren Kapitel nummeriert? Welche Bedeutung hat das Zeichen V?

II a) Uhren haben wie auf dem Foto oft ein Zifferblatt mit römischen Zahlzeichen. Welche Bedeutung hat der Buchstabe X?
b) Wie werden die Zahlen 1 bis 12 dargestellt?

III Vergleicht das römische Zahlzeichen VII mit der Zahl 511. Worin unterscheiden sich römische Zahlzeichen und die Darstellung einer Zahl in einem Stellenwertsystem?

Die verschiedenen römischen Zahlzeichen haben die folgende Bedeutung:
I = 1, V = 5, X = 10, L = 50, C = 100, D = 500, M = 1000.

Weitere Zahlen schreibt man, indem man diese Zeichen aneinanderreiht.
Die Zahlzeichen V, L und D werden nie wiederholt.
Man schreibt die Zahlzeichen in absteigender Reihenfolge:
VI = V + I = 5 + 1 = 6,
XII = X + I + I = 10 + 1 + 1 = 12,
MDCXI = M + D + C + X + I = 1000 + 500 + 100 + 10 + 1 = 1611.

Steht eines der Zeichen I, X und C links von einem seiner beiden jeweils nächstgrößeren Zeichen, so zieht man die kleinere Zahl von der größeren Zahl ab:
IV = V − I = 5 − 1 = 4,
XLIX = L − X + X − I = 50 − 10 + 10 − 1 = 49,
MCMLXX = M + M − C + L + X + X = 1000 + 1000 − 100 + 50 + 10 + 10 = 1970.

Mit diesen Regeln kann man manche Zahlen auf verschiedene Weisen schreiben, zum Beispiel 9 = IX oder 9 = VIIII. Man beachtet darum meist noch eine weitere Regel: Ein Zahlzeichen kommt höchstens dreimal hintereinander vor. Man schreibt dann 9 = IX.

Völlig unabhängig davon, an welcher Stelle ein römisches Zahlzeichen steht, hat es immer den gleichen Wert. V bedeutet immer 5, C immer 100 usw. Die römische Zahlschreibweise bildet also kein Stellenwertsystem.

Welche Regel wurde hier nicht beachtet?

IV Schreibe dein Geburtsjahr mit römischen Zahlzeichen.

V Schreibe im Zehnersystem.

a) VII b) XII c) XV d) CXX
e) MCM f) MMDCC g) MMMDC h) MMMDCCX

VI Schreibe mit römischen Zahlzeichen.

a) 16 b) 40 c) 79 d) 160
e) 788 f) 1450 g) 1677 h) 1999

VII Die Freiheitsstatue im New Yorker Hafen hält in der linken Hand eine Tafel, die das Datum der amerikanischen Unabhängigkeitserklärung zeigt. Wie lautet dieses Datum?

VIII **Streichholzrechnungen**
Wenn man ein einziges Streichholz in jeder Zeile umlegt, werden die Rechnungen richtig. Notiere die richtigen Rechnungen in deinem Heft.

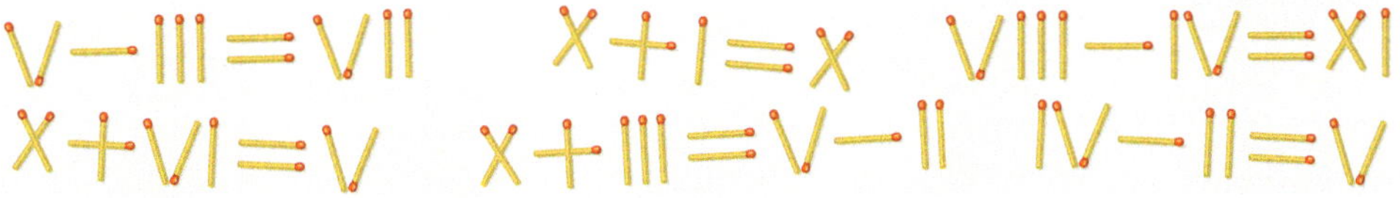

IX **Historisches**
Welche Jahreszahl gehört zu welchem Ereignis?

MCDXCII

DCCC

MDCCCLXXXIX

MCMLXIX

Der Eiffelturm wird eröffnet.

Kolumbus entdeckt Amerika.

Der erste Mensch landet auf dem Mond.

Karl der Große wird zum Kaiser gekrönt.

Rückblick

Natürliche Zahlen
Die natürlichen Zahlen sind 0, 1, 2, 3, 4, 5 …

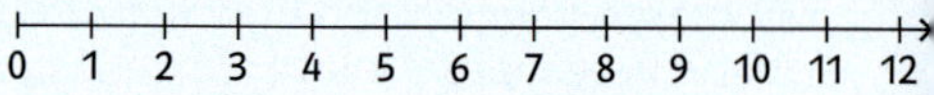

Am Zahlenstrahl werden die Zahlen in Pfeilrichtung größer.

$3 < 8$ $\quad$ $11 > 9$

Der Wert einer Ziffer im Zehnersystem hängt von der Stelle ab, an der sie steht.

4203:
4 Tausender, 2 Hunderter, 0 Zehner, 3 Einer

Runden
Steht rechts von der Rundungsstelle …
… eine 0, 1, 2, 3 oder 4, so wird abgerundet.
… eine 5, 6, 7, 8 oder 9, so wird aufgerundet.

Runden auf Hunderter:
$2329 \approx 2300$
$7453 \approx 7500$

Rechenarten

Addition

$$\underbrace{\overset{\text{1. Summand}}{a} + \overset{\text{2. Summand}}{b}}_{\text{Summe}}$$

$14 + 28 = 42$

Subtraktion

$$\underbrace{\overset{\text{Minuend}}{a} - \overset{\text{Subtrahend}}{b}}_{\text{Differenz}}$$

$62 - 28 = 34$

Multiplikation

$$\underbrace{\overset{\text{1. Faktor}}{a} \cdot \overset{\text{2. Faktor}}{b}}_{\text{Produkt}}$$

$14 \cdot 16 = 224$

Division

$$\underbrace{\overset{\text{Dividend}}{a} : \overset{\text{Divisor}}{b}}_{\text{Quotient}}$$

$108 : 12 = 9$

Runde 1

Lösungen, Seite 193

1 Welche natürlichen Zahlen sind markiert?

a)

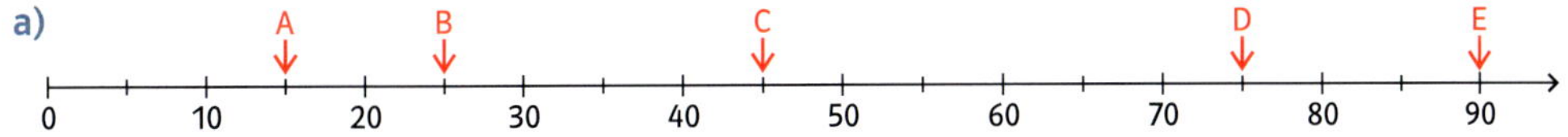

b)

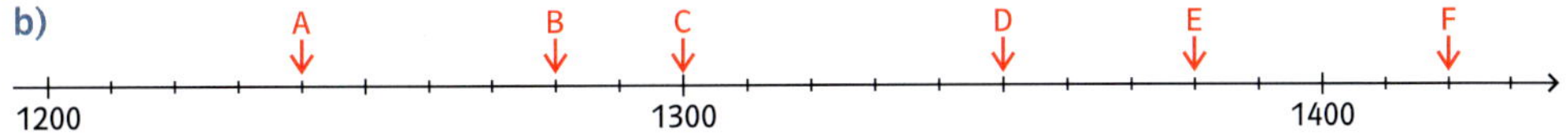

2 Schreibe die Zahl in Ziffern und runde sie auf Zehner.
a) neunhundertsiebenundzwanzig Millionen dreihundertfünftausendvierhundertzwölf
b) sechs Milliarden sechs Millionen sechstausendsechshundertsechs

3 Berechne.
a) 370 + 152 b) 227 − 98 c) 3 · 14 d) 72 : 4
e) 5 · 22 f) 8888 − 7777 g) 4200 + 14 390 h) 78 : 13

4 Berechne schriftlich.
a) 95 234 + 20 767 b) 23 575 − 9091 c) 452 · 23 d) 4410 : 18

5 Übertrage in dein Heft und ergänze die fehlende Zahl.
a) 18 · □ = 9000 b) □ + 984 = 1229 c) 192 : □ = 24 d) 7524 − □ = 251
e) □ : 578 = 45 f) □ · 33 = 8283 g) □ − 785 = 1206 h) 27 200 : □ = 40

Runde 2

Lösungen, Seite 194

1 Zeichne einen Zahlenstrahl und trage die angegebenen natürlichen Zahlen ein.
a) 15, 130, 5, 85, 40, 115, 95, 65 b) 401, 428, 415, 424, 408, 420, 411

2 Wie viele natürliche Zahlen kann man in das Kästchen einsetzen?
a) 27 < □ < 84 b) 10 000 < □ < 1 000 000 c) 100 < □ < 101

3 Runde die Zahl 45 098
a) auf Zehner, b) auf Hunderter, c) auf Tausender.

4 Berechne.
a) 186 : 6 b) 14 500 + 3800 c) 40 · 25 d) 4785 − 2005
e) 511 · 3 f) 175 : 25 g) 38 · 200 h) 6001 − 3975

5 Berechne schriftlich. Führe bei den Divisionen die Probe durch.
a) 22 528 : 44 b) 805 · 456 c) 20 230 : 35 d) 205 · 670

6 Frau und Herr Ritter gehen mit ihren drei Kindern in den Zoo. Insgesamt kostet der Eintritt 49 €. Der Eintrittspreis für Kinder ist halb so hoch wie für Erwachsene.
Wie viel kostet eine Eintrittskarte für Erwachsene?

7 340 Flaschen Orangensaft, 180 Flaschen Traubensaft und 80 Flaschen Apfelsaft sollen in Kästen zu je 20 Flaschen versendet werden. Wie viele Kästen benötigt man insgesamt?

II Rechnen mit natürlichen Zahlen

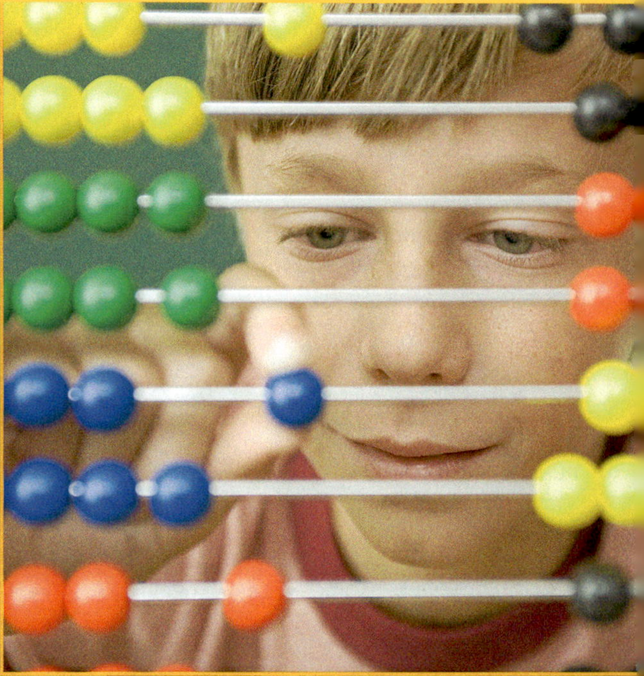

Das kannst du bald

- Rechenausdrücke vereinfachen
- Rechenregeln und Rechenvorteile anwenden
- Potenzen berechnen

Check-in

Schätze dich ein:

	☺	😐	☹
1. Ich kenne die mathematischen Fachbegriffe zu den vier Grundrechenarten (+, −, ·, :).	☐	☐	☐
2. Ich kann schriftlich addieren und subtrahieren.	☐	☐	☐
3. Ich kann schriftlich multiplizieren und dividieren.	☐	☐	☐
4. Ich kenne die Zahlennamen großer Zahlen.	☐	☐	☐

Lerntipps

zu 1. **Grundwissen**, Seite 186
zu 2. **Beispiel 2**, Seite 14
Beispiel 2, Seite 18
zu 3. **Beispiel 2**, Seite 22
Merkkasten, Seite 28
zu 4. **Lehrtext**, Seite 9

Teste dich!

→ **Lösungen**, Seite 194

1 Mathematische Fachbegriffe

a) Berechne
(I) die Differenz von 38 und 9,
(II) das Produkt von 7 und 12,
(III) die Summe von 23 und 14,
(IV) den Quotienten von 42 und 6.

b) Ordne den Rechenarten Addition, Subtraktion, Multiplikation und Division die passende der Teilaufgaben (I) bis (IV) zu.

2 Schriftliches Addieren und Subtrahieren

Berechne schriftlich.

a) 356 + 1057 b) 2587 + 256 + 4112 c) 5613 − 486 d) 5783 − 2489 − 177

3 Schriftliches Multiplizieren und Dividieren

Berechne schriftlich.

a) 476 · 1647 b) 2488 · 145 c) 7452 : 12 d) 3961 : 17

4 Große Zahlen

Ordne die Kärtchen einander zu, die zusammengehören.

A 1 Million | B Zehntausend | C zehn Milliarden | D zehn Millionen | E Hunderttausend

1 100 000 | 2 10 000 | 3 10 000 000 | 4 1 000 000 | 5 10 000 000 000

1 Mehrgliedrige Rechenausdrücke – Klammern

Peter und Sina sollen den Rechenausdruck an der Tafel berechnen. Peter hat 35 als Ergebnis, Sina hat 19.
Beschreibe, wie die beiden gerechnet haben.

Rechenausdrücke wie 3 + 25 oder 20 € – 3,90 € – 1,10 € werden als **Terme** bezeichnet. Haben diese mehr als zwei Rechenglieder, können sie je nach Reihenfolge der Berechnung verschiedene Ergebnisse haben. Deshalb wird die **Reihenfolge der Rechenschritte** durch Klammern vorgeschrieben.
Es wird festgesetzt:
Die Rechnung in der Klammer wird zuerst ausgeführt.

(20 – 11) + 4   Zuerst wird (20 – 11) berechnet.
= 9 + 4
= 13

20 – (11 + 4)   Zuerst wird (11 + 4) berechnet.
= 20 – 15
= 5

Bei dem Term 40 + [20 – (12 – 9)] sind zwei Klammern ineinandergeschachtelt. Es wird festgesetzt: Die innere Klammer wird zuerst berechnet.

40 + [20 – (12 – 9)]   Die Klammer (12 – 9) ist die innere Klammer; sie wird zuerst berechnet.
= 40 + [20 – 3]
= 40 + 17
= 57

Sind mehrere Klammern ineinandergeschachtelt, schreibt man in der Regel:
{...[...(...)...]...}

Rechenbaum:

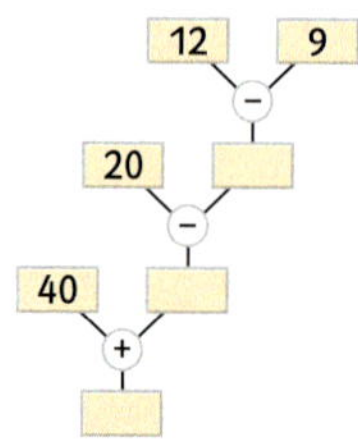

Der Rechenbaum veranschaulicht die Gliederung des Terms.

Der Term (8 – 3) · 6 heißt Produkt, weil der zuletzt auszuführende Rechenschritt eine Multiplikation ist. Allgemein benennt man Terme nach der Rechenart, die für den letzten Rechenschritt vorgeschrieben ist.

(20 – 11) + 4	20 – (11 + 4)	(8 – 3) · 5	25 : (18 – 13)
↑ Summe	↑ Differenz	↑ Produkt	↑ Quotient

Mit den **Klammerregeln** wird die Reihenfolge der Rechenschritte festgelegt:
1. **Klammern werden zuerst berechnet.**
2. Eine **innere Klammer** wird vor einer äußeren Klammer berechnet.

Man benennt einen Term nach der zuletzt ausgeführten Rechenart.

Beispiel 1 Terme berechnen
Berechne den Term und gib an, nach welcher Rechenart er benannt ist.
a) (28 + 13) – (10 – 2)   b) 5 · [20 – (3 + 9)]

Lösung
a) (28 + 13) – (10 – 2)
= 41 – 8
= 33
Der Term ist eine Differenz.

b) 5 · [20 – (3 + 9)]
= 5 · [20 – 12]
= 5 · 8 = 40
Der Term ist ein Produkt.

Beispiel 2 Terme aufstellen
Schreibe die Aufgabe zunächst als Term und berechne dann:
Multipliziere die Differenz von 80 und 71 mit der Summe von 5 und 2.
Lösung
Term: (80 − 71) · (5 + 2)
Rechnung: (80 − 71) · (5 + 2) = 9 · 7 = 63

Aufgaben

1 Berechne. Handelt es sich um eine Summe oder um eine Differenz?
a) 7 + (9 − 2) b) (17 − 7) − 7 c) (20 − 3) + 5
d) 22 − (5 + 11) e) (30 + 10) + 25 f) (110 + 20) − 100
g) (20 + 5) − 15 h) 50 + (7 − 7) i) 800 − (200 + 200)

2 Berechne. Handelt es sich um eine Summe oder um eine Differenz?
a) (11 + 12) − (9 + 9) b) (30 + 10) − (10 − 6) c) (28 − 14) + (15 − 13)
d) (22 + 33) − (11 + 11) e) (32 + 13) + (32 − 13) f) (54 − 17) − (54 − 17)
g) (29 + 12) + (29 + 12) h) (190 − 20) − (20 + 120) i) (180 − 145) + (180 − 80)

3 Berechne. Handelt es sich um ein Produkt oder um einen Quotienten?
a) 2 · (10 − 2) b) (20 + 5) : 5 c) (33 − 9) · 2
d) (17 + 17) : 2 e) (10 · 6) : 2 f) 10 · (36 : 12)
g) (3 · 7) · 5 h) (170 − 90) : 10 i) (180 : 30) · 4

4 Schreibe den Rechenbaum als Term auf und berechne ihn.
a) 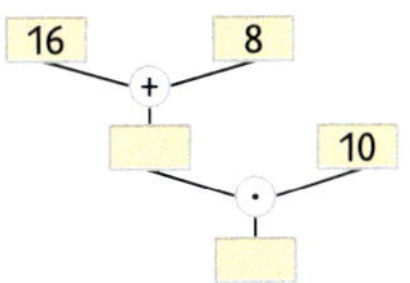

b) 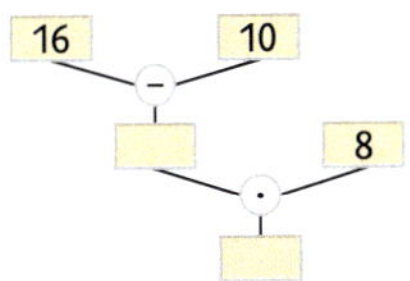

c) 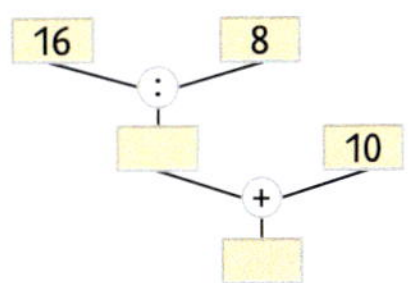

5 Ordne jeder Aufgabe einen Term zu und berechne dann.
a) Addiere 33 zur Differenz von 30 und 20.
b) Multipliziere die Differenz von 33 und 30 mit 20.
c) Subtrahiere die Differenz von 30 und 20 von der Zahl 33.
d) Addiere 33 zum Produkt von 30 und 20.

A (33 − 30) · 20
B 33 − (30 − 20)
C (30 · 20) + 33
D (30 − 20) + 33

6 Schreibe die Aufgabe zunächst als Term und berechne dann.
a) Addiere zu 30 die Differenz von 29 und 15.
b) Multipliziere die Summe von 66 und 2 mit 2.
c) Subtrahiere das Produkt von 3 und 5 von der Zahl 30.
d) Dividiere die Differenz von 220 und 180 durch 4.
e) Subtrahiere das Produkt von 10 und 3 vom Produkt von 10 und 5.

7 Berechne schriftlich.
a) (561 − 478) + 1560 b) 3780 − (2777 + 458) c) (358 + 99) · 8
d) (1780 − 1224) : 4 e) (19 · 11) + (20 · 16) f) (345 + 9) · (467 − 448)

Teste dich!

→ **Lösungen**, Seite 194

○ **8** Berechne und gib den Namen des Terms an.
a) (24 − 19) · 7 b) (13 + 11) + (13 − 11) c) 39 − [30 − (7 + 15)]

○ **9** Schreibe die Aufgabe zunächst als Term und berechne.
a) Subtrahiere 12 von der Differenz von 67 und 48.
b) Addiere das Produkt von 9 und 5 zur Summe von 9 und 5.

◒ **10** Schreibe den Term zunächst in Worten wie in Aufgabe 9 auf. Berechne.
a) 19 + (9 − 5) b) 77 − (80 − 78) c) (24 − 3) + 24
d) 7 · (67 − 61) e) (2 · 9) + (76 − 18) f) (187 − 178) : 3

Zu Aufgabe 10:
Bitte bediene dich:
+ Summe, addieren
− Differenz, subtrahieren
· Produkt, multiplizieren
: Quotient, dividieren

◒ **11** Ist die Aussage zur Reihenfolge der Rechnungen richtig oder falsch?
Berechne den Term.

A B C D
(120 − 56) − [(19 − 10) − 7]

a) Die zuletzt ausgeführte Rechnung muss B sein.
b) Man darf als erste Rechnung A ausführen.
c) Die Rechnung C muss nach der Rechnung D ausgeführt werden.

◒ **12** Übertrage in dein Heft und setze für □ die fehlende Zahl ein.
a) 12 + (□ + 9) = 30 b) 19 + (□ − 2) = 40 c) 30 − (14 + □) = 0
d) (□ + 4) − 9 = 20 e) □ − (34 + 10) = 0 f) □ − (34 − 10) = 10
g) (□ + 6) + (18 − 7) = 41 h) [(41 − 16) − □] − 7 = 10 i) □ − [76 − (100 − 79)] = 1

Teste dich!

→ **Lösungen**, Seite 194

◒ **13** Schreibe den Term (451 − 389) · 10 zunächst in Worten auf. Berechne.

◒ **14** Übertrage in dein Heft und setze für □ die fehlende Zahl ein.
a) 45 − (□ + 34) = 0 b) □ + (156 − 130) = 100 c) (29 − □) − (7 + 6) = 5

● **15** Welche Zahl muss man für □ einsetzen?
a) (□ + □) − (□ − □) = 1000 b) [(□ + □) · 2] − □ = 300 c) [(□ + 5) · □] − □ = 5

● **16** a) Wie lauten die Terme Nr. 5 und Nr. 6?
b) Welche Nummer hat der Term mit dem Wert 92?
c) Kann bei einer Nummer der Wert 999 vorkommen? Begründe.

1. 2 + 2
2. (2 + 2) · 2
3. ((2 + 2) · 2) + 2
4. (((2 + 2) · 2) + 2) · 2
5. …

Teste dein Grundwissen!

→ **Beispiel 2**, Seite 22
Lösungen, Seite 194

G **17** Stimmen die Aussagen? Überprüfe mit einer Überschlagsrechnung.

2 Rechenregeln für Summen und Differenzen

Was soll hier an der Tafel überprüft werden?

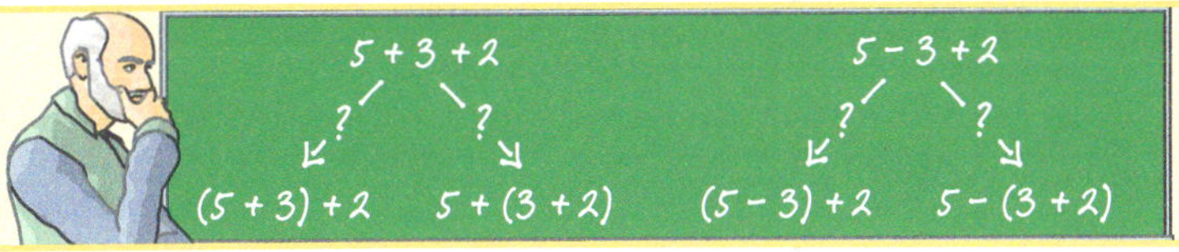

Terme, die nur das Zeichen + enthalten

Die Summe 12 + 17 + 3 kann man ohne Klammern schreiben, weil man unabhängig von der Klammersetzung dasselbe Ergebnis erhält.

(12 + 17) + 3 = 29 + 3 = 32
Zuerst werden die ersten beiden Summanden zusammengefasst.

12 + (17 + 3) = 12 + 20 = 32
Zuerst werden die letzten beiden Summanden zusammengefasst.

Bei dieser Rechnung führt das Zusammenfassen der beiden letzten Summanden zu einem Rechenvorteil.

Mit Weitblick geschickt rechnen:
17 + 3 = 20

Bei der Addition darf man die Summanden vertauschen. Auch dies kann manchmal als Rechenvorteil genutzt werden. Z. B. werden hier 47 und 6 vertauscht:
94 + 47 + 6 = 94 + 6 + 47 = (94 + 6) + 47 = 100 + 47 = 147.

> Enthält ein Term nur das Rechenzeichen + (plus), dann gelten das
> **Kommutativgesetz (KG +)**: Summanden dürfen vertauscht werden;
> und das
> **Assoziativgesetz (AG +)**: Klammern dürfen beliebig gesetzt oder weggelassen werden.

commutare (lat.): tauschen

associare (lat.): verbinden

Terme mit den Zeichen + und −

Die folgenden Beispiele zeigen, dass für Terme, die das Minuszeichen enthalten, das Kommutativgesetz und das Assoziativgesetz **nicht** gilt:

9 − 2 = 7
2 − 9 = ? Das Ergebnis ist keine natürliche Zahl.

(18 − 10) + 5 = 8 + 5 = 13
aber
18 − (10 + 5) = 18 − 15 = 3

Man legt fest: Ist wie in 18 − 10 + 5 keine Klammer gesetzt ist, muss man von **links nach rechts** rechnen. 18 − 10 + 5 = (18 − 10) + 5.

Achtung:
(18 − 10) + 5 darfst du jetzt ohne Klammer schreiben,
18 − (10 + 5) **nicht**.

> Enthält ein Term nur die Zeichen + und − und keine Klammern, dann rechnet man **von links nach rechts.**

Ein Beispiel zeigt, dass man auch auf andere Weise als von links-nach-rechts rechnen kann. Die Klasse 5 b berechnet den Jahresendstand des Klassenkontos:

Anstatt 30 − 19 − 3 + 8 − 4 von links nach rechts zu berechnen, kann man auch die Plusglieder und die Minusglieder zusammenfassen:

30 − 19 − 3 + 8 − 4
= (30 + 8) − (19 + 3 + 4)
Plusglieder Minusglieder
= 38 − 26 = 12.

Klassenkasse 5 b

31.09.2015	0 €	Kein Guthaben
01.10.2015	+ 30 €	Elternspende
18.10.2015	− 19 €	Spielenachmittag
09.11.2015	− 3 €	Geschenk für Mia
14.12.2015	+ 8 €	Kuchenverkauf
20.12.2015	− 4 €	Abreißkalender
Jahresendstand:		

Beispiel 1 Kommutativgesetz (KG +) und Assoziativgesetz (AG +)

Berechne geschickt und beschreibe die Umformung.

a) 113 + 66 + 34

b) 47 + 36 + 53 + 24

Lösung

a) 113 + 66 + 34
= 113 + (66 + 34) (AG +)
= 113 + 100 = 213

b) 47 + 36 + 53 + 24
= 47 + 53 + 36 + 24 (KG +)
= (47 + 53) + (36 + 24) (AG +)
= 100 + 60 = 160

Beispiel 2 Terme mit den Rechenzeichen + und – berechnen

Gegeben ist der Term 76 – 14 – 13 – 6 + 9.

a) Berechne den Term von links nach rechts.

b) Fasse zunächst die Plusglieder und die Minusglieder zusammen. Berechne.

Lösung

a) 76 – 14 – 13 – 6 + 9
= 62 – 13 – 6 + 9
= 49 – 6 + 9
= 43 + 9 = 52

b) 76 – 14 – 13 – 6 + 9
= (76 + 9) – (14 + 13 + 6)
= 85 – 33
= 52

Aufgaben

○ **1** Setze die Klammern geschickt und berechne.

a) 22 + 17 + 13 b) 46 + 14 + 27 c) 28 + 35 + 55
d) 83 + 37 + 46 e) 21 + 54 + 36 f) 64 + 36 + 76

So: (17 + 19) + 1 oder so: 17 + (19 + 1)?

○ **2** Berechne geschickt. Vertausche eventuell vor der Rechnung zwei Summanden.

a) 23 + 19 + 17 b) 67 + 24 + 113 c) 56 + 17 + 44
d) 36 + 22 + 18 e) 488 + 188 + 12 f) 109 + 111 + 63
g) 320 + 77 + 30 h) 2400 + 900 + 1600 i) 5700 + 450 + 1300

So: 13 + 39 + 7 oder so: 13 + 7 + 39?

○ **3** Begründe jede Umformung mit den Kärtchen auf dem Rand und rechne zu Ende.

a)
344 + (65 + 156) + 28 [1]
= 344 + 65 + 156 + 28 [2]
= 344 + 156 + 65 + 28 [3]
= (344 + 156) + 65 + 28

b)
210 + 17 + 13 + 90 + 47 [1]
= 210 + 30 + 90 + 47 [2]
= 210 + 90 + 30 + 47 [3]
= 300 + 30 + 47

(AG +) Klammer setzen

(AG +) Klammer setzen und berechnen

(AG +) Klammer weglassen

(KG +) Summanden vertauschen

○ **4** Berechne geschickt.

a) 36 + 57 + 24 + 33 b) 7 + 81 + 103 + 19 c) 24 + 19 + 16 + 21
d) 108 + 26 + 2 + 34 e) 51 + 19 + 17 + 13 f) 98 + 106 + 100 + 102
g) 19 + 55 + 45 + 81 h) 202 + 109 + 91 + 8 i) 45 + 99 + 145 + 101

○ **5** Berechne von links nach rechts.

a) 23 + 13 – 12 – 17 b) 48 – 23 – 24 + 19 c) 54 – 33 + 67 – 24
d) 5 + 78 – 34 + 56 e) 63 – 23 + 18 – 24 f) 46 + 34 – 67 + 34
g) 15 + 45 – 8 – 22 h) 44 – 9 – 9 + 11 + 9 i) 91 – 21 – 16 – 8 – 12

○ **6** Berechne von links nach rechts.

a) 150 + 150 – 100 – 100 b) 200 + 200 – 300 – 100 c) 500 + 400 – 600 + 200
d) 180 + 220 – 70 – 100 e) 1000 – 60 – 30 – 50 f) 2000 – 1500 – 20 + 100

Teste dich!

Lösungen, Seite 194

7 Berechne geschickt.
a) 34 + 20 + 56 + 80 b) 890 + 190 + 110 c) (820 + 37) + (80 + 163)

8 Berechne von links nach rechts.
a) 45 − 15 − 9 − 9 b) 93 − 35 − 35 + 18 c) 420 − 180 − 30 + 120

9 Fasse zuerst die Plusglieder und die Minusglieder zusammen und berechne dann.
a) 45 + 13 − 18 − 12 b) 98 − 23 − 24 − 19 c) 54 − 36 + 67 − 24
d) 200 + 650 − 300 − 50 e) 2800 − 46 − 1300 − 654 f) 1500 − 1230 − 170 + 600

10 Berechne geschickt.
a) 78 − 28 + 22 + 100 − 72
b) 37 − 19 + 200 − 181 + 13
c) 103 − 67 + 15 + 32 − 33
d) 100 − 64 − 36 + 34 + 66

11 Berechne den Jahresendstand auf dem Sparkonto von Frau Meyer.

SPARKASSE TAL	SPARKONTO FRAU MEYER	
01.09.2015		Kontoeröffnung
13.09.2015	+ 300 €	Einzahlung
14.10.2015	− 90 €	Auszahlung
09.11.2015	− 40 €	Auszahlung
14.12.2015	+ 180 €	Einzahlung
20.12.2015	− 220 €	Auszahlung
Jahresendstand:		

12 In einen mit 94 Fahrgästen besetzten Zug steigen an den nächsten drei Stationen Personen ein und aus.
Wie viele Fahrgäste sind nach der dritten Station im Zug?

Station	1	2	3
ein	27	21	34
aus	12	14	19

Teste dich!

Lösungen, Seite 195

13 Berechne geschickt.
a) 120 − 34 − 26 + 60 b) 544 − 155 − 78 − 45 − 22

14 Das Einstein-Gymnasium hatte Ende des Jahres 2011 insgesamt 568 Schüler.
a) Wie viele Schüler sind es Ende 2015?
b) Wie viele Schüler gingen insgesamt zu, wie viele gingen insgesamt ab?

	Zugänge	Abgänge
2012	98	78
2013	86	90
2014	78	70
2015	92	77

15 Carl Friedrich Gauß, der später „Fürst der Mathematiker" genannt wurde, addierte als 7-Jähriger die ersten hundert natürlichen Zahlen durch geschicktes Zusammenfassen so:
$$1 + 2 + 3 + 4 + \ldots + 98 + 99 + 100 = (1 + 100) + (2 + 99) + \ldots + (49 + 52) + (50 + 51)$$
$$= 101 + 101 + \ldots + 101 + 101$$
Rechne zu Ende. Addiere auf entsprechende Weise die Zahlen von 1 bis 200.

Carl Friedrich Gauß (1777 – 1855)

Teste dein Grundwissen!

Beispiel 1, Seite 22
Lösungen, Seite 195

16 Lena und Max versuchen, sich gegenseitig zu übertreffen. Max behauptet: „Ich bin jetzt 10 Jahre alt. Damit bin ich älter als 122 Monate." Lena meint: „Ich bin auch 10 Jahre alt, aber ich habe schon weit mehr als 4100 Tage gelebt." Überprüfe, wer von den beiden recht hat. Verbessere die falsche Aussage.

3 Rechenregeln für Terme mit Produkten

Bei einem Würfelspiel wird gleichzeitig mit drei Würfeln geworfen. Versuche mit den drei gewürfelten Zahlen möglichst viele Zahlen durch Terme zu erhalten.

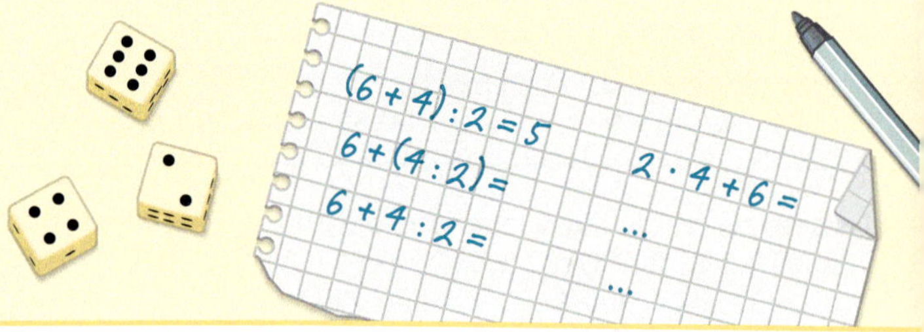

Man bezeichnet eine Rechnung mit + (plus) oder − (minus) als **Strichrechnung**, z. B. 6 + 12 oder 13 − 5. Eine Rechnung mit · (mal) oder : (geteilt) heißt **Punktrechnung**, z. B. 7 · 4 oder 18 : 3.

Bei den Termen (3 + 5) · 2 und 3 + (5 · 2) führt die unterschiedliche Klammersetzung zu verschiedenen Ergebnissen:

(3 + 5) · 2	3 + (5 · 2)
= 8 · 2	= 3 + 10
= 16	= 13

Beachte:
Bei 3 + 5 · 2 gilt die Von-Links-nach-rechts-Regel **nicht**, weil es sich **nicht** um eine reine Strichrechnung handelt.

Damit man den Term 3 + 5 · 2 auch ohne Klammern auf eindeutige Weise berechnen kann, legt man fest: Die Punktrechnung muss vor der Strichrechnung ausgeführt werden. 3 + 5 · 2 = 3 + (5 · 2)

Punkt-vor-Strich-Regel
Enthält ein Term Punktrechnungen und Strichrechnungen, dann werden die Punktrechnungen (· und :) vor den Strichrechnungen (+ und −) ausgeführt.

Die Punkt-vor-Strich-Regel gilt nur, falls eine Klammer nichts anderes vorschreibt.

Ein Produkt wie 8 · 5 · 2 kann man ohne Klammer schreiben, da das Ergebnis unabhängig von der Klammersetzung ist.

(8 · 5) · 2 = 40 · 2 = 80 und 8 · (5 · 2) = 8 · 10 = 80

Das Ergebnis bleibt auch gleich, wenn man Faktoren vertauscht: 8 · 5 · 2 = 5 · 8 · 2.

In unserer Sprache gibt es kein Assoziativgesetz:

Riesenrad-Fahrer

Riesen-Radfahrer

Enthält ein Term nur das Rechenzeichen · (mal), dann gelten das
Kommutativgesetz (KG ·): Faktoren dürfen vertauscht werden,
und das
Assoziativgesetz (AG ·): Klammern dürfen beliebig gesetzt oder weggelassen werden.

Das KG · und das AG · können als Rechenvorteile eingesetzt werden:
5 · (17 · 2) = 5 · 17 · 2 = 5 · 2 · 17 = 10 · 17 = 170.

Beachte: Beispiele zeigen, dass entsprechende Gesetze für die Division **nicht** gelten.

6 : 2 = 3
2 : 6 = ? Das Ergebnis ist keine natürliche Zahl.

(24 : 6) : 2 = 4 : 2 = 2
aber
24 : (6 : 2) = 24 : 3 = 8

Enthält ein Term neben Multiplikationen auch Divisionen, aber keine Klammern, dann rechnet man von links nach rechts: 12 : 2 · 3 = 6 · 3 = 18

Beispiel 1 Die Punkt-vor-Strich-Regel

Berechne.

a) $4 + 6 \cdot 13$ b) $7 \cdot 7 - 12 : 3$ c) $(84 - 72) : 2 + 8$

Lösung

a) $4 + 6 \cdot 13$
$= 4 + 78$
$= 82$

b) $7 \cdot 7 - 12 : 3$
$= 49 - 4$
$= 45$

c) $(84 - 72) : 2 + 8$
$= 12 : 2 + 8$
$= 6 + 8$
$= 14$

Beispiel 2 Die Punkt-vor-Strich-Regel mit mehrgliedrigen Punktrechnungen

a) Berechne $80 + 25 \cdot (7 \cdot 4)$ geschickt.

b) Setze im Term $5 \cdot 2 \cdot 6 - 5$ eine Klammer so, dass das Ergebnis 35 ist.

Lösung

a) $80 + 25 \cdot (7 \cdot 4)$
$= 80 + (25 \cdot 4) \cdot 7$
$= 80 + 100 \cdot 7$
$= 780$

b) $5 \cdot (2 \cdot 6 - 5)$
$= 5 \cdot (12 - 5)$
$= 5 \cdot 7$
$= 35$

Aufgaben

○ **1** Welche Rechnung wird zuerst ausgeführt? Berechne.

a) $5 + 5 \cdot 7$ b) $20 - 4 \cdot 3$ c) $6 \cdot 4 + 6$
d) $28 - 8 : 2$ e) $45 : 5 - 5$ f) $33 : 11 - 3$
g) $42 : 7 + 14$ h) $10 \cdot 10 + 10$ i) $20 + 20 : 20$

○ **2** Welche Rechnung wird zuerst ausgeführt? Berechne.

a) $(5 + 9) \cdot 2$ b) $57 - 22 : 11$ c) $20 : (3 + 7)$
d) $(56 - 47) \cdot 11$ e) $(18 + 16) : 17$ f) $80 + 20 \cdot 1$
g) $7 \cdot (20 - 18)$ h) $60 : (12 - 6)$ i) $500 + (200 \cdot 3)$
j) $63 + 37 \cdot 10$ k) $33 : 11 \cdot 3$ l) $(18 + 7) \cdot 4$

○ **3** Schreibe zuerst die Reihenfolge der Rechnungen auf und berechne dann.

a) $(3 \cdot 40 - 10) \cdot 2$ (A: $3 \cdot 40$, B: $-\,10$, C: $\cdot\, 2$)
b) $(120 - 100 : 10) \cdot 8$ (A: $120 -$, B: $100 : 10$, C: $\cdot\, 8$)
c) $3 \cdot (40 - 10) \cdot 2$ (A: $3 \cdot$, B: $40 - 10$, C: $\cdot\, 2$)
d) $50 - (100 - 10 \cdot 8)$ (A: $50 -$, B: $100 -$, C: $10 \cdot 8$)

Zu Aufgabe 3:
A B C
$3 \cdot (9 - 2 \cdot 4)$
Reihenfolge:
C B A

○ **4** Berechne.

a) A $20 : 5 + 5 \cdot 3$ B $20 : (5 + 5 \cdot 3)$ C $(20 : 5 + 5) \cdot 3$
b) A $6 + 3 + 8 \cdot 5$ B $6 + (3 + 8) \cdot 5$ C $(6 + 3 + 8) \cdot 5$

○ **5** Entscheide zunächst, welche Terme denselben Wert haben und berechne dann alle Terme.

a) A $20 \cdot 3 \cdot 5 \cdot 2$ B $5 \cdot 20 \cdot 2 \cdot 3$ C $15 \cdot 20 \cdot 2$
b) A $18 \cdot 2 \cdot 9$ B $9 \cdot 2 \cdot 9 \cdot 2$ C $2 \cdot 3 \cdot 18$

○ **6** Berechne geschickt.

a) $5 \cdot 17 \cdot 2$ b) $50 \cdot 7 \cdot 2$ c) $25 \cdot (4 \cdot 7)$
d) $(3 \cdot 5) \cdot (20 \cdot 3)$ e) $2 \cdot 37 \cdot (34 - 24)$ f) $117 \cdot (7 \cdot 0) \cdot 117$
g) $56 + 4 \cdot 8 \cdot 5 + 144$ h) $4 \cdot 3 \cdot 25 - 10 \cdot 9$ i) $2 \cdot (32 - 7) \cdot 50$
j) $125 \cdot 17 \cdot 8$ k) $(29 \cdot 2) \cdot (25 \cdot 2)$ l) $(87 \cdot 5) \cdot 10 \cdot 2$

Teste dich! → **Lösungen**, Seite 195

○ **7** Berechne.
a) $16 + 4 \cdot 7$ b) $50 - 20 : 4 - 4$ c) $(31 - 18 : 3) + 7$

○ **8** Berechne geschickt.
a) $(4 \cdot 8) \cdot 25$ b) $5 \cdot (23 - 4) \cdot 4$ c) $(7 \cdot 5) \cdot 20 - 25 \cdot 7 \cdot 4$

◒ **9** Berechne und prüfe, ob das Ergebnis mit der angegebenen Zahl übereinstimmt. Falls nicht, setze eine Klammer, sodass die Zahl herauskommt.
a) $3 + 7 \cdot 5$ **50** b) $3 + 6 \cdot 11 + 2$ **71**
c) $2 \cdot 8 + 5 \cdot 3$ **78** d) $14 - 2 \cdot 3 - 3$ **5**
e) $48 : 4 - 3 \cdot 3$ **3** f) $3 \cdot 4 \cdot 5 - 3 \cdot 5$ **15**

◒ **10** Berechne. Ändert sich das Ergebnis, wenn man alle Klammern weglässt?
a) $(16 \cdot 3) + (13 \cdot 2)$ b) $100 - (14 : 7) - (17 + 14)$
c) $11 \cdot (4 \cdot 20) + (31 + 7)$ d) $203 - [5 \cdot (9 \cdot 4)]$

◒ **11** Übertrage in dein Heft und setze für ▢ die fehlende Zahl ein.
a) $5 \cdot ▢ + 7 = 32$ b) $22 + ▢ \cdot 2 = 38$ c) $▢ - 11 \cdot 5 = 5$
d) $30 + ▢ : 4 = 32$ e) $40 \cdot 10 - ▢ \cdot 4 = 0$ f) $100 + ▢ \cdot 3 - 100 = 12$
g) $3 \cdot (▢ + 11) = 45$ h) $(49 - 36) \cdot ▢ = 39$ i) $▢ \cdot (76 - 66) \cdot 10 = 200$

◒ **12** a) Berechne den Term. Setze zwei Klammerpaare, die den Wert des Terms nicht verändern.
b) Setze ein Klammerpaar so, dass der Wert des Terms möglichst groß wird.

A $5 \cdot 3 \cdot 4 + 6$
B $92 - 54 + 2 \cdot 5$
C $10 \cdot 20 + 10 \cdot 10$

Zu Aufgabe 12 a): Klammern ganz außen wie $(5 \cdot 3 \cdot 4 + 6)$ zählen nicht.

Teste dich! → **Lösungen**, Seite 195

◒ **13** Übertrage in dein Heft und setze für ▢ die fehlende Zahl ein.
a) $80 : ▢ - 15 = 5$ b) $1000 - 100 \cdot ▢ \cdot 3 = 400$

◒ **14** Setze ein Klammerpaar so, dass sich das angegebene Ergebnis ergibt.
a) $6 \cdot 7 + 8 : 4$ **54** a) $50 - 9 \cdot 4 + 3$ **11**

● **15** Cindy behauptet, dass man mit Termen, die nur die Zahl 2 enthalten, alle natürlichen Zahlen ausdrücken kann, z. B. $2 \cdot (2 + 2) - (2 : 2) = 7$.
a) Schreibe für die Zahlen von 0 bis 10 einen entsprechenden Term.
b) Wie kann Cindy begründen, dass man alle natürlichen Zahlen auf diese Weise schreiben kann?

Teste dein Grundwissen! → **Grundwissen**, Seite
Lösungen, Seite 195

G **16** Willi und Leon werfen eine Münze. Willi erklärt: „Zahl und Wappen haben die gleiche Wahrscheinlichkeit, nach einem Wurf oben zu liegen. Es ist also Fifty-fifty.“ Nach dreimaligem Werfen hat die Münze immer auf „Zahl“ gelegen. Deshalb meint Leon: „Dann muss beim nächsten Mal „Wappen“ oben liegen.“ Was meinst du dazu?

4 Ausmultiplizieren – Ausklammern

Wir befinden uns in Gallien. Ein Trupp Römer nähert sich einem kleinen Dorf.

Mathix: „Wie viele Römer seht ihr?"
Rechnix: „Es sind 3 Gruppen mit je 20 plus 4 Römern".
Maline: „Nein, es sind 3 Gruppen mit 20 und 3 Gruppen mit 4 Römern".
Multix: „Sogar beim Römerzählen kriegen die beiden Streit".

Opa Fritz lädt seine fünf Enkelkinder ins Kino und anschließend zu einem Eis ein. Wie viel muss er für seine Enkel bezahlen?
Erste Möglichkeit: Man rechnet
$5 \cdot (6€ + 2€) = 5 \cdot 8€ = 40€$.

Zweite Möglichkeit: Man rechnet
$5 \cdot 6€ + 5 \cdot 2€ = 30€ + 10€ = 40€$.

Das bedeutet: Die Terme
$5 \cdot (6 + 2)$ und $5 \cdot 6 + 5 \cdot 2$ haben denselben Wert. Es gilt:
$5 \cdot (6 + 2)$
$= 5 \cdot 6 + 5 \cdot 2$

Eine entsprechende Regel gibt es auch für Differenzen.
$3 \cdot (10 - 7) = 3 \cdot 10 - 3 \cdot 7$

Distributivgesetz
Statt einen Faktor mit einer Summe zu multiplizieren, kann man auch zuerst den Faktor mit jedem der Summanden multiplizieren und dann die erhaltenen Produkte addieren.
Beispiel: $3 \cdot (5 + 4) = 3 \cdot 5 + 3 \cdot 4$
Genauso kann man auch bei einer Differenz vorgehen.
Beispiel: $3 \cdot (5 - 4) = 3 \cdot 5 - 3 \cdot 4$

distribuere (lat.): verteilen

Durch Anwenden des Distributivgesetzes fallen Klammern weg – man sagt auch, sie werden aufgelöst. Dieses Auflösen von Klammern nennt man **Ausmultiplizieren**. Durch das Ausmultiplizieren entstehen oftmals Rechenvorteile.
Manchmal ist es geschickt, genau umgekehrt vorzugehen, sodass Klammern zunächst neu entstehen:
$5 \cdot 235 - 5 \cdot 35 = 5 \cdot (235 - 35) = 5 \cdot 200 = 1000$.
Durch **Ausklammern** des gemeinsamen Faktors 5 vereinfacht sich hier die Rechnung.

Ausmultiplizieren heißt **nicht**, einfach eine Klammer wegzulassen.
$3 \cdot (10 + 2) \neq 3 \cdot 10 + 2$

Da man bei Multiplikationen die Faktoren vertauschen darf, sind Ausmultiplizieren und Ausklammern auch möglich, wenn der gemeinsame Faktor rechts von der Klammer steht:
$(12 + 5) \cdot 4 = 12 \cdot 4 + 5 \cdot 4$.

Beispiel 1 Ausmultiplizieren

Multipliziere aus und berechne.

a) $7 \cdot (20 + 3)$ b) $(200 - 6) \cdot 5$ c) $3 \cdot (100 - 10 + 1)$

Lösung

a) $7 \cdot (20 + 3)$
$= 7 \cdot 20 + 7 \cdot 3$
$= 140 + 21 = 161$

b) $(200 - 6) \cdot 5$
$= 200 \cdot 5 - 6 \cdot 5$
$= 1000 - 30 = 970$

c) $3 \cdot (100 - 10 + 1)$
$= 3 \cdot 100 - 3 \cdot 10 + 3 \cdot 1$
$= 300 - 30 + 3 = 273$

Manchmal ist es geschickter, wenn man nicht ausmultipliziert und die Klammer zuerst berechnet.
$7 \cdot (94 + 6) = 7 \cdot 100$
$= 700$

Beispiel 2 Ausklammern

Klammere aus und berechne.

a) $3 \cdot 15 + 3 \cdot 5$ b) $32 \cdot 3 - 24 \cdot 3 + 3 \cdot 3$ c) $17 \cdot 3 - 17$

Lösung

a) $3 \cdot 15 + 3 \cdot 5$
$= 3 \cdot (15 + 5)$
$= 3 \cdot 20$
$= 60$

b) $32 \cdot 3 - 24 \cdot 3 + 3 \cdot 3$
$= (32 - 24 + 3) \cdot 3$
$= 11 \cdot 3$
$= 33$

c) $17 \cdot 3 - 17$
$= 17 \cdot 3 - 17 \cdot 1$
$= 17 \cdot (3 - 1)$
$= 17 \cdot 2 = 34$

Beispiel 3 Umformungen von Termen beurteilen

Entscheide, ohne das Ergebnis auszurechnen, ob die Terme denselben Wert haben. Falls nicht, verändere den zweiten Term passend.

a) (A) $(18 - 8) \cdot 6$ (B) $18 - 8 \cdot 6$
b) (A) $34 \cdot 16 - 16 \cdot 6$ (B) $(34 + 6) \cdot 16$

Lösung

a) Die Terme haben nicht denselben Wert. (B) geändert: $18 \cdot 6 - 8 \cdot 6$
b) Die Terme haben nicht denselben Wert. (B) geändert: $(34 - 6) \cdot 16$

Aufgaben

○ **1** Multipliziere aus und berechne.
a) $5 \cdot (10 + 8)$ b) $7 \cdot (20 + 4)$ c) $3 \cdot (60 - 6)$
d) $(70 + 3) \cdot 4$ e) $(40 - 2) \cdot 3$ f) $(20 - 2) \cdot 11$
g) $12 \cdot (50 + 2)$ h) $9 \cdot (50 - 3)$ i) $6 \cdot (40 - 1)$

○ **2** Multipliziere aus und berechne.
a) $6 \cdot (100 + 10 - 2)$ b) $(100 + 40 - 3) \cdot 3$ c) $5 \cdot (500 + 20 + 2)$
d) $(200 - 30 + 1) \cdot 2$ e) $4 \cdot (800 - 10 + 1)$ f) $7 \cdot (1000 - 30 - 1)$

Leider wurden die Ergebnisse der Aufgaben 2 und 4 durcheinandergeschüttelt:

648 300 600
2610 342 411
3164 6783 120
1000 180 200

○ **3** Klammere aus und berechne.
a) $6 \cdot 7 + 6 \cdot 13$ b) $9 \cdot 34 - 9 \cdot 4$ c) $7 \cdot 23 + 7 \cdot 7$
d) $11 \cdot 32 - 11 \cdot 2$ e) $8 \cdot 86 + 8 \cdot 14$ f) $12 \cdot 107 - 12 \cdot 7$
g) $23 \cdot 8 + 23 \cdot 2$ h) $3 \cdot 52 + 3 \cdot 58$ i) $17 \cdot 3 + 17 \cdot 97$

○ **4** Klammere aus und berechne.
a) $4 \cdot 17 + 4 \cdot 5 + 4 \cdot 8$ b) $9 \cdot 32 - 9 \cdot 5 - 9 \cdot 7$ c) $34 \cdot 4 + 7 \cdot 4 + 9 \cdot 4$
d) $82 \cdot 6 + 11 \cdot 6 + 7 \cdot 6$ e) $117 \cdot 3 - 12 \cdot 3 - 5 \cdot 3$ f) $5 \cdot 155 + 50 \cdot 5 - 5 \cdot 5$

○ **5** Berechne auf zwei verschiedene Arten.
a) $11 \cdot 80 + 11 \cdot 30$ b) $8 \cdot (30 - 4)$ c) $7 \cdot 91 - 7$

○ **6** Berechne geschickt. Beispiel: $9 \cdot 31 = 9 \cdot (30 + 1) = 9 \cdot 30 + 9 \cdot 1$.
a) $6 \cdot 22$ b) $8 \cdot 51$ c) $71 \cdot 7$ d) $31 \cdot 8$ e) $102 \cdot 3$ f) $5 \cdot 505$

7 Berechne. Beispiel: $7 \cdot 28 = 7 \cdot (30 - 2) = 7 \cdot 30 - 7 \cdot 2$.
a) $4 \cdot 29$ b) $3 \cdot 59$ c) $9 \cdot 98$ d) $78 \cdot 2$ e) $199 \cdot 4$ f) $990 \cdot 4$

Teste dich!

Lösungen, Seite 195

8 Multipliziere aus und berechne.
a) $8 \cdot (20 + 3)$ b) $(30 - 4) \cdot 11$ c) $3 \cdot (200 - 20 - 1)$

9 Klammere aus und berechne.
a) $9 \cdot 27 + 9 \cdot 3$ b) $44 \cdot 7 - 4 \cdot 7$ c) $12 \cdot 56 - 6 \cdot 12$

10 Berechne geschickt.
a) $7 \cdot 104$ b) $6 \cdot 995$ c) $408 \cdot 4$

---

11 Der Term wurde falsch umgeformt. Beschreibe den Fehler und verbessere die Umformung.

a) $5 \cdot 76 - 6 \cdot 5$
$= 5 \cdot (76 - 5)$
falsch umgeformt!

b) $16 \cdot 9 - 9$
$= 9 \cdot (16 - 9)$
falsch umgeformt!

c) $7 \cdot (1 + 9 - 3)$
$= 7 + 63 + 21$
falsch umgeformt!

d) $2 \cdot 19 + 2 \cdot 5 \cdot 11$
$= 2 \cdot (19 + 11)$
falsch umgeformt!

12 Entscheide ohne das Ergebnis zu berechnen, ob die Terme denselben Wert haben. Falls nicht, verändere den zweiten Term passend.

a) A $71 \cdot 7 - 7 \cdot 23 - 7$
B $7 \cdot (71 - 23)$

b) A $3 \cdot 5 \cdot (19 + 34)$
B $3 \cdot 19 + 5 \cdot 34$

c) A $(34 - 13 - 1) \cdot 5 \cdot 2$
B $34 \cdot 10 - 13 \cdot 10 - 10$

13 Welche Zahl muss für □ und für △ stehen?
a) $9 \cdot 8 + 9 \cdot 11 = \square \cdot (8 + \triangle)$ b) $56 \cdot 7 - 6 \cdot 7 = (\square - 6) \cdot \triangle$
c) $(\triangle + 33) \cdot 6 = 17 \cdot 6 + 33 \cdot \square$ d) $\triangle \cdot 11 - 8 \cdot 8 = 8 \cdot (11 - \square)$

14 Wer hat mit seiner Rechnung bzw. seiner Aussage zum Term $9 \cdot (14 + 56)$ recht, wer macht Fehler?

Yvonne:
Ich rechne zuerst 14 + 56, dann das Ergebnis mal 9.

Arkan:
Man könnte zwar ausmultiplizieren, aber das wäre hier ungeschickt.

Carlo:
Ich rechne zuerst 9 · 14 und addiere zum Ergebnis 56.

Moritz:
Man darf nicht die Klammer zuerst rechnen, sondern muss ausmultiplizieren.

15 a) Judith sagt: Bei der Aufgabe $3 \cdot 16 + 3 \cdot (20 - 16)$ sieht man schnell, dass das Ergebnis 60 ist. Beschreibe, wie Judith darauf kommt.
b) Berechne ebenso geschickt.

A $17 \cdot (33 + 2) - 17 \cdot 33$ B $(20 - 7) \cdot 11 + 7 \cdot 11$ C $9 \cdot (100 - 17) + 17 \cdot 9$

16 Achte auf Rechenvorteile und berechne.
a) $(20 + 4) \cdot 7 - 7 \cdot 20 - 7 \cdot 4$ b) $13 \cdot 5 + 13 \cdot (16 - 5)$
c) $(30 - 6) \cdot 6 + 36$ d) $22 \cdot 11 + 22 \cdot 9 - 11 \cdot 2 \cdot 11$

17 a) Welcher Term (A, B oder C) beschreibt die Aufgabe, wenn ☐ für die gedachte Zahl steht?

A ☐ · 7 + ☐ · 3

B (☐ · 7) · 3 + ☐

C ☐ · 10

b) Bei welcher gedachten Zahl ist das Ergebnis 80?

Teste dich!

Lösungen, Seite 195

18 Der Term wurde falsch umgeformt bzw. falsch berechnet. Beschreibe den Fehler und berechne beide Terme.

a) $61 \cdot 8 - 8 \cdot 8 + 8 = (61 - 8) \cdot 8$ *falsch umgeformt!*

b) $4 \cdot 2 \cdot (12 + 18) = 4 \cdot 12 + 4 \cdot 18$ *falsch umgeformt!*

19 Achte auf Rechenvorteile und berechne.

a) $20 \cdot (19 - 12) + 20 \cdot 12$
b) $28 \cdot 8 + 7 \cdot 28 - 7 \cdot 2 \cdot 28$
c) $27 \cdot (100 - 1) + 27$
d) $(1000 - 3) \cdot 7 + 22$
e) $99 \cdot 33 - 99 \cdot 23 - 90$
f) $32 \cdot 18 + 32 \cdot 7 - 5 \cdot 32$

20 Lena hat den Kakao über die fertigen Hausaufgaben gekippt. So ein Pech! Kannst du ihr helfen?

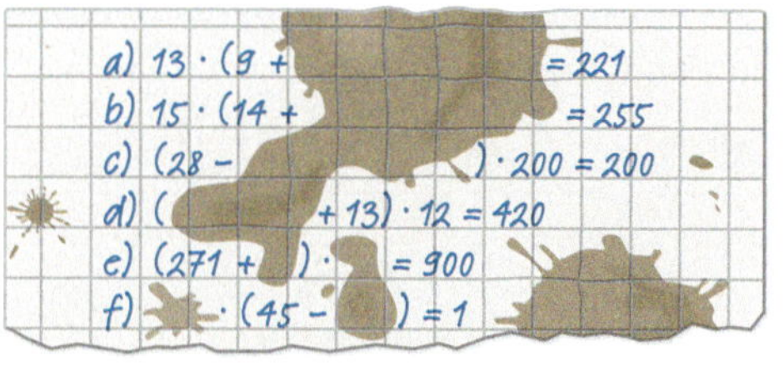

21 a) Hier wird an der Tafel erklärt, wie man mit einem Trick eine zweistellige Zahl schnell mit 11 multipliziert.
Gib ohne Rechnung das Ergebnis an.
11 · 42 11 · 16 11 · 80

b) Bei diesen Rechnungen muss man den Trick aus Teilaufgabe a) verändern.
Gib ohne Rechnung das Ergebnis an.
11 · 79 11 · 48 11 · 77

Teste dein Grundwissen!

Beispiel 2, Seite 22
Lösungen, Seite 195

G **22** Stimmen diese Aussagen? Rechne nach. Korrigiere die falschen Aussagen.

a) In einem Schuljahr hast du ungefähr 200 Tage Unterricht.
b) Bei durchschnittlich 6 Unterrichtsstunden am Tag sind das mehr als 1500 Unterrichtsstunden im Jahr.
c) In einer Woche wird in 4 Unterrichtsstunden Mathematik unterrichtet. Das sind weniger als 150 Stunden Mathematik pro Jahr.

5 Potenzen

Sissa ben Dahir, der Erfinder des Schachspiels, durfte sich von seinem König eine Belohnung wünschen. Er sagte zum König: „Lege mir auf das erste Feld eines Schachbretts ein Reiskorn, auf das zweite zwei, auf das dritte vier und setze so die Verdopplung bis zum letzten Feld fort."
Wie viele Säcke Reis muss der König wohl herbringen lassen?

Das Produkt $3 \cdot 3 \cdot 3 \cdot 3$ enthält lauter gleiche Faktoren. Für ein solches Produkt, bei dem alle Faktoren gleich sind, gibt es eine Kurzschreibweise:

$3 \cdot 3 \cdot 3 \cdot 3 = 3^4$ (sprich: 3 hoch 4).

Beachte den Unterschied zu $3 \cdot 4 = 12$.

Man nennt die Schreibweise 3^4 eine **Potenz**, die Zahl 3 die **Grundzahl** und die Zahl 4 die **Hochzahl**. Man nennt das Zusammenfassen in Kurzschreibweise **potenzieren**.

Beachte: Bei der Potenzschreibweise darf man die Grundzahl nicht mit der Hochzahl vertauschen: $3^4 = 3 \cdot 3 \cdot 3 \cdot 3 = 81$, aber $4^3 = 4 \cdot 4 \cdot 4 = 64$.

Für das Rechnen mit Potenzen hat man vereinbart: Potenzen werden vor allen anderen Rechenarten berechnet, also z. B.

$5 \cdot 2^3 = 5 \cdot 8 = 40$ oder $12 + 3^2 = 12 + 9 = 21$.

Eine **Potenz** wie 5^3 ist eine Kurzschreibweise für ein Produkt mit lauter **gleichen Faktoren**.

$5^3 = 5 \cdot 5 \cdot 5 = 125$ (sprich: 5 hoch 3)

Die Zahl 5 heißt **Grundzahl** oder **Basis**, die Zahl 3 heißt **Hochzahl** oder **Exponent**.

Potenzen werden vor allen anderen Rechenarten ausgeführt, sofern Klammern keine andere Reihenfolge vorschreiben.

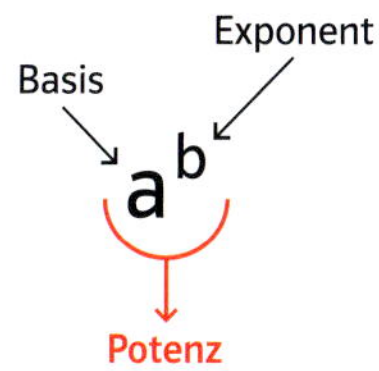

Man vereinbart:
1. Für den Exponenten 1 gilt: $1^1 = 1$, $2^1 = 2$, $3^1 = 3$ usw.

2. Potenzen mit dem **Exponenten 2** heißen **Quadratzahlen**. Quadratzahlen sind:
$1^2 = 1$, $2^2 = 4$, $3^2 = 9$, $4^2 = 16$, $5^2 = 25$ usw.

3. Potenzen mit der **Basis 10** heißen **Zehnerpotenzen**. Zehnerpotenzen sind:
$10^1 = 10$, $10^2 = 100$, $10^3 = 1000$, $10^4 = 10\,000$ usw.

Wie viele Nullen hat wohl die Potenz 10^{15}?

Beispiel 1 Potenz, Basis, Exponent
Gib die Basis und den Exponenten der Potenz an und berechne sie.
a) 2^5
b) 10^7

Lösung
a) Basis: 2, Exponent: 5
$2^5 = 2 \cdot 2 \cdot 2 \cdot 2 \cdot 2$
$= 32$

b) Basis: 10, Exponent: 7
$10^7 = 10 \cdot 10 \cdot 10 \cdot 10 \cdot 10 \cdot 10 \cdot 10$
$= 10\,000\,000$

Beispiel 2 **Rechnen mit Potenzen**

Berechne.

a) $8 + 12^2$ b) $(13 - 7)^2$ c) $(5 \cdot 3)^2$

Lösung

a) $8 + 12^2$
$= 8 + 12 \cdot 12$
$= 8 + 144$
$= 152$

b) $(13 - 7)^2$
$= 6^2$
$= 6 \cdot 6$
$= 36$

c) $(5 \cdot 3)^2$
$= 15^2$
$= 15 \cdot 15$
$= 225$

Aufgaben

○ **1** Gib die Basis und den Exponenten der Potenz an und berechne sie.

a) 2^4 b) 3^2 c) 2^6 d) 1^{10}
e) 4^2 f) 2^3 g) 6^2 h) 10^1
i) 10^3 j) 7^2 k) 3^3 l) 3^4

○ **2** Schreibe das Produkt als Potenz und berechne.

a) $9 \cdot 9$ b) $20 \cdot 20$ c) $11 \cdot 11$ d) $4 \cdot 4 \cdot 4$
e) $2 \cdot 2 \cdot 2 \cdot 2$ f) $30 \cdot 30$ g) $100 \cdot 100$ h) $10 \cdot 10 \cdot 10 \cdot 10$
i) $5 \cdot 5 \cdot 5$ j) $40 \cdot 40$ k) $8 \cdot 8$ l) $1 \cdot 1 \cdot 1 \cdot 1 \cdot 1$

○ **3** Schreibe die Zahl als Potenz mit der Basis 10.

a) 100 b) 10 000 c) 100 000 d) Hunderttausend
e) 1 000 000 f) 1 Million g) Einhundert h) Zehntausend
i) Eintausend j) 10 k) 1 Milliarde l) 1 Billion

○ **4** Gib die Quadratzahlen 1^2, 2^2, 3^2 bis 10^2 an.

○ **5** Ordne die Quadratzahlen 11^2, 12^2, 13^2 bis 20^2 jeweils einem Täfelchen zu.

144 225 400 169 289 324 361 196 256 121

Vergleiche die Einerziffern der nebeneinanderstehenden Quadratzahlen.

$1^2 = \mathbf{1}$	$11^2 = 12\mathbf{1}$
$2^2 = \mathbf{4}$	$12^2 = 14\mathbf{4}$
$3^2 = \mathbf{9}$	$13^2 = 16\mathbf{9}$
…	…

○ **6** Schreibe die Quadratzahl als Potenz mit dem Exponenten 2. Beispiel: $625 = 25^2$.

a) 900 b) 1600 c) 10 000 d) 2500

○ **7** Welches der Zeichen <, > oder = gehört in das Kästchen?

a) 3^2 □ 2^3 b) 3^2 □ $2 \cdot 3$ c) 3^3 □ 4^2 d) 4^2 □ 2^4
e) 100 □ 10^3 f) 5^2 □ 2^5 g) $2 \cdot 5$ □ 2^5 h) 8^2 □ 4^3

Teste dich!

→ **Lösungen**, Seite 195

○ **8** Gib die Basis und den Exponenten der Potenz an und berechne.

a) 9^2 b) 5^3 c) 10^6 d) 16^2

○ **9** a) Berechne die Quadratzahlen 12^2, 15^2 und 17^2.
b) Schreibe die Zahlen 100 und 1 Million als Potenz mit der Basis 10.

○ **10** Welches der Zeichen <, > oder = gehört in das Kästchen?

a) $4 \cdot 5$ □ 4^2 b) $4 \cdot 2$ □ 2^4 c) 9^2 □ 3^4 d) 10^5 □ 1 Million

11 Übertrage die Tabelle in dein Heft und ergänze die leeren Felder.

Basis	2	4		2		1
Exponent	6				2	20
Potenz	2^6		10^5			
Ergebnis	64	16		1024	225	

12 Der Term wurde falsch umgeformt bzw. falsch berechnet. Beschreibe den Fehler und berechne beide Terme.

a) $5 \cdot 5 - 2 \cdot 2 \cdot 2$
$= 5^2 - 3^2$ falsch umgeformt!

b) $8 + 2^3$
$= 10^3$ falsch umgeformt!

c) $9^2 - 2 \cdot 2 \cdot 2 \cdot 2$
$= 18 - 8$ falsch umgeformt!

13 Berechne.

a) A $5 \cdot 2^2$ B $5^2 \cdot 2$ C $(5 \cdot 2)^2$

b) A $5^2 - 2$ B $5 - 2^2$ C $(5 - 2)^2$

c) A $10 \cdot 10^2$ B $(10 \cdot 10)^2$ C $10^2 \cdot 10^2$

d) A $2^2 + 3^2$ B $(2 + 3)^2$ C $2^2 + 3$

14 Frau Lenz hat drei Kinder, jedes dieser Kinder hat wieder drei Kinder, von denen jedes wiederum drei Kinder hat. Wie viele Urenkel hat Frau Lenz?

15 Man legt auf einem Schachbrett auf das erste Feld ein Reiskorn, auf das zweite Feld zwei Reiskörner, auf das dritte vier und setzt die Verdopplung immer weiter fort.

a) Übertrage die Tabelle auf dem Rand in dein Heft und ergänze sie bis zum Feld Nr. 12.

b) Wenn das fünfundzwanzigste Feld „befüllt“ ist, liegen auf dem Schachbrett etwas mehr als 33 000 000 Reiskörner. Berechne das Gewicht dieses Reisbergs, wenn 40 Körner 1 g wiegen.

Nr.		Gesamt
1	1	1
2	2	3
3	4	7
4	8	15
5	16	
6		
7		
8		

Teste dich!

Lösungen, Seite 195

16 Berechne.

a) $7^2 + 2$ b) $5 \cdot 2^2$ c) $(8 - 5)^2$ d) $(26 - 6)^2$

17 Ein großes Blatt einer Zeitung wird einmal gefaltet, dann ein zweites Mal, ein drittes Mal, ein viertes Mal und ein fünftes Mal. Wie viele Lagen Papier sind entstanden?

18 Aus einem Rätselbuch: Es gibt sieben Häuser, in jedem Haus wohnen sieben Katzen. Jede Katze fängt sieben Mäuse, von denen jede sieben Kornähren gefressen hat. In jeder Ähre sind sieben Samen. Wie viele Samen wurden von den Mäusen gefressen?

Teste dein Grundwissen!

Grundwissen, Seite 189
Lösungen, Seite 195

19 Ahmed und Tina spielen ein Würfelspiel. Ahmed nimmt einen zwölfseitigen Würfel, Tina nimmt zwei normale Würfel und berechnet die Augensumme. Beschreibe Unterschiede beim Würfeln. Benutze dazu die Begriffe „unmöglich“ und „wahrscheinlicher als“. Überlege, in welchen Situationen du welche Würfel wählen würdest. Gib Beispiele an und begründe deine Würfel-Auswahl.

6 Teilbarkeitsregeln

Kann man aus den roten, den blauen und den grünen Spielsteinen gleich hohe Türme bauen?

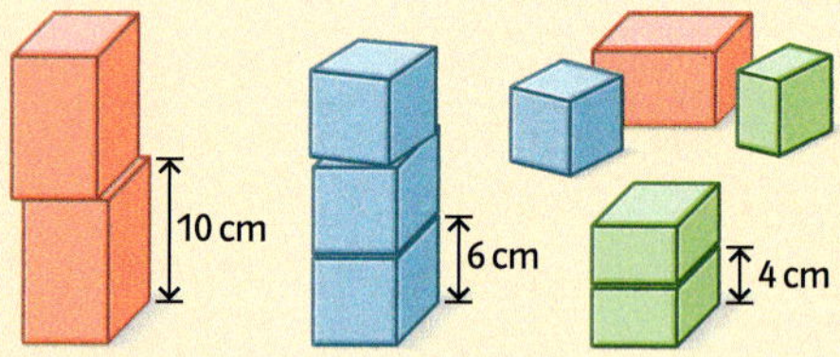

Die Zahl 24 kann man durch 6 ohne Rest teilen. Es ist 24 : 6 = 4.
Man sagt dazu:
6 ist ein **Teiler** von 24
oder 6 **teilt** 24
oder 24 ist **teilbar** durch 6
oder 24 ist ein **Vielfaches** von 6.

Für „6 teilt 24" schreibt man kurz: $6 \mid 24$

Entsprechend bedeutet „$5 \nmid 24$": „5 ist kein Teiler von 24".

Beachte: Die Zahlen 1 und 24 sind auch Teiler von 24, da die Divisionen 24 : 1 = 24 und 24 : 24 = 1 keinen Rest haben. Somit ist diese Schokoladentafel teilbar durch 1, 2, 3, 4, 6, 8, 12 und 24.

Endstellenregeln für die Teilbarkeit durch 2, 4, 5 und 10
Die ausführliche Darstellung einer Zahl wie 1376 im Dezimalsystem ist

$$1376 = 1 \cdot 1000 + 3 \cdot 100 + 7 \cdot 10 + 6.$$

Die Stellenwerte 10, 100, 1000 und damit die farbig unterlegten Summanden sind alle durch 2, 5 und 10 teilbar. Die Teilbarkeit von 1376 durch diese Zahlen hängt also nur von der Einerziffer 6 ab. Von den Zahlen 2, 5 und 10 ist 6 nur durch 2 teilbar, also ist 1376 durch 2 teilbar, aber nicht durch 5 und nicht durch 10.

Teilbar durch 4 sind nur die Stellenwerte 100, 1000, 10 000 usw. Für die Teilbarkeit der Zahl 1376 durch 4 sind die Einer- und die Zehnerziffer entscheidend. Da 76 durch 4 teilbar ist, ist auch 1376 durch 4 teilbar.

Endstellenregeln für die Teilbarkeit:
Eine Zahl ist nur dann **teilbar**
durch 10, wenn sie die Einerziffer 0 hat,
durch 5, wenn sie die Einerziffer 0 oder 5 hat,
durch 2, wenn sie die Einerziffer 0, 2, 4, 6 oder 8 hat,
durch 4, wenn die aus den beiden letzten Ziffern gebildete Zahl durch 4 teilbar ist.

Quersummenregeln für die Teilbarkeit durch 3 und 9

$$122 = 100 + 20 + 2 = (99 + 1) + (18 + 2) + 2$$

Der Rest beim Teilen durch 3 ist 1 + 2 + 2 = 5. Dieser Rest ist nicht durch 3 teilbar, also ist 122 nicht durch 3 teilbar.

$$111 = 100 + 10 + 1 = (99 + 1) + (9 + 1) + 1$$

Der Rest beim Teilen durch 3 ist 1 + 1 + 1 = 3. Dieser Rest ist durch 3 teilbar, also ist 111 durch 3 teilbar.

Eine entsprechende Regel gilt auch für die Teilbarkeit einer Zahl durch 9.

Quersummenregeln für die Teilbarkeit:
Addiert man alle Ziffern einer Zahl, so erhält man die **Quersumme**.
Eine Zahl ist nur dann teilbar
durch 3, wenn ihre Quersumme durch 3 teilbar ist,
durch 9, wenn ihre Quersumme durch 9 teilbar ist.

Regel für die Teilbarkeit durch 6
Eine Zahl ist durch 6 teilbar, wenn sie durch 2 und 3 teilbar ist.

Beispiel 1 Teiler und Vielfache
a) Gib alle Teiler von 18 an.
b) Gib alle Vielfache von 18, die kleiner als 100 sind, an.
Lösung
a) 18 = 1 · 18 = 2 · 9 = 3 · 6. Die Teiler von 18 sind: 1, 2, 3, 6, 9 und 18.
b) 1 · 18 = 18, 2 · 18 = 36, 3 · 18 = 54, 4 · 18 = 72, 5 · 18 = 90, 6 · 18 = 108.
Vielfache von 18 kleiner als 100 sind: 18, 36, 54, 72 und 90.

Beispiel 2 Teilbarkeitsregeln
Prüfe 4578 mit den Teilbarkeitsregeln auf Teilbarkeit
a) durch 2, 4, 5 und 10,
b) durch 3 und 9.
Lösung
a) 4578 hat die Einerziffer 8. Daher ist 4578 ist durch 2 teilbar, aber nicht durch 5 und nicht durch 10.
Die Zahl 78 ist nicht durch 4 teilbar, d.h. 4578 ist nicht durch 4 teilbar.
b) Die Quersumme von 4578 ist 4 + 5 + 7 + 8 = 24. Die Zahl 24 ist durch 3 teilbar, aber nicht durch 9. Daher ist 4578 durch 3 teilbar, aber nicht durch 9.

Aufgaben

○ **1** Schreibe anstelle des Kästchens „teilt" oder „teilt nicht".
a) 5 ▢ 25 b) 7 ▢ 23 c) 10 ▢ 60 d) 9 ▢ 18 e) 12 ▢ 30
f) 13 ▢ 39 g) 14 ▢ 70 h) 24 ▢ 240 i) 50 ▢ 550 j) 80 ▢ 80

○ **2** Gib alle Teiler der Zahl an.
a) 6 b) 16 c) 26 d) 27 e) 36

○ **3** Ist die erste Zahl ein Vielfaches der zweiten Zahl?
a) 12, 4 b) 18, 9 c) 11, 33 d) 17, 17 e) 60, 20
f) 39, 13 g) 17, 34 h) 144, 12 i) 169, 13 j) 1000, 300

○ **4** Gib alle Vielfache der Zahl an, die kleiner sind als die angegebene Grenze.
a) 8 Grenze: 90 b) 7 Grenze: 80 c) 15 Grenze: 200 d) 24 Grenze: 200

○ **5**

117	56	254	4445	3990	1112	7878	388

Schreibe aus der Liste diejenigen Zahlen heraus, die
a) durch 2 teilbar sind,
b) durch 4 teilbar sind.

Zahlen, die durch 2 teilbar sind, nennt man auch gerade Zahlen.

○ **6**

645	5150	9504	1000	555	10	1	1 Million

Schreibe aus der Liste diejenigen Zahlen heraus, die
a) durch 5 teilbar sind,
b) durch 10 teilbar sind.

○ **7** Bilde zunächst die Quersumme. Prüfe, ob die Zahl durch 3 oder durch 9 teilbar ist.
a) 48 b) 67 c) 78 d) 576 e) 806 f) 107
g) 800 h) 7200 i) 799 j) 5608 k) 88 308 l) 877 878

○ **8** Bleibt beim Teilen durch 3 der Rest 0?
a) 341 b) 9999 c) 10 101 d) 7902 e) 5555 f) 123 456

Teste dich!

Lösungen, Seite 196

○ **9** a) Gib alle Teiler von 42 an.
b) Gib alle Vielfache von 12 an, die kleiner als 150 sind.

○ **10**

450	709	6516	101 010	321 000	22 222

Schreibe aus der Liste diejenigen Zahlen heraus, die
a) durch 4 teilbar sind, b) durch 5 teilbar sind, c) durch 3 teilbar sind.

◒ **11** Welche Ziffern kann man einsetzen, damit die Zahl durch 4 teilbar ist?
a) 11□ b) 3□1 c) 4□4 d) □24 e) □411 f) 100□

◒ **12** Welche Ziffern kann man einsetzen, damit die Zahl durch 3 teilbar ist?
a) 6□ b) 14□ c) 4□3 d) 60□1 e) □95 f) 100□

◒ **13** Welche Ziffern kann man einsetzen, damit die Zahl durch 2 und 3 teilbar ist?
a) 45□ b) 5□5 c) □45 d) 211□ e) □955 f) 100□

◒ **14** Welche Ziffern kann man einsetzen, damit die Zahl durch 9 teilbar ist?
a) 6□ b) 5□4 c) 13□ d) 55□5 e) 71□1 f) 100□

◒ **15** Die Geldbeträge sind zum Teil unleserlich.
Gibt es unter diesen Geldbeträgen einen, den man ohne Rest
a) in 10, b) in 2,
c) in 5, d) in 4
gleiche ganze Eurobeträge teilen kann?

A	[illegible]56 €	B	[illegible]000 €
C	33[illegible]33 €	D	[illegible]4 €
E	[illegible]05 €	F	[illegible]9[illegible]3[illegible] €

◒ **16** Begründe, dass man jeden Geldbetrag in Aufgabe 14 so ergänzen kann, dass er durch 3 teilbar ist.

◒ **17** Eine 180 cm breite Tischplatte soll aus gleich breiten Brettern zusammengeleimt werden.
Welche Brettersorten sind für diesen Zweck passend?

Lieferbar sind Bretter in den Breiten: 10 cm, 12 cm, 15 cm, 18 cm und 24 cm.

◒ **18** Die Lücke zwischen den Türmen in der Stadtmauer soll mit einem Drahtzaun geschlossen werden. Dabei sollen alle Pfosten denselben Abstand haben und an den Türmen soll kein Pfosten stehen.
Wie viel kostet der Zaun mit den Pfosten mindestens, wenn man das Angebot der Baufirma zugrunde legt?

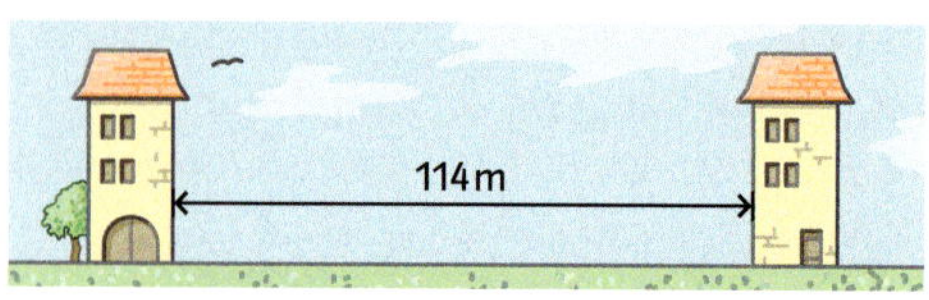

Angebot der Baufirma: Pfostenabstand 3 m oder 4 m oder 5 m oder 6 m. Ein Pfosten kostet 22 €, ein laufender Meter des Drahtzauns 12 €.

19 Eine 240 m lange Straße soll auf beiden Seiten mit Bäumen bepflanzt werden. Die Abstände zwischen den Bäumen sollen alle gleich und Vielfache von 10 m sein. Zudem soll der Abstand zwischen zwei Bäumen nicht mehr als 50 m, aber auch nicht weniger als 30 m betragen.
a) Wie viele Bäume sind bei der ersten Pflanzmethode möglich?
b) Wie viele Bäume sind bei der zweiten Pflanzmethode möglich?

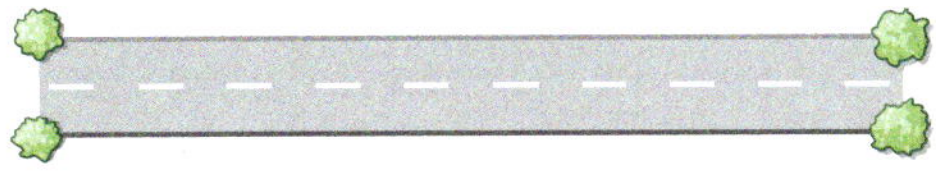

Erste Pflanzmethode: Am Anfangs- und Endpunkt wird ein Baum gepflanzt.

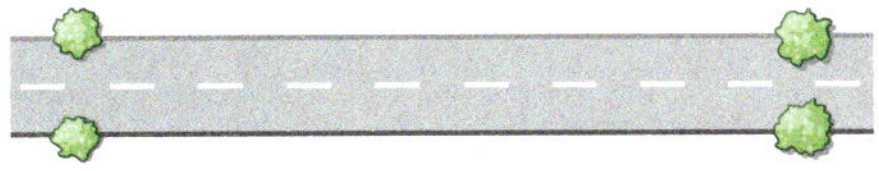

Zweite Pflanzmethode: Am Anfangs- und Endpunkt wird kein Baum gepflanzt. Jeder Abstand am Rand ist halb so groß wie der Baumabstand.

20 In der Tabelle bedeutet X „ist Teiler" und – „ist nicht Teiler".
a) Gib für A eine passende Zahl an.
b) Begründe, dass es für B und C keine Zahlen gibt.

Teiler	2	3	4	5	9	10
Zahl A	X	X	X	X	–	X
Zahl B	–	–	–	–	–	X
Zahl C	X	X	X	X	–	–

21 Wie lautet die größte sechsstellige Zahl, die durch 3 teilbar ist, aber nicht durch 4 und nicht durch 9?

Teste dich!

Lösungen, Seite 196

22 Zwei Stockwerke liegen 2 m 40 cm übereinander. Die Treppenstufen können entweder 16 cm, 17 cm, 18 cm, 20 cm oder 22 cm hoch sein. Welche Stufenhöhen sind möglich?

23 Welche Ziffern kann man für ☐ einsetzen, damit alle angegebenen Zahlen Teiler sind?
a) 16☐6 Teiler: 2, 3 b) 578☐ Teiler: 2, 5 c) 6☐88 Teiler: 4, 3, 9

24 In der Kasse eines Kinos befinden sich am Abend 1820 € Einnahmen.
„Das kann nicht stimmen.", behauptet der Kassierer.
Warum? Begründe deine Antwort.

25 Die Zahl 28 hat die Teiler 1, 2, 4, 7, 14 und 28. Die Addition aller Teiler 1 + 2 + 4 + 7 + 14 außer der Zahl selbst ergibt wieder die Zahl 28. Man nennt 28 deshalb eine vollkommene Zahl.
Es gibt nur eine einzige vollkommene Zahl, die kleiner als 28 ist. Wie lautet sie?

Vollkommene Zahlen sind selten.
Nach 28 folgen 496, 8128, …

Teste dein Grundwissen!

Grundwissen, Seite 189
Lösungen, Seite 196

26 Micha und Sina spielen das Spiel „Würfelsummen".
a) Erstelle eine Additionstabelle für zwei Würfel. Erkläre, warum genau 36 verschiedene Würfe möglich sind.
b) Wie viele verschiedene Würfelsummen gibt es? Haben alle die gleiche Wahrscheinlichkeit?
c) Ordne die Würfelsummen nach ihrer Wahrscheinlichkeit. Welche Würfelsumme wird wohl am häufigsten fallen?
d) Sina gewinnt, wenn die Würfelsumme gerade ist, Micha gewinnt, wenn sie ungerade ist. Ist das Spiel fair?

+	⚀	⚁	⚂	⚃	⚄	⚅
⚀	2	3	4			
⚁						
⚂						
⚃						
⚄						
⚅						

7 Primzahlen

„Wer kommt an die Tafel und rechnet weiter?"

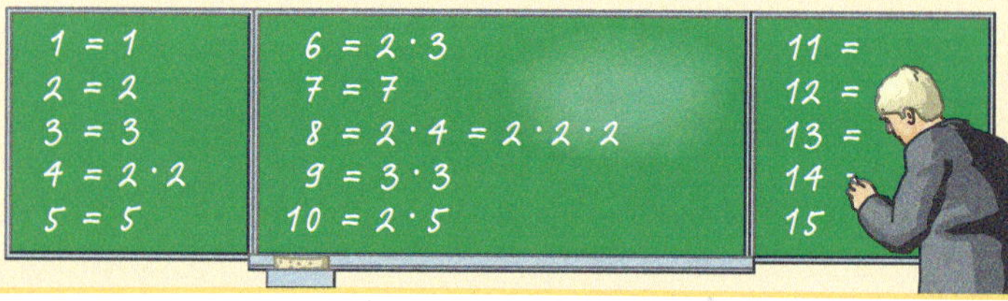

Wenn man die Zahl 24 als Produkt schreibt und die Faktoren so klein wie möglich macht, gibt es z. B. folgende mögliche Vorgehensweisen:

$24 = 2 \cdot 12$	$24 = 6 \cdot 4$	$24 = 3 \cdot 8$
$= 2 \cdot 3 \cdot 4$	$= 2 \cdot 3 \cdot 4$	$= 3 \cdot 2 \cdot 4$
$= 2 \cdot 3 \cdot 2 \cdot 2$	$= 2 \cdot 3 \cdot 2 \cdot 2$	$= 3 \cdot 2 \cdot 2 \cdot 2$
$= 2 \cdot 2 \cdot 2 \cdot 3$	$= 2 \cdot 2 \cdot 2 \cdot 3$	$= 2 \cdot 2 \cdot 2 \cdot 3$

Die letzte Zeile ist immer gleich, wenn man die Faktoren der Größe nach ordnet:

$24 = 2 \cdot 2 \cdot 2 \cdot 3$, in Potenzschreibweise $2^3 \cdot 3$.

Ein Produkt mit dem Faktor 1 wie $24 = 1 \cdot 2 \cdot 2 \cdot 2 \cdot 3$ wird hier nicht berücksichtigt.

Eine natürliche Zahl mit genau zwei Teilern heißt **Primzahl**. Diese Teiler sind 1 und die Zahl selbst.
Die Zahlen 0 und 1 sind keine Primzahlen.
Die ersten Primzahlen sind 2, 3, 5, 7, 11, 13, 17, 19, 23, 29, 31, 37, …

Jede natürliche Zahl, die keine Primzahl ist, kann man auf eindeutige Weise als Produkt von Primzahlen schreiben. Dieses Produkt heißt **Primfaktorzerlegung**.

Mithilfe der Primfaktorzerlegung kann man alle Teiler einer Zahl erhalten. Zum Beispiel hat die Zahl 140 die Primfaktorzerlegung $140 = 2 \cdot 2 \cdot 5 \cdot 7$.

Man sagt: 140 hat die Primfaktoren 2 (doppelt), 5, und 7.

Wenn man die Primfaktoren zu Produkten kombiniert, erhält man Teiler von 140, z. B.

$2 \cdot 2 \cdot 5 \cdot 7$ → $2 \cdot 7 = 14$ $\qquad$ $2 \cdot 2 \cdot 5 \cdot 7$ → $2 \cdot 2 \cdot 5 = 20$

Alle Teiler von 140 erhält man in übersichtlicher Darstellung so:

Ein Faktor der Primfaktorzerlegung: 2; 5; 7 Zusätzlich: 1	Produkte mit *zwei* Primfaktoren: $2 \cdot 2 = 4$, $2 \cdot 5 = 10$ $2 \cdot 7 = 14$, $5 \cdot 7 = 35$	Produkte mit *drei* Primfaktoren: $2 \cdot 2 \cdot 5 = 20$ $2 \cdot 2 \cdot 7 = 28$ $2 \cdot 5 \cdot 7 = 70$	Produkte mit *vier* Primfaktoren: $2 \cdot 2 \cdot 5 \cdot 7 = 140$

Ein Produkt von mehr als vier Primfaktoren ist bei der Zahl 140 nicht möglich.
Alle Teiler von 140 sind der Größe nach geordnet 1, 2, 4, 5, 7, 10, 14, 20, 28, 35, 70 und 140.

Beispiel 1 Primfaktorzerlegung
Gib die Primfaktorzerlegung von 72 an und schreibe diese in der Potenzschreibweise.

Es ist üblich, die Primfaktoren der Größe nach zu ordnen.

Lösung
$72 = 2 \cdot 36 = 2 \cdot 2 \cdot 18 = 2 \cdot 2 \cdot 2 \cdot 9 = 2 \cdot 2 \cdot 2 \cdot 3 \cdot 3$.
In der Potenzschreibweise: $72 = 2^3 \cdot 3^2$.

Beispiel 2 Bestimmung aller Teiler

Gib mithilfe der Primfaktorzerlegung alle Teiler der Zahl 99 an.

Lösung

Primfaktorzerlegung: $99 = 3 \cdot 3 \cdot 11$

Ein Faktor:	Produkte mit zwei Faktoren:	Produkte mit drei Faktoren:
3, 11 Zusätzlich: 1	$3 \cdot 3 = 9$ $3 \cdot 11 = 33$	$3 \cdot 3 \cdot 11 = 99$

Die Teiler von 99 sind 1, 3, 9, 11, 33 und 99.

Aufgaben

1 Warum ist die Zahl keine Primzahl?
a) 49 b) 28 c) 81 d) 112
e) 99 f) 155 g) 69 h) 144

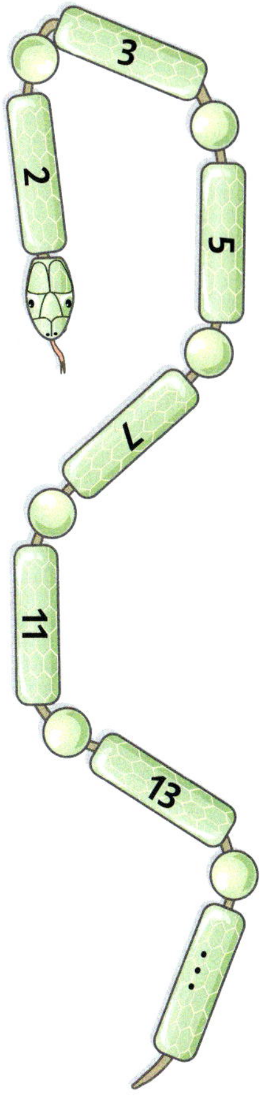

2 Ist die Zahl eine Primzahl?
a) 17 b) 21 c) 27 d) 51
e) 29 f) 41 g) 42 h) 43

3 Zeige mithilfe der Teilbarkeitsregeln, dass die Zahl keine Primzahl ist.
a) 4568 b) 1557 c) 34 115 d) 32 736

4 Welches ist die richtige Primfaktorzerlegung der Zahl?
a) 54
$3 \cdot 3 \cdot 6$ oder $2 \cdot 3 \cdot 3 \cdot 3$
b) 1000
$10 \cdot 10 \cdot 10$ oder $2 \cdot 2 \cdot 2 \cdot 5 \cdot 5 \cdot 5$

5 Ordne jeder Zahl die richtige Primfaktorzerlegung zu.

A $2 \cdot 2 \cdot 13$ C $3 \cdot 5 \cdot 5$ E $3^2 \cdot 7$
B $2 \cdot 3^2 \cdot 5$ D 2^5

1 63 3 90 5 75
2 52 4 32

6 Ergänze in der Primfaktorzerlegung die fehlende Basis bzw. den fehlenden Exponenten.
a) $27 = \square^3$ b) $20 = \square^2 \cdot 5$ c) $45 = 3^{\square} \cdot 5$ d) $81 = 3^{\square}$
e) $36 = 2^{\square} \cdot 3^2$ f) $99 = \square^2 \cdot 11$ g) $125 = \square^3$ h) $169 = 13^{\square}$

7 Gib die Primfaktorzerlegung an und schreibe diese auch in der Potenzschreibweise.
a) 8 b) 14 c) 18 d) 25
e) 125 f) 50 g) 30 h) 36

8 Gib die Primfaktorzerlegung an und schreibe diese auch in der Potenzschreibweise.
a) 172 b) 222 c) 300 d) 225

Teste dich!

Lösungen, Seite 196

9 Welche Zahl ist eine Primzahl?
a) 19 b) 38 c) 23 d) 111

10 Gib die Primfaktorzerlegung an und schreibe diese auch in der Potenzschreibweise.
a) 12 b) 100 c) 77 d) 60

11 Die Primfaktorzerlegung von 126 ist $126 = 2 \cdot 3 \cdot 3 \cdot 7$. Beurteile ohne Rechnung, ob die Aussagen wahr oder falsch sind.

a) 3^3 ist ein Teiler von 126.

b) $2 \cdot 3 \cdot 3$ ist ein Teiler von 126.

c) $2 \cdot 2$ ist ein Teiler von 126.

d) $3^2 \cdot 7$ ist ein Teiler von 126.

12 Gerrit bestimmt alle Teiler von 90. Dazu benutzt er die Primfaktorzerlegung $90 = 2 \cdot 3 \cdot 3 \cdot 5$ und erstellt eine Tabelle mit den Teilern von 90.

Den Teiler 1 nicht vergessen!

Ein Faktor:	Zwei Faktoren:	Drei Faktoren:	Vier Faktoren:
2, 3, …	$2 \cdot 3 =$, $2 \cdot 5 =$, …	$2 \cdot 3 \cdot 3 =$, …	

Übertrage die Tabelle in dein Heft, ergänze die fehlenden Teiler und schreibe dann alle Teiler von 90 der Größe nach auf.

13 Bestimme die Primfaktorzerlegung und berechne dann alle Teiler der Zahl.
a) 30 b) 50 c) 150 d) 225

14 Es ist $16 = 11 + 5$. Schreibe entsprechend die Zahl als Summe von zwei Primzahlen.
a) 12 b) 18 c) 20 d) 22 e) 10 f) 30 g) 56 h) 38

15 Zeige mit einem Zahlenbeispiel, dass die Aussage falsch ist.
a) Eine Summe von zwei Primzahlen ergibt wieder eine Primzahl.
b) Wenn man eine Primzahl mit sich selbst multipliziert und dann 1 addiert, ist das Ergebnis wieder eine Primzahl.
c) Alle dreistelligen Zahlen, die mit den Ziffern 17 enden, sind Primzahlen.

Teste dich!

Lösungen, Seite 196

16 Bestimme die Primfaktorzerlegung und berechne dann alle Teiler der Zahl.
a) 44 b) 64 c) 105 d) 441

17 a) Gib alle zweistelligen Primzahlen an, bei denen die Einerziffer eine 1 ist.
b) Gib eine zwölfstellige Zahl an, die keine Primzahl ist.

18 Wenn zwischen zwei Primzahlen wie 3 und 5 nur eine weitere Zahl liegt, nennt man sie Primzahlzwillinge. Gib mindestens vier weitere Paare von Primzahlzwillingen an.

Man vermutet, dass es unendlich viele Primzahlzwillinge gibt, Man weiß bis heute nicht, ob das stimmt.

19 Welche zweistellige Zahl hat am meisten Teiler? Gibt es mehrere dieser Zahlen?

Teste dein Grundwissen!

Grundwissen, Seite
Lösungen, Seite 196

G **20** Johannes und Lotte spielen ein Würfelspiel mit zwei Würfeln. Entscheide, ob die Spiele gerecht sind.
a) Die Zahlen, die die beiden Würfel zeigen, werden addiert. Lotte gewinnt, wenn die Augensumme 1 oder 2 ist, Johannes gewinnt, wenn die Summe 11 oder 12 beträgt.
b) Johannes gewinnt, wenn ein Pasch, also zwei gleiche Zahlen fallen. Lotte gewinnt, wenn kein Pasch fällt.

8 Zahlenfolgen

Maja: „Ich habe mein Zahlenschloss auf 2345 eingestellt, das kann ich mir gut merken."
Noah: „Das knackt doch jeder! Ich würde eine sicherere Kombination nehmen, wie zum Beispiel 9863. Das ist auch ein Muster und nicht ganz so leicht zu knacken."

Erkennst du Noahs Muster?
Finde weitere Kombinationen, die sicher sind und sich trotzdem leicht merken lassen.

Muster findet man häufig in der Natur und im Alltag, z. B. bei Pflanzen oder Tierfellen, auf Kleidungsstücken oder anderen Stoffen, aber auch als wiederkehrender Rhythmus in Musikstücken. Wenn man eine Regelmäßigkeit im Ausschnitt erkennt, kann man das Muster weiter fortführen.

Auch Zahlen oder Figuren können in bestimmten Mustern angeordnet sein. Im Folgenden werden verschiedene geometrische Strukturen und Zahlenmuster beschrieben und fortgesetzt.

In Fig. 1 wurden immer größer werdende Dreiecke aus Plättchen gelegt. Für das nächste Dreieck bräuchte man 15 Plättchen, weil man zu dem Dreieck aus 10 Plättchen rechts 5 weitere Plättchen ergänzen müsste.

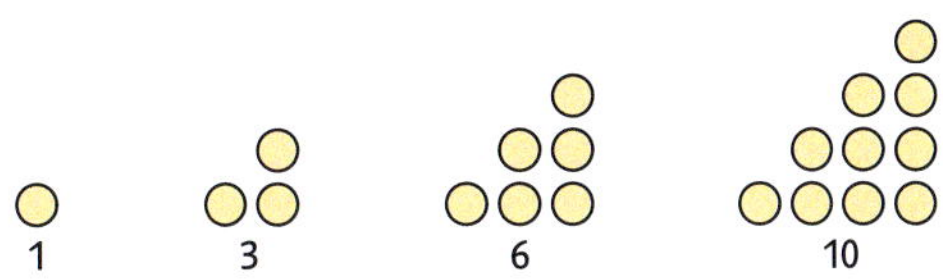

Fig. 1

Zu den Dreiecksfiguren gehört dann die **Zahlenfolge** 1, 3, 6, 10, 15, …
Bei dieser Zahlenfolge verändert sich der Abstand zwischen zwei Zahlen, er wird immer um 1 größer. Das Muster lässt sich durch ein Pfeilschema veranschaulichen:

$$1 \xrightarrow{+2} 3 \xrightarrow{+3} 6 \xrightarrow{+4} 10 \xrightarrow{+5} 15 \xrightarrow{+6} 21 \xrightarrow{+7} \dots$$

Wenn man die Regelmäßigkeit einer Zahlenfolge erkennen will, versucht man zu verstehen, wie sich eine Zahl aus den vorherigen ergibt.
Bei der Zahlenfolge 3, 9, 27, 81, … erhält man jeweils die nächste Zahl, indem man die vorherige Zahl verdreifacht.

$$3 \xrightarrow{\cdot 3} 9 \xrightarrow{\cdot 3} 27 \xrightarrow{\cdot 3} 81 \xrightarrow{\cdot 3} \dots$$

Gesetzmäßigkeiten bei Zahlenfolgen erkennen
Es gibt **Zahlenfolgen**, die sich durch eine Regel beschreiben und fortsetzen lassen. Häufig vermutet man eine solche Regel bereits nach wenigen Zahlen der Folge. Anschließend muss man prüfen, ob die entdeckte Regel für alle weiteren bekannten Zahlen der Zahlenfolge auch gültig ist.

Beispiel **Zahlenfolgen beschreiben, veranschaulichen und fortsetzen**
Beschreibe eine zu der Zahlenfolge passende Gesetzmäßigkeit. Veranschauliche die Zahlenfolge durch ein Pfeilschema und setze sie um zwei Zahlen fort.

a) 3, 6, 9, 12, …
b) 2, 4, 8, 16, …

Lösung

a) Man erhält jeweils die nächste Zahl, indem man 3 zu der vorherigen Zahl addiert.

$3 \xrightarrow{+3} 6 \xrightarrow{+3} 9 \xrightarrow{+3} 12 \xrightarrow{+3}$

Fortsetzung: $12 + 3 = 15$
$15 + 3 = 18$

Also:
3, 6, 9, 12, 15, 18, …

b) Man erhält jeweils die nächste Zahl, indem man die vorherige Zahl verdoppelt.

$2 \xrightarrow{\cdot 2} 4 \xrightarrow{\cdot 2} 8 \xrightarrow{\cdot 2} 16 \xrightarrow{\cdot 2}$

Fortsetzung: $16 \cdot 2 = 32$
$32 \cdot 2 = 64$

Also:
2, 4, 8, 16, 32, 64, …

Aufgaben

○ **1** Ordne jeder Zahlenfolge (1) bis (4) die passende Gesetzmäßigkeit (A) bis (D) zu. Veranschauliche die Zahlenfolgen jeweils durch ein Pfeilschema und setze sie um zwei Zahlen fort.

(1) 1, 4, 16, … (2) 8, 11, 14 … (3) 50, 42, 34, … (4) 85, 82, 78, 73…

A Man erhält die nächste Zahl, indem man die vorherige Zahl um 3 vergrößert.

B Man erhält die nächste Zahl, indem man die vorherige Zahl um 8 verkleinert.

C Der Abstand zwischen zwei aufeinanderfolgenden Zahlen wird immer um 1 größer. Zunächst subtrahiert man 3, dann 4, dann 5 usw.

D Man erhält die nächste Zahl, indem man die vorherige Zahl vervierfacht.

○ **2** Gib die nächsten beiden Zahlen der Zahlenfolge an. Die Zahlen findest du auf den Kärtchen.

a) 2, 6, 10, 14, 18, …
b) 36, 35, 33, 30, 26, …
c) 4, 5, 7, 10, 14, …
d) 24, 22, 25, 21, 26, …

20 26 21 19 27 15 22 25

○ **3** Beschreibe, auf welche Weise man die nächste Zahl aus der vorherigen erhält. Veranschauliche die Zahlenfolge durch ein Pfeilschema und setze sie um zwei Zahlen fort.

a) 5, 10, 20, 40, …
b) 6, 11, 16, 21, 26 …
c) 100, 93, 86, 79, 72, …
d) 128, 64, 32, 16, …

4 a) Übertrage die Figur in dein Heft. Starte in der Mitte und setze die Figur außen um weitere drei Strecken fort.
b) Notiere die einzelnen Seitenlängen als Zahlenfolge und beschreibe, welche Regelmäßigkeit du beobachten kannst.

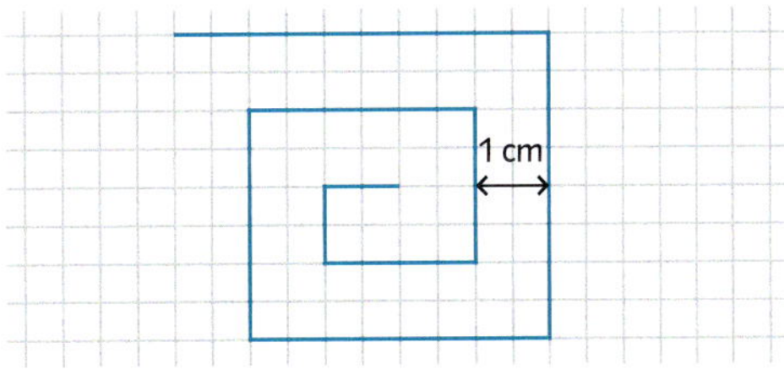

5 a) Zeichne die nächsten drei Kästchenmuster.
b) Mona behauptet: „Die vierte Figur hat 7 Kästchen mehr als die dritte: Oben muss ich 4 Kästchen ergänzen und rechts 3." Nimm Stellung.

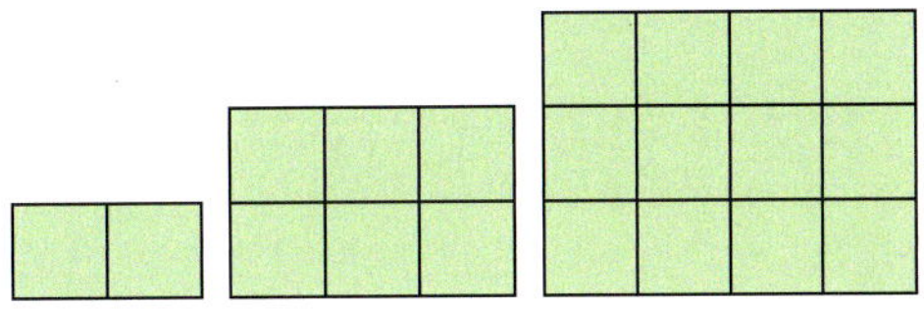

Teste dich!

Lösungen, Seite 196

6 Gib die nächsten beiden Zahlen der Zahlenfolge an.
a) 2, 3, 5, 8, 12, …
b) 27, 31, 35, 39, 43, …
c) 100, 99, 109, 108, 118, 117…
d) 101, 98, 95, 92, 89, …

7 a) Zeichne die nächsten drei Kästchenmuster zu (1) bzw. (2).
b) Notiere jeweils die Anzahl der Kästchen als Zahlenfolge.
c) Beschreibe, welche Regelmäßigkeit du bei den Zahlenfolgen jeweils beobachten kannst.

(1)

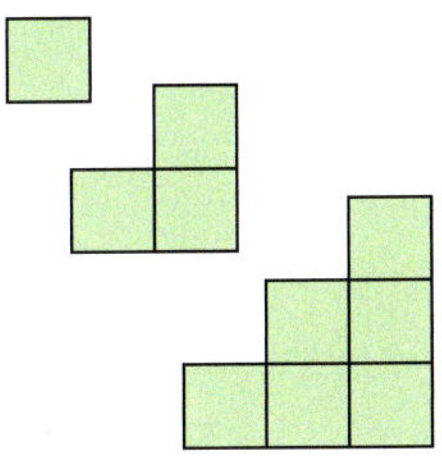

(2)

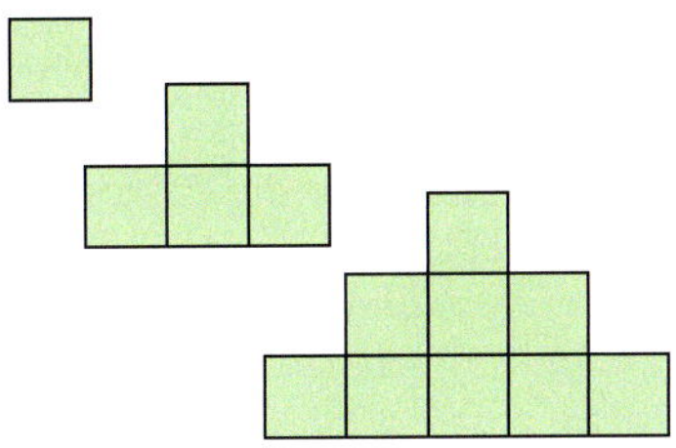

8 Beschreibe eine zu der Zahlenfolge passende Gesetzmäßigkeit. Setze die Zahlenfolge um fünf Zahlen fort.
a) 585, 588, 558, 561, 531, 534, 504, …
b) 1, 4, 10, 22, 46, …
c) 1, 4, 9, 16, 25, 36, …
d) 10, 19, 37, 73, 145, …

9 **Finde den Fehler!**
Lilly und Emre sollen beschreiben, welche Gesetzmäßigkeiten sie bei vorgegebenen Zahlenfolgen erkennen können. Beide Lösungen enthalten Fehler. Beschreibe die Fehler und korrigiere die Lösungen im Heft.

a) 1, 1, 2, 3, 5, 8, 13, 21, …
Lillys Lösung:

Bei meiner Zahlenfolge kommt es nicht nur auf die Vorgängerzahl an: man bekommt die nächste Zahl, wenn man immer alle Zahlen davor addiert.

b) 1, 3, 7, 13, 21, 31, 43, …
Emres Lösung:

Die Startzahl ist die 1 und danach werden die Zahlen immer größer. Der Abstand zwischen zwei aufeinanderfolgenden Zahlen verdoppelt sich immer.

10 Finde mindestens zwei verschiedene Varianten, wie man die Reihe fortsetzen kann. Beschreibe jeweils, nach welcher Gesetzmäßigkeit du die Zahlenfolge gebildet hast.
a) 2, 5, 11, … b) 10, 5, 20, … c) 1, 2, 4, …

11 Ben hat mit einem Tabellenkalkulationsprogramm eine Zahlenfolge erzeugt.
a) Begründe, warum in der Zelle A3 die Formel $= A2 + B2$ stehen muss. Gib die Formeln in den Zellen A4 und A5 an.
b) Gib an, welche Werte in den Zellen A8 und B8 stehen.
c) Ermittle, wie sich die Zahlenfolge verändert, wenn man in der Zelle A2 die Startzahl 4 eingibt.
d) Untersuche, welche Startzahl man braucht, damit in A10 der Wert 100 steht.

A3 | = A2+B2

	A	B	C
1	Zahlenfolge	Veränderung	
2	1	1	
3	2	2	
4	4	3	
5	7	4	
6	11	5	
7	16	6	

Aufgabe 11 lässt sich mit oder ohne Tabellenkalkulationsprogramm lösen.

Teste dich!

→ **Lösungen**, Seite 197

12 Beschreibe eine zu der Zahlenfolge passende Gesetzmäßigkeit. Setze die Zahlenfolge um drei Zahlen fort.
a) 360, 352, 344, … b) 312, 315, 305, 308, 298, …
c) 32, 37, 47, 62, 82, … d) 20, 41, 83, 167, …

13 **Gilt immer – gilt nie – es kommt darauf an**
Bei einer Folge natürlicher Zahlen erhält man die nächste Zahl, indem man die vorherige Zahl verfünffacht und anschließend 3 subtrahiert.
Überprüfe, ob die folgenden Aussagen für die Zahlenfolge immer gelten, nie stimmen oder nur in bestimmten Fällen richtig sind. Begründe jeweils.
a) Die Zahlenfolge enthält abwechselnd gerade und ungerade Zahlen.
b) Eine Zahl in der Zahlenfolge ist genau viermal so groß wie die vorherige.
c) Der Abstand zwischen zwei aufeinanderfolgenden Zahlen wächst immer um den Faktor 5.

Teste dein Grundwissen!

→ **Grundwissen**, Seite
Lösungen, Seite 197

G **14**

Otfried Preußler war ein deutschsprachiger Kinderbuch-Autor, der am 20. Oktober 1923 geboren wurde und am 18. Februar 2013 in Prien am Chiemsee starb. Insgesamt hat er 32 Kinderbücher geschrieben, darunter Bestseller wie „Der Räuber Hotzenplotz“, „Krabat“ oder „Der kleine Wassermann“. Seine Bücher, die in 55 Sprachen übersetzt wurden, wurden insgesamt mehr als 50 Millionen Mal verkauft. Für das Buch „Der kleine Wassermann“, das 1956 erschien, erhielt er im Jahr 1957 den Sonderpreis für Text und Illustration des Deutschen Jugendbuchpreises.

Überprüfe, welche der folgenden Aussagen stimmen.
a) Otfried Preußler wurde 90 Jahre alt.
b) Als „Der kleine Wassermann“ erschien, war Preußler älter als 32 Jahre.
c) Die Bücher wurden in 55 Sprachen übersetzt.
d) Preußlers Bücher wurden weltweit über 50 Millionen Mal verkauft.
e) Otfried Preußler starb in Prien am Chiemsee.

Lösungen, Seite 197

1 Berechne.
a) $3 \cdot (92 + 8) + 2$ b) $3 \cdot 4 - 4 - 4$ c) $36 + 47 - 16 - 17$
d) $20 + [9 \cdot (2 + 3)]$ e) $2 \cdot [300 - (40 + 250)]$ f) $20 \cdot 20 - 20 \cdot 3 \cdot 2$

2 Berechne geschickt.
a) $134 - 15 + 16 - 85$ b) $4 \cdot 7 \cdot 25$ c) $330 - 190 - 55 - 55$

3 a) Multipliziere den Rechenausdruck $(400 + 15) \cdot 3$ zuerst aus. Berechne dann.
b) Klammere beim Rechenausdruck $208 \cdot 6 - 8 \cdot 6$ zuerst aus. Berechne dann.

4 Berechne die Potenz.
a) 2^4 b) 13^2 c) 1^7 d) 10^5

5 Setze die Zahlenfolge um zwei Zahlen fort.
a) 1, 3, 9, 27, … b) 7, 11, 15, 19, … c) 10, 11, 13, 16, 20, … d) 1, 1, 2, 6, 24, …

6 Berechne. Handelt es sich um eine Summe, eine Differenz, ein Produkt, einen Quotienten oder eine Potenz?
a) $6 \cdot 4 + 6$ b) $(2 \cdot 5)^2$ c) $10^3 - 10$ d) $100 : 5^2$

7

567	2220	111 015	3^4	10^4

Schreibe aus der Liste diejenigen Zahlen heraus, die
a) durch 5 teilbar sind, b) durch 3 teilbar sind.

8 Lisa ist bis zur Bergstation mit der Seilbahn gefahren und dann zu Fuß weitergegangen. Wie viele Höhenmeter hat Lisa bis zur Grünspitze zu Fuß bewältigt?

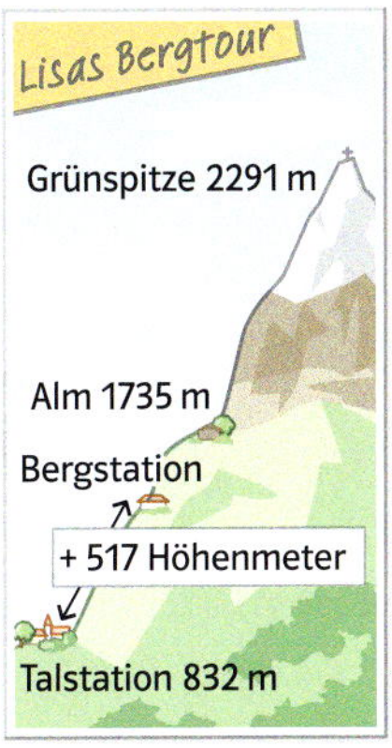

9 Berechne. Welche Rechenausdrücke haben denselben Wert?

A $5 \cdot (15 + 6 - 3)$ B $75 + 30 - 3$ C $5 \cdot 15 + 5 \cdot 6 - 5 \cdot 3$

10 Berechne.
a) $(256 + 50 - 86) : 5$ b) $37 + (16 \cdot 9) : 3$ c) $(340 - 76) : (91 - 89)$

11 Die Zahl soll durch 2 teilbar sein, aber nicht durch 4. Gibt es dafür eine passende Ziffer oder mehrere passende Ziffern?
a) 56▢ b) 48▢8 c) 550▢ d) 848▢3

12 Welche Zahl passt im Rechenausdruck $▢^3 = ▢^2 \cdot 30$ für ▢?

13 Eine Designerin stellt Perlenketten her, indem sie die Perlen mit vergoldeten Kettchen verbindet. Eine Perle kostet 6,80 €, das Kettchen 4,20 € pro cm.
Welche Formel ist richtig?

A ▢ · 3,90 € + 6,80 € + △ · 4,20 €

B 3,90 € + △ · 4,20 € + ▢ · 6,80 €

ggT und kgV

Die Zahl 1 ist Teiler von jeder anderen Zahl. Zwei Zahlen haben aber manchmal noch andere gemeinsame Teiler. Man findet sie, wenn man alle Teiler der beiden Zahlen miteinander vergleicht.
20 hat die Teiler: 1, 2, 4, 5, 10 und 20
30 hat die Teiler: 1, 2, 3, 5, 6, 10, 15 und 30
Die gemeinsamen Teiler sind also: 1, 2, 5 und 10

Unter den **gemeinsamen Teilern** zweier Zahlen gibt es einen größten. Man nennt ihn den **größten gemeinsamen Teiler** (kurz: **ggT**) der beiden Zahlen.

Für die Zahlen 20 und 30 ist der größte gemeinsame Teiler die Zahl 10. Man schreibt kurz: ggT(20; 30) = 10.
Haben zwei Zahlen die Zahl 1 als ggT, so nennt man sie **teilerfremd**.

Auch unter den Vielfachen zweier Zahlen findet man Gemeinsamkeiten. Betrachtet man die Vielfachen der Zahlen 8 und 12, so erkennt man, dass es unter den gemeinsamen Vielfachen eine kleinste Zahl gibt.
Die Vielfachen von 8 sind: 8, 16, 24, 32, 40, 48, 56, 64, 72, 80, 88, ...
Die Vielfachen von 12 sind: 12, 24, 36, 48, 60, 72, 84, ...
Die gemeinsamen Vielfachen sind also: 24, 48, 72, ...

Unter den **gemeinsamen Vielfachen** zweier Zahlen gibt es ein kleinstes. Man nennt es das **kleinste gemeinsame Vielfache** (kurz: **kgV**) der beiden Zahlen.

Für die Zahlen 8 und 12 ist das kleinste gemeinsame Vielfache die Zahl 24. Man schreibt kurz: kgV(8; 12) = 24.

Primfaktorzerlegungen, ggT und kgV

Wenn man Zahlen in ihrer Primfaktorzerlegung geschrieben hat, kann man den ggT auch mithilfe dieser Zerlegungen direkt „ablesen".
Beide nebenstehenden Primfaktorzerlegungen enthalten zwei Zweien, eine Drei und eine Fünf. $2 \cdot 2 \cdot 3 \cdot 5 = 60$ ist also ein gemeinsamer Teiler der beiden Zahlen. Da es keine weiteren gemeinsamen Primfaktoren gibt, ist 60 auch der ggT von 1980 und 840.

$$1980 = 2 \cdot 2 \cdot 3 \cdot 3 \cdot 5 \cdot 11$$

$$840 = 2 \cdot 2 \cdot 2 \cdot 3 \cdot 5 \cdot 7$$

Um die gemeinsamen Primfaktoren zu finden, zerlegt man zuerst die erste Zahl in ihre Primfaktoren und schreibt diese auf.
Die Reihenfolge ist dabei unwichtig. Beim Zerlegen der zweiten Zahl in ihre Primfaktoren notiert man übereinstimmende Primfaktoren direkt unter denen der ersten Zahl, die nicht übereinstimmenden dahinter. Auf diese Weise kann man sicher den ggT bestimmen.

$$\begin{aligned} 1980 &= 2 \cdot 2 \cdot 3 \cdot 3 \cdot 5 \cdot 11 \\ 840 &= 2 \cdot 2 \cdot 3 \cdot 5 \cdot 2 \cdot 7 \\ \hline \text{ggT}(1980; 840) &= 2 \cdot 2 \cdot 3 \cdot 5 = 60 \end{aligned}$$

Mit der Primfaktorzerlegung kann man auch das kgV finden. Das kgV muss mindestens alle Primfaktoren der größeren Zahl enthalten, denn es ist ja mindestens so groß wie die größere Zahl. Wenn man nun noch aus der Primfaktorzerlegung der kleineren Zahl die Primfaktoren ergänzt, die in der größeren nicht vorhanden waren (hier also die 3), dann erhält man die kleinste Zahl, die beide Zahlen als Teiler hat, also das kgV.

$210 = 2 \cdot 3 \cdot 5 \cdot 7$

$126 = 2 \cdot 3 \cdot 3 \cdot 7$

Man schreibt dazu die Primfaktorzerlegungen wie bei der Suche nach dem ggT auf. Nun überträgt man jedoch alle gefundenen Primfaktoren nach unten, allerdings die Primfaktoren, die in beiden Zahlen vorkommen, nur einmal. Das Produkt dieser Zahlen ist dann das kgV.

$$
\begin{aligned}
210 &= 2 \cdot 3 \cdot 5 \cdot 7 \\
126 &= 2 \cdot 3 \cdot 7 \cdot 3 \\
\hline
ggT(210; 126) &= 2 \cdot 3 \cdot 5 \cdot 7 \cdot 3 = 630
\end{aligned}
$$

1 Zerlege beide Zahlen auf möglichst viele verschiedene Arten in ein Produkt mit zwei Faktoren. Schreibe alle Teiler beider Zahlen auf. Finde alle gemeinsamen Teiler. Wie lautet der größte gemeinsame Teiler (ggT)?
a) 60 und 45 b) 138 und 46 c) 13 und 52 d) 27 und 75

2 Prüfe, ob die Zahlen teilerfremd sind.
a) 15; 25 b) 15; 27 c) 15; 28 d) 24; 35
e) 38; 57 f) 42; 65 g) 182; 165 h) 178; 237
i) 345; 322 j) 370; 609 k) 231; 273 l) 204; 276

3 Bestimme die ersten drei gemeinsamen Vielfachen der beiden Zahlen. Schreibe die Vielfachenmengen auf. Bestimme das kgV.
a) 12 und 16 b) 5 und 7 c) 7 und 28 d) 9 und 10

4 Bestimme die Zahl.
a) ggT(14; 21) b) ggT(16; 20) c) ggT(36; 45) d) ggT(24; 40)
e) ggT(10; 15) f) ggT(49; 28) g) kgV(6; 9) h) kgV(11; 14)
i) kgV(7; 42) j) kgV(12; 54) k) ggT(17; 35) l) ggT(8; 27)

5 Bestimme den ggT und das kgV der folgenden Zahlen.
a) 15 und 20 b) 21 und 28 c) 30 und 45 d) 7 und 30
e) 72 und 108 f) 60 und 80 g) 18 und 35 h) 24 und 28

6 Bestimme den ggT bzw. das kgV mithilfe der Primfaktorzerlegung.
a) ggT(75; 120) b) ggT(210; 525) c) ggT(48; 72) d) ggT(78; 104)
e) kgV(30; 75) f) kgV(120; 180) g) kgV(105; 175) h) kgV(63; 90)

Klammerregel
Klammern müssen zuerst berechnet werden.

$12 - (6 + 2)$
$= 12 - 8 = 4$

$(12 - 6) + 2$
$= 6 + 2 = 8$

Innere Klammern werden vor äußeren Klammern berechnet.

$[20 - (8 - 3)] + 7 = (20 - 5) + 7 = 22$

Punkt-vor-Strich-Regel
Soweit Klammern nichts anderes vorschreiben, muss eine Punktrechnung vor einer Strichrechnung ausgeführt werden.

$18 - 8 \cdot 2$
$= 18 - 16$
$= 2$

Kommutativgesetz (KG), Assoziativgesetz (AG)
Bei Summen und Produkten darf man Summanden bzw. Faktoren vertauschen.

$8 + 5 + 2$
$= 5 + 8 + 2$

$5 \cdot 8 \cdot 2$
$= 5 \cdot 2 \cdot 8$

Bei Summen und Produkten darf man Klammern weglassen bzw. setzen.

$5 + (8 + 2)$
$= (5 + 8) + 2$

$(5 \cdot 2) \cdot 8$
$= 5 \cdot (2 \cdot 8)$

Von-links-nach-rechts-Regel
Enthält ein Rechenausdruck (ohne Klammern) nur die Rechenzeichen + und −, dann muss von links nach rechts gerechnet werden.

$14 - 3 + 5 - 7$
$= 11 + 5 - 7$
$= 16 - 7 = 9$

Ausmultiplizieren, Ausklammern
Ausmultiplizieren: $a \cdot (b + c) = a \cdot b + a \cdot c$

$6 \cdot (10 + 7) = 6 \cdot 10 + 6 \cdot 7$

Ausklammern: $a \cdot b + a \cdot c = a \cdot (b + c)$

$3 \cdot 19 + 3 \cdot 11 = 3 \cdot (19 + 11)$

Potenzen
Eine Potenz wie a^3 ist eine Kurzschreibweise für das Produkt $a \cdot a \cdot a$.
Man nennt a die Basis oder Grundzahl und 3 den Exponenten oder die Hochzahl.

$3^4 = 3 \cdot 3 \cdot 3 \cdot 3 = 81$

Die Basis ist 3, der Exponent ist 4.

Soweit Klammern nichts anderes vorschreiben, werden Potenzen zuerst berechnet.

$6 + 4^2 = 6 + 16 = 22$
$(6 + 4)^2 = 10^2 = 100$

Teilbarkeitsregeln
Eine Zahl ist durch 2 bzw. 5 teilbar, wenn ihre letzte Ziffer durch 2 bzw. 5 teilbar ist.
Eine Zahl ist durch 10 teilbar, wenn die letzte Ziffer eine Null ist.
Eine Zahl ist durch 3 teilbar, wenn ihre Quersumme durch 3 teilbar ist.
Eine Zahl ist durch 6 teilbar, wenn sie durch 2 und 3 teilbar ist.
Eine Zahl ist durch 9 teilbar, wenn ihre Quersumme durch 9 teilbar ist.

345 ist
- *nicht durch 2 teilbar,*
- *durch 5 teilbar,*
- *nicht durch 10 teilbar,*
- *durch 3 teilbar,*
- *nicht durch 6 teilbar,*
- *nicht durch 9 teilbar.*

Primzahlen, Primfaktorzerlegung
Primzahlen haben genau zwei Teiler, die Zahl 1 und die Zahl selbst.

2, 3, 5, 7, 11, … sind Primzahlen.

Jede natürliche Zahl, die keine Primzahl ist, kann man als Produkt mehrerer Primzahlen schreiben.

$42 = 2 \cdot 3 \cdot 7$
$81 = 3 \cdot 3 \cdot 3 \cdot 3 = 3^4$

Runde 1

Lösungen, Seite 197

1 Berechne.
a) $78 - 19 \cdot 3 - 3$ b) $10^3 : 200 + 800$ c) $[88 - (76 - 30)] - 30$

2 Berechne. Wie lautet der Name des Terms?
a) $10 \cdot (102 - 90 - 2)$ b) $(52 : 13)^2$ c) $200 + (4 \cdot 10 - 29)$

3 a) Multipliziere den Term $9 \cdot (200 - 30)$ zuerst aus. Berechne dann.
b) Klammere beim Term $7 \cdot 188 + 12 \cdot 7$ zuerst aus. Berechne dann.

4 Berechne geschickt.
a) $10 \cdot 117 - 10 \cdot 12 - 5 \cdot 10$ b) $320 - 125 - 50 + 80 - 25$

5 a) Schreibe die Zahl 16 als Potenz mit der Basis 2.
b) Schreibe die Zahl 100 000 als Potenz mit der Basis 10.

6 Auf dem nebenstehenden Zettel steht die Abrechnung für den Ausflug der Klasse 5 b mit 25 Schülern. Wie viel muss jeder Schüler noch bezahlen?

Klassenausflug
Ausgaben pro Schüler
– Ein Eis: 1 €
– Eintritt Park: 2,40 €
– Busfahrt: 1,60 €

Zuschuss der Stadt:
50 €

7 Kann man die Zahl 52 580 ohne Rest durch die Zahl 2, die Zahl 9 und die Zahl 5 dividieren? Begründe.

8 Prüfe, welche der Zahlen 177, 41 und 1032 eine Primzahl ist.

9 Gib die nächsten beiden Zahlen der Zahlenfolge an.
a) 1, 2, 4, 8, 16, … b) 3, 5, 9, 15, 23, …

Runde 2

Lösungen, Seite 198

1 Berechne.
a) $124 - (56 - 5 \cdot 6)$ b) $4 \cdot (4^2 - 4)$ c) $4 \cdot (18 : 6) - (16 - 7)$

2 Übertrage in dein Heft und ergänze die fehlenden Zahlen.
a) $\square \cdot (11 - 8) = 66 - 48$ b) $5 \cdot (18 + 8 - 15) = \square + \triangle - \bigcirc$

3 Berechne die Produkte $6 \cdot 29$ und $4 \cdot 62$ geschickt.

4 Schreibe die Quadratzahlen 121 und 324 jeweils als Potenz mit dem Exponenten 2.

5 Multipliziere das Produkt von $(25 - 20)$ und 3^2 mit Eintausend.

6 Berechne den Term. Beschreibe, was mit dem Term bei der Laufstrecke berechnet wird.
a) $18 + 7 + 9$ b) $520 - 18 - 7 + 11 - 9 + 3$ c) $520 + 11 + 3 - (18 + 7 + 9)$

HÖHENPROFIL DER LAUFSTRECKE

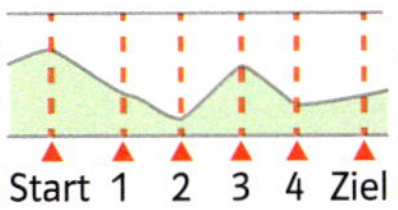

(KP Kontrollpunkt)

Start in 520 m Höhe	
Start – KP 1	– 18 m
KP 1 – KP 2	– 7 m
KP 2 – KP 3	+ 11 m
KP 3 – KP 4	– 9 m
KP 4 – Ziel	+ 3 m

7 Ergänze bei der Zahl 4△4□ die Ziffern so, dass sie durch 2, 3 und durch 5 teilbar ist.

8 Gib die Primfaktorzerlegung von 45 an. Bestimme alle Teiler von 45.

9 Gibt es eine dreistellige Zahl, die man als Summe in der Form $4 + 4 + 4 + 4 + 4 + \ldots$ und als Summe in der Form $9 + 9 + 9 + 9 + 9 + \ldots$ schreiben kann?

III Größen: Umwandeln – Rechnen

Das kannst du bald

- Mit Längen, Massen, Geldwerten und Uhrzeiten rechnen
- Diagramme zeichnen und lesen
- Maßstäbe umrechnen

Check-in

Schätze dich ein: ☺ 😐 ☹

1. Ich kenne die verschiedenen Maßeinheiten für Längen, Gewichte, Zeit und Geld und kann mit diesen im Alltag umgehen. ☐ ☐ ☐
2. Ich kann Zahlen der Größe nach ordnen. ☐ ☐ ☐
3. Ich kann Zahlen runden. ☐ ☐ ☐

Lerntipps

zu 1. **Grundwissen**, Seite 188
zu 2. **Merkkasten**, Seite 6
zu 3. **Merkkasten**, Seite 10

Teste dich!

Lösungen, Seite 198

1 Mit Maßeinheiten umgehen

Setze die richtige Maßeinheit für die Platzhalter ein. Manche Maßeinheiten müssen mehrfach, andere gar nicht eingesetzt werden.

Kilometer (km) Zentimeter (cm) Tonnen (t) Tage (d) Euro (€)
Minuten (min) Meter (m) Millimeter (mm) Kilogramm (kg) Stunden (h)
Milligramm (mg) Sekunden (s) Gramm (g) Cent (ct)

a) Karla geht einkaufen, denn sie benötigt noch 150 ☐ Butter für ihren Kuchen. Die Butter kostet 179 ☐.
b) Marcs Auto ist etwa 5 ☐ lang und wiegt 1 ☐ und 500 ☐.
c) Bis zur großen Pause dauert es nur noch 50 ☐. Danach dauert es noch etwa 4 ☐, bis die Schule aus ist.
d) Maries Mathematikbuch ist etwa 26 ☐ lang und 22 ☐ breit.
e) Es dauert mehrere ☐ bis Tim und Tina die 90 ☐ lange Fahrradtour gemeistert haben.

2 Zahlen ordnen

Sarah hat beim Weitsprung folgende Ergebnisse erzielt:

1. Sprung	2. Sprung	3. Sprung	4. Sprung	5. Sprung
295 cm	276 cm	345 cm	267 cm	319 cm

Ordne die Weiten der Größe nach und beginne mit der kleinsten Weite.

3 Zahlen runden

a) Lukas hat im Oktober 19 €, im November 14 € und im Dezember 25 € gespart. Runde die Geldbeträge jeweils auf die Zehnerstelle.
b) Eva hilft jedes Jahr bei der Apfelernte. In den letzten drei Jahren wurden 2540 kg, 1990 kg und 1860 kg Äpfel geerntet. Runde die Massen jeweils auf die Hunderterstelle.

1 Länge

Welche Längenangaben findest du auf dem Bild?

Eine Längenangabe wie 51 cm besteht aus einer **Maßzahl** und einer **Maßeinheit**.

51 cm

Maßzahl Maßeinheit

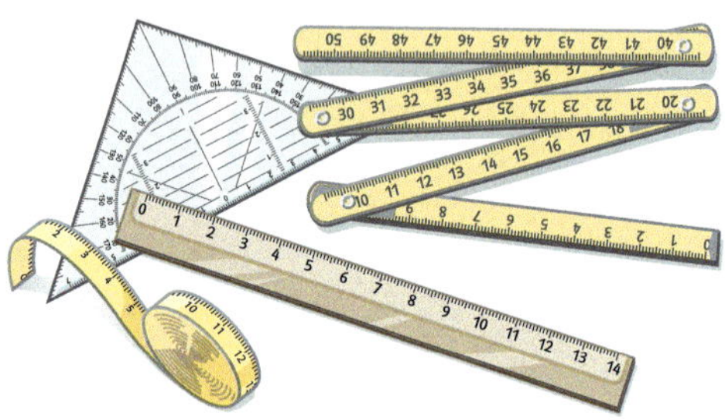

Messgeräte für Längen sind zum Beispiel ein Meterstab, ein Lineal, ein Geodreieck oder ein Maßband.

Im Jahr 1799 wurde ein **Meter** festgelegt auf die Länge vom Nordpol zum Äquator dividiert durch 10 Millionen. Seit 1983 verwendet man eine präzisere Angabe mithilfe der Ausbreitungsgeschwindigkeit von Licht.

Maßeinheiten für Längen

Einheit	Umrechnung
Kilometer (km)	1 km = 1000 m
Meter (m)	1 m = 10 dm
Dezimeter (dm)	1 dm = 10 cm
Zentimeter (cm)	1 cm = 10 mm
Millimeter (mm)	1 mm

Für mm, cm und dm gilt:
Das 10-Fache einer Einheit ergibt jeweils die nächstgrößere Einheit.

kilo = Tausend

dezi = Zehntel
centi = Hundertstel
milli = Tausendstel

Beachte: Bei der Umrechnung von Kilometern in Meter muss die Maßzahl mit 1000 multipliziert werden.
Man kann die Einheiten Dekameter (1 dam = 10 m) und Hektometer (1 hm = 100 m) hinzunehmen, damit das 10-Fache einer Einheit immer die jeweils nächstgrößere Einheit ergibt. Dekameter und Hektometer werden im Alltag nicht verwendet.

Zum Schätzen von Längen ist ein Vergleich mit bekannten Gegenständen nützlich.

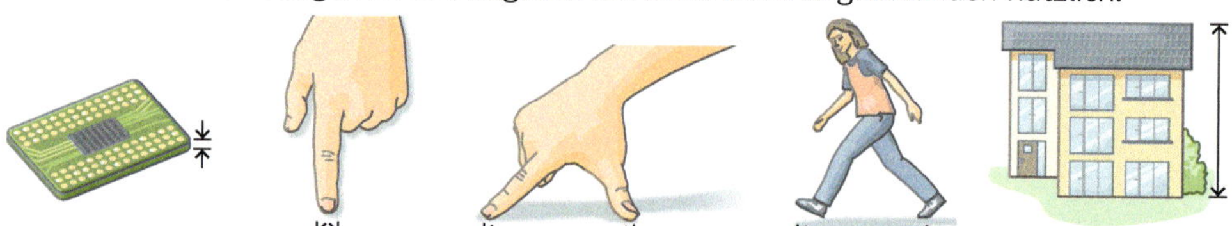

1 mm | 1 cm | 10 cm = 1 dm | 1 m | 10 m

Beispiel 1 In andere Einheiten umrechnen

Schreibe in der in Klammer angegebenen Einheit.

a) 17 dm (in cm) b) 60 mm (in cm) c) 200 cm (in m) d) 8000 m (in km)

Lösung

a) 17 dm = 170 cm b) 60 mm = 6 cm c) 200 cm = 2 m d) 8000 m = 8 km

Beispiel 2 Gemischte Schreibweise

a) Schreibe 5 m 3 dm in cm.
b) Schreibe 12 km 70 m in m.
c) Wie viele ganze Meter sind in 813 cm enthalten?

Lösung

a) 5 m 3 dm = 50 dm + 3 dm = 53 dm = 530 cm
b) 12 km 70 m = 12 000 m + 70 m = 12 070 m
c) 813 cm = 8 m 13 cm. Es sind acht ganze Meter enthalten.

Aufgaben

○ **1** Ordne den abgebildeten Gegenständen die passenden Längen zu.

○ **2** Welche Einheit wählt man sinnvollerweise zur Angabe der Länge?

a) Dicke eines Smartphones b) Entfernung zwischen zwei Städten
c) Höhe eines Berges d) Breite eines Fußballtors
e) Größe einer Stubenfliege f) Breite eines Flusses

○ **3** Schätze zunächst und miss dann

a) die Länge und die Breite eines DIN-A4-Blattes,
b) die Breite deines Schultisches,
c) die Länge und die Breite deines Klassenzimmers.

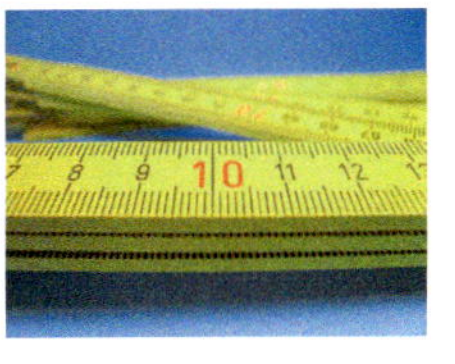

○ **4** Schreibe in der in Klammer angegebenen Einheit.

a) 420 cm (in dm) b) 20 dm (in m) c) 3 dm (in cm) d) 18 cm (in mm)
e) 7000 m (in km) f) 23 km (in m) g) 91 dm (in cm) h) 42 km (in m)
i) 30 mm (in cm) j) 650 cm (in dm) k) 220 km (in m) l) 52 000 m (in km)

○ **5** Schreibe die Längenangaben in der nächstkleineren und in der nächstgrößeren Einheit.

a) 70 cm b) 110 dm c) 1200 cm d) 4000 m
e) 130 dm f) 23 000 m g) 690 cm h) 520 dm
i) 32 000 m j) 330 cm k) 7600 dm l) 12 000 m

○ **6** Übertrage in dein Heft und ergänze die fehlende Einheit.

a) 2 m = 20 □ b) 30 cm = 3 □ c) 46 cm = 460 □ d) 15 km = 15 000 □
e) 200 cm = 20 □ f) 1 □ = 10 mm g) 21 000 m = 21 □ h) 22 □ = 220 dm
i) 22 □ = 220 cm j) 3000 cm = 300 □ k) 8 □ = 8000 m l) 2500 □ = 250 cm

Teste dich!

→ **Lösungen**, Seite 198

○ **7** Schreibe in der nächstkleineren Einheit.
a) 50 cm **b)** 102 dm **c)** 54 km **d)** 88 m

○ **8** Übertrage in dein Heft und ergänze die fehlende Einheit.
a) 30 mm = 3 □ **b)** 43 cm = 430 □ **c)** 460 dm = 46 □ **d)** 15 000 m = 15 □

◒ **9** Übertrage in dein Heft und ergänze.
a) 320 000 mm = □ cm = □ dm = □ m
b) 25 km = □ m = □ dm = □ cm
c) 45 000 000 cm = □ dm = □ m = □ km
d) 55 m = □ dm = □ cm = □ mm

◒ **10** Schreibe in der in Klammer angegebenen Einheit.
a) 2800 mm (in dm) b) 300 cm (in m) c) 7 dm (in mm) d) 290 cm (in mm)
e) 80 000 dm (in km) f) 53 km (in cm) g) 98 m (in cm) h) 42 km (in dm)
i) 300 mm (in dm) j) 950 cm (in dm) k) 22 m (in mm) l) 520 000 dm (in km)

◒ **11** Übertrage in dein Heft und setze für □ das Zeichen <, > oder = ein.
a) 51 cm □ 6 dm b) 232 dm □ 14 m c) 209 mm □ 21 cm d) 34 dm □ 3400 cm
e) 7 dm □ 699 mm f) 1 km □ 10 000 dm g) 81 m □ 8099 dm h) 5600 cm □ 55 m

◒ **12** Es ist 3015 cm = 30 m 15 cm. Schreibe ebenso.
a) 32 mm b) 581 dm c) 12 345 m d) 1805 dm
e) 609 mm f) 3004 cm g) 708 dm h) 68 023 m

◒ **13** Schreibe die Längenangaben im Text mit der passenden Einheit in dein Heft.

> Jans Schulweg ist 4 □ lang. Er nimmt jeden Morgen das Rad. Philipps Schulweg ist kürzer: Die 8000 □ zur Schule kann er problemlos zu Fuß gehen. Philipp ist eine Sportskanone: 5000 □ schafft er in 8 Sekunden, er springt 3800 □ weit und wirft den Schlagball 40 □ weit.

Teste dich!

→ **Lösungen**, Seite 198

◒ **14** Schreibe in der in Klammer angegebenen Einheit.
a) 6800 cm (in m) **b)** 32 dm (in mm) **c)** 80 m (in cm) **d)** 50 000 dm (in km)

◒ **15** Schreibe in der in Klammer angegebenen Einheit.
a) 5 m 8 dm (in dm) **b)** 7 m 5 cm (in cm) **c)** 13 km 8 m (in m) **d)** 7 km 8 dm (in dm)

● **16** a) Nimm eine CD und zeichne damit einen Kreis in dein Heft. Schätze den Durchmesser und die Länge der Kreislinie. Miss beide Längen und vergleiche mit deiner Schätzung.
b) Schätze, welche Strecke dein Fahrrad bei einer Umdrehung des Hinterrads zurücklegt und vergleiche deine Schätzung mit der gemessenen Streckenlänge.

Teste dein Grundwissen!

→ **Merkkasten**, Seite 6
Lösungen, Seite 198

G **17** Übertrage in dein Heft und setze das Zeichen < oder > ein.
a) 5095 □ 5950 **b)** 989 □ 2001 **c)** 13 313 □ 13 133 **d)** 1198 □ 11 197

2 Rechnen mit Größen

Raphaels neues Zimmer ist 3 m 52 cm lang und 2 m 71 cm breit. Kann er die Möbel so wie im Plan aufstellen?

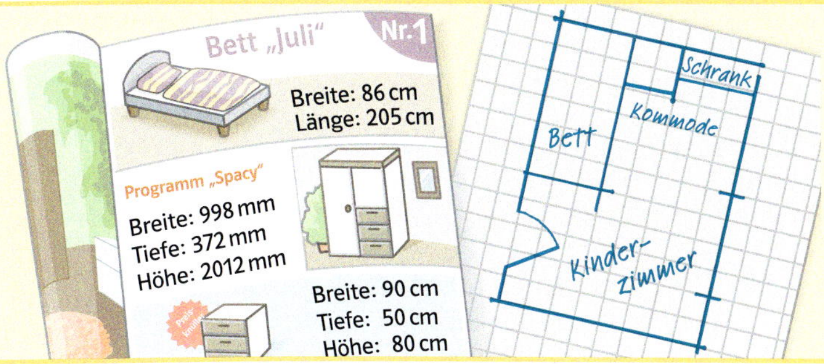

In vielen Alltagssituationen muss man mit Längenangaben rechnen.
Die Wand in der Abbildung soll tapeziert werden.
Wie viele Tapetenrollen werden benötigt?

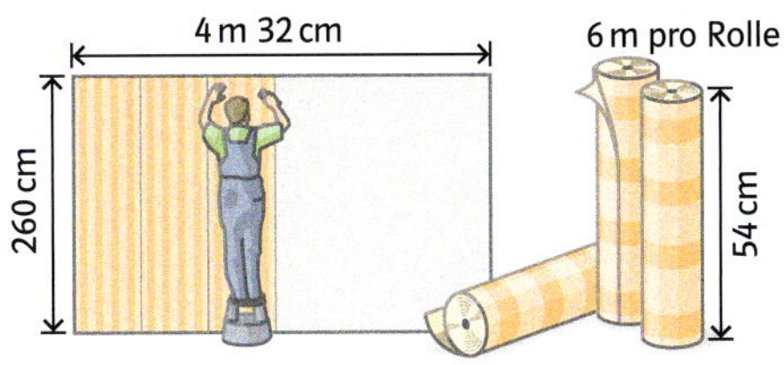

Anzahl der benötigten Tapetenbahnen:
Wie oft passen 54 cm in 4 m 32 cm?
Es werden 8 Bahnen benötigt.

4 m 32 cm = 432 cm
Rechnung: 432 : 54 = 8

Gesamtlänge der Tapetenbahnen:
Man benötigt insgesamt 2080 cm.

Rechnung: 8 · 260 = 2080

Anzahl der benötigten Tapetenrollen:
Wie oft passen 6 m in 2080 cm?
Man muss 4 Tapetenrollen kaufen und hat dann noch etwas Tapete übrig.

6 m = 600 cm
Rechnung: 2080 : 600 = 3 Rest 280

Rechnen mit Größen
Wenn in einer Rechnung mehrere Größenangaben auftreten, dann müssen diese zuerst in derselben Maßeinheit geschrieben werden.

Beim Dividieren unterscheidet man zwei Fälle:

Ein 180 cm langes Brett wird in 12 gleich lange Teile zersägt. Wie lang sind die Teile?

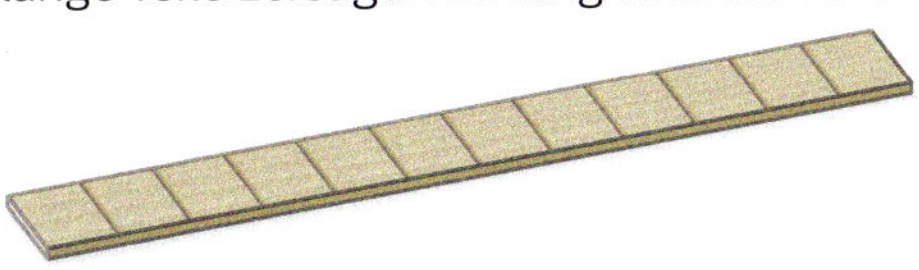

Rechnung:
180 : 12 = 15.
Jedes Teil wird 15 cm lang.
Das Ergebnis ist eine Länge.

Ein 180 cm langes Brett wird in 45 cm lange Teile zerlegt. Wie viele Teile erhält man?

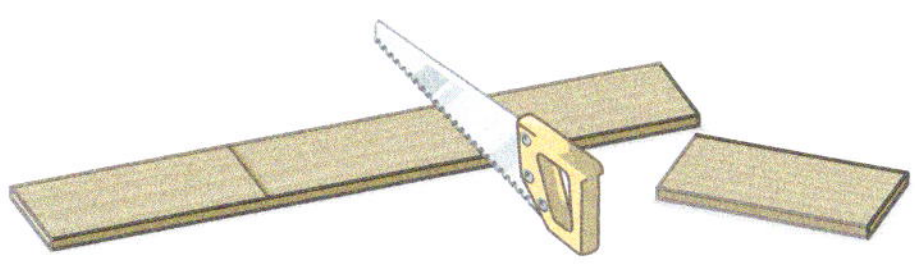

Rechnung:
180 : 45 = 4.
Man erhält 4 Teile.
Das Ergebnis ist eine Zahl.

Beispiel 1 Mit Längen rechnen
Berechne.
a) 2 km − 450 m
b) 5 · 73 cm
c) 3 km 450 m + 2 km 680 m
Lösung
a) 2 km − 450 m = 2000 m − 450 m = 1550 m
b) 5 · 73 cm = 365 cm
c) 3 km 450 m + 2 km 680 m = 3450 m + 2680 m = 6130 m = 6 km 130 m

Beispiel 2 Dividieren bei Längenangaben
a) Auf einer Rolle Backpapier sind insgesamt 16 m Backpapier. Wie viele Bleche mit 42 cm Länge kann man damit belegen?
b) Ein 2 m langer Baumstamm wird in 8 gleich lange Teile zersägt. Wie lang sind die einzelnen Holzstücke?
Lösung
a) Wie oft passen 42 cm in 16 m? Man kann 38 Backbleche auslegen.
16 m = 1600 cm
Rechnung: 1600 : 42 = 38 Rest 4

b) 2 m werden in 8 gleiche Teile aufgeteilt. Jedes Holzstück ist 25 cm lang.
2 m = 200 cm
Rechnung: 200 : 8 = 25

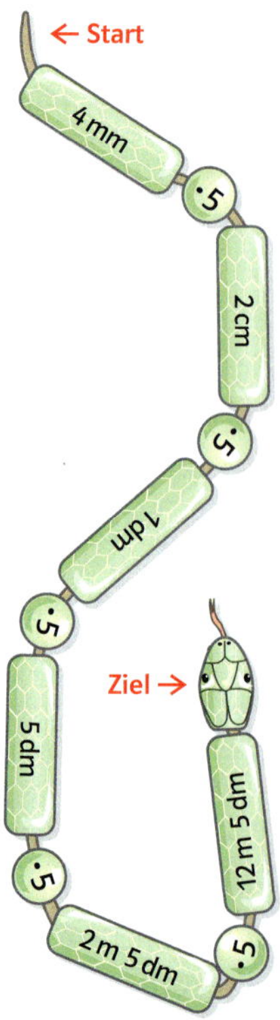

Aufgaben

○ **1** Berechne.
a) 1 km + 609 m b) 2 m + 3 dm c) 55 mm − 3 cm d) 70 dm − 70 cm
e) 65 cm − 43 mm f) 5 m − 11 dm g) 18 dm + 2 m h) 55 mm − 5 cm
i) 23 cm + 8 dm j) 10 m + 100 dm k) 23 mm + 8 cm l) 7 m − 60 dm

○ **2** Berechne.
a) 2 km + 63 dm b) 5 m + 87 cm c) 680 mm − 5 dm d) 58 dm − 700 mm
e) 83 dm + 53 mm f) 9 m − 23 cm g) 29 cm + 7 m h) 860 mm − 7 dm
i) 560 cm + 3 m j) 1 m + 2000 cm k) 4600 mm + 6 dm l) 23 m − 900 cm

○ **3** a) Wie oft passen 7 cm in 77 dm? b) Wie oft passen 3 mm in 30 cm?
c) Wie oft passen 10 cm in 2 m? d) Wie oft passt 1 dm in 5 m?
e) Wie oft passt 1 m in 5 km? f) Wie oft passen 25 m in 2 km?

○ **4** Zeichne eine Schlange wie auf dem Rand. Höre nach fünf Schritten auf.
a) 

b) 

c) 

d) 

Teste dich!

→ **Lösungen**, Seite 198

○ **5** Berechne.
a) 2 km + 20 m b) 1800 cm − 90 dm c) 15 dm · 12 d) 10 m − 68 cm

○ **6** a) Wie oft passen 6 cm in 18 dm? b) Wie oft passen 5 mm in 30 cm?

7 Es ist 12 cm : 5 = 120 mm : 5 = 24 mm. Rechne ebenso.
a) 10 m : 4 b) 10 cm : 25 c) 3 m : 100 d) 1 dm : 10
e) 50 cm : 20 f) 1 dm : 50 g) 3 m : 5 h) 8 dm : 25

8 Berechne.
a) 3 m 12 cm + 1 m 90 cm b) 5 m 10 cm + 9 dm c) 10 cm 5 mm − 23 mm
d) 5 cm 8 mm · 5 e) 23 m 25 cm · 8 f) 1 m 5 cm : 7

9 a) Ein Floh ist ungefähr 3 mm groß und kann 60 cm hoch springen. Das Wievielfache seiner eigenen Körpergröße kann er überspringen?
b) Wie hoch könnte ein 1 m 80 cm großer Mensch springen, der eine vergleichbare Sprungkraft wie ein Floh hätte?

10 a) Ein Streichholz ist 44 mm lang. In einer Packung sind 40 Streichhölzer. Welche Länge erhält man, wenn man alle Streichhölzer hintereinanderlegt?
b) Wie viele 7 cm lange Streichhölzer benötigst du, um eine Strecke von 2 m zu legen?

11 Moritz absolviert ein Tempo-Training auf der 400 m langen Rundbahn des Sportplatzes. Welche Gesamtstrecke kann er in seinem Trainingsplan eintragen?

Einlaufen: 1 km
4-mal 800 m
dazwischen: je 200 m Trabpause
Auslaufen: 2 Runden

Teste dich!

Lösungen, Seite 198

12 Berechne.
a) 16 m : 5 b) 4 dm 12 cm − 28 cm c) 3 cm 8 mm · 4

13 Bei einem Radrennen über 114 km ist eine Runde 7600 m lang.
a) Wie viele Runden werden gefahren?
b) Das Hinterrad eines Rennrades hat einen Umfang von etwa 2 m 50 cm. Wie oft dreht sich das Rad bei diesem Rennen?

14 Ein IT-Anbieter versendet seine Waren mit einem Paketdienst. Die Preise für ein Paket ergeben sich aus der Summe der längsten und der kürzesten Seite.

Paketklasse längste + kürzeste Seite	
S bis 50 cm	6,90 €
M > 50 bis 80 cm	11,90 €
L > 80 bis 120 cm	15,90 €

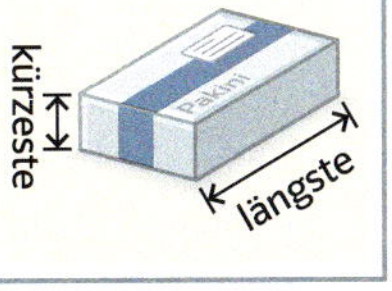

Maße (in mm)	L	B	H
Notebook	322	255	42
Drucker	450	403	165
Bildschirm	600	510	310

a) Wie viel kostet der Versand eines Notebooks, eines Druckers bzw. eines Bildschirms?
b) Wie viele Notebooks kann man maximal in ein Paket der Größe S packen?
c) Wie viele Drucker kann man maximal in ein Paket der Größe L packen?

Teste dein Grundwissen!

Merkkasten, Seite 9
Lösungen, Seite 198

15 a) Gib die größte fünfstellige Zahl an.
b) Gib die kleinste dreistellige Zahl mit lauter verschiedenen Ziffern an.
c) Gib die größte vierstellige Zahl mit lauter verschiedenen geraden Ziffern an.

3 Masse

„Geht das gut?"

Als Grundeinheit für **Massen** wird heute in fast allen Ländern Europas das Kilogramm verwendet. Umgangssprachlich wird für das Wort Masse auch das Wort **Gewicht** verwendet.

Im Jahr 1889 wurde auf einer internationalen Konferenz in Paris festgelegt, wie schwer ein **Kilogramm** ist. Alle anderen Masseneinheiten sind Vielfache oder Teiler eines Kilogramms.

Maßeinheiten für Massen

Tonne (t)	1 t = 1000 kg
Kilogramm (kg)	1 kg = 1000 g
Gramm (g)	1 g = 1000 mg
Milligramm (mg)	1 mg

Das 1000-Fache einer Einheit ergibt jeweils die nächstgrößere Einheit.
Wenn in einer Rechnung mehrere Massenangaben auftreten, dann müssen sie vorher in derselben Einheit geschrieben werden.

Wenn man schätzen möchte, wie schwer ein Gegenstand ist, vergleicht man ihn mit anderen Gegenständen, deren Masse bekannt ist.

1 g 10 g 100 g 1 kg 10 kg 1 t

Beispiel 1 In andere Einheiten umrechnen
Schreibe in der in Klammer angegebenen Einheit.

a) 43 kg (in g)
b) 40 000 000 mg (in kg)
c) 4 kg 25 g (in g)
d) 7 t 534 kg (in kg)

Lösung

a) 43 kg = 43 000 g
b) 40 000 000 mg = 40 000 g = 40 kg
c) 4 kg 25 g = 4000 g + 25 g = 4025 g
d) 7 t 534 kg = 7000 kg + 534 kg = 7534 kg

Beispiel 2 Mit Massen rechnen
Wie viele Sandsäcke zu 25 kg darf Herr Hezler in seinen Kleintransporter laden, wenn das Auto eine maximale Zuladung von 1 t besitzt und er selbst 80 kg wiegt?

Lösung

Das Gewicht von Herrn Hezler wird von der maximalen Zuladung abgezogen.	Rechnung: 1 t − 80 kg = 1000 kg − 80 kg = 920 kg
Wie oft passen 25 kg in 920 kg?	Rechnung: 920 : 25 = 36 Rest 20

Herr Hezler kann 36 Sandsäcke transportieren.

Aufgaben

1 Ordne die am Rand angegebenen Massen den Gegenständen richtig zu.

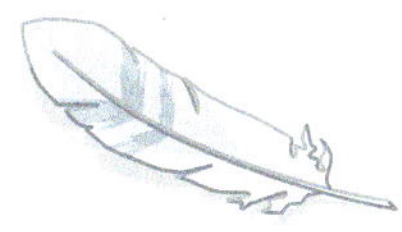

30 g | 3 kg | 114 kg | 13 kg | 120 mg | 2 t | 5 mg | 838 g

2 Schreibe in der in Klammer angegebenen Einheit.
a) 3 kg (in g) b) 6000 g (in kg) c) 5000 kg (in t) d) 17 kg (in g)
e) 250 000 g (in kg) f) 63 000 kg (in t) g) 7000 mg (in g) h) 4 t (in kg)
i) 48 000 g (in kg) j) 28 t (in kg) k) 234 kg (in g) l) 3000 mg (in g)

3 Schreibe sowohl in der nächstgrößeren als auch in der nächstkleineren Einheit.
a) 4000 g b) 20 000 kg c) 36 000 g d) 50 000 kg
e) 120 000 g f) 770 000 kg g) 84 000 kg h) 55 000 g
i) 33 000 kg j) 296 000 g k) 96 000 g l) 7000 kg

4 Ordne der Größe nach von klein nach groß.
a) 1200 mg | 100 kg | 10 002 g | 1 t | 1002 kg
b) 55 g | 54 500 mg | 5450 kg | 5 t | 54 g

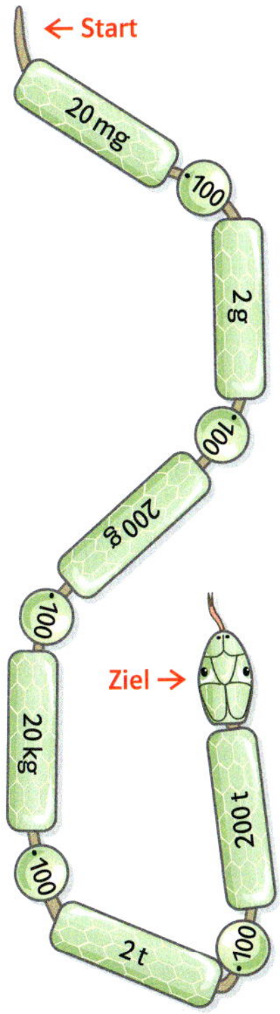

5 Berechne.
a) 200 g + 3 kg b) 54 000 mg − 13 g c) 200 g · 7 d) 1800 mg + 1 g
e) 3 t − 1280 kg f) 4 · 250 mg g) 100 mg + 100 g h) 8 · 125 kg
i) 65 000 mg − 10 g j) 10 kg + 7000 g k) 2000 mg · 20 l) 23 kg − 7000 g

6 Zeichne eine Schlange wie auf dem Rand. Höre nach fünf Schritten auf.
a) 

b) 

7 a) Wie oft passen 500 g in 3 kg? b) Wie oft passen 300 mg in 6 g?
c) Wie oft passen 2 kg in 1 t? d) Wie oft passen 800 g in 4 kg?
e) Wie oft passen 125 mg in 20 g? f) Wie oft passen 250 kg in 1 t?

Teste dich!

Lösungen, Seite 199

○ **8** Übertrage in dein Heft und ergänze.

a) 31 000 g = ▢ kg b) 75 kg = ▢ mg c) 123 000 kg = ▢ t d) 24 t = ▢ kg

○ **9** Berechne.

a) 750 g + 8 kg b) 7000 mg − 5 g c) 650 g · 5 d) 49 000 g + 1 kg

◒ **10** Es ist 3 kg : 20 = 3000 g : 20 = 150 g. Rechne ebenso.

a) 1 kg : 4 b) 50 g : 200 c) 3 t : 1000 d) 60 g : 300
e) 20 kg : 500 f) 3 g : 250 g) 40 kg : 5000 h) 2 g : 25

◒ **11** Es ist 3560 g = 3 kg 560 g. Schreibe ebenso.

a) 2345 g b) 126 892 mg c) 45 048 kg d) 13 089 g
e) 48 154 000 mg f) 99 099 kg g) 68 005 g h) 15 243 mg

◒ **12** Berechne.

a) 2 kg 450 g + 1680 g b) 9 g 200 mg · 5 c) 3 kg 200 g : 4 d) 40 kg 500 g · 3
e) 47 kg 400 g − 500 g f) 5 · 6 kg 400 g g) 5 g 300 mg · 10 h) 8 · 2 kg 200 g

◒ **13** a) Eine 1-€-Münze wiegt 7500 mg. Wie viel würde ein Lottogewinn von 1 000 000 € wiegen, wenn er in 1-€-Münzen ausbezahlt würde?
b) Eine 1-Cent-Münze wiegt 2300 mg. Würde der Gewinn bei einer Auszahlung in 1-Cent-Münzen mehr oder weniger wiegen?

◒ **14** In Deutschland leben ungefähr 83 Millionen Menschen. Der durchschnittliche Pro-Kopf-Verbrauch von Reis beträgt rund 1 kg 750 g pro Jahr.
a) Wie viele Kilogramm Reis verbraucht Deutschland insgesamt im Jahr?
b) Ein Kochbeutel enthält 125 g Reis. Wie viele Beutel bereitet eine Person jährlich zu?

Teste dich!

Lösungen, Seite 199

◒ **15** Berechne.

a) 3 kg 500 g + 2700g b) 4 g 100 mg · 7 c) 18 kg : 5 d) 75 t : 150

◒ **16** In der Schulmensa essen täglich 150 Schüler. Man rechnet mit rund 75 g Nudeln pro Person.
a) Am Montag gibt es Spaghetti. Wie viele Kilogramm Nudeln werden benötigt?
b) Am Anfang des Monats wurden 50 kg Nudeln eingekauft. Wie oft kann es diesen Monat Nudeln geben?

● **17** Im Alltag werden manchmal noch die alten Einheiten Pfund (Pfd) und Zentner (Ztr) verwendet. Es gilt: 1 Pfd = 500 g und 1 Ztr = 50 kg. Bauer Schulze hat 17 Zentner Kartoffeln geerntet.
a) Der Pkw von Herrn Schulze hat eine maximale Zuladung von 700 kg. Kann Herr Schulze, der 80 kg wiegt, die gesamte Ernte im Pkw auf den Markt transportieren?
b) Auf dem Markt verkauft Herr Schulze Kartoffelsäcke zu 5 Pfund. Wie viele Säcke erhält er aus seiner Kartoffelernte?

Teste dein Grundwissen!

Merkkasten, Seite 1[illegible]
Lösungen, Seite 199

G **18** Runde die Zahl 23 456 auf Zehner (Hunderter, Tausender, Zehntausender).

4 Zeit

Welche Zeiteinheiten passen zu den einzelnen Bildern?

Die kleinste gebräuchliche Maßeinheit für Zeitspannen ist eine **Sekunde (1 s)**. Bei Zeitspannen fragt man „Wie lange?“. Eine Uhrzeit wie 14.15 oder 14:15 bezeichnet einen Zeitpunkt. Nach einem Zeitpunkt fragt man „Wann?“.

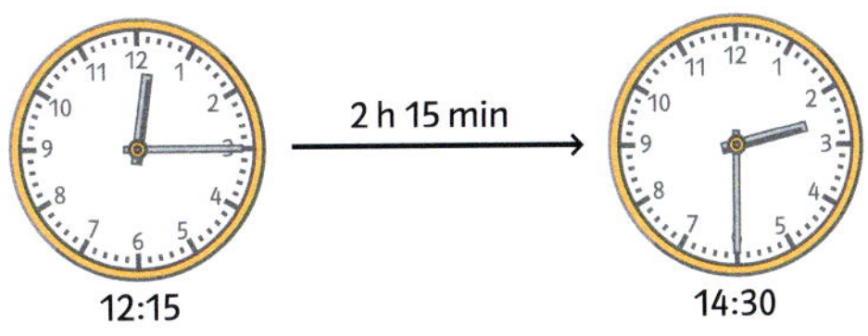

Maßeinheiten für Zeitspannen

Tag (d)	1 d = 24 h
Stunde (h)	1 h = 60 min
Minute (min)	1 min = 60 s
Sekunde (s)	1 s

Im Alltag gibt es noch weitere Zeitspannen.
Wochen sind immer 7 Tage lang.
Monate sind zwischen 28 Tagen und 31 Tagen lang.
Jahre sind 365 Tage oder bei einem Schaltjahr 366 Tage lang.

Beispiel 1 Zeitspannen in anderen Einheiten angeben

a) Wie viel sind 7 h 45 min in Minuten?
b) Wie viele Stunden sind 3 Tage?
c) Schreibe 51 h 13 min in Tagen, Stunden und Minuten.

Lösung

a) 7 h 45 min = 7 h + 45 min = (7·60) min + 45 min = 420 min + 45 min = 465 min
b) 3 d = 3 · 24 h = 72 h
c) Rechnung: 51 : 24 = 2 Rest 3. 51 h 13 min = 2 d 3 h 13 min

Beispiel 2 Mit Zeitspannen rechnen

Berechne.

a) 47 min 50 s + 38 min 42 s
b) 3 h 15 min – 1 h 22 min

Lösung

a) Minuten addieren: 47 min + 38 min = 85 min
Sekunden addieren: 50 s + 42 s = 92 s = 1 min 32 s
47 min 50 s + 38 min 42 s = 86 min 32 s = 1 h 26 min 32 s

b) 3 h 15 min – 1 h = 2 h 15 min. Es müssen noch 22 Minuten abgezogen werden.
2 h 15 min – 15 min = 2 h. Es müssen noch 7 Minuten abgezogen werden.
2 h – 7 min = 1 h 53 min

Beispiel 3 Mit Uhrzeiten rechnen

Wie viel Zeit vergeht von

a) 11:15 Uhr bis 14:07 Uhr,

b) 13:00 Uhr am Dienstag bis zum darauffolgenden Donnerstag um 7:45 Uhr?

Lösung

a) Von 11:15 Uhr bis 12:00 Uhr sind es 45 min. Von 12:00 Uhr bis 14:07 Uhr sind es 2 h 7 min.
Insgesamt sind es 45 min + 2 h 7 min = 2 h 52 min.

b) Von 13:00 Uhr am Dienstag bis 0:00 Uhr am Mittwoch sind es 11 h.
Von Mittwoch 0:00 Uhr bis Donnerstag 0:00 Uhr ist es 1 d.
Von Donnerstag 0:00 Uhr bis 7:45 Uhr sind es 7 h 45.
Insgesamt: 11 h + 1 d + 7 h 45 min = 1 d 18 h 45 min

Aufgaben

○ **1** Ordne die Lösungen auf dem Rand richtig zu. Wie lange dauert

a) eine Schulstunde, b) Eierkochen,
c) ein Umlauf des Minutenzeigers, d) ein Musikstück,
e) Zählen bis 1000, f) ein Atemzug?

5 min
15 min
1 h
3 s
45 min
3 min

○ **2** Schreibe in der in Klammer angegebenen Einheit.

a) eine halbe Stunde (in min) b) eine halbe Minute (in s)
c) eine Viertelstunde (in min) d) eine Dreiviertelstunde (in min)
e) fünfeinhalb Minuten (in s) f) eineinhalb Stunden (in min)

○ **3** Schreibe in der in Klammer angegebenen Einheit.

a) 4 min (in s) b) 300 s (in min) c) 120 min (in h) d) 180 min (in h)
e) 2 h (in min) f) 240 min (in h) g) 900 min (in h) h) 1800 s (in min)
i) 6 h (in min) j) 15 min (in s) k) 9 h (in min) l) 480 min (in h)

○ **4** Schreibe in der in Klammer angegebenen Einheit.

a) 1 d (in h) b) 3 d (in h) c) 48 h (in d) d) 72 h (in d)
e) 7 d (in h) f) 144 h (in d) g) 2400 h (in d) h) 30 d (in h)

○ **5** Was dauert länger?

a) 5 min oder 330 s b) 100 h oder 10 d c) 1000 min oder 10 h d) 600 s oder 1 h
e) 70 h oder 1 Woche f) 12 h oder 800 min g) 2000 min oder 1 d h) 500 min oder 5 h

○ **6** Schreibe in der kleineren Einheit.

a) 4 min 31 s b) 3 h 6 min c) 7 min 19 s d) 8 h 48 min
e) 1 d 14 h f) 5 d 3 h g) 50 min 1 s h) 49 min 59 s

○ **7** Es ist 78 min = 1 h 18 min. Schreibe entsprechend.

a) 82 min b) 410 min c) 95 s d) 1200 s
e) 30 h f) 100 h g) 100 s h) 1000 min

○ **8** Wie viele Minuten fehlen noch bis zur nächsten vollen Stunde?

a) 
b) 
c) 
d) 

9 Ergänze die fehlenden Uhrzeiten.

a) 09:23 → 2h 10min später → ☐ → 3h 45min später → ☐ → 1h 50min später → ☐

b) 22:45 → 1h 20min später → ☐ → 3h 55min später → ☐ → 10h 18min später → ☐

10 Wie viel fehlt bis zur nächstgrößeren Einheit?

a) 57 min b) 38 s c) 1 min d) 10 s
e) 59 min 59 s f) 12 min 8 s g) 3 h h) 22 h 50 min

11 Es ist 13:50 Uhr. Wie viel Zeit ist vergangen bis zur abgebildeten Uhrzeit am selben Tag?

a)

b)

c)

d)

12 Ordne die Zeitangaben der Größe nach. Beginne mit der kleinsten.

200 s 2 h 40 min 3 min 1 d 5 h 66 min 4000 s

Teste dich! Lösungen, Seite 199

13 Schreibe in der in Klammer angegebenen Einheit.

a) 5 min (in s) b) 480 s (in min) c) 300 min (in h) d) 72 h (in d)

14 Es ist 13:15 Uhr. Wie viel Uhr ist es nach der angegebenen Zeitspanne?

a) 2 h 15 min b) 6 h 50 min c) 8 h 22 min d) 7 h 59 min

15 Berechne.

a) 30 min 50 s + 12 min 10 s b) 2 h 15 min + 4 h 22 min c) 42 min 32 s + 11 min 45 s
d) 2 h 10 min − 43 min e) 5 h 18 min − 4 h 20 min f) 17 min 21 s − 16 min 43 s

16 Auf Kalenderblättern sind manchmal der Sonnenaufgang (SA) und der Sonnenuntergang (SU) angegeben. Gib für folgende Tage jeweils die Sonnenscheindauer an und ordne die Werte nach der Länge der Zeitspannen.

Datum	16.01.	27.02.	03.04.	22.05.	10.07.	29.08.	10.10.
SA	8:20	7:12	5:59	4:22	4:17	5:30	6:43
SU	16:45	17:59	18:58	20:16	20:37	19:15	17:40

17 a) Am Hauptbahnhof in Stuttgart ist es 12:15 Uhr. In wie vielen Minuten fährt der TGV nach Paris ab?
b) Wie lang braucht der TGV von Straßburg nach Paris?
c) Was geht schneller? Die Fahrt mit dem IRE nach Karlsruhe oder mit dem IC nach Ulm?

12:55	TGV	**Paris Est** Karlsruhe Hbf. 13:30 – Straßburg 14:11 – Paris Est 16:35
12:57	IC	**Innsbruck Hbf.** Geislingen 13:37 – Ulm 14:01 – Innsbruck Hbf. 19:01
12:59	IRE	**Karlsruhe Hbf.** Vaihingen (Enz) 13:14 – Karlsruhe Hbf. 13:53

d) Der IC nach Innsbruck startet mit genau einer halben Stunde Verspätung. Bis Ulm verspätet er sich um weitere 7 Minuten. Auf der verbleibenden Strecke bis Innsbruck kann er aber 13 Minuten einsparen. Wann kommt der Zug in Innsbruck an?

● **18** a) Ergänze die fehlenden Angaben.
b) Der Zug um 9:19 Uhr fährt in Ulm mit 12 Minuten Verspätung ab. Wie lang dauerte die Fahrt, wenn er in Füssen um 12:18 ankommt? Wie viel Zeit hat der Zug im Vergleich zum Fahrplan zusätzlich auf der Strecke verloren?

Bahnhof/Haltestelle	Zeit	Dauer
Ulm Hbf. Füssen	ab 09:19 an 11:54	☐
Ulm Hbf. Füssen	ab 10:09 an ☐	2:46
Ulm Hbf. Füssen	ab ☐ an 13:57	2:38

Manchmal werden die Einheiten bei Zeitdauern weggelassen, weil sie sich aus dem Zusammenhang ergeben. 2:46 bedeutet z. B. 2 h 46 min

● **19** Wie viele Tage sind es noch bis zum letzten Tag des Jahres am
a) 21. Dezember, b) 8. September, c) 20. Juni, d) 15. März?

● **20** a) Welcher Wochentag ist der 12. Mai, wenn der 1. Mai ein Montag ist?
b) Der 23. Juni war ein Sonntag, welcher Wochentag war der 1. Juni?
c) Der 1. September ist ein Sonntag. Schreibe das jeweilige Datum für die nächsten zehn Sonntage auf.

● **21** Hannah übt jeden Tag außer sonntags 45 min Geige. Meike übt täglich 35 Minuten und Magdalena übt nur viermal in der Woche, dafür aber immer 1 h 15 min.
a) Welches Mädchen übt am längsten?
b) Wie viele Stunden übt Hanna in 52 Wochen?
c) Wie viele Wochen benötigt Magdalena, um 200 Stunden zu üben?

Teste dich!

Lösungen, Seite 19

● **22** a) Eine Schulstunde dauert 45 Minuten. Berechne die fehlenden Uhrzeiten.
b) Wie lang dauert es vom Beginn der ersten Stunde bis zur ersten großen Pause?
c) Wie lange dauert der Schultag am Montag?

Zeit	Montag	Dienst
7:45 –	Mathematik	—
8:35 – 9:20	Deutsch	Deutsch
– 10:20	Sport	Englisc
10:25 – 11:10		Musik
– 12:10	Erdkunde	Bio
12:15 – 13:00	Biologie	M
13:05 –	Mittagspause	
– 14:40	Bildende Kunst	

● **23** a) Wie viele Tage sind es vom Frühlingsanfang am 20. März bis zum Sommeranfang am 21. Juni?
b) Wie viel Zeit vergeht von Freitag 13 Uhr bis zum nächsten Montag um 7:45 Uhr?

● **24** Wie oft läuft der Sekundenzeiger einer Uhr zwischen 12:00 Uhr und 13:00 Uhr über den Minutenzeiger hinweg?

● **25** Wenn man von Frankfurt nach New York fliegt, muss man seine Uhr aufgrund der Zeitverschiebung um 6 h zurückstellen. Auf den Flugtickets sind für den Abflug und die Ankunft immer die jeweiligen Ortszeiten vermerkt. Berechne die Flugdauer für den Hin- und den Rückflug.

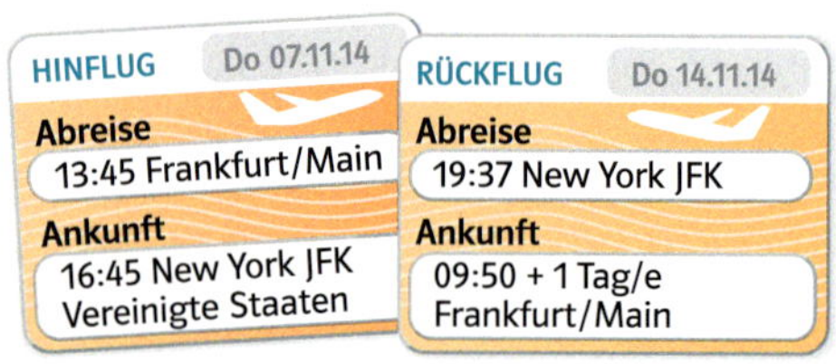

Teste dein Grundwissen!

Merkkasten, Seite
Lösungen, Seite 19

G **26** Gegeben sind vier Zahlen: (1) 4599; (2) 4449; (3) 4451; (4) 4551
a) Welche der Zahlen ergeben auf Hunderter gerundet 4500?
b) Welche der Zahlen ergeben auf Tausender gerundet 5000?

5 Geld

Die Klasse 5 a hat 26 Schüler und möchte mit ihrem Lehrer in die „Polar World" gehen.
Welche Karten kauft der Lehrer?

Auf der Welt gibt es viele verschiedene Währungen. In großen Teilen Europas werden Geldwerte in den Einheiten Euro (€) und Cent (ct) angegeben. Preisangaben werden üblicherweise in Kommaschreibweise angegeben, zum Beispiel 12,79 €.
Das Komma trennt hierbei die 12 Euro von den 79 Cent.

Einheiten für Geldwerte
1 € (Euro) = 100 ct (Cent).
Für eine Preisangabe wie 2,99 € gilt: 2,99 € = 2 € 99 ct = 299 ct.

Beispiel 1 Mit Geldwerten rechnen
a) Wie viel Cent sind 70,66 €?
b) Berechne 3,40 € + 99 ct.
c) Hannah kauft für 3,09 € ein und zahlt mit einem 5-€-Schein. Wie viel Euro erhält sie zurück?

Lösung
a) 70,66 € = 7066 ct
b) 3,40 € + 99 ct = 340 ct + 99 ct = 439 ct = 4,39 €
c) Rechnung: 5 € – 3,09 € = 500 ct – 309 ct = 191 ct = 1,91 €.
Hannah erhält 1,91 € zurück.

Teilaufgabe b) kann man auch so rechnen:
3,40 € + 1 € = 4,40 €
4,40 € – 1 ct = 4,39 €

Beispiel 2 Schriftlich rechnen
Karsten bezahlt die Schulsachen auf seiner Einkaufsliste mit einem 20-Euro-Schein.
Wie viel Geld bleibt übrig?

Lösung
Ausgaben

3 Schulhefte	3 · 90 ct =	270 ct =	2,70 €
2 Bleistifte	2 · 75 ct =	150 ct =	1,50 €
Filzstifte			4,80 €
Geodreieck			1,50 €
Zirkel	8 € =		8,00 €
			12
			18,50 €

Rest: 20 € – 18,50 € = 1,50 €
Es bleiben noch 1,50 € übrig.

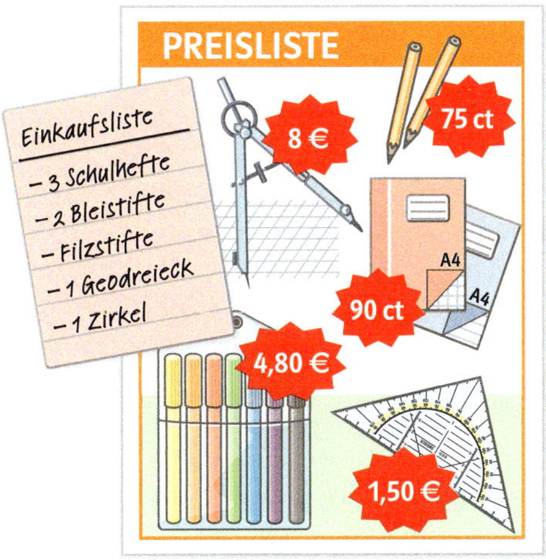

Aufgaben

○ **1** Für 9,09 € gibt es auch die Schreibweisen 9 € 9 ct und 909 ct. Gib den Geldbetrag jeweils in den beiden anderen Schreibweisen an.

a) 1,99 € b) 10,12 € c) 11,01 € d) 3 €
e) 5 € 10 ct f) 100 € 43 ct g) 2 € 1 ct h) 7 €
i) 150 ct j) 1053 ct k) 10 169 ct l) 1000 ct

○ **2** Berechne und schreibe das Ergebnis in €.

a) 123 ct + 65 ct b) 2,65 € + 1,35 € c) 530 ct + 7,45 € d) 46,03 € + 8,99 €
e) 8,03 € − 5,70 € f) 6,45 € − 213 ct g) 8,07 € + 10,13 € h) 99 ct + 3,98 €
i) 297 € − 29,70 € j) 88,20 € + 430 ct k) 13,45 € + 13,65 € l) 88 ct + 44 ct

○ **3** Berechne und schreibe das Ergebnis in €.

a) 10 · 60 ct b) 2,40 € · 3 c) 88 ct · 5 d) 3 · 10,10 €
e) 250 ct : 5 f) 9,00 € : 5 g) 13,50 € : 3 h) 16,40 € : 4
i) 3 · 3,50 € j) 5 · 59 ct k) 7,70 € : 10 l) 2,97 € : 3

○ **4** Auf welchen Kärtchen steht der gleiche Geldbetrag?

88 ct + 2,56 €	A	6 · 89 ct	B	4,50 € : 3	C	21 + 41	D
2,67 € · 2	E	3 · 50 ct	F	5,20 € − 176 ct	G	10 € − 4,66 €	H

○ **5** a) Fernando hat bereits 15 € 20 ct gespart. Wie viel Euro fehlen ihm noch bis 20 €?
b) Elsa muss beim Bäcker 3,40 € bezahlen. Sie gibt der Verkäuferin einen 10-€-Schein. Wie viel Geld bekommt sie zurück?
c) Die Klasse 5 a hat 478,22 € für eine Spendenaktion gesammelt. Wie viel Geld fehlt noch bis 500 €?

○ **6** a) Michael kauft 3 Kugeln Eis mit Sahne. Die Kugel kostet 1,10 €, die Sahne 80 ct. Wie viel kostet das Eis?
b) Nicole kauft in der Mittagspause eine Butterbrezel für 80 ct, eine Flasche Sprudel für 39 ct und einen Apfel für 32 ct. Sie bezahlt mit einem 5-€-Schein. Wie viel Geld bekommt sie zurück?
c) Frau Weber kauft einen Computer für 399 €, einen Bildschirm für 259,90 € und einen Drucker für 100 €. An der Kasse zahlt sie mit einem 500-€-Schein und drei 100-€-Scheinen. Wie viel Geld erhält sie zurück?

○ **7** a) Wie viel Euro ist ein kompletter Satz unserer Münzen wert?
b) Wie viel Euro fehlen noch bis 5 €? Dieser Betrag soll mit 2-Cent-Münzen ergänzt werden. Wie viele werden davon benötigt?

Teste dich!

→ **Lösungen**, Seite 199

○ **8** Berechne. Gib das Ergebnis in Kommaschreibweise an.

a) 2,55 € + 81 ct **b)** 3,45 € + 1,22 € **c)** 3 · 5,40 € **d)** 9,92 € : 8

○ **9** **a)** Leni kauft Brot für 2,90 €, Butter für 1,80 € und eine Flasche Milch für 1,50 €. Sie bezahlt mit einem 10-€-Schein. Wie viel Euro bekommt sie zurück?
b) Paul hat beim Bäcker für 5 Brezeln 2,95 € bezahlt. Wie viel kostet eine Brezel?

10 a) Lewis hat von seiner Oma 5 € bekommen. Wie viele Lieder zu 79 ct kann er sich damit auf seinen MP3-Player laden?
b) Sebastian und Anne zahlen für ihre Kinokarte je 4,50 €. Im Kino kaufen sie sich noch gemeinsam eine Tüte Popcorn für 2,50 € und jeder ein Cola für 2,30 €. Wie viel kostet sie der Kinobesuch zusammen?
c) Eva zahlt für drei Eiskugeln 3,60 €. Wie viel kosten fünf Eiskugeln?

11 Birgit bekommt 50 € geschenkt. Sie kauft davon Farbstifte für 5,90 €, ein Buch für 8 €, eine CD für 12 € 50 ct und 3 Kugeln Eis zu je 90 ct. Den Rest bringt sie auf die Bank. Davor betrug der Kontostand ihres Sparbuchs 112,51 €.
Berechne, wie hoch Birgits neues Sparbuchguthaben ist.

12 Ein Obsthändler kauft im Großhandel 50 kg Pfirsiche für 110 €. Für sonstige Geschäftskosten rechnet er 15 € dazu. Er verkauft das Kilo Pfirsiche für 2,99 €. Über das Wochenende verdirbt ihm leider der nicht verkaufte Rest von 10 kg. Hat sich das Geschäft mit den Pfirsichen für ihn gelohnt?

13 Herr Wiesenthal kauft im Getränkemarkt einen Kasten Mineralwasser und einen Kasten Bier. Gleichzeitig bringt er einen Mineralwasserkasten und einen Saftkasten mit Flaschen und einen leeren Bierkasten zurück. Wie viel muss er noch bezahlen?

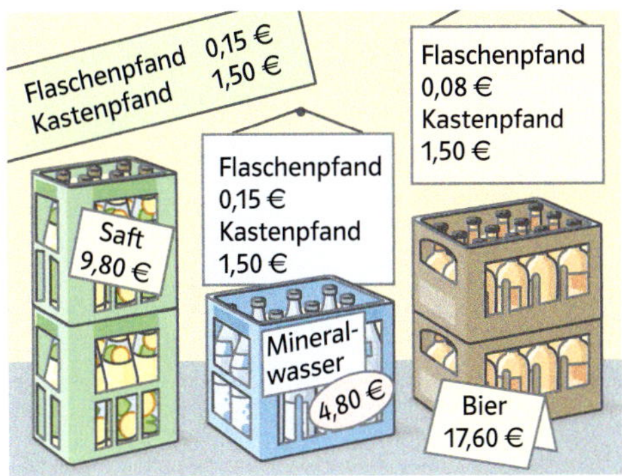

14 a) 1 l Diesel kostet 1,50 €. Frau Müller tankt für 91,50 €. Wie viel Liter hat sie getankt?
b) In Frau Müllers Tank passen 70 l. Wie weit kann sie mit einer Tankfüllung fahren, wenn sie im Schnitt 6 l auf 100 km benötigt?

Teste dich!

Lösungen, Seite 199

15 Marcel möchte sich ein Fahrrad für 499 € kaufen. Er hat bereits 256 € gespart. Seine Oma schenkt ihm 50 €. Monatlich kann er 12 € sparen. Wie lang muss er warten, bis er sich das Fahrrad leisten kann?

16 Drei Gäste zahlen jeweils 20 Euro an der Bar. Der Wirt bemerkt, dass die Getränke nur 17 Euro kosten und schickt einen Jungen mit 9 Euro zurück.
Der Junge gibt jedem Gast 2 Euro, behält aber 3 Euro für sich. Nun hat jeder Gast 18 Euro gezahlt, also insgesamt wurden 54 Euro gezahlt und der Junge hat 3 Euro. Wo ist der Rest?

Teste dein Grundwissen!

Merkkasten, Seite 9
Lösungen, Seite 199

17 Welche Zahl ist größer?
a) 700 000 oder 1 Million
b) 1 000 001 oder 1 Milliarde
c) 100 Millionen oder 1 Milliarde
d) 1 Million oder 100 001
e) 10^4 oder Tausend
f) 10^5 oder 1 Million
g) 1 Milliarde oder 10^{10}
h) 10^7 oder 1 000 007

6 Diagramme

Auf welchem Kontinent wohnen die meisten Menschen?

Die Ergebnisse einer Bürgermeisterwahl sind hier auf 2 Arten dargestellt: In einer Tabelle mit exakten Zahlen und als Säulendiagramm.
Im **Säulendiagramm** entsprechen 1000 Wählerstimmen 1 cm Balkenlänge, also 100 Stimmen 1 mm. Deshalb ist es sinnvoll die Wählerstimmen vor dem Zeichnen auf 100 Stimmen zu runden.

Schultes	5453 ≈ 5500
Maier	1246 ≈ 1200
Beck	2258 ≈ 2300
Fischer	4932 ≈ 4900

Länge der Balken:

Schultes	55 mm
Maier	12 mm
Beck	23 mm
Fischer	49 mm

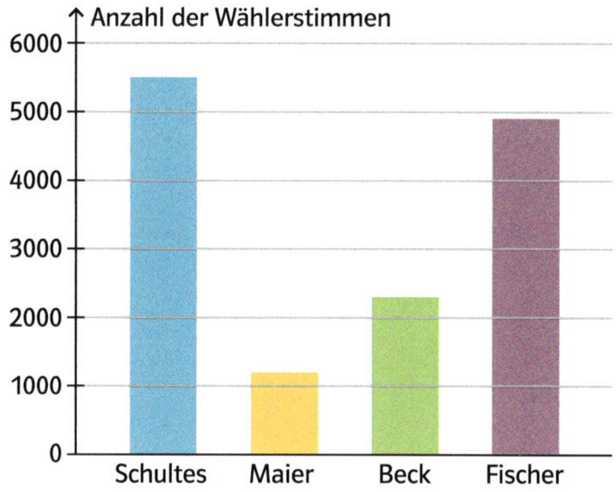

Neben dem Säulendiagramm gibt es noch weitere Darstellungsmöglichkeiten.

Bei einem **Balkendiagramm** werden statt senkrechter Säulen waagerechte Balken gezeichnet.

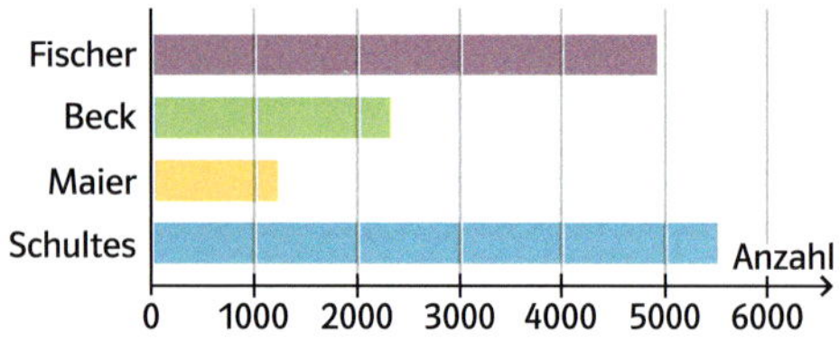

Bei einem Diagramm mit **Piktogrammen** zeichnet man für eine bestimmte Anzahl von Wählerstimmen eine Figur.

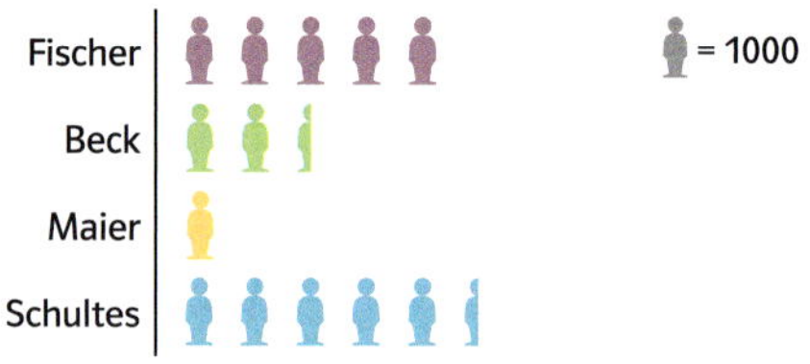

Grafische Darstellung mit Diagrammen
Für eine anschauliche Darstellung und den Vergleich von Zahlen und Größen kann man Säulendiagramme, Balkendiagramme oder Diagramme mit Piktogrammen verwenden.

Vor dem Zeichnen eines Säulen- oder Balkendiagramms müssen die Zahlen in Balkenlängen umgerechnet werden. Die größte Zahl legt den Platzbedarf fest.

Beispiel Säulendiagramm

Die nebenstehende Tabelle enthält die Höhen einiger Sendeanlagen für Fernsehen, Radio und Mobilfunk in Rheinland-Pfalz. Stelle die Höhen in einem Säulendiagramm dar. Gib an, wie du gerundet hast und welche Höhe 1cm im Säulendiagramm entspricht.

Fernmeldeturm Kaiserslautern	133 m
Fernmeldeturm Bitburg	70 m
Sender Eifel	302 m
Fernmeldeturm Koblenz	261 m

Lösung

Die Höhen werden auf 10 m gerundet.
Der größte Wert ist 300 m. Dies entspricht im Säulendiagramm 6 cm, wenn für 50 Meter 1 cm, das heißt für 5 Meter 1 mm, gezeichnet wird.

	Höhe gerundet	Höhe der Säule
Fernmeldeturm Kaiserslautern	130 m	26 mm
Fernmeldeturm Bitburg	70 m	14 mm
Sender Eifel	300 m	60 mm
Fernmeldeturm Koblenz	260 m	52 mm

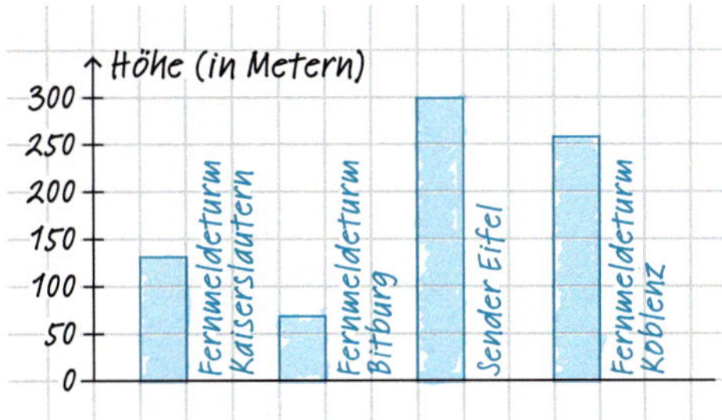

Aufgaben

1 Lies in Fig. 1 ab, wie alt die einzelnen Tierarten werden können.

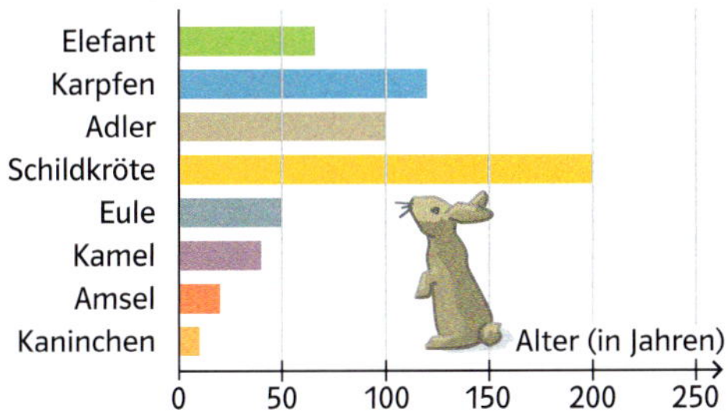

Fig. 1

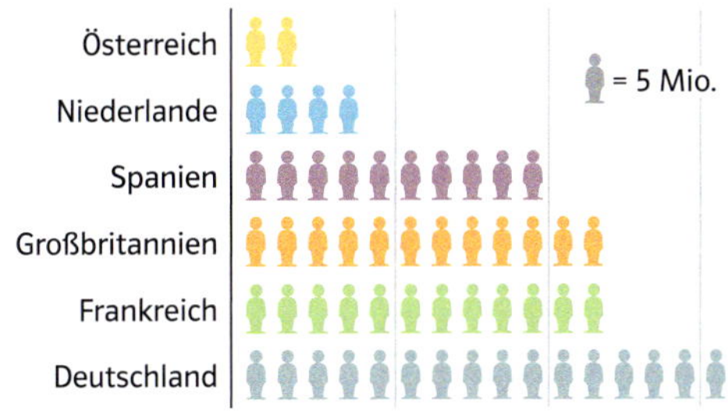

Fig. 2

2 Wie viele Einwohner haben die in Fig. 2 aufgeführten Länder?

3 a) Wie lang sind die dargestellten Flüsse ungefähr?
b) Welche Vorteile bietet das Diagramm gegenüber einer Tabelle mit Kilometerangaben?
c) Welche Nachteile hat das Diagramm gegenüber einer Tabelle?

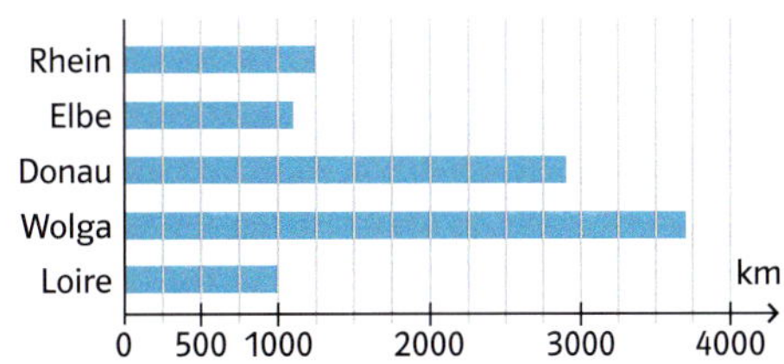

4 Bei der Klassensprecherwahl hat jeder 2 Stimmen. Stelle die Ergebnisse in einem Säulendiagramm dar, wobei 2 Stimmen 1cm entsprechen sollen.

Hannah	12
Moritz	16
Benjamin	11
Lena	7

○ **5** Die jeweils höchsten Berge auf den 7 Kontinenten werden als „Seven Summits" bezeichnet.
Runde die Angaben auf 100 m und zeichne ein Säulendiagramm, in dem 100 Meter 1 mm entsprechen.

Kibo (Afrika)	5895 m
Mount Vinson (Antarktis)	4892 m
Mount Everest (Asien)	8848 m
Carstensz-Pyramide (Ozeanien)	4884 m
Mont Blanc (Europa)	4810 m
Mount McKinley (Nordamerika)	6195 m
Aconcagua (Südamerika)	6962 m

Teste dich! → **Lösungen**, Seite 19

○ **6** Lies aus Fig. 1 die ungefähren Einwohnerzahlen der nordamerikanischen Länder ab.

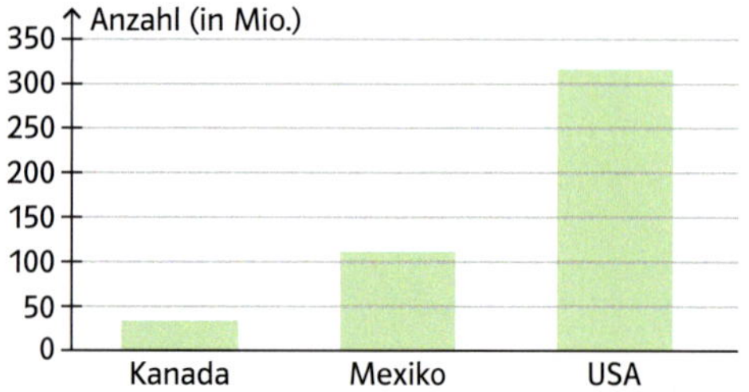

Fig. 1

Fig. 2

○ **7** Der Wegweiser steht in Queenstown (Neuseeland). Stelle die Entfernungen nach Auckland, Vancouver, New York und Bangkok in einem Balkendiagramm dar. Wähle für 100 km einen Millimeter.

◒ **8** Veranschauliche die Höhen der sieben höchsten Gebäude der Erde (Fig. 3) in einem Säulendiagramm.

Burj Khalifa (Dubai)	830 m
Tokyo Sky Tree (Tokio)	634 m
Shanghai Tower (Shanghai)	632 m
Royal Clock Tower Hotel (Mekka)	601 m
Canton Tower (Guangzhou)	600 m
Ping An International Finance Center (Shenzen)	599 m
Lotte World Tower (Seoul)	555 m

Fig. 3

Wanderfalke	320 km/h
Gepard	110 km/h
Schweinswal	90 km/h
Strauß	70 km/h
Taube	160 km/h
Eselspinguin	36 km/h
Windhund	70 km/h

Fig. 4

◒ **9** Die Geschwindigkeiten der sieben Tiere in Fig. 4 sollen in einem Balkendiagramm veranschaulicht werden.
a) Leo wählt 1 cm für 10 km/h, Pia 5 mm für 10 km/h und Max 1 mm für 10 km/h. Was meinst du?
b) Zeichne selbst ein Balkendiagramm zu den Werten der Tabelle aus Fig. 4.

Teste dich! → **Lösungen**, Seite 199

◒ **10** Bäume können sehr alt werden.
Zeichne zu den Altersangaben für Bäume (Fig. 5) ein passendes Diagramm und gib an, wie viele Jahre einem Millimeter entsprechen.

Eiche	1300 Jahre
Buche	900 Jahre
Ulme	500 Jahre
Kastanie	750 Jahre

Fig. 5

11 In der Tabelle (Fig. 1) ist der Energieverbrauch pro Kopf von verschiedenen Regionen für die Jahre 1990 und 2008 angegeben.

	Kilowattstunden pro Kopf	
	1990	2008
USA	89021	87216
Europa	40240	40821
China	8839	18608
Afrika	7094	7792
Indien	4419	6280
Südamerika	11281	14421

Fig. 1

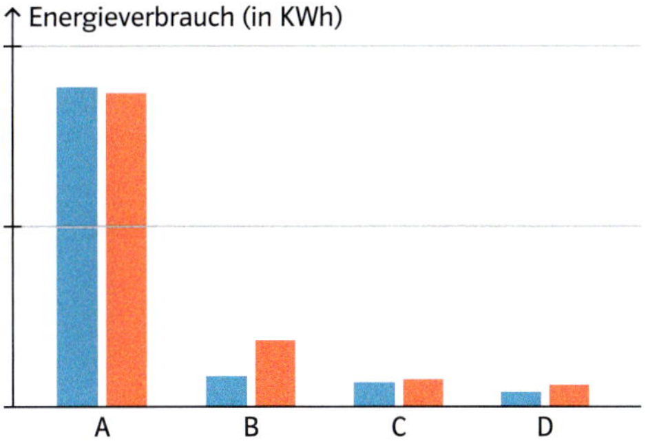

Fig. 2

a) Im Säulendiagramm (Fig. 2) steht die blaue Säule jeweils für den Verbrauch im Jahr 1990 und die rote Säule für den Verbrauch im Jahr 2008. Ordne den Buchstaben die korrekten Regionen zu.

b) Sortiere die Regionen nach der Veränderung des Energieverbrauchs. Beginne dabei mit dem größten Zuwachs.

c) Zeichne ein Balkendiagramm für den Pro-Kopf-Energieverbrauch der USA, von Europa, China und Afrika im Jahr 2020, wenn die Entwicklung des Energieverbrauchs so weitergeht.

12 Beide Diagramme geben die Entwicklung des Pizzapreises richtig wieder.

Entwicklung des Preises für eine Pizza Margherita von 2017 bis 2019

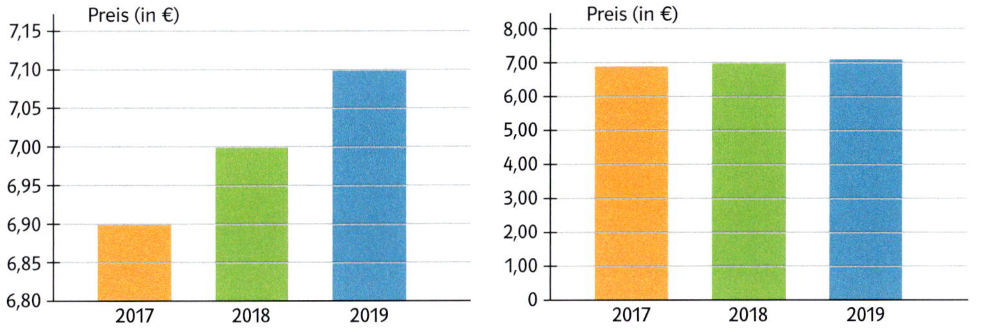

a) Erläutere, warum sich die Diagramme so stark unterscheiden.

b) Wer könnte das linke Diagramm verwendet haben und wer das rechte? Erkläre.

13 Die Sommerferien dauern in Deutschland 42 Tage, in Dänemark 45 Tage und in den Niederlanden 51 Tage.

a) Zeichne ein Säulendiagramm, mit dem du deine Lehrerin oder deinen Lehrer überzeugen kannst, dass dies eine große Ungerechtigkeit ist.

b) Zeichne ein Säulendiagramm, mit dem den Schülerinnen und Schülern erklärt wird, dass die Sommerferien in den genannten Ländern fast gleich lang sind.

Teste dein Grundwissen!

Beispiel 2, Seite 14
Lösungen, Seite 199

14 **a)** Führe eine Überschlagsrechnung durch und runde dabei auf Hunderter.
(1) 293 + 417 – 189 (2) 624 – 177 + 381 – 98

b) Führe eine Überschlagsrechnung durch und runde dabei auf Tausender.
(1) 9105 – 2349 – 789 (2) 17 891 – 8423 + 789 – 2009

7 Maßstab

Auf den Maßstab kommt es an.
1 cm auf dem Foto entspricht …

Der Kartenausschnitt von Ulm ist im Maßstab 1:5000 gezeichnet. Das bedeutet, dass 1 cm in der Zeichnung 5000 cm = 50 m in der Wirklichkeit entsprechen.
Maßstäbliche Darstellungen gibt es außer bei Landkarten auch bei technischen Zeichnungen, Bauplänen und im Modellbau.

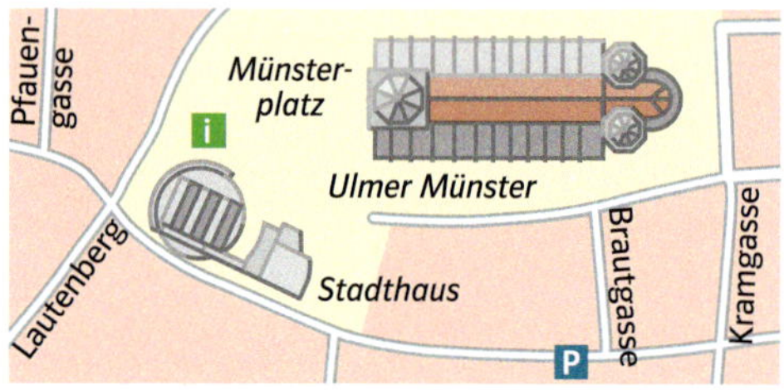

Maßstab
1:100 (lies eins zu hundert) bedeutet eine **Verkleinerung**. 1 cm in der Zeichnung entspricht 100 cm in der Wirklichkeit.

20:1 (lies zwanzig zu eins) bedeutet eine **Vergrößerung**. 20 cm in der Zeichnung entsprechen 1 cm in der Wirklichkeit.

Beispiel 1 Mit Maßstäben rechnen
Ein Stadtplan hat den Maßstab 1:5000.
a) Tim misst mit dem Lineal auf dem Stadtplan zwischen seinem Haus und der Schule eine Entfernung von 12 cm. Wie weit ist Tims Haus Luftlinie ungefähr von der Schule entfernt?
b) Vom Hauptbahnhof zum Fußballstadion sind es Luftlinie 3 km. Wie groß ist diese Entfernung auf dem Stadtplan?
Lösung
a) 1 cm entspricht 5000 cm = 50 m in der Wirklichkeit; Rechnung: $12 \cdot 50 = 600$
Tims Haus ist ungefähr 600 m von der Schule entfernt.
b) 3 km = 3000 m; Rechnung: $3000 : 50 = 60$
Auf der Karte liegt das Fußballstadion 60 cm vom Hauptbahnhof entfernt.

Beispiel 2 Maßstab bestimmen
Ein Modell des Eiffelturms hat eine Höhe von 20 cm. Der echte Eiffelturm in Paris ist 300 m hoch. Bestimme den Maßstab des Modells.
Lösung
20 cm im Modell entsprechen 300 m = 30 000 cm in der Wirklichkeit.
Rechnung: $30\,000 : 20 = 1500$.
Das Modell hat den Maßstab 1:1500. Der echte Eiffelturm ist 1500-mal größer als das Modell.

Aufgaben

1 Ein Stadtplan ist im Maßstab 1:10 000 gezeichnet. Vom Theater bis zum Seeufer sind es auf der Karte 15 cm. Wie weit ist es in der Wirklichkeit?

2 Auf einer Radwegkarte im Maßstab 1:100 000 sind es 35 cm von Cochem nach Koblenz. Wie weit ist es in der Wirklichkeit?

3 Die Strecke von München nach Hamburg beträgt rund 800 km. Wie lang ist diese Strecke auf einer Karte im Maßstab 1:2 000 000?

4 Übertrage die Tabelle in dein Heft und ergänze sie für eine Karte im Maßstab 1:10 000. Verwende sinnvolle Einheiten.

Länge auf der Karte	1 cm	30 cm			20 cm	
Länge in der Wirklichkeit			500 km	1 km		20 km

5 Löse Aufgabe 4 für eine Karte im Maßstab 1:50 000.

6 Das abgebildete Modell ist im Maßstab 1:43 gefertigt.
a) Bestimme die Abmessungen des Autos in der Wirklichkeit.
b) Wie lang und wie breit wäre ein Modell dieses Autos im Maßstab 1:10?

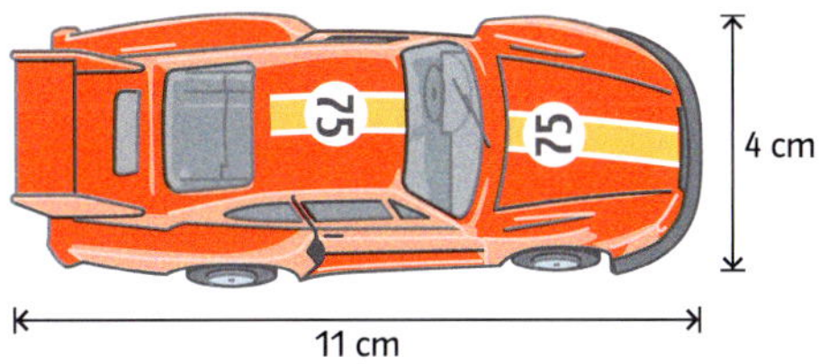

7 Ordne den Dingen die geeigneten Maßstäbe zu.

- 1:10 000 **1**
- Modell einer Stubenfliege **B**
- 5:1 **3**
- Weltkarte **A**
- 1:100 **2**
- Stadtplan von Stuttgart **C**
- Plan einer Wohnung **D**
- 1:33 000 000 **4**

Teste dich! Lösungen, Seite 199

8 Auf einer Straßenkarte im Maßstab 1:1 000 000 ist Trier 15 cm von Mainz entfernt. Wie groß ist diese Entfernung in der Wirklichkeit?

9 Das Deutsche Eck in Koblenz ist 18 km von Andernach entfernt. Wie groß ist diese Entfernung auf einer Wanderkarte im Maßstab 1:50 000?

10 Ordne jedem blauen Kärtchen ein Kärtchen mit dem passenden Maßstab zu.

In der Wirklichkeit: 30 km Auf der Karte: 10 cm	A	In der Wirklichkeit: 1 km Auf der Karte: 50 cm	D	Maßstab: 1:80 000 000	1	Maßstab: 1:300 000	4
In der Wirklichkeit: 30 m Auf der Karte: 10 cm	B	In der Wirklichkeit: 4000 km Auf der Karte: 50 cm	E	Maßstab: 1:2 000 000	2	Maßstab: 1:8 000 000	5
In der Wirklichkeit: 4000 km Auf der Karte: 5 cm	C	In der Wirklichkeit: 100 km Auf der Karte: 5 cm	F	Maßstab: 1:2000	3	Maßstab: 1:300	6

11 a) Wie weit ist es vom Karlsruher Schloss bis zur weiter südlich gelegenen Stadtbahnhaltestelle Marktplatz? (Fig. 1)
b) In welchem Maßstab ist die Karte gezeichnet?

12 a) In welchem Maßstab wurde der Plan des Zimmers in Fig. 2 gezeichnet?
b) Gib die Länge und die Breite des Zimmers an.

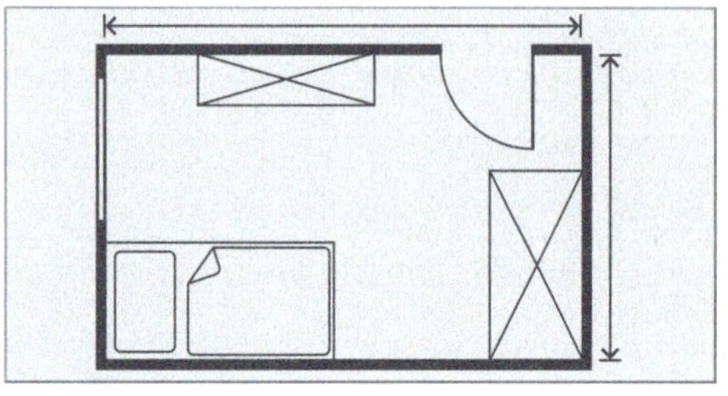
Fig. 2

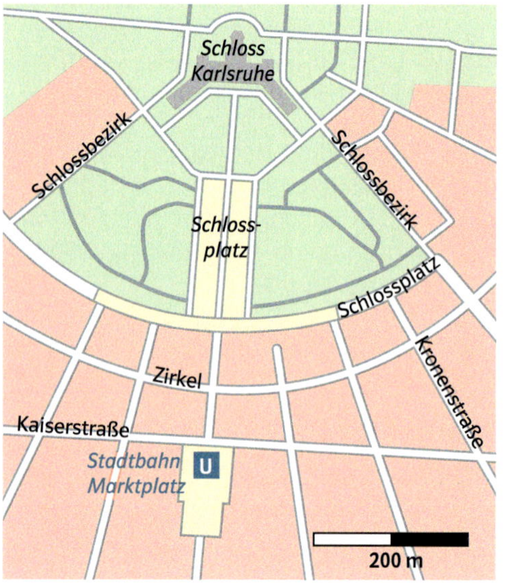

Fig. 1

Teste dich!

Lösungen, Seite 20

13 Die Abbildung zeigt eine Regenbremse, deren Körper in der Wirklichkeit 8 mm lang ist.
a) Miss ihre Länge in der Abbildung und bestimme den Maßstab.
b) Die Bremse soll in einem Modell 64 cm groß werden. Welcher Maßstab muss gewählt werden?

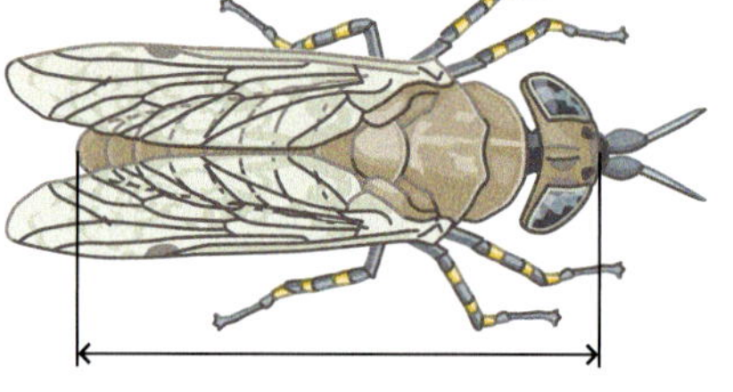

14 Die Donau ist von ihrer Mündung in das Schwarze Meer flussaufwärts kilometriert. Zum Beispiel ist Regensburg 2382 km von der Donaumündung entfernt.
a) Berechne aus den Kilometerangaben den ungefähren Maßstab der Karte. Runde auf Hunderttausender.
b) Vergleiche für die Strecke Regensburg-Deggendorf die Fahrwege auf der Donau mit der Luftlinie.

Teste dein Grundwissen!

Beispiel 2, Seite 2
Merkkasten, Seite
Lösungen, Seite 20

G **15** a) Führe eine Überschlagsrechnung durch und runde dabei auf Hunderter.
(1) $385 \cdot 219$ (2) $922 \cdot 59$ (3) $499 \cdot 99 \cdot 199$
b) Führe eine Überschlagsrechnung durch und runde dabei zuerst den Divisor und anschließend den Dividenden so, dass die Rechnung aufgeht.
(1) $352 : 68$ (2) $2391 : 823$ (3) $1437 : 689$

Lösungen, Seite 200

1 Schreibe in der in Klammer angegebenen Einheit.

a) 12 000 cm (in m) b) 56 dm (in cm) c) 23 t (in kg) d) 12 000 mg (in g)
e) 5478 ct (in €) f) 70 €3 ct (in €) g) 120 min (in h) h) 3000 min (in h)
i) 1300 mm (in dm) j) 5,48 € (in ct) k) 2 d (in h) l) 72 h (in d)

2 Berechne und gib in einer sinnvollen Einheit an.

a) 22 dm – 50 mm b) 15 · 15 mm c) 3 t + 2450 kg d) 100 · 50 mg
e) 3,20 € – 55 ct f) 12 · 99 ct g) 40 min + 30 min h) 3 · 1 h 20 min
i) 5 m : 10 j) 4 kg : 50 k) 3,50 € : 7 l) 5 h : 6

3 Schreibe die Größenangaben im Text in dein Heft und verändere sie so, dass der Text leichter verständlich wird.

Gestern beschloss ich Muffins zu backen. Für den Teig benötigt man 120 000 mg Mehl, 50 000 mg Zucker, 1 Ei, etwas Backpulver und Schokostreusel. Meine Mutter gab mir 1000 ct mit zum Einkaufen. Weil der Supermarkt nur 2500 dm von Zuhause entfernt ist, war ich in weniger als 900 s mit 502 ct Restgeld wieder zurück. Schnell die Zutaten verrühren und alles in Förmchen geben und 1800 s in den Backofen geben. Schon waren die Muffins fertig. Lecker!

4 a) Jens schläft um 20:20 Uhr ein. Sein Wecker klingelt um 6:30 Uhr. Wie lang hat er geschlafen?
b) Maries Bus fährt um 7:48 Uhr an der Haltestelle ab und braucht 23 Minuten bis zur Schule. Wann kommt sie an?
c) Heute ist der 8. Oktober. Wie viele Tage sind es noch bis Weihnachten (25.12.)?

5 Übertrage die Tabelle in dein Heft und ergänze.

	a)	b)	c)	d)	e)
Länge in der Wirklichkeit	20 km	350 m			12 m
Länge im Modell		70 cm	14 cm	9 cm	50 cm
Maßstab	1:40 000		1:70	1:200 000	

6 Tiere schlafen im Durchschnitt unterschiedlich lang pro Tag.
Erstelle ein Balkendiagramm.

Hund	10 h 40 min
Ente	9 h
Elefant	5 h 20 min

7 a) Eine Tafel Schokolade wiegt 100 g. Eine Kuh wiegt rund 600 kg. Wie viele Tafeln Schokolade wiegen so viel wie eine Kuh?
b) Wie hoch ist ein Turm aus Schokoladentafeln, wenn eine Tafel 5 mm dick ist?
c) Das Empire State Building ist 381 m hoch. Wie viel würde ein Turm aus Schokoladentafeln wiegen, der bis zur Spitze des Empire State Building reicht?

8 Auf dem Tisch liegen 10 völlig gleich aussehende 1-€-Münzen. Davon ist eine falsch.
a) Die falsche Münze ist schwerer als die echten. Wie kannst du mithilfe einer Balkenwaage durch dreimaliges Abwiegen feststellen, welches die falsche Münze ist?
b) Es ist nicht bekannt, ob die falsche Münze schwerer oder leichter ist als die echten. Wie kannst du jetzt durch dreimaliges Abwiegen die falsche Münze finden?

Zählen und Darstellen mit dem Computer

Mit **Tabellenkalkulationsprogrammen** kann man Daten schnell auswerten und grafisch darstellen. Grundlegende Schritte werden hier an Beispielen vorgestellt.
Hier wird beispielhaft Excel benutzt. Andere Tabellenkalkulationsprogramme sind zum Bearbeiten der Exkursion ebenso geeignet.

Kalkulation kommt von **calculare** (lat.) = rechnen

Arbeitet die folgenden Beispiele in kleinen Gruppen an einem Computer durch.

In der Klasse 5c wurde nach den Haarfarben der Schülerinnen und Schüler gefragt: zwei Kinder sind blond, neun hellbraun, zwölf dunkelbraun, ein Kind hat rötliche und vier Kinder haben schwarze Haare.

Aus Häufigkeiten ein Säulendiagramm erstellen

1. Man öffnet ein Tabellenkalkulationsblatt. Die Spalten sind mit A, B, C… und die Zeilen mit 1, 2, 3… bezeichnet. Man überträgt die Haarfarben in die Spalte A und die zugehörigen Häufigkeiten in die Spalte B (Fig. 1).

	A	B	C	D	E
1	blond	2			
2	hellbraun	9			
3	dunkelbraun	12			
4	rötlich	1			
5	schwarz	4			
6					

Fig. 1

2. Man markiert die Eingaben. Hierzu klickt man mit der Maus die Zelle A1 mit „blond" an. Dann drückt man die linke Maustaste und geht mit gedrückter Maustaste bis zur Zelle B5. Dann lässt man die Maustaste los und die Zellen A1 bis B5 sind markiert (Fig. 2).

	A	B	C	D	E
1	blond	2			
2	hellbraun	9			
3	dunkelbraun	12			
4	rötlich	1			
5	schwarz	4			
6					

Fig. 2

3. Nun kann man auch schon ein Säulendiagramm erstellen.
Dazu wählt man auf der Registerkarte *Einfügen* ein passendes Diagramm aus, z.B. ein *3D-Säulendiagramm* (vgl. Fig. 3). Das Diagramm wird im Tabellenblatt eingefügt (Fig. 4) und kann dort verschoben werden.

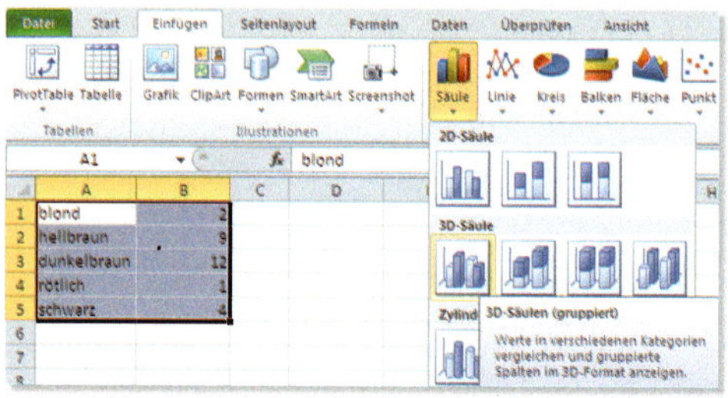

Fig. 3

4. Man kann dem Diagramm einen passenden Titel (also einen passenden Namen) geben und einige andere Einstellungen (z.B. die Farben) verändern. Hierzu klickt man das Diagramm mit der Maus an und ändert dann die gewünschten Einstellungen.
Probiert es einfach aus!

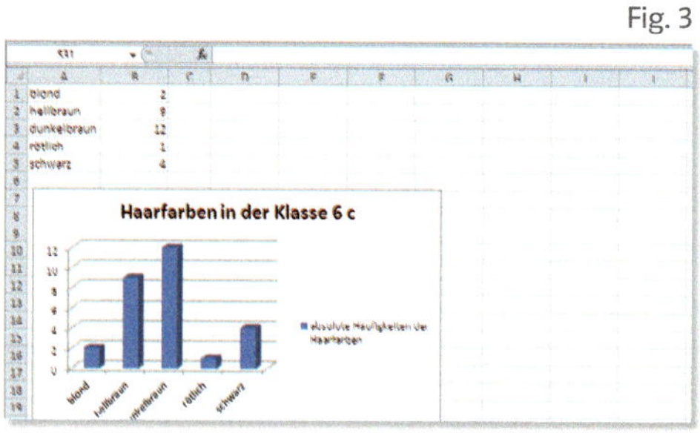

Fig. 4

Natürlich kann man mit einer Tabellenkalkulation nicht nur Grafiken erstellen, sondern auch rechnen, Versuche auswerten und bei Wettkämpfen Gewinner ermitteln. Wie man sie einsetzt, lernt ihr an einem Beispiel aus der Statistik auf der nächsten Seite, das ihr in der Klasse nachspielen und abändern könnt.

Das Perlenspiel

Löffelstichproben: Ein Versuchsleiter hat einen Becher mit 1000 roten, 500 gelben, 500 grünen Perlen gefüllt und den Inhalt sorgfältig gemischt.
Jeder von euch darf mit einem Löffel einmal in den Becher stechen (Statistiker sagen dazu „eine Stichprobe ziehen"). Jeder kippt seinen Löffel auf seinen Teller und zählt dann die drei Farben aus. Die Werte werden in einer Tabelle zusammengetragen.

Material
- *1 Becher*
- *1000 rote, 500 gelbe und 500 grüne Perlen*
- *1 Löffel*
- *1 Teller für jedes Kind*

Repräsentativität: Eine Stichprobe ist umso schöner (Statistiker sagen umso repräsentativer), je besser die Stichprobenergebnisse die Verhältnisse in dem ganzen Becher widerspiegeln. Idealerweise wären also in der Stichprobe
- genauso viele gelbe Perlen wie grüne,
- genauso viele rote Perlen wie gelbe und grüne zusammen.

Wenn Ayse 22 rote, 11 gelbe und 11 grüne gezogen hätte, wäre das ideal gewesen. Nun waren auf ihrem Löffel aber 19 rote, 9 gelbe und 7 grüne Perlen.

I2 = =SUMMME(F2:H2)

	A	B	C	D	E	F	G	H	I
1	Name	rot	gelb	grün	Anzahl	Abw. rot	Abw. gelb	Abw. grün	Ideal
2	Ayse	19	9	7	35	3	1	7	11
3	Rene	19	9	10	38	0	2	2	4
4	Rosi	23	9	7	39	7	3	11	21
5	Tilla	24	8	10	42	6	10	2	18
6	Nuri	17	14	9	40	6	16	4	26
7	Lilo	24	8	4	36	12	4	20	36
8	Roland	30	12	7	49	11	1	21	33
9	Gunnar	18	9	9	36	0	0	0	0
10	Bodi	22	7	8	37	7	9	5	21
11	Norbert	30	8	12	50	10	18	2	30
12	Lore	20	11	9	40	0	4	4	8
13	Botha	19	10	18	47	9	7	25	41
14	Nissy	22	13	9	44	0	8	8	16
15	Steffi	24	10	13	47	1	7	5	13
16	Max	22	9	15	46	2	10	14	26
17	**Summe**	333	146	147					

Wenn etwas berechnet werden soll, muss der Eintrag in der Zelle mit einem Gleichheitszeichen beginnen. *=A2+A3* berechnet z. B. die Summe aus A2 und A3. *=Summe(A2:A4)* berechnet die Summe der Zellen A2 bis A4, führt also zum gleichen Ergebnis wie *=A2+A3+A4*.

Gewinner: Tina findet, die Abweichung vom Ideal kann man gut messen, indem man alle Farben zusammenzählt: 19+9+7=35 (Zelle E2 mit dem Befehl *=Summe(B2:D2))* und dann den Unterschied
- zum Doppelten der roten (Unterschied zwischen 35 und 38), also 3,
- zum Vierfachen der gelben (Unterschied zwischen 35 und 36), also 1,

zum Vierfachen der grünen (Unterschied zwischen 35 und 28), also 7 addiert.
Die Summe ergibt dann die „Idealabweichung" 3+1+7=11 (Zelle I2 mit dem Befehl *=Summe(F2:H2))*.
Wer die kleinste Idealabweichung hat, hat dann die repräsentativste Stichprobe gezogen und ist der Gewinner. Das ist im Beispiel Gunnar.
Erläutere Tinas Idee am Beispiel der Zeilen 9 (Gunnar) und 13 (Botha).

Die Unterschiede in den Spalten F, G und H berechnet ihr im Kopf und gebt sie per Hand ein.

Zum Weiterforschen (automatische Berechnung durchführen):
Anstatt die Unterschiede in den Spalten F bis H im Kopf zu berechnen, kann man z. B. in Zelle G2 den Befehl *=Abs(4*C2-E2)* verwenden.
- Probiere aus, ob der Befehl die gleichen Ergebnisse liefert wie die Berechnung im Kopf.
- Gib an, wie die Befehle für die Zellen F2 bzw. H2 dann lauten müssen.
- Die Befehle aus der 2. Zeile kann man kopieren und jeweils auf die ganze Spalte übertragen. Probiere es aus.
- Untersuche, was passiert, wenn man in der Zelle G3 statt des Befehls *=Abs(4*C3-E3)* nur *=4*C3-E3* eingibt. Beschreibe, was der Befehl *=Abs(…)* bewirkt.

Sortieren: Wer sich bei dem „Repräsentativitätswettstreit" eine Platzierungstabelle erstellen lassen möchte, markiert den Bereich A1:I31 und lässt die Daten mit *Ideal* als Sortierspalte sortieren. Dann steht Gunnar mit seiner Zeile am Tabellenanfang – gefolgt von Rene und Lore … und Botha steht am Tabellenende. Natürlich kann man auch nach der Spalte E sortieren. Dann gewinnt, wer die meisten Perlen auf seinem Löffel hatte.

Längen
1 km = 1000 m
1 m = 10 dm
1 dm = 10 cm
1 cm = 10 mm
1 mm
Für mm, cm und dm gilt:
Das 10-Fache einer Einheit ergibt jeweils die nächstgrößere Einheit.

28 dm = 280 cm = 2800 mm
11 000 m = 11 km
3 dm 5 cm = 30 cm + 5 cm = 35 cm

350 mm + 2 dm = 35 cm + 20 cm = 55 cm

Massen
1 t = 1000 kg
1 kg = 1000 g
1 g = 1000 mg
1 mg
Das 1000-Fache einer Einheit ergibt jeweils die nächstgrößere Einheit.

54 000 000 mg = 54 000 g = 54 kg
2 kg = 2000 g
3 kg 450 g = 3000 g + 450 g = 3450 g

23 kg + 4580 g = 23 000 g + 4580 g
= 27 580 g = 27 kg 580 g

Zeit
1 d = 24 h
1 h = 60 min
1 min = 60 s
1 s
Für Sekunden und Minuten gilt:
Das 60-Fache einer Einheit ergibt jeweils die nächstgrößere Einheit.

420 min = 7 h
5 h 56 min = 300 min + 56 min = 356 min
155 h 34 min = 6 d 11 h 34 min
Von 15:23 Uhr bis 20:08 Uhr sind es 4 h 45 min.

Geld
1 € (Euro) = 100 ct (Cent)

1,45 € = 1 € 45 ct = 145 ct

Maßstab
Verkleinerung, zum Beispiel 1 : 100 000

Maßstab 1 : 100 000.
1 cm in der Zeichnung entsprechen 100 000 cm = 1000 m = 1 km in der Wirklichkeit.

Vergrößerung, zum Beispiel 20 : 1

Maßstab 20 : 1
20 cm in der Zeichnung entsprechen 1 cm in der Wirklichkeit.

Runde 1

Lösungen, Seite 201

1 Schreibe in der in Klammer angegebenen Einheit.
a) 3 dm (in mm) b) 6 t (in kg) c) 3 h (in min) d) 2389 ct (in €)

2 Berechne und gib in der in Klammer angegebenen Einheit an.
a) 20 dm − 55 cm (cm) b) 5 g + 1780 mg (mg) c) 4 · 75 ct (€) d) 6 · 80 s (min)

3 Die Zelle einer Wabe fasst etwa 400 mg Honig. Wie viele Zellen benötigt man für 1 kg Honig?

4 Im Jahr 1908 wurde in Montana in den USA ein nahezu vollständiges Exemplar des Tyrannosaurus Rex gefunden. Wie lang und wie hoch war dieser Saurier, wenn er einen 60 cm großen Fußabdruck hinterlassen hat?

5 Hannah häkelt in 5 Sekunden 3 Maschen. Für eine Mütze braucht sie 2 Stunden. Aus wie vielen Maschen besteht die Mütze?

6 Frieda und Franz sind im gleichen Jahr geboren. Frieda am 8.9. und Franz am 9.8.
a) Wer von beiden ist älter? Wie viele Tage Altersunterschied liegen zwischen den beiden?
b) Fred ist 120 Tage jünger als Frieda. An welchem Tag hat Fred Geburtstag?

Runde 2

Lösungen, Seite 201

1 Schreibe in der nächstgrößeren und in der nächstkleineren Einheit.
a) 480 cm b) 20 dm c) 6000 kg d) 48 h

2 Ordne der Größe nach. Beginne mit der kleinsten Größe.
a) 330 000 mm, 2 km, 3540 m, 19 900 dm, 19 km 800 m, 200 001 cm
b) 4 t, 4080 kg, 4 444 444 mg, 54 321 g, 50 kg 3 g, 1 t 600 kg

3 Ein Pony frisst am Tag 2 kg 500 g Hafer. Auf dem Ponyhof werden täglich 75 kg Hafer verbraucht.
a) Wie viele Ponys gibt es auf dem Hof?
b) Es werden zwölf 50-kg-Säcke Hafer geliefert. 100 kg kosten 80 €. Wie viel Euro kostet die Lieferung? Für wie viele Tage reicht die Lieferung?

4 Berechne die fehlenden Angaben im Fahrplan.

Bahnhof/Haltestelle	Zeit	Dauer
Stuttgart Hbf. München Hbf.	ab 07:58 an 10:11	☐
Stuttgart Hbf. München Hbf.	ab 08:12 an ☐	2:20
Stuttgart Hbf. München Hbf.	ab ☐ an 11:15	2:27

5 Erstelle ein Säulendiagramm zu den Einwohnerzahlen.

Stadt	Koblenz	Ludwigshafen	Mainz	Trier
Einwohner	114 024	171 061	217 118	110 636

IV Symmetrie

Die zwei Parallelen

Es gingen zwei Parallelen
ins Endlose hinaus,
zwei kerzengerade Seelen
und aus solidem Haus.
Sie wollten sich nicht schneiden
bis an ihr seliges Grab:
das war nun einmal der beiden
geheimer Stolz und Stab.

Christian Morgenstern

Das kannst du bald

- Mit dem Geodreieck umgehen
- Zueinander senkrechte und parallele Geraden erkennen und zeichnen
- Punkte und Figuren durch ein Koordinatensystem beschreiben
- Symmetrien erkennen
- Figuren spiegeln
- Vielecke mithilfe ihrer Eigenschaften beschreiben

Check-in

Schätze dich ein:

	☺	😐	☹
1. Ich kann Punkte durch gerade Linien miteinander verbinden.	☐	☐	☐
2. Ich kann einfache geometrische Figuren erkennen und beschreiben.	☐	☐	☐
3. Ich kann sauber mit spitzem Bleistift und Lineal zeichnen und Muster fortsetzen.	☐	☐	☐
4. Ich kann Längen von Strecken mit dem Lineal messen.	☐	☐	☐

Lerntipps

zu 1. **Grundwissen**, Seite 187
zu 2. **Grundwissen**, Seite 187
zu 3. **Grundwissen**, Seite 187
zu 4. **Grundwissen**, Seite 188

Teste dich!

Lösungen, Seite 201

1 Gerade Verbindungslinien
Zeichne die fünf Punkte aus Fig. 1 ins Heft. Verbinde sie mit dem Lineal in der Reihenfolge 1-2-3-4-5-2-4-1-3.

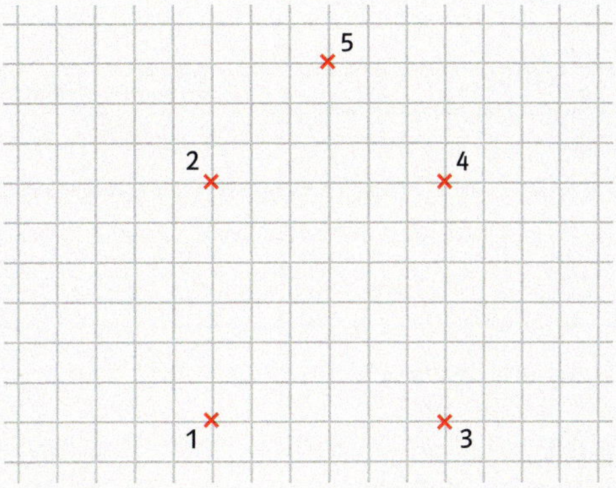

Fig. 1

2 Dreiecke und Vierecke
a) Übertrage die Zeichnung in Fig. 2 ins Heft. Färbe alle Dreiecke, die du erkennst, orange und alle Vierecke blau.
b) Nummeriere die Dreiecke und Vierecke und beschreibe sie.

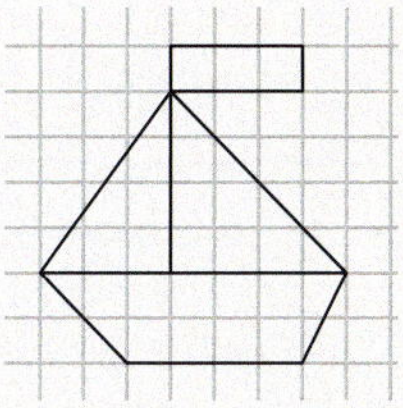
Fig. 2

3 Muster fortsetzen
Übertrage die Zeichnung in dein Heft und setze die Muster dort fort. Zeichne sauber mit spitzem Bleistift und Lineal.

a)
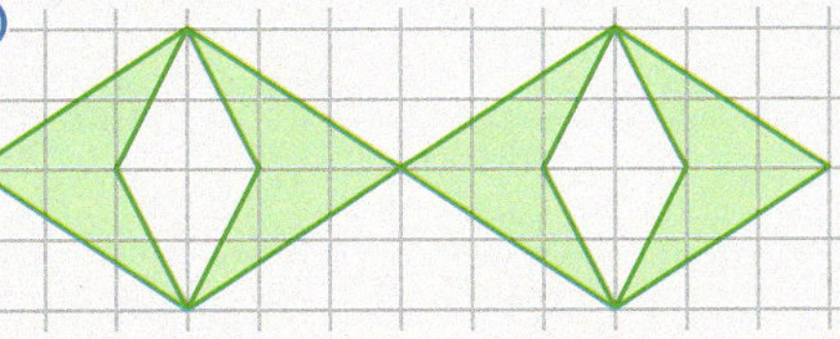

b)
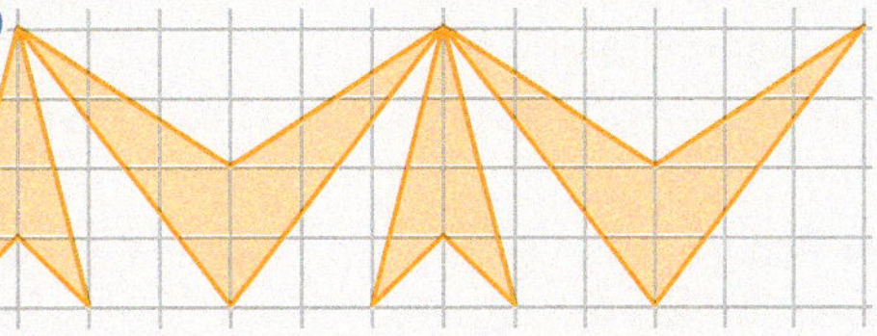

4 Längen messen
Miss mit dem Lineal die Länge des Weges von Punkt A nach Punkt B.

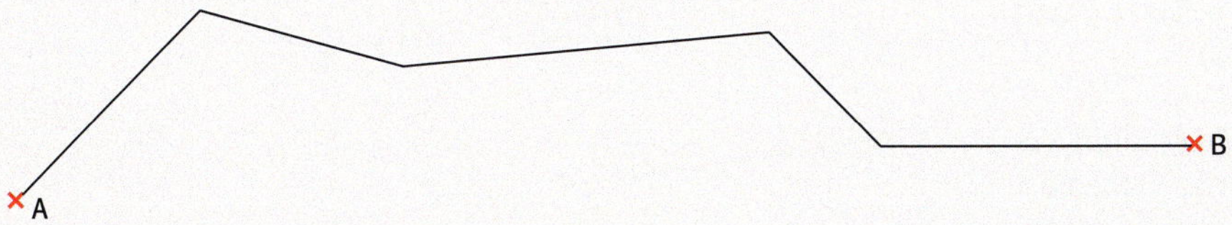

1 Senkrechte und parallele Geraden – Abstände

Janus und Carla wollen zusammen zur Eisdiele auf der anderen Straßenseite. Janus geht gerade über die Straße, Carla geht schräg über die Straße direkt zur Eisdiele. Wer von den beiden hat richtig die Straße überquert und warum?

Auf dem Geodreieck sind verschiedene gerade Linien zu sehen. In welcher Weise diese Linien zueinander liegen, wird im Folgenden erläutert.

Eine gerade Linie mit einem Anfangspunkt und einem Endpunkt heißt **Strecke**. Strecken bezeichnet man mithilfe ihrer Endpunkte: $\overline{AB}$.
Verlängert man eine Strecke unbegrenzt über ihre beiden Endpunkte hinaus, erhält man eine **Gerade**.

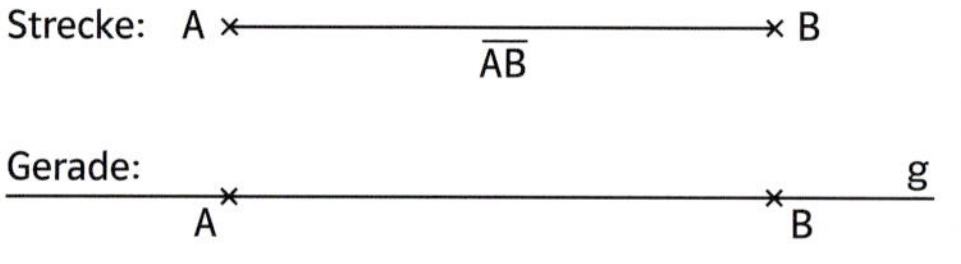

Geraden bezeichnet man mit Kleinbuchstaben. Die Gerade durch die Punkte A und B heißt z. B. Gerade g. Der Punkt, in dem sich zwei Geraden oder Strecken schneiden, heißt **Schnittpunkt**.

Liegen zwei Geraden g und h wie in der Figur zueinander, so sagt man: g und h sind **senkrecht** zueinander. Man schreibt $g \perp h$ und verdeutlicht dies in der Zeichnung durch ⊾.

Zwei Geraden, die wie g und i zueinander liegen, sind **parallel** zueinander. Sie haben keinen Schnittpunkt. Man schreibt $g \parallel i$.

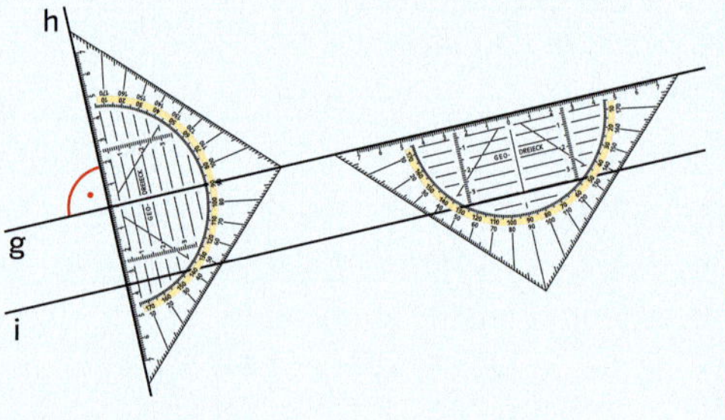

Statt senkrecht sagt man auch **orthogonal**.

Die Begriffe parallel und orthogonal kommen aus dem Griechischen.
orthos: recht bzw. richtig
gonia: Ecke, Winkel
parallel: nebeneinander laufend

Abstände
Der **Abstand zweier Punkte** P und Q ist die Länge der Verbindungsstrecke der Punkte.

Der **Abstand eines Punktes** P **von einer Geraden** g ist die Länge der kürzesten Verbindungsstrecke zwischen Punkt P und Gerade g (Strecke $\overline{PF}$ in Fig. 1).

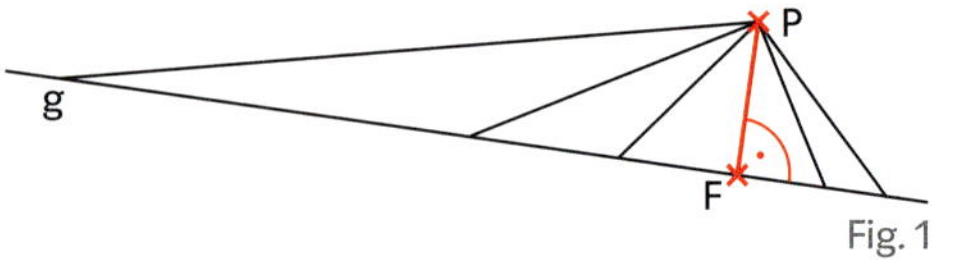

Fig. 1

Der **Abstand zwischen zwei parallelen Geraden** g und h ist die Länge der kürzesten Verbindungsstrecke zwischen den Geraden g und h (Strecke $\overline{AB}$ in Fig. 2). Er ist an jeder Stelle der Geraden gleich.

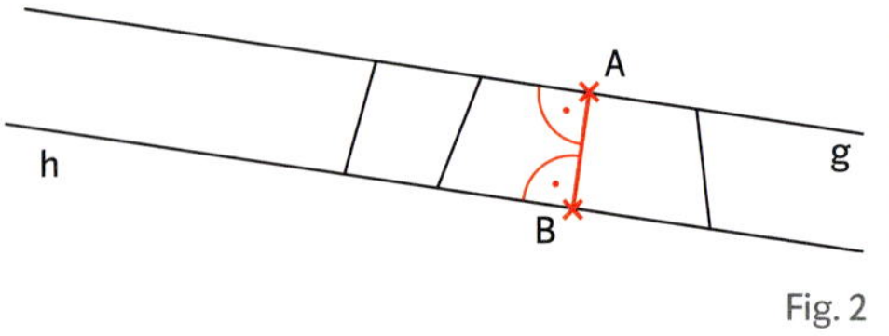

Fig. 2

Den **Abstand des Punktes** P **von der Geraden** g misst man, indem man durch P eine Senkrechte h zu g zeichnet. Der Schnittpunkt von g und h ist Q. Man misst nun den Abstand von P zu Q.

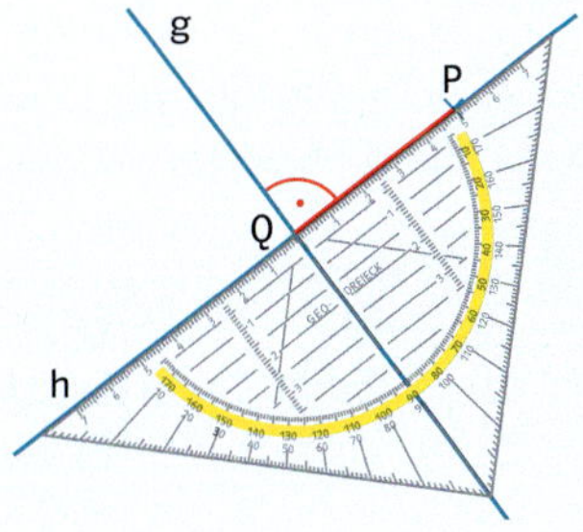

Den **Abstand zweier Parallelen** g und h misst man als Länge einer Strecke, die sowohl auf g als auch auf h senkrecht steht.

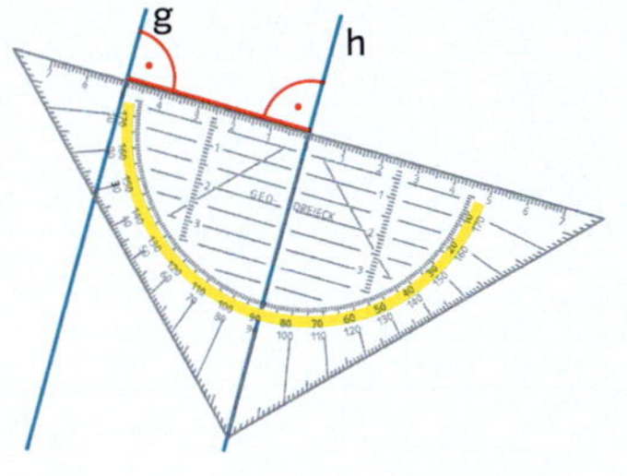

Wenn eine Strecke oder eine Gerade senkrecht zu einer anderen liegt, sagt man auch: Die Strecke/Gerade **steht senkrecht auf** der anderen.

Beispiel 1 **Senkrechte und parallele Geraden erkennen**

Überprüfe mit dem Geodreieck, welche der Geraden in Fig. 1 senkrecht zueinander und welche parallel zueinander sind. Notiere.

Lösung

Die Geraden a und b sind zueinander parallel, ebenso die Geraden c und e: a ∥ b und c ∥ e.

Man legt das Geodreieck an der Geraden e an und erkennt, dass die Gerade c parallel zu den Hilfslinien auf dem Geodreieck und damit auch zur Geraden e verläuft.

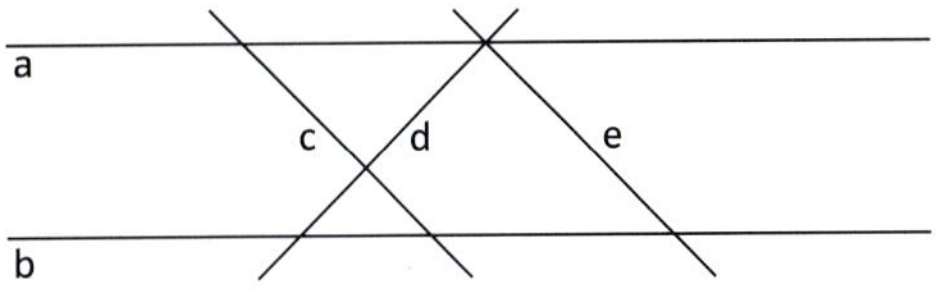

Fig. 1

Die Geraden d und e sowie d und c stehen senkrecht aufeinander: d ⊥ e und d ⊥ c.

Man legt das Geodreieck so an die Gerade e an, dass die 0 am Schnittpunkt der Geraden d und e liegt. Man erkennt, dass die Gerade d genau entlang der Mittellinie (Fig. 2) des Geodreiecks verläuft.

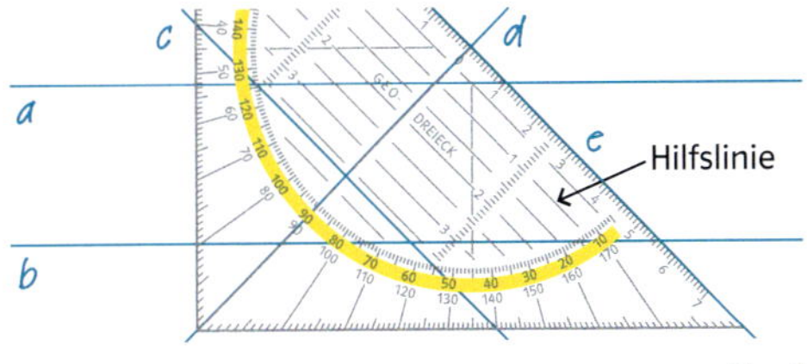

Fig. 2

Beispiel 2 **Abstand messen**

Miss den Abstand des Punktes A zur Geraden f.

Lösung

Der Abstand von Punkt A zur Geraden f beträgt 3 cm.

Man legt die Mittellinie des Geodreiecks so auf die Gerade f, dass der Punkt A auf der längsten Zeichenkante des Geodreiecks, der sogenannten Grundlinie liegt (Fig. 3). Man liest nun den Abstand ab.

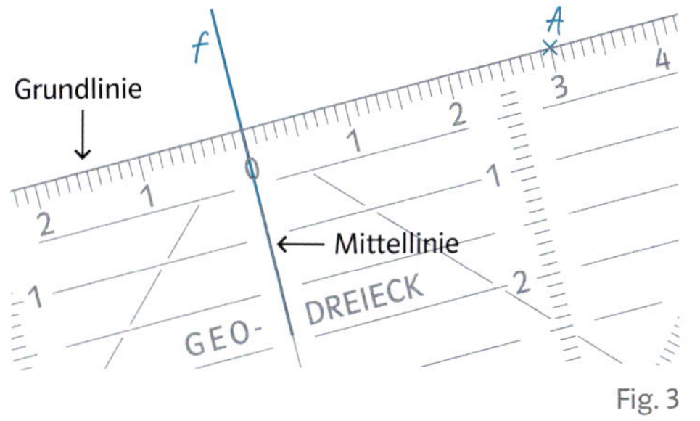

Fig. 3

Beispiel 3 **Senkrechte und parallele Geraden zeichnen**
Zeichne eine Gerade g und einen Punkt A, der nicht auf der Geraden g liegt.
a) Zeichne die Gerade h durch A, die senkrecht zur Geraden g verläuft.
b) Zeichne die Gerade k durch A, die parallel zur Geraden g verläuft.

Lösung

a) *Man legt die Mittellinie des Geodreiecks so an die Gerade g an, dass der Punkt A auf der Grundlinie liegt. Man zeichnet dann die Gerade h.*

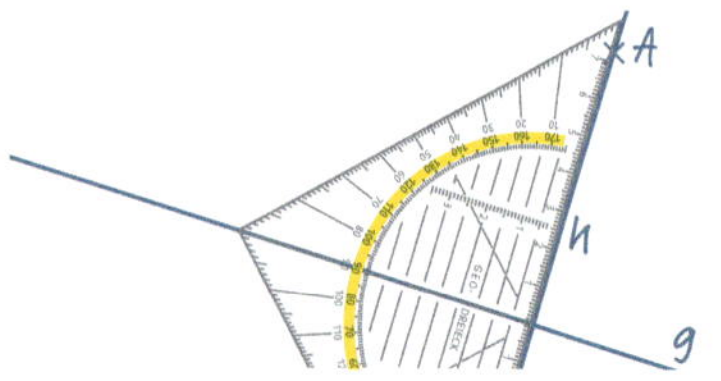

b) *Man legt das Geodreieck so an, dass der Punkt A auf der Grundlinie liegt und die Gerade g parallel zu den Hilfslinien des Geodreiecks liegt. Man zeichnet dann die Gerade k.*

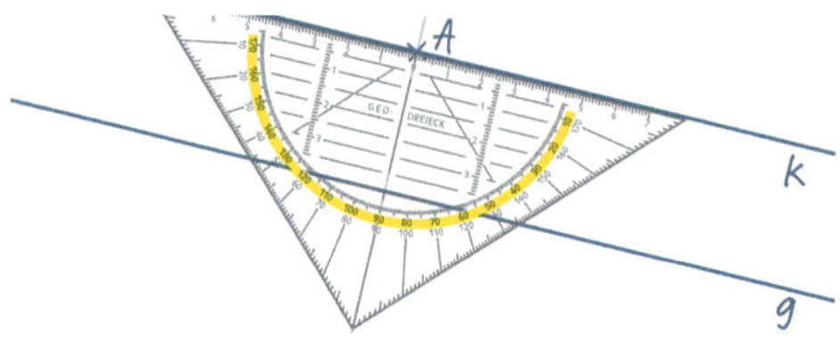

Man zeichnet mit spitzem Bleistift!

Aufgaben

○ **1** Untersuche mit dem Geodreieck die Lage der Straßen zueinander. Welche Straßen verlaufen parallel oder senkrecht zueinander?
Formuliere mithilfe der Textbausteine drei richtige Aussagen.

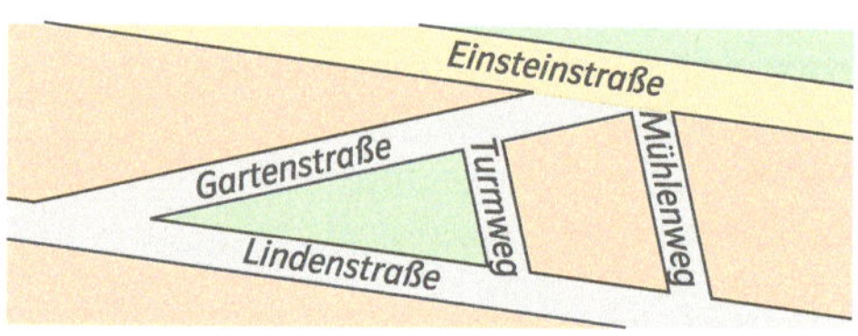

• Die Einsteinstraße • Die Gartenstraße • Die Lindenstraße • Der Turmweg • Der Mühlenweg	verläuft	• parallel • senkrecht	zu	• der Einsteinstraße. • der Gartenstraße. • der Lindenstraße. • dem Turmweg. • dem Mühlenweg.

○ **2** Wo findet ihr in eurer Umgebung Beispiele für senkrechte Geraden oder Strecken? Nennt diese abwechselnd aus einem Bereich, wie z. B. Musik, Verkehr oder Gesellschaftsspiele. Wer findet die meisten Beispiele in zwei Minuten?

○ **3** Prüfe mit dem Geodreieck in Fig. 1, welche Geraden zueinander parallel bzw. senkrecht sind. Notiere.

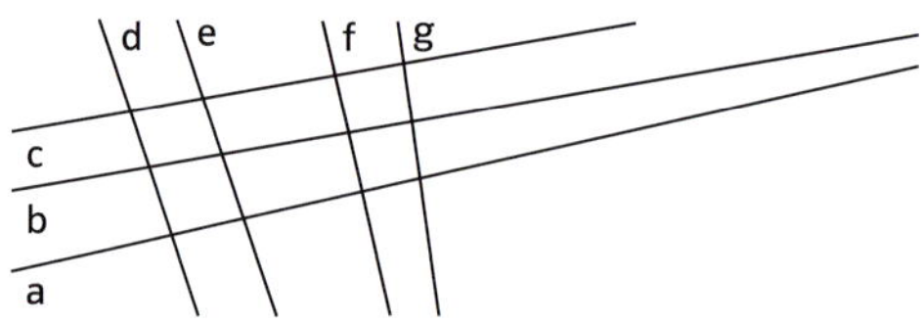

Fig. 1

○ **4** Prüfe mit dem Geodreieck in Fig. 2, ob die Aussagen wahr sind.

a) g ∥ h b) h ⊥ f
c) k ∥ g d) g ⊥ j
e) j ⊥ h f) g ∥ k

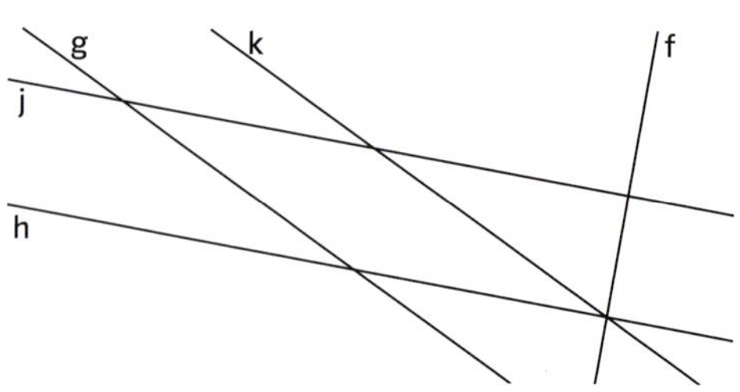

Fig. 2

5 Übertrage Fig. 1 ins Heft.
a) Zeichne eine Gerade, die durch P verläuft und senkrecht zu g ist.
b) Zeichne eine Gerade, die durch Q verläuft und parallel zu g ist.
c) Zeichne eine Gerade, die parallel zur Geraden durch die Punkte P und Q ist und durch S verläuft.
d) Bestimme einen Punkt A, der zur Geraden g den Abstand 3 cm hat.

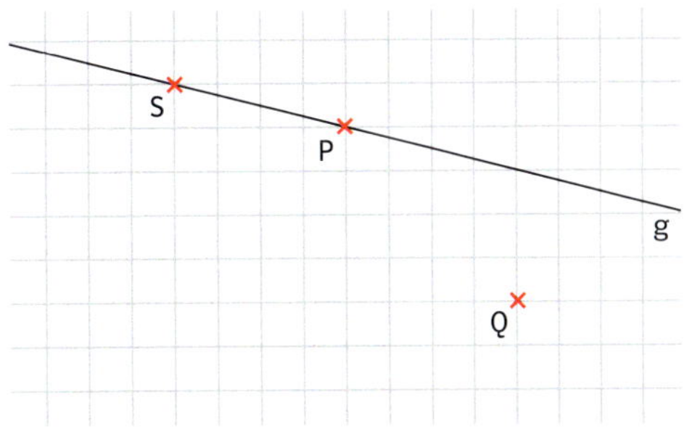

Fig. 1

Zeichne mit spitzem Bleistift!

6 Übertrage die Punkte P und Q sowie die Geraden g und h wie bei Fig. 2 ins Heft und bestimme den Abstand
a) der Punkte P und Q,
b) von P zu g, Q zu g und Q zu h,
c) zwischen g und h.

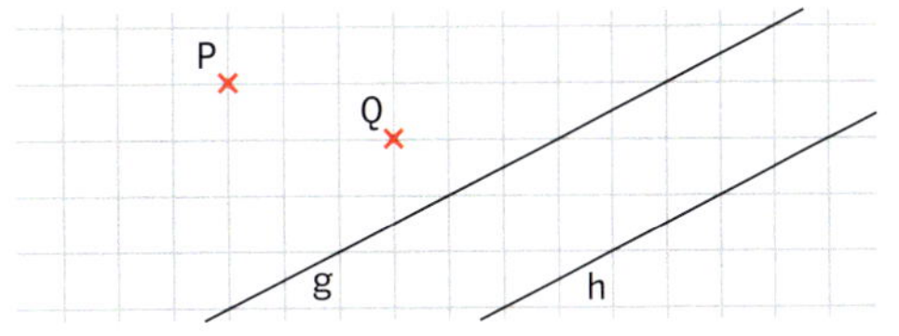

Fig. 2

Teste dich! → **Lösungen**, Seite 202

7 Prüfe, welche Geraden zueinander parallel bzw. senkrecht sind. Notiere.

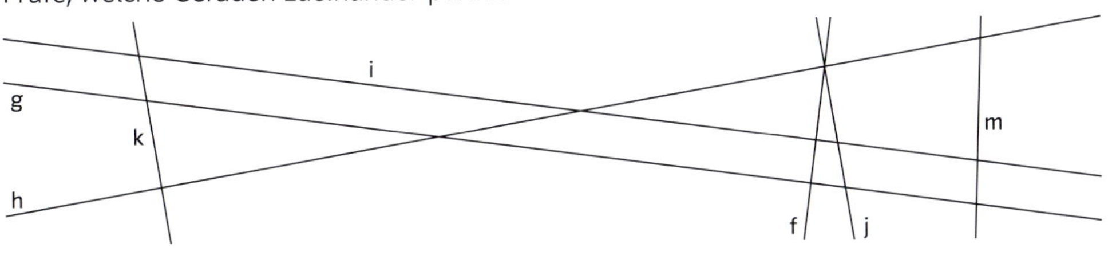

8 a) Zeichne eine Gerade g und einen Punkt A, der den Abstand 2 cm von g besitzt.
b) Zeichne durch den Punkt A eine zur Geraden g senkrechte Gerade h.
c) Zeichne durch den Punkt A eine zur Geraden g parallele Gerade k.

9 Entscheide, wie die Geraden g und h zueinander liegen.
a) $g \parallel k$ und $k \parallel h$ b) $g \parallel k$ und $k \perp h$ c) $g \perp k$ und $k \parallel h$
d) $g \perp k$ und $k \perp h$ e) $g \parallel k$ und $k \perp m$ und $m \perp h$ f) $g \perp k$ und $k \parallel m$ und $m \perp h$

10 Zeichne zwei Geraden r und s, die sich schneiden.
a) Zeichne eine senkrechte Gerade zur Geraden r durch den Schnittpunkt von r und s.
b) Zeichne alle Parallelen der beiden Geraden, die zu r bzw. s 2 cm Abstand haben.
c) Markiere einen beliebigen Punkt P auf r. Bestimme den Abstand von P zu s.

Aufgabe 10 kann auch mit einem DGS (vgl. Seite 132 f.) bearbeitet werden.

11 Entscheide zunächst ohne Verwendung des Geodreiecks, ob die roten Geraden parallel zueinander sind. Prüfe anschließend mit dem Geodreieck.
a)

b)
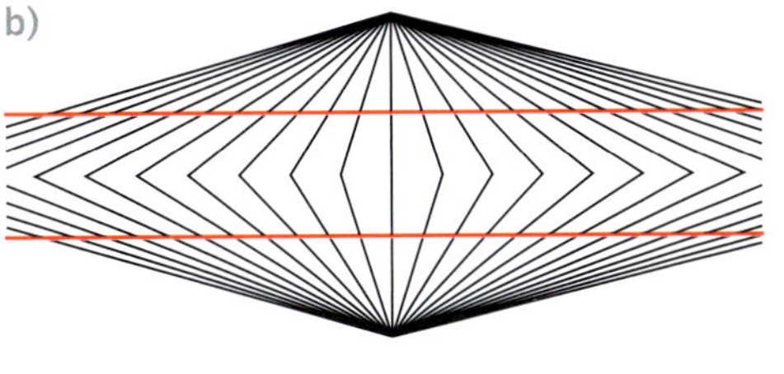

● 12 a) Übertragt Fig. 1 in euer Heft und setzt das Muster fort. Die Geraden g und h verlaufen senkrecht zueinander.
b) Jeder denkt sich eine Figur aus und beschreibt in eigenen Worten Schritt für Schritt, wie diese Figur konstruiert werden soll. Der Partner fertigt nach den Anweisungen die Zeichnung an. Überprüft eure Ergebnisse.

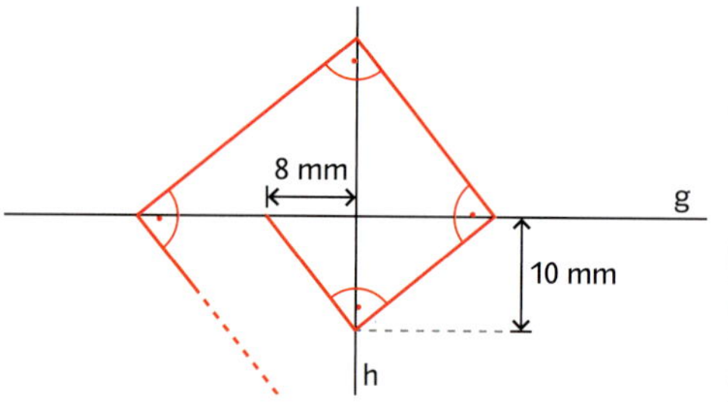

Fig. 1

● 13 Nimm ein rundes Blatt Papier und falte es, sodass eine Gerade entsteht. Falte weiter, sodass verschiedene Parallelen und Senkrechten zu dieser ersten Linie entstehen. Erläutere deinem Partner dein Vorgehen.

Teste dich!

Lösungen, Seite 202

● 14 Entscheide, wie die Geraden g und h zueinander liegen, wenn $g \parallel k$, $k \parallel m$ und $m \perp h$. Begründe deine Entscheidung.

● 15 Übertrage die nebenstehende Figur ins Heft. Setze das Muster um drei weitere Schritte fort.

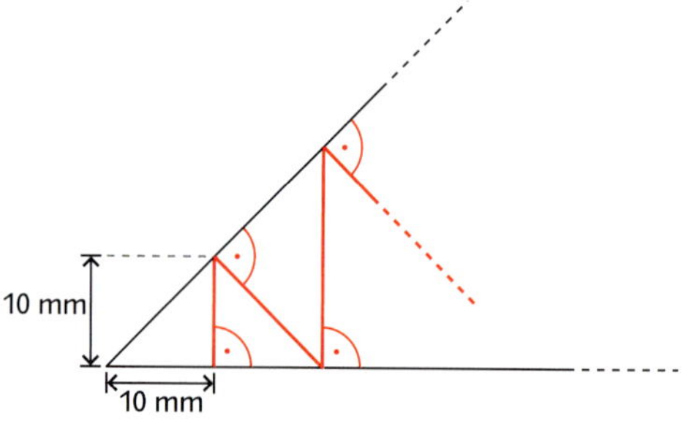

● 16 Zwei beliebige Geraden g und h schneiden sich. Finde einen Punkt P, der von der Geraden g den Abstand 2 cm und gleichzeitig von der Geraden h den Abstand 4 cm besitzt. Untersuche, wie viele solcher Punkte es gibt.

Aufgabe 16 kann auch mit einem DGS (vgl. Seite 132 f.) bearbeitet werden.

● 17 **Wahr oder falsch?**
Entscheide, ob die folgenden Aussagen wahr oder falsch sind. Begründe deine Antworten gegebenenfalls mithilfe einer Skizze.
a) Ist eine Gerade g senkrecht zu der Geraden h und parallel zu der Geraden k, so sind h und k parallel zueinander.
b) Die beiden Zeiger einer Uhr stehen innerhalb eines Tages genau 24-mal senkrecht zueinander.

● 18 Alex misst den Abstand zwischen der Geraden g und dem Punkt P in Fig. 2 längs der roten Strecke. Warum ist das falsch? Erläutere, wie man den Abstand richtig messen kann, ohne dabei über das Blatt hinaus zu zeichnen.

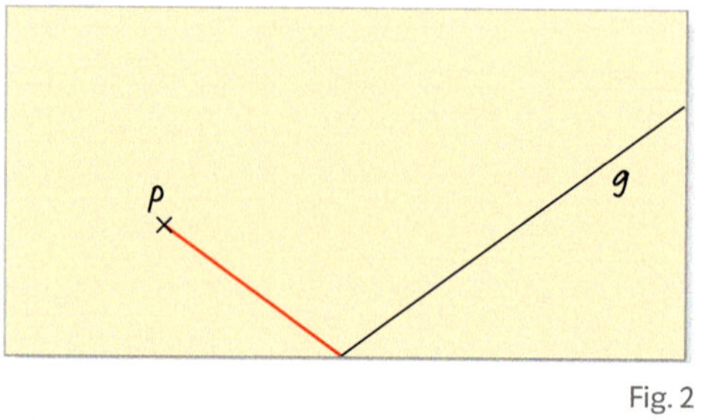

Fig. 2

Teste dein Grundwissen!

Merkkasten, Seite 7…
Grundwissen, Seite …
Lösungen, Seite 202

G 19 Schreibe in der in Klammer angegebenen Einheit.
a) 14 dm (in mm) b) 31 t (in kg) c) 6 h (in min) d) 321 ct (in €)

2 Koordinatensystem

Sarah und Jens spielen „Schiffe versenken". Sarah rät (3 | 5) und Jens ärgert sich.
Erkläre das Spiel und erläutere, warum sich Jens ärgert.
Spielt anschließend selbst mit eurem Partner. Achtet darauf, die Kreuze so zu setzen, wie in der Figur rechts gezeigt.

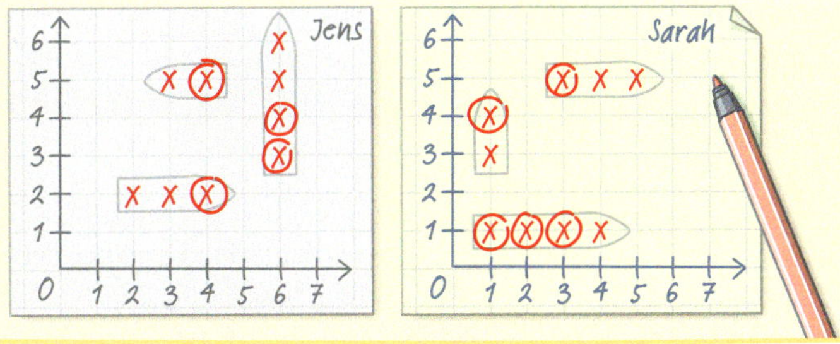

Bisher wurden Punkte, Strecken und Geraden untersucht, und Abstände gemessen. Wenn man Zeichnungen ins Heft übertragen möchte und die Lage von Punkten oder Geraden beschreiben möchte, kann ein Koordinatensystem hilfreich sein.

Mithilfe eines Gitters kann man die Lage von Punkten in der Zeichenebene mit Zahlen beschreiben. Dazu legt man einen Anfangspunkt fest, den **Koordinatenursprung** O. Von dort aus zeichnet man zwei zueinander senkrechte Zahlenstrahlen, die **x-Achse** und die **y-Achse**. Diese Koordinatenachsen werden eingeteilt, nachdem eine Längeneinheit festgelegt wurde.

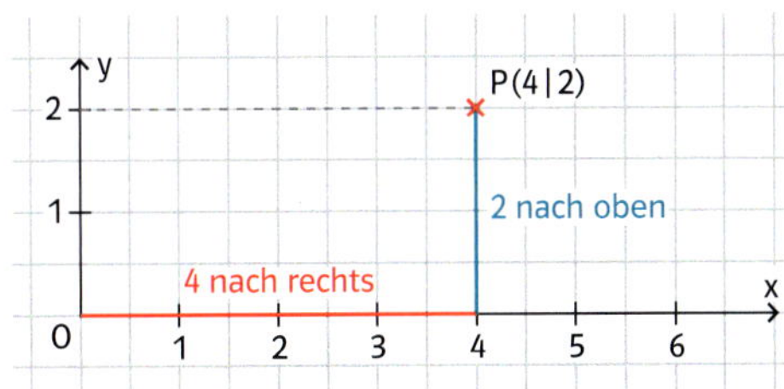

Fig. 1

Als Längeneinheit wählt man meistens 1 cm oder 1 Kästchen.

In einem Koordinatensystem lässt sich ein Punkt durch zwei Zahlen beschreiben. Die erste Zahl heißt **x-Koordinate** und die zweite Zahl **y-Koordinate** des Punktes.

Erst x, dann y, wie im Alphabet!

Um vom Koordinatenursprung O aus zum Punkt P zu gelangen, geht man 4 Längeneinheiten nach rechts und 2 Längeneinheiten nach oben.

Man schreibt dafür: **P(4 | 2)**

x-Koordinate **y-Koordinate**

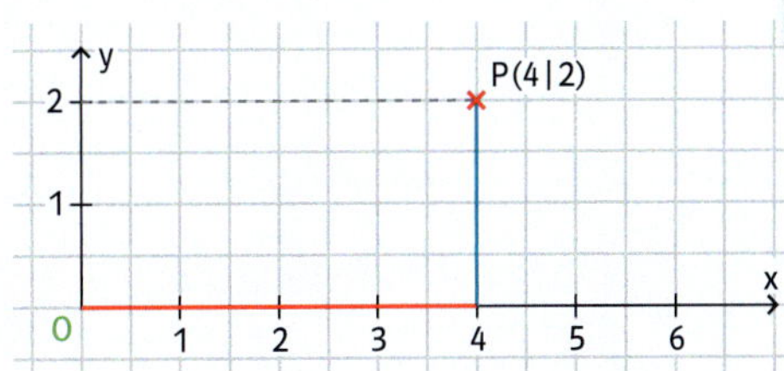

Beispiel **Punkte im Koordinatensystem**

a) Zeichne die folgenden Punkte in ein Koordinatensytem (1 cm = 1 Längeneinheit) und verbinde sie der Reihe nach: A(1 | 2), B(3 | 1), C(5 | 2) und D(3 | 3).

b) Gib die Koordinaten zweier Punkte an, die innerhalb der Figur liegen.

Lösung

a) *Die x-Achse sollte bis mindestens 6 und die y-Achse bis mindestens 4 gewählt werden, da der größte x-Wert der vorgegebenen Punkte 5 ist und der größte y-Wert der Punkte 3 ist.*

b) Individuelle Lösung, z. B. (2 | 2), (3 | 2) und (4 | 2) liegen innerhalb der Figur.

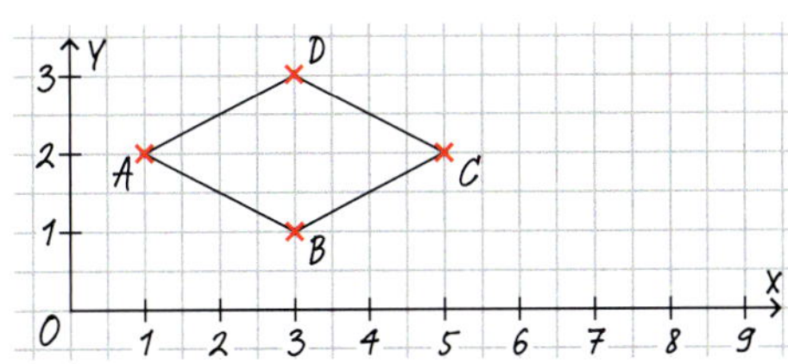

Aufgaben

○ **1** Trage die Punkte in ein Koordinatensystem (1 cm = 1 Längeneinheit) ein und verbinde sie der Reihe nach. Was für eine Figur ergibt sich?

a) A(2 | 1), B(3 | 2), C(2 | 3), D(1 | 2). Verbinde zusätzlich A und D.

b) A(1 | 1), B(2 | 4), C(3 | 1), D(0 | 3), E(4 | 3). Verbinde zusätzlich A und E.

c) A(4 | 4), B(7 | 6), C(4 | 8), D(4 | 3), E(2 | 3), F(3 | 1), G(7 | 1), H(8 | 3). Verbinde zusätzlich H und D.

Aufgabe 1 kann auch mit einem DGS (vgl. Seite 132 f.) bearbeitet werden.

○ **2** Das Foto des Rotmilans wurde vereinfacht in ein Koordinatensystem übertragen.

a) Gib die Koordinaten der zwei Schwanzspitzen und der sechs Flügelspitzen an.

b) Welcher Teil des Vogels besitzt die x-Koordinate 10 und die y-Koordinate 5?

c) Entwirf ein eigenes Bild und bestimme die Koordinaten der Eckpunkte. Diktiere diese deinem Partner, sodass er das Bild zeichnen kann.

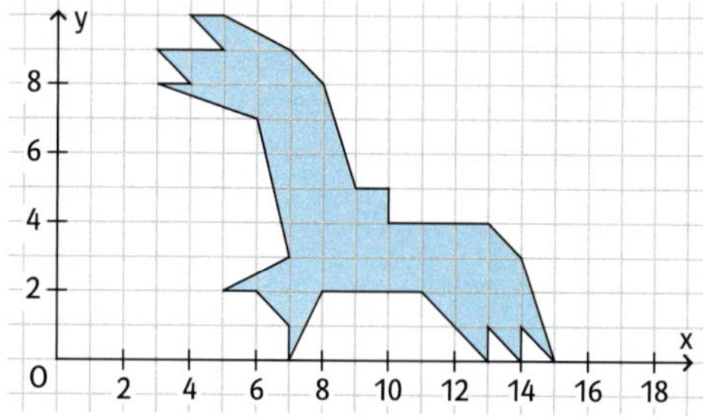

Fig. 1

○ **3** Zeichne die Punkte A, B, C und D in ein Koordinatensystem und prüfe, ob die Gerade durch die Punkte A und B parallel zur Geraden durch die Punkte C und D ist.

a) A(0 | 0), B(6 | 2), C(1 | 3), D(4 | 4)

b) A(1 | 0), B(1 | 5), C(3 | 0), D(2 | 5)

○ **4** Zeichne die Punkte A(1 | 3), B(5 | 1) und C(4 | 5) in ein Koordinatensystem.

a) Zeichne eine Gerade g durch die Punkte A und B und eine Senkrechte h zu dieser Geraden durch Punkt C.

b) Die Gerade g, die Senkrechte h und die x-Achse schließen ein Dreieck ein. Gib alle Punkte mit natürlichen Koordinaten an, die innerhalb dieses Dreiecks liegen.

Ein Punkt hat „natürliche Koordinaten", wenn beide Koordinaten natürliche Zahlen sind.

Teste dich!

→ **Lösungen**, Seite 202

○ **5** Übertrage die Figur 2 in dein Heft. Zeichne die Strecken $\overline{AC}$ und $\overline{BD}$ ein und gib die Koordinaten ihres Schnittpunktes an.

○ **6** Zeichne die Punkte A(2|0), B(4 | 1) und C(3 | 3) in ein Koordinatensystem. Verbinde die Punkte A, B und C. Gib die Punkte an, die innerhalb des Dreiecks ABC liegen und natürliche Koordinaten haben.

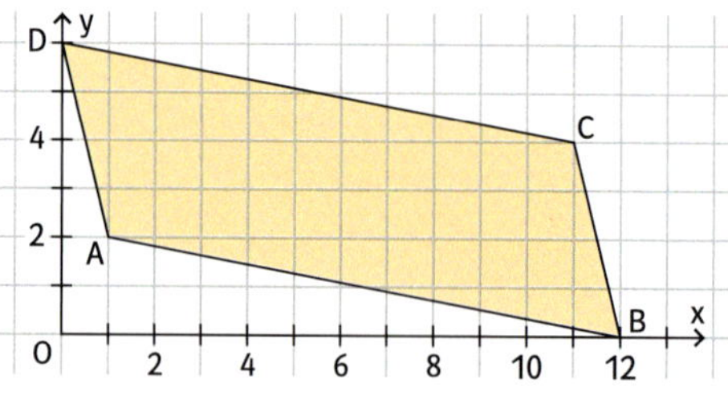

Fig. 2

◒ **7** Nach dem Werfen des gelben und des roten Würfels wird das Ergebnis in einem Koordinatensystem veranschaulicht (Fig. 3). Markiere farbig alle Punkte, bei denen

a) der rote Würfel eine kleinere Zahl als der gelbe Würfel zeigt,

b) die Augensumme 8 ist.

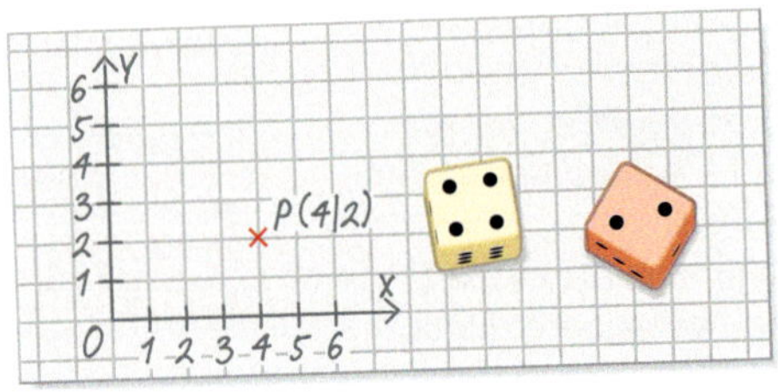

Fig. 3

8 Finde den Schatz!
1. Starte im Punkt A(2 | 1). Gehe nun von A aus drei Einheiten in x-Richtung und eine Einheit in y-Richtung. Gib die Koordinaten deines neuen Punktes B an.
2. Zeichne nun eine Gerade g durch A und B und anschließend eine Parallele h zu g durch den Punkt C(3 | 4).
3. Beschrifte den Schnittpunkt der Parallelen h mit der y-Achse mit D.
4. Gehe nun von D aus immer weiter auf einer Senkrechten zur y-Achse, bis du auf die Gerade g triffst, dann findest du den Schatz! Gib die Koordinaten des Schatzes an.

Aufgabe 8 kann auch mit einem DGS (vgl. Seite 132 f.) bearbeitet werden.

9 Finde den Fehler!
Anton und Emmi haben die Punkte A(1 | 3) und E(4 | 2) in ein Koordinatensystem eingezeichnet. Beiden ist ein Fehler unterlaufen. Beschreibe die Fehler. Verwende hierzu geeignete Begriffe aus der Liste auf dem Rand. Zeichne anschließend im Heft die richtige Lösung.

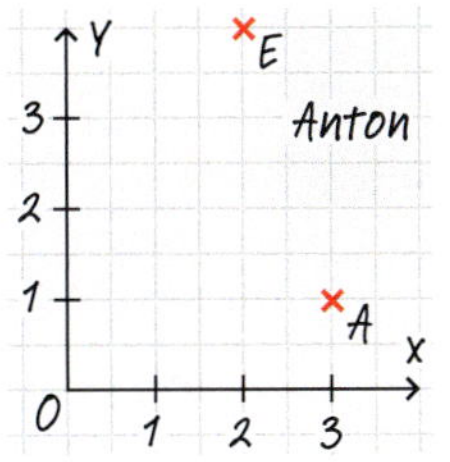

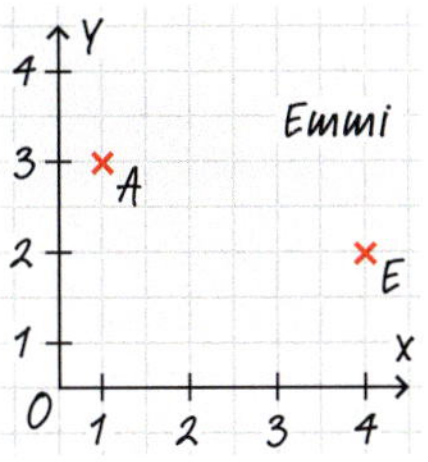

Wortliste
- die x-Koordinate
- die y-Koordinate
- die Koordinatenachsen
- die x-Achse
- die y-Achse
- der Ursprung
- die Einteilung
- der Abstand

10 Wahr oder falsch?
Entscheide, ob die folgenden Aussagen wahr oder falsch sind und begründe deine Entscheidung mithilfe von Beispielen und Skizzen.
a) Alle Punkte, deren y-Koordinate 0 ist, liegen auf der y-Achse.
b) Geraden, die senkrecht zur x-Achse sind, sind parallel zur y-Achse.
c) Alle Punkte, deren x-Koordinate gleich der y-Koordinate ist, liegen auf einer Geraden.

11 Von einer Strecke kennst du den Endpunkt E(1 | 25) und den Mittelpunkt M(5 | 23). Bestimme die Koordinaten des Anfangspunktes.

Teste dich!

Lösungen, Seite 202

12 a) Zeichne die Punkte A(2 | 0), B(4 | 6), C(3 | 3) und D(6 | 2) in ein Koordinatensystem ein.
b) Prüfe, ob die Gerade durch die Punkte C und D senkrecht zur Strecke $\overline{AB}$ ist.
c) Prüfe, ob der Punkt P(5 | 0) auf der Parallelen zur Strecke $\overline{AB}$ liegt, die durch den Punkt D geht.

13 Schilder wie in Fig. 1 weisen auf eine wichtige Stelle hin und geben dazu die genaue Lage an. Das erste Schild weist zum Beispiel auf einen in der Straße eingelassenen Hydranten hin. Ein Hydrant ist eine Armatur zur Entnahme von Wasser. H150 bedeutet hierbei, dass der nötige Durchmesser des Wasserschlauches 150 mm sein muss. Wenn der Boden als Koordinatensystem betrachtet wird und sich das Schild in Punkt P(13 | 9) befindet, dann liegt der Hydrant in Punkt Q(1,2 | 2,9) (alle Angaben in Metern).
a) Skizziert in einem Koordinatensystem die oben beschriebene Situation und erläutert die Angaben auf dem ersten Schild.
b) Das Schild für die Abwasserleitung befindet sich in Punkt R(5 | 11). Wo befindet sich die Abwasserleitung?
c) Beschreibt in Worten, wie ihr laufen müsstet, um zur Gasleitung oder Kabelleitung zu kommen, wenn ihr direkt vor dem Schild stehen würdet.

Fig. 1

Teste dein Grundwissen!

Merkkasten, Seite 77
Lösungen, Seite 202

14 Berechne.
a) 8 m − 168 cm b) 3 t + 1250 kg c) 1440 min : 60 min d) 225 € · 12

3 Achsensymmetrische Figuren

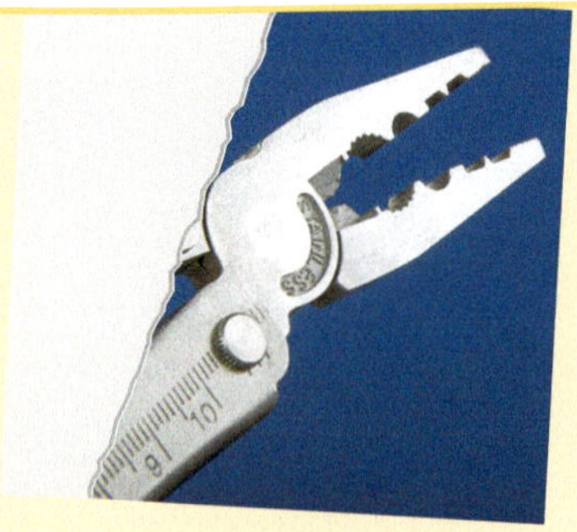

Viele Dinge in der Natur und in der Technik sind anscheinend aus zwei spiegelbildlichen Hälften zusammengesetzt. Vervollständige die Bilder mithilfe von Pergamentpapier so, dass sie zwei spiegelbildliche Hälften besitzen.

Dinge, die aus zwei spiegelbildlichen Hälften bestehen, sehen oft faszinierend aus. Im Folgenden wird gezeigt, wie man erkennen kann, ob etwas tatsächlich zwei spiegelbildliche Hälften besitzt und wie man eine solche Figur selbst zeichnen kann.

Ein Blatt Papier wird einmal gefaltet und danach mit der Schere eine Figur ausgeschnitten (Fig. 1 und 2). Die zwei Hälften der Figur passen genau aufeinander. Sie verhalten sich spiegelbildlich zueinander. Solche Figuren heißen **achsensymmetrisch**, die Faltlinie heißt **Symmetrieachse**.

Das Wort Symmetrie kommt aus dem Griechischen und bedeutet Ebenmaß.

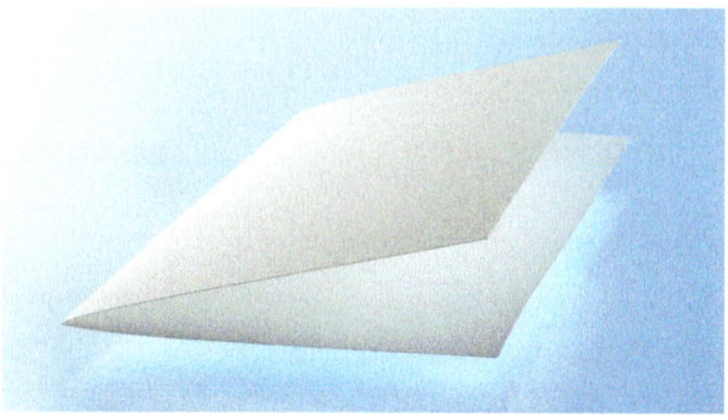

Fig. 1

Fig. 2

Zu jedem Punkt des einen Teils gibt es einen dazugehörigen Punkt des anderen Teils, den **Spiegelpunkt**. Dieses Punktepaar kann man z. B. mithilfe einer Nadel bestimmen (Fig. 3). In Fig. 5 ist ein solches Punktepaar mit seiner Verbindungsstrecke eingezeichnet. Diese Verbindungsstrecke liegt senkrecht zur Symmetrieachse. Die zusammengehörigen Punkte besitzen denselben Abstand von der Symmetrieachse (vgl. Fig. 5).

Fig. 3

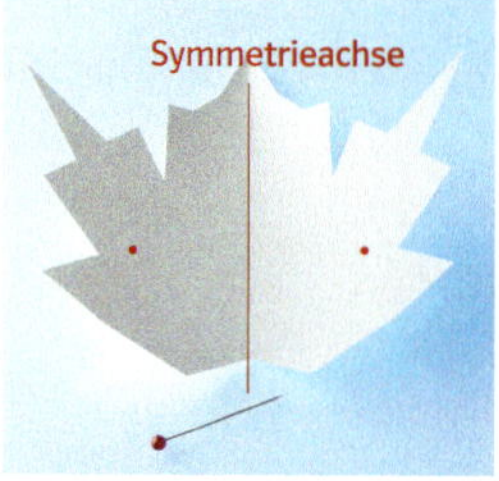

Fig. 4

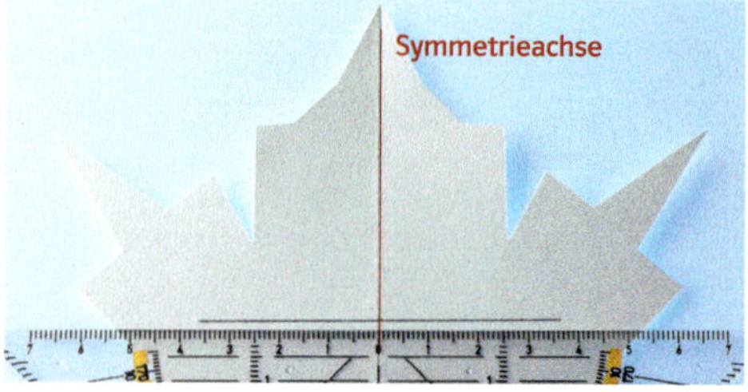

Fig. 5

Eine Figur, die man so falten kann, dass die beiden Teile genau aufeinanderliegen, heißt **achsensymmetrisch**. Die Faltlinie nennt man **Symmetrieachse**.
Für Figuren, die zu einer Achse symmetrisch sind, gilt:
- Zu jedem Punkt der einen Hälfte gibt es einen Punkt der anderen Hälfte, den Spiegelpunkt.
- Die Verbindungsstrecke beider Punkte verläuft senkrecht zur Symmetrieachse.
- Die Symmetrieachse halbiert die Verbindungsstrecke der beiden Punkte.

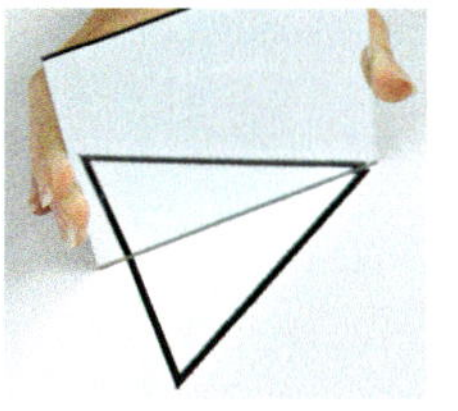

Diese Eigenschaften achsensymmetrischer Figuren kann man nutzen, um solche Figuren zu konstruieren. Diesen Vorgang nennt man **Spiegeln** an einer **Spiegelachse**. Dabei geht man folgendermaßen vor:

In Fig. 1 soll die grüne Figur an der roten Achse gespiegelt werden.
1. Man zeichnet durch einen Eckpunkt A der Figur eine Hilfslinie, die senkrecht zur Spiegelachse verläuft. Als Hilfslinie kann auch eine Kästchenlinie dienen.
2. Man legt den Spiegelpunkt A' so auf der Hilfslinie fest, dass der Punkt A und der Spiegelpunkt A' gleich weit von der Spiegelachse entfernt sind.
3. Nun wiederholt man 1. und 2. für alle weiteren Eckpunkte der Figur.
4. Zum Schluss verbindet man die Spiegelpunkte in der richtigen Reihenfolge.

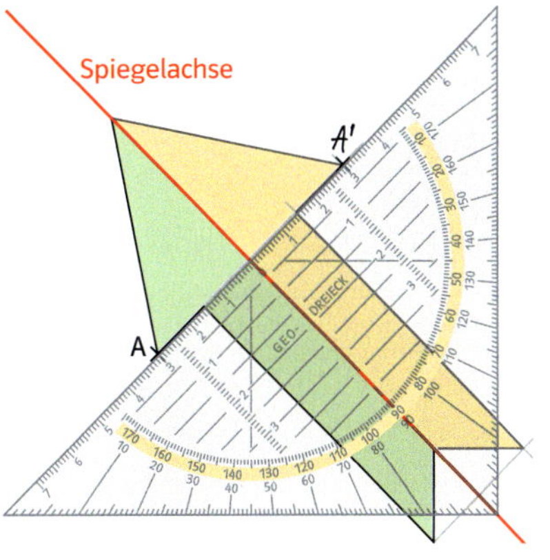

Fig. 1

Man sagt auch:
Der Punkt A ist symmetrisch zum Spiegelpunkt A' bezüglich der Symmetrieachse.

Beispiel 1 Symmetrieachsen zeichnen
Übertrage Fig. 2 in dein Heft und zeichne alle Symmetrieachsen ein.
Lösung
Es gibt vier Symmetrieachsen (vgl. Fig. 3). Sie verlaufen jeweils durch zwei gegenüberliegende Eckpunkte der Figur.

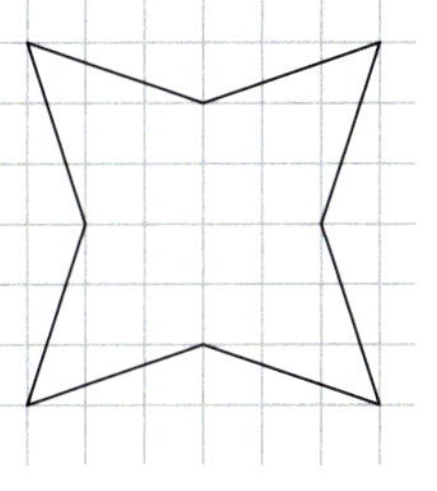
Fig. 2

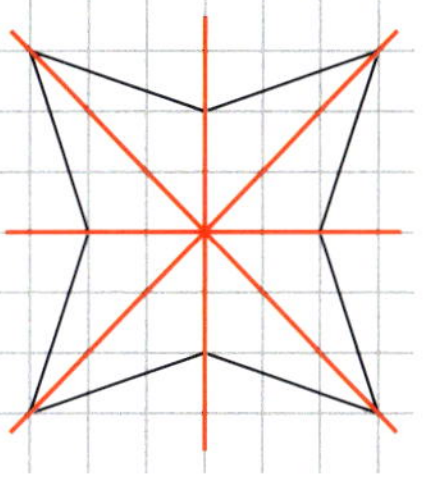
Fig. 3

Beispiel 2 An einer Achse spiegeln
Prüfe mit dem Geodreieck, ob die Punkte A, B und C in Fig. 4 richtig an der Spiegelachse g gespiegelt sind. Begründe, falls dies nicht der Fall ist. Erläutere ggf. den Fehler, der gemacht wurde.
Lösung
Der Punkt A' ist falsch gezeichnet, da die Gerade durch die Punkte A und A' nicht senkrecht zur Geraden g ist.
Der Punkt B' ist richtig gezeichnet.
Der Punkt C' ist falsch gezeichnet, da die Punkte C und C' nicht denselben Abstand von der Spiegelachse g haben.

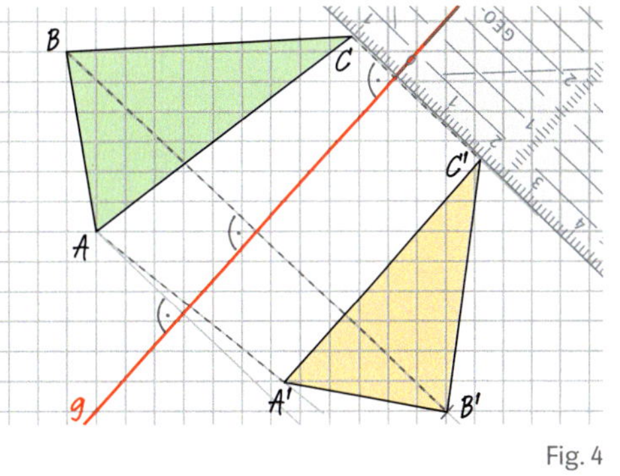

Fig. 4

Aufgaben

○ **1** Entscheide, ob die Verkehrszeichen achsensymmetrisch sind. Beschreibe gegebenenfalls, wo die Symmetrieachsen liegen.

○ **2** Notiere möglichst viele achsensymmetrische Dinge, die du täglich benutzt. Wer findet in der Klasse die meisten innerhalb von zwei Minuten?

○ **3** Notiere alle Druckbuchstaben des Alphabets, die eine Symmetrieachse haben. Welche Buchstaben haben mehr als eine Symmetrieachse? Findest du achsensymmetrische Wörter?

ABCDEFGHIJKLMNOPQRSTUVWXYZ

○ **4** Übertrage die Figur in dein Heft und zeichne alle Symmetrieachsen ein.

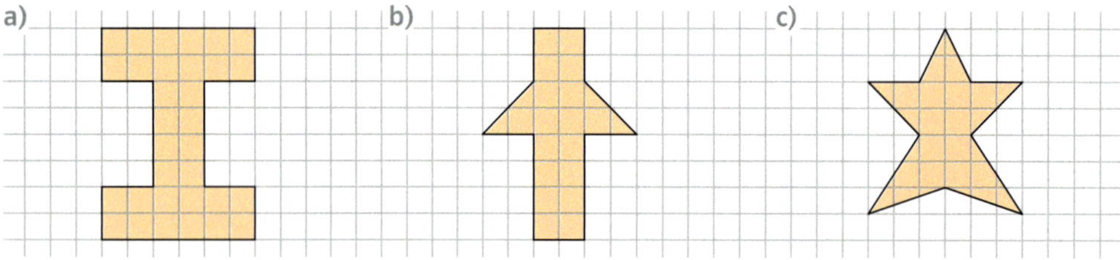

○ **5** Übertrage die Figur in dein Heft und spiegle die Figur an der Geraden g.

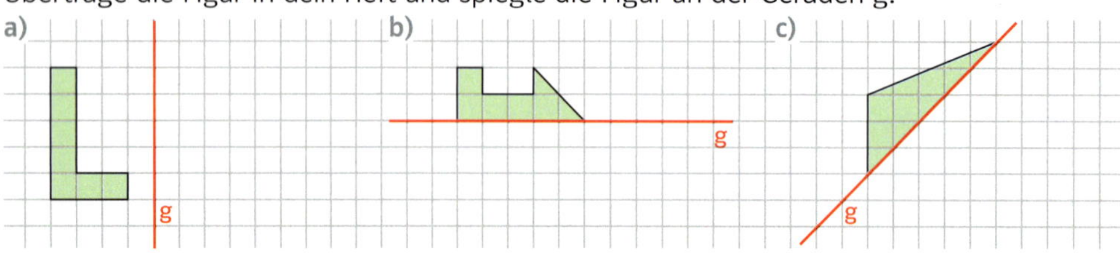

○ **6** Übertrage die Figur in dein Heft und spiegle die Figur an der Geraden h.

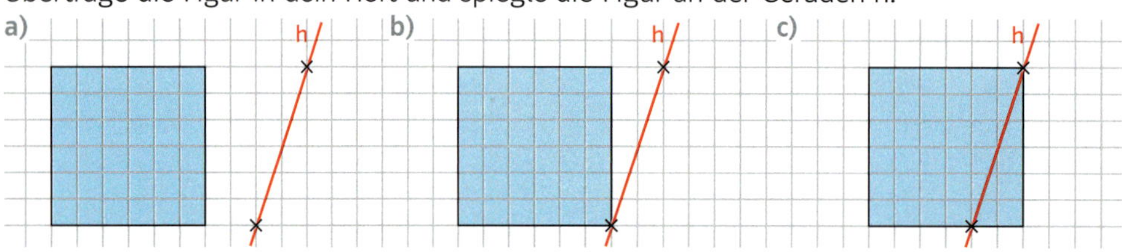

○ **7** a) Zeichne die folgenden Punkte in ein Koordinatensystem ein: A (2 | 0), B (4 | 2), C (2 | 4) und D (0 | 2). Verbinde sie der Reihenfolge nach. Verbinde zusätzlich A und D.
b) Entscheide, ob die Figur achsensymmetrisch ist und zeichne ggf. alle Symmetrieachsen ein. Gib jeweils den Schnittpunkt der Symmetrieachsen mit einer Koordinatenachse an.
c) Spiegle die Figur aus Teilaufgabe a) an einer Parallelen zur y-Achse durch den Punkt (5 | 2). Gib die Koordinaten der Spiegelpunkte an.

Teste dich!

Lösungen, Seite 203

8 Übertrage Fig. 1 in dein Heft und zeichne alle Symmetrieachsen ein.

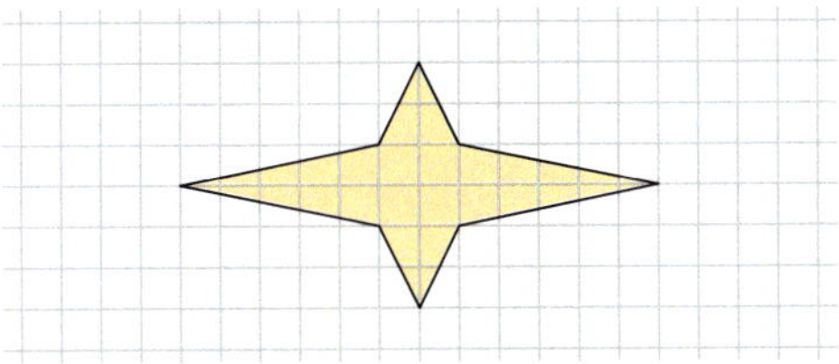

Fig. 1

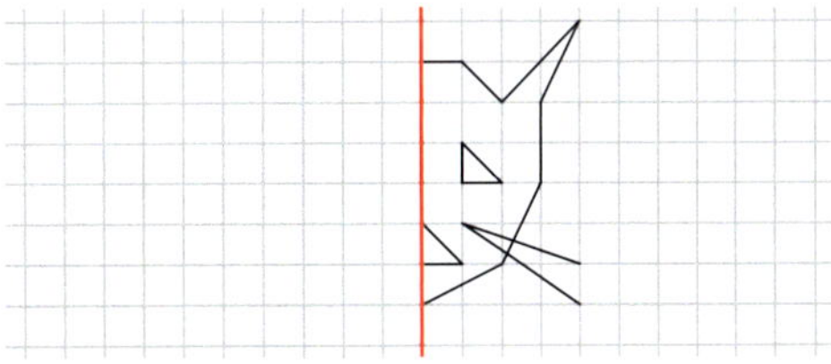

Fig. 2

9 Übertrage Fig. 2 in dein Heft und spiegle an der roten Achse.

10 Finde den Fehler!
Prüfe mit dem Geodreieck, ob die Punkte P und Q richtig an der Spiegelachse g gespiegelt sind. Erläutere ggf. den Fehler, der gemacht wurde.

a)

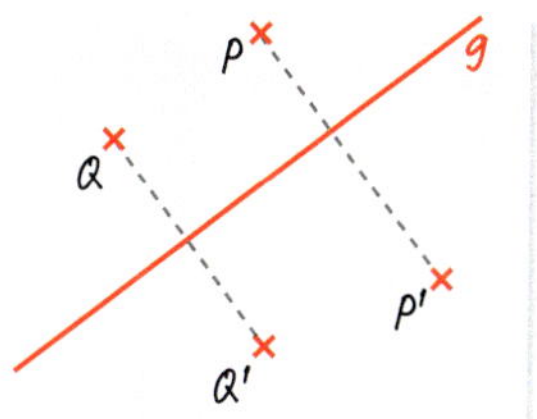

b)

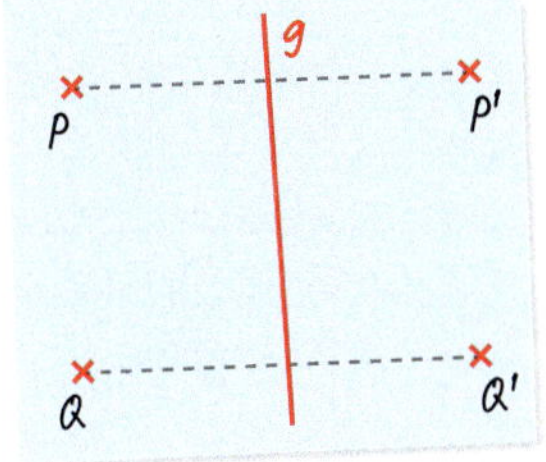

c)

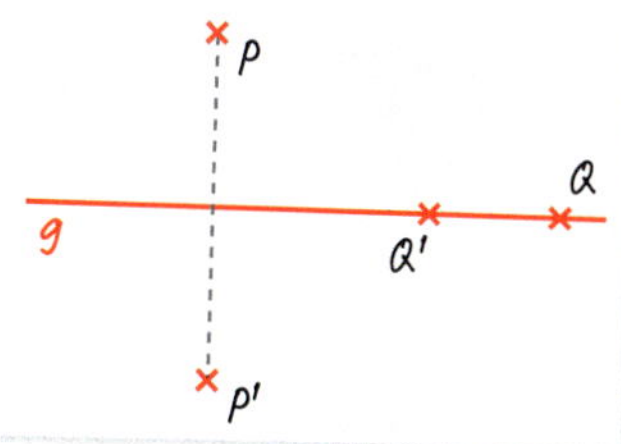

11 Finde den Schatz!

1. Zeichne die folgenden Punkte in ein geeignetes Koordinatensystem ein: A(2|6), B(1|3), C(2|4) und D(4|4). Verbinde sie der Reihenfolge nach. Verbinde auch die Punkte A und D.
2. Zeichne eine Gerade g durch die Punkte E(5|5) und F(1|1).
3. Spiegle die Figur aus der 1. Anweisung an der Geraden g und bezeichne die Spiegelpunkte mit A', B', C' und D'.
4. Zeichne eine Senkrechte h zur Geraden g durch den Punkt D.
5. Spiegle nun die erhaltene Figur an h und bezeichne die Spiegelpunkte mit A", B", C" und D".
6. Bei Punkt B" findest du den Schatz. Gib die Koordinaten von B" an.

Aufgabe 11 kann auch mit einem DGS (vgl. Seite 132 f.) bearbeitet werden.

12 Falte ein Blatt Papier einmal und schneide anschließend eine Figur an der Faltkante aus. Wiederhole dies, nachdem du das Blatt zweimal gefaltet hast bzw. dreimal gefaltet hast. Achte bei jedem Falten darauf, dass die Faltkanten genau übereinanderliegen. Was lässt sich entdecken?

13 a) Übertrage Fig. 3 in dein Heft.
b) Spiegle den Buchstaben A an der Geraden g. Gib die Koordinaten der „Eckpunkte" des gespiegelten A an.
c) Zeichne eine Spiegelachse im Koordinatensystem ein, sodass das gespiegelte A ebenfalls „aufrecht" steht.

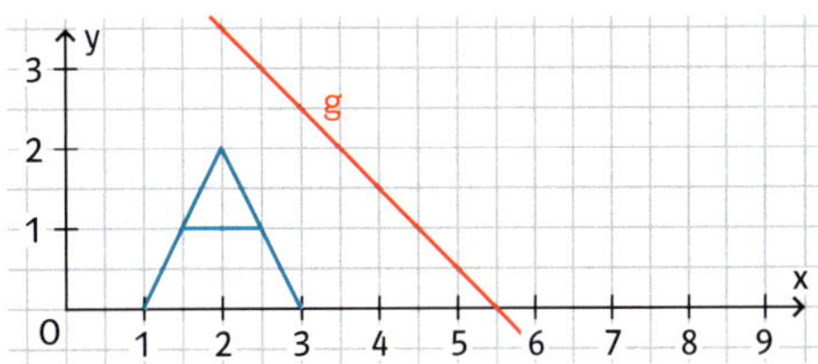

Fig. 3

14 a) Übertrage Fig. 1 in dein Heft und ergänze sie zu einer achsensymmetrischen Figur.
b) Zeichne eine Figur, die nur aus Strecken zusammengesetzt ist, auf ein leeres, weißes Papier. Zeichne eine Spiegelachse ein und lass deinen Partner die Figur spiegeln.

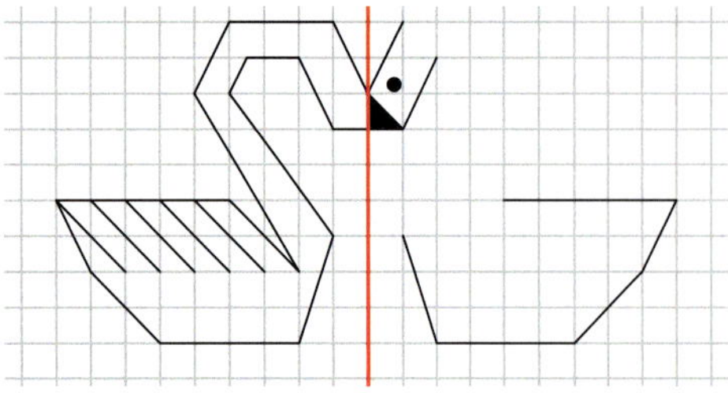

Fig. 1

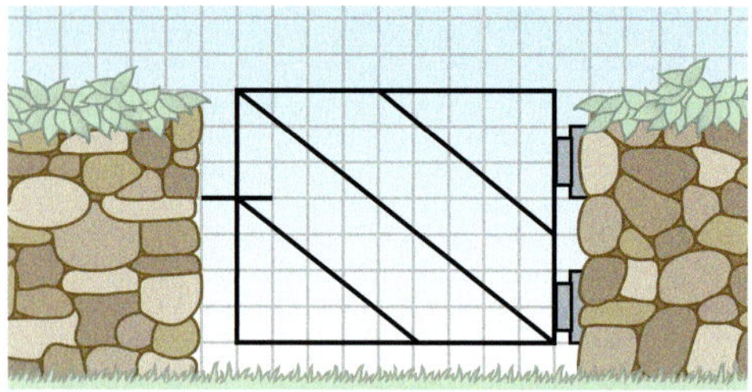

Fig. 2

15 Das Gartentor in Fig. 2 ist so gezeichnet, wie es Besucher von außen sehen würden. Zeichne das Tor so in dein Heft, wie man es sieht, wenn man aus dem Haus kommt.

Teste dich!

Lösungen, Seite 20

16 Der Buchstabe R wird an den Geraden g, h und k nacheinander gespiegelt. Ordne jedem Tier das richtig gespiegelte R zu.

(1) (2) (3) (4) (5) (6)

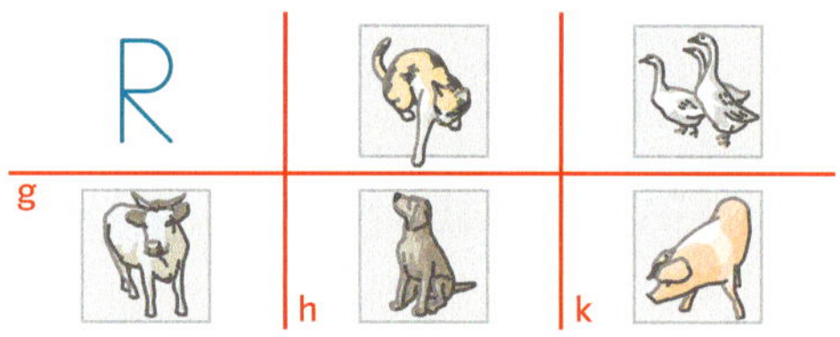

17 a) Zeichne die Punkte A(1|2), B(5|2) und C(3|5) in ein Koordinatensystem und verbinde sie zu einem Dreieck.
b) Spiegle das Dreieck aus a) an der Parallelen zur x-Achse durch den Punkt P(0|3).
c) Beschreibe die Figur, die sich insgesamt ergibt, und zeichne alle Symmetrieachsen der Figur ein. Beschreibe die Lage der Symmetrieachsen durch geeignete Koordinaten.

18 **Wahr oder falsch?**
Entscheide bei den folgenden Aussagen, ob sie wahr oder falsch sind. Begründe z. B. mit Beispielen bzw. Gegenbeispielen.
a) Es gibt keine Figur mit genau drei Symmetrieachsen.
b) Spiegelt man eine Figur an einer Achse und anschließend an einer Parallelen zu dieser Achse, so erhält man dieselbe Figur in derselben Position wie am Anfang.
c) Es gibt Figuren mit unendlich vielen Symmetrieachsen.

19 a) Übertrage Fig. 3 in dein Heft.
b) Zeichne Spiegelachsen ein, sodass das eine F in das andere überführt wird.
c) Verändere die Position eines F. Wie ändern sich die Positionen der Spiegelachsen? Beschreibe den Zusammenhang.

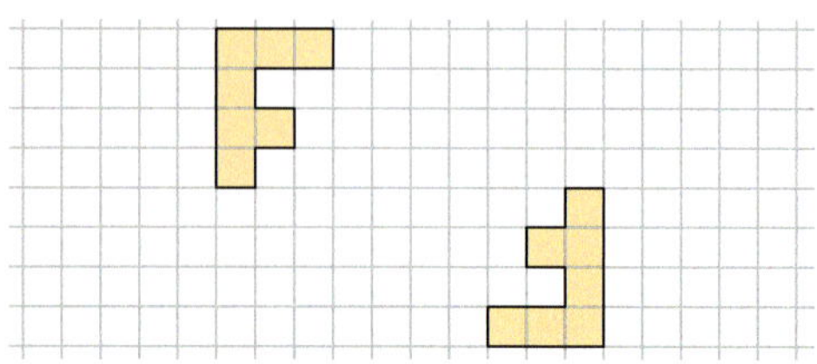

Fig. 3

Teste dein Grundwissen!

Merkkasten, Seite
Lösungen, Seite 20

G **20** Die Entfernung zwischen Kaiserslautern und Rom beträgt rund 900 km. Wie lang ist diese Strecke auf einer Karte im Maßstab 1 : 5 000 000?

*4 Punktsymmetrische Figuren

Die linke Figur ist die „Dame“ eines Kartenspiels.
Übertrage die rechte Figur in dein Heft und ergänze sie zu einer Spielkarte.

Neben der Achsensymmetrie gibt es als weitere Form der Symmetrie die sogenannte Punktsymmetrie. Woran man sie erkennt, wird im Folgenden vorgestellt.

Obwohl die Windmühlenflügel auf dem Foto regelmäßig angeordnet sind, ist keine Symmetrieachse zu finden. Verbindet man je zwei gegenüberliegende Punkte, so schneiden sich die Verbindungsstrecken alle in einem Punkt (in Fig. 1 im Punkt Z). Eine solche Figur heißt **punktsymmetrisch**. Der Schnittpunkt der Verbindungsstrecken ist das **Symmetriezentrum**. Es halbiert die Verbindungsstrecken zwischen zwei gegenüberliegenden Punkten. In Fig. 1 nennt man A und A′ z. B. Punkt und Spiegelpunkt.

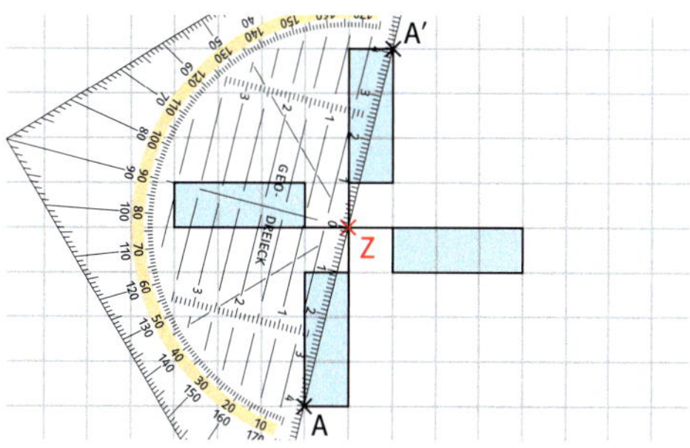

Fig. 1

Für Figuren, die ein **Symmetriezentrum** Z besitzen, also **punktsymmetrisch** sind, gilt:
- Jeder Punkt der Figur besitzt auf der gegenüberliegenden Seite einen Spiegelpunkt.
- Die Verbindungsstrecke der beiden Punkte verläuft durch den Punkt Z.
- Der Punkt Z halbiert die Verbindungsstrecke der beiden Punkte.

Diese Eigenschaften punktsymmetrischer Figuren kann man nutzen, um solche Figuren zu konstruieren. Diesen Vorgang nennt man **Spiegeln an einem Punkt**. Dabei geht man folgendermaßen vor:
In Fig. 2 sollen das Dreieck und das Viereck an Punkt Z gespiegelt werden. Beim Viereck ist der Eckpunkt C zugleich das Symmetriezentrum.
1. Man zeichnet durch einen Eckpunkt A der Figur eine Hilfslinie, die durch den Punkt Z verläuft.
2. Man legt den Spiegelpunkt A′ so auf der Hilfslinie fest, dass er vom Punkt Z gleich weit entfernt ist wie Punkt A.
3. Nun wiederholt man 1. und 2. für alle weiteren Eckpunkte der Figur.
4. Zum Schluss verbindet man die Spiegelpunkte in der richtigen Reihenfolge.

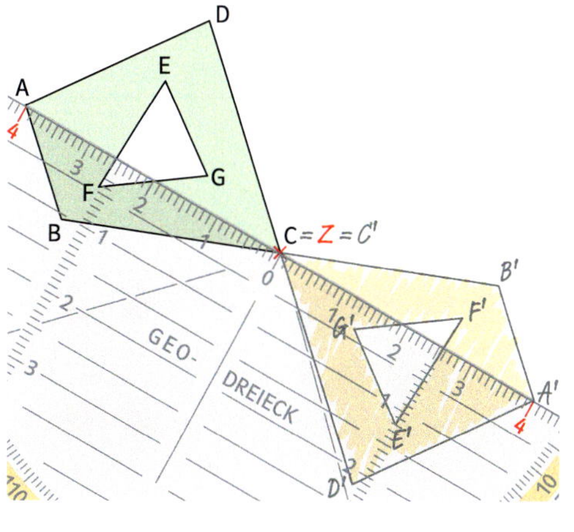

Man sagt auch:
A ist symmetrisch zu A′ bezüglich des Symmetriezentrums.

Beispiel 1 **Punktsymmetrie überprüfen**

Prüfe, ob die Vierecke in Fig. 1 und 2 punktsymmetrisch sind.

Lösung

Das Viereck in Fig. 1 ist punktsymmetrisch zum Punkt Z (vgl. Fig. 3).

Man verbindet jeweils zwei sich gegenüberliegende Punkte. Der Schnittpunkt der Verbindungslinien ist das Symmetriezentrum Z. Man überprüft die Abstände von Punkt und Spiegelpunkt, also z.B. A und C zum Symmetriezentrum Z. Da sowohl A und C als auch B und D denselben Abstand zu Punkt Z haben, ist das Viereck punktsymmetrisch.

Das Viereck in Fig. 2 ist nicht punktsymmetrisch (vgl. Fig. 4).

Die sich gegenüberliegenden Punkte A und C (oder auch D und B) haben nicht denselben Abstand vom Schnittpunkt der Verbindungslinien, also ist das Viereck nicht punktsymmetrisch.

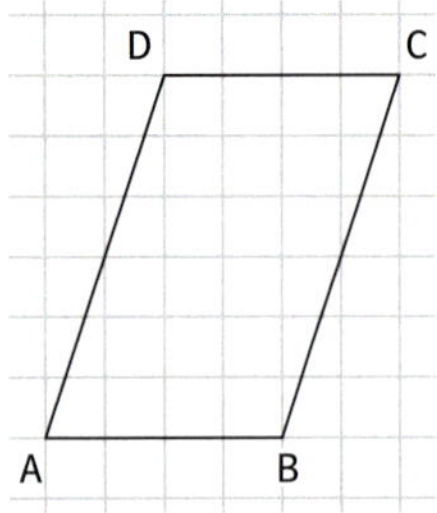

Fig. 1

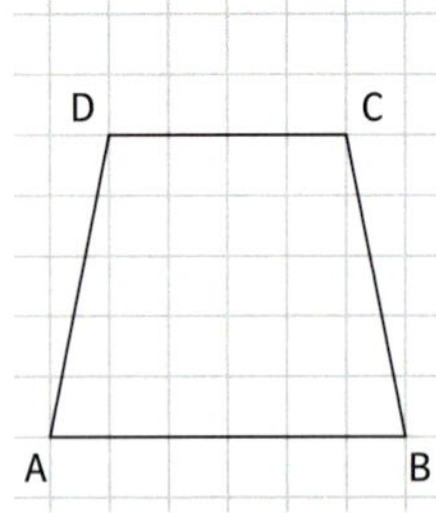

Fig. 2

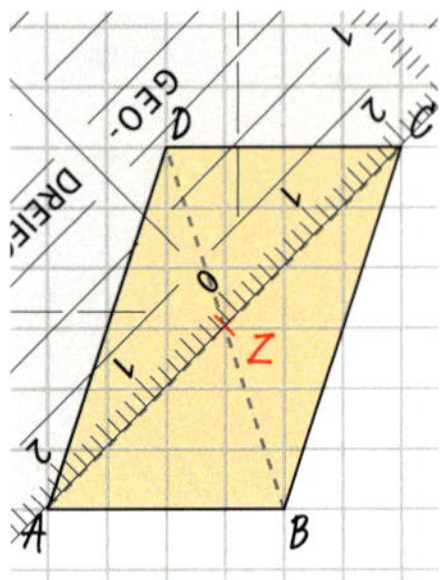

Fig. 3

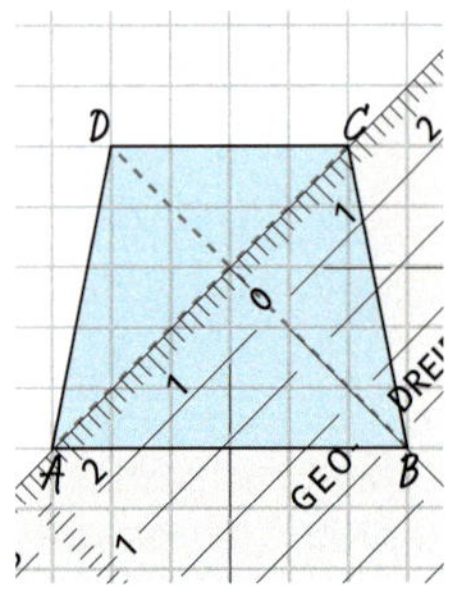

Fig. 4

Beispiel 2 **An einem Punkt spiegeln**

Zeichne das Viereck in Fig. 5 mit den Eckpunkten A, B, C und D sowie den Punkt Z ins Heft. Spiegle das Viereck am Punkt Z.

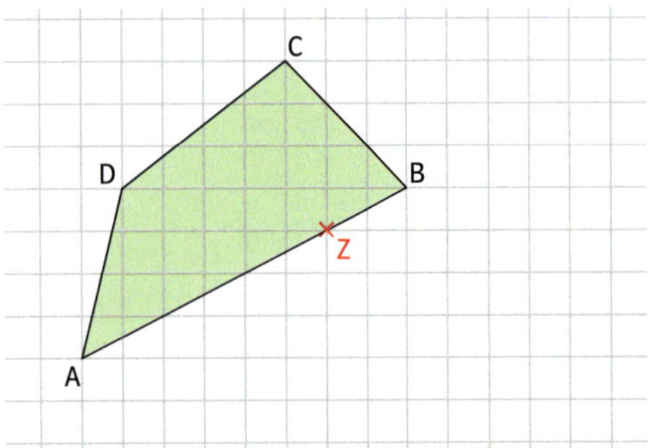

Fig. 5

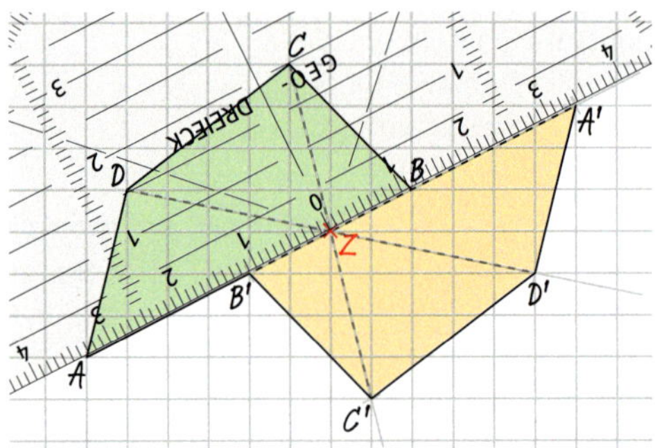

Fig. 6

Lösung

Man zeichnet durch einen Eckpunkt A der Figur eine Hilfslinie, die durch den Punkt Z verläuft. Nun legt man den Spiegelpunkt A' so auf der Hilfslinie fest, dass er vom Punkt Z gleich weit entfernt ist wie Punkt A vom Punkt Z. Mit den anderen Punkten verfährt man entsprechend (s. Fig. 6).

Aufgaben

○ **1** Entscheide, ob die folgenden Verkehrsschilder punktsymmetrisch sind. Beschreibe gegebenenfalls die Lage des Symmetriezentrums.

a) 

b) 

c) 

d) 

2 Notiere möglichst viele punktsymmetrische Dinge, die du aus dem Alltag kennst. Wer findet in der Klasse die meisten innerhalb von zwei Minuten?

3 Übertrage die Figur in dein Heft und zeichne das Symmetriezentrum Z ein.

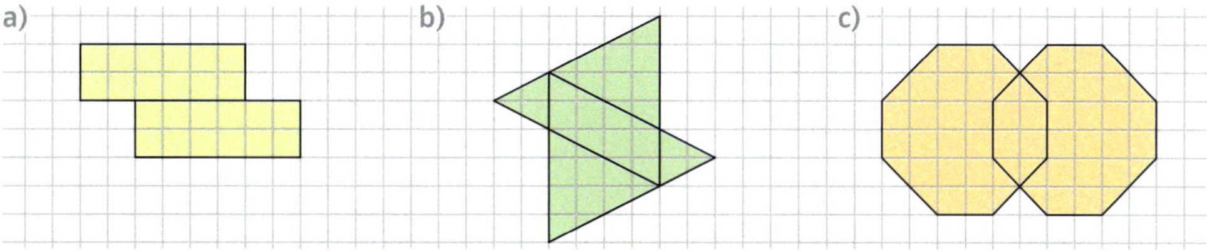

4 Übertrage die Figur in dein Heft und spiegle am Punkt Z.

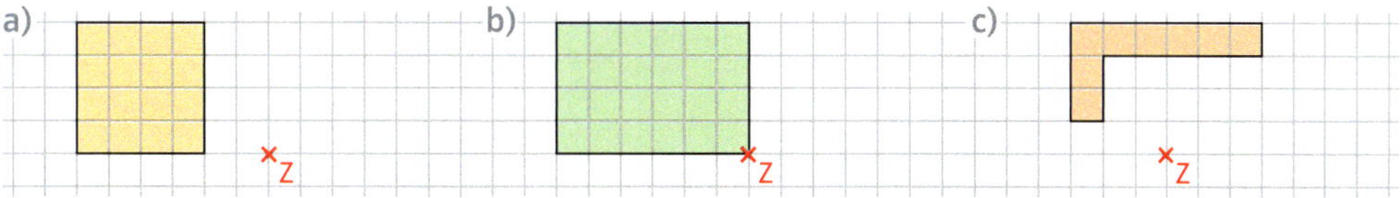

5 Zeichne das Viereck mit den Eckpunkten A, B, C und D in ein Koordinatensystem. Spiegle es am Punkt Z(4 | 3). Gib die Koordinaten der Spiegelpunkte A', B', C' und D' an.

a) A(0 | 0), B(3 | 0), C(3 | 1), D(0 | 1)
b) A(0 | 1), B(4 | 2), C(4 | 3), D(0 | 2)
c) A(4 | 0), B(7 | 0), C(7 | 2), D(6 | 2)
d) A(1 | 1), B(3 | 3), C(3 | 4), D(1 | 5)

6 a) Faltet ein quadratisches Papier zweimal und schneidet eine Figur ähnlich wie in Fig. 1 aus. Notiert die Eigenschaften der Figur, die nach dem Aufklappen des Blattes entsteht. Skizziert sie.

b) Entscheidet, ob man dieselben Ergebnisse wie in Teilaufgabe a) erhält, wenn man das Quadrat entlang der Diagonalen faltet. Probiert es gemeinsam aus.

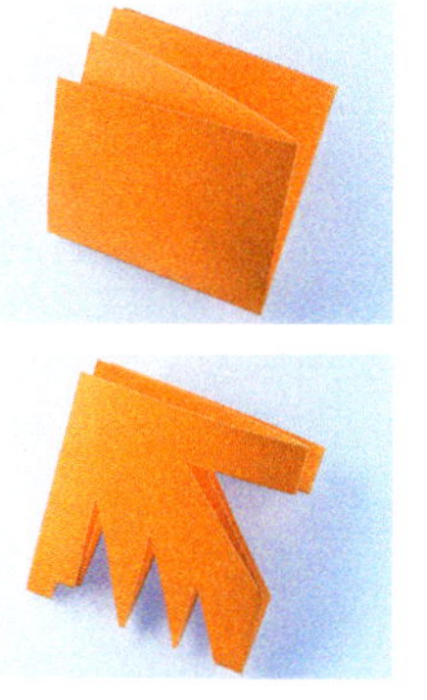

Fig. 1

Teste dich! **Lösungen**, Seite 203

7 Prüfe, ob die Flechtmuster punktsymmetrisch sind. Trage bei Punktsymmetrie das Symmetriezentrum ein.

(1) (2) (3) (4)

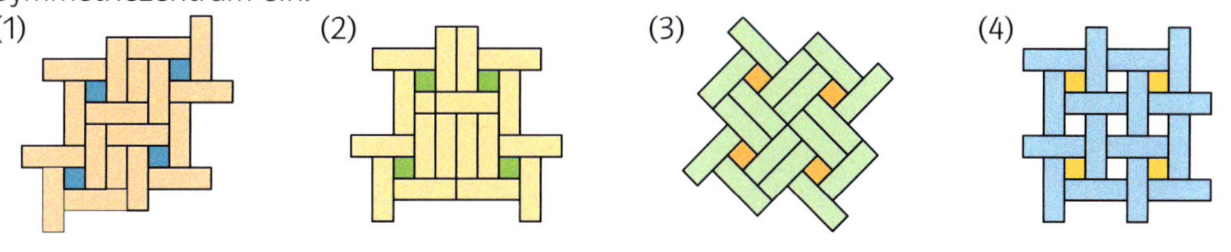

8 Zeichne das Viereck mit den Eckpunkten A, B, C und D in ein Koordinatensystem. Spiegle es am Punkt Z(3 | 3). Gib die Koordinaten der Spiegelpunkte A', B', C' und D' an.

a) A(0 | 0), B(2 | 0), C(4 | 2), D(2 | 2)
b) A(3 | 4), B(6 | 4), C(5 | 5), D(4 | 5)

9 Prüfe, ob die Punkte richtig am Punkt Z gespiegelt sind. Erläutere ggf. den Fehler.

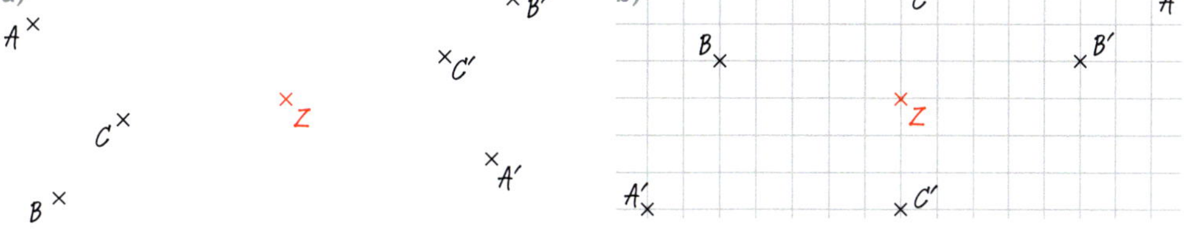

10 a) Prüfe, ob die folgenden Dinge punkt- bzw. achsensymmetrisch sind. Beschreibe gegebenenfalls die Lage der Symmetrieachse bzw. des Symmetriezentrums.
b) Erstelle selbst punktsymmetrische Ornamente.

(1)
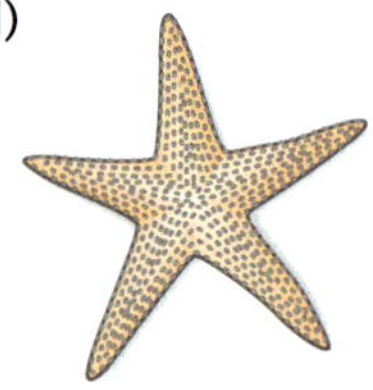
Seestern

(2)
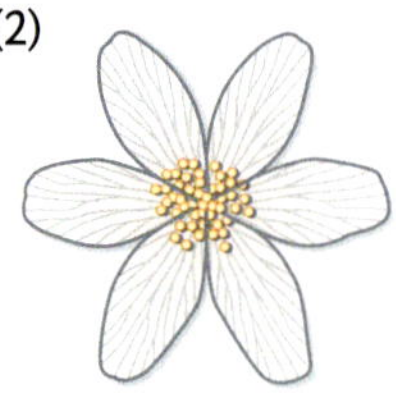
Buschwindröschen

(3)

Ornament

(4)
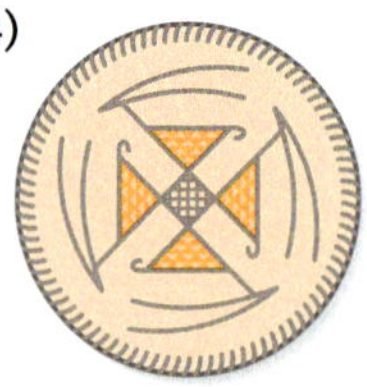
Ornament

11 Übertrage das Fünfeck von Fig. 1 und den Punkt Z in dein Heft.
a) Spiegle das Fünfeck am Punkt Z.
b) Spiegle das Fünfeck am Punkt B.
c) Spiegle das Fünfeck am Punkt E.
d) Beschreibe, wie in den Teilaufgaben a), b) und c) die Figur und ihre Spiegelung zueinander liegen. Erläutere, wie die Unterschiede zu erklären sind.

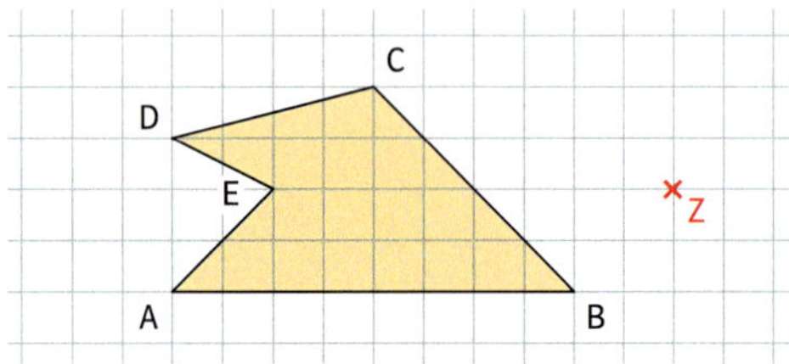

Fig. 1

12 **Finde den Fehler!**
Luis hat in der nebenstehenden Figur die Farben falsch am Punkt Z gespiegelt. Gib an, welche Quadrate in der rechten Figur die falsche Farbe haben.
Übertrage die linke Figur und den Punkt Z in dein Heft und führe die Punktspiegelung korrekt durch.

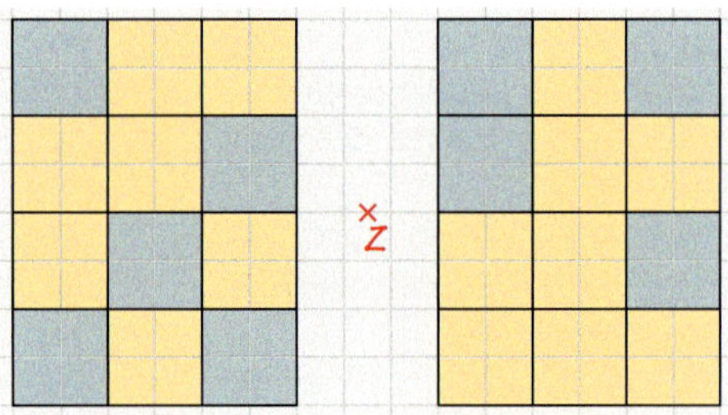

13 a) Prüfe bei jedem Viereck in Fig. 2, ob es achsen- bzw. punktsymmetrisch ist. Gib gegebenenfalls zwei Punkte der Symmetrieachse bzw. das Symmetriezentrum mithilfe von Koordinaten an.
b) Zeichne eine Figur ins Koordinatensystem, die mindestens 6 Eckpunkte hat, sowie einen weiteren Punkt Z. Dein Partner soll nun die Figur am Punkt Z spiegeln.

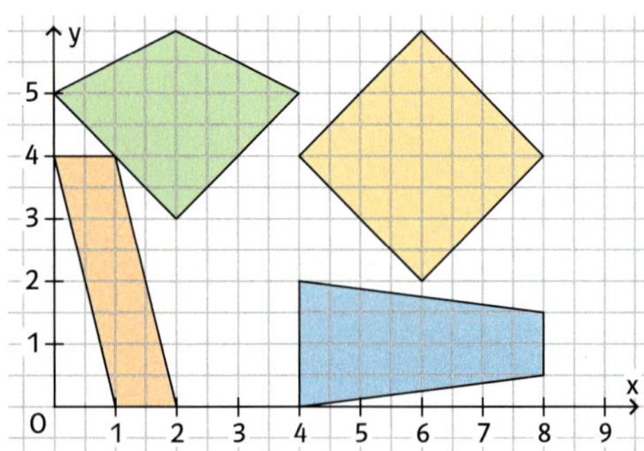

Fig. 2

14 **Finde den Schatz!**
1. Zeichne die folgenden Punkte in ein geeignetes Koordinatensystem ein: A(7 | 2), B(6 | 4) und C(5 | 2). Verbinde sie zu einem Dreieck.
2. Zeichne die Symmetrieachse des Dreiecks aus 1. ein und bezeichne sie mit g.
3. Zeichne eine senkrechte Gerade h zur Symmetrieachse g durch den Punkt P(3 | 5).
4. Spiegle das Dreieck an der Geraden h. Bezeichne die Spiegelpunkte mit A′, B′ und C′.
5. Spiegle das erhaltene Dreieck nun am Punkt Z(4 | 4) und bezeichne die Spiegelpunkte mit A″, B″ und C″.
6. Bei Punkt A″ findest du den Schatz. Gib die Koordinaten von A″ an.

Aufgabe 14 kann auch mit einem DGS (vgl. Seite 132 f.) bearbeitet werden.

15 Übertrage die Figur in dein Heft. Färbe die Karos so, dass eine Figur entsteht, die
a) punktsymmetrisch, aber nicht achsensymmetrisch ist,
b) achsensymmetrisch, aber nicht punktsymmetrisch ist,
c) weder punktsymmetrisch noch achsensymmetrisch ist,
d) punkt- und achsensymmetrisch ist.

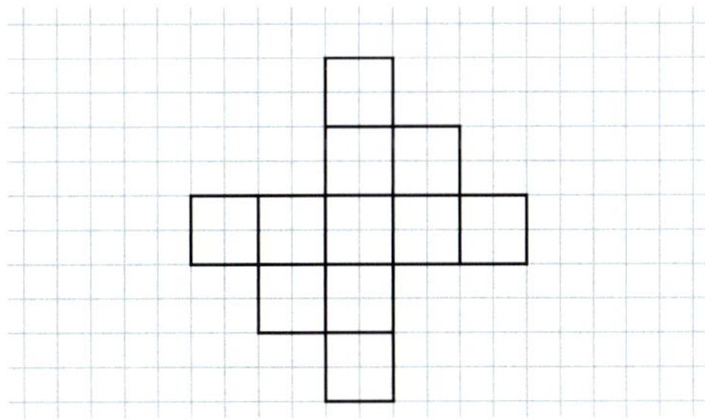

Teste dich!

Lösungen, Seite 204

16 Übertrage die Figur in dein Heft und zeichne das Symmetriezentrum Z ein.

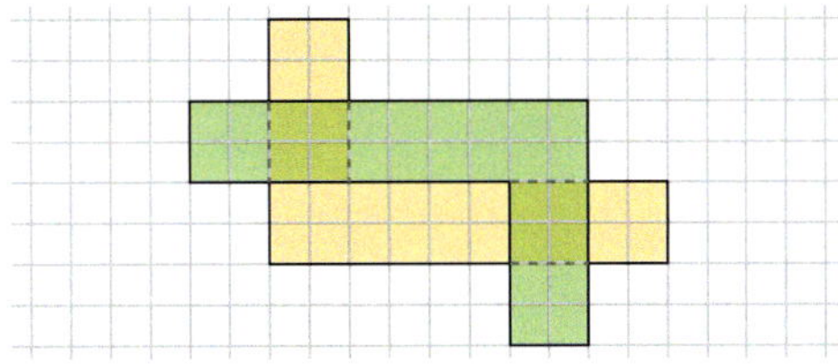

17 a) Zeichne ein Fünfeck mit den Eckpunkten A(1 | 0), B(3 | 0), C(3 | 2), D(2 | 3) und E(1 | 2) in ein Koordinatensystem.
b) Spiegle das Fünfeck aus a) an Punkt C.

18 **Wahr oder falsch?**
Entscheide bei den folgenden Aussagen, ob sie wahr oder falsch sind. Begründe deine Entscheidung z. B. mithilfe von Skizzen, Beispielen oder Gegenbeispielen.
a) Eine punktsymmetrische Figur ist auch immer achsensymmetrisch.
b) Wenn eine Figur mindestens zwei Symmetrieachsen besitzt, dann ist sie auch punktsymmetrisch.

19 Übertrage die Figur in dein Heft und ergänze so wenig wie möglich, sodass
a) eine punktsymmetrische Figur entsteht,
b) eine achsensymmetrische Figur entsteht,
c) eine Figur entsteht, die sowohl punkt- als auch achsensymmetrisch ist.
d) Erläutere jeweils dein Vorgehen.

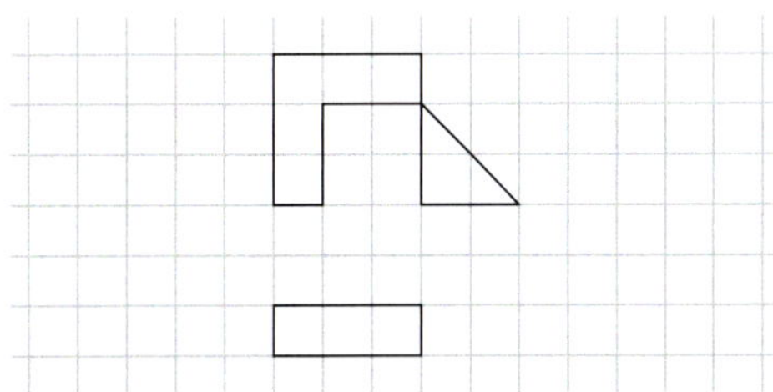

20 a) Übertrage die Figur in dein Heft und führe eine Achsenspiegelung an der Geraden g durch. Spiegle die erhaltene Figur noch einmal an der Achse h.
b) Vergleiche die Ausgangsfigur mit der zuletzt gezeichneten Figur. Was fällt auf?
c) Entscheide, ob die Beobachtung von Teilaufgabe b) auch für andere Figuren gilt. Begründe deine Entscheidung.

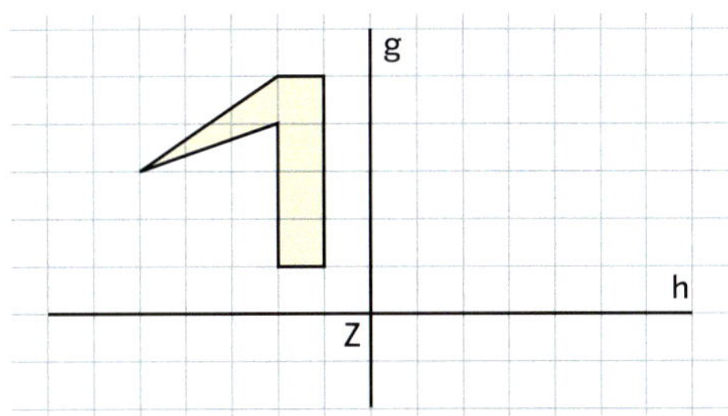

Aufgabe 20 kann auch mit einem DGS (vgl. Seite 132 f.) bearbeitet werden.

Teste dein Grundwissen!

Merkkasten, Seite 74
Lösungen, Seite 204

21 Übertrage in dein Heft und ergänze.
a) 5 m = □ cm   b) 2 km = □ m   c) □ mm = 8 dm   d) □ cm = 20 dm
e) 30 dm = 300 □   f) 400 mm = 4 □   g) 20 □ = 20 000 m   h) □ mm = 1 m

*5 Verschiebungssymmetrische Figuren

Immer wiederkehrende Muster kann man durch Ausschneiden und Nachzeichnen herstellen.
Schneide selbst eine Figur aus, mit der du ein immer wiederkehrendes Muster zeichnest. Notiere anschließend, worauf du beim Zeichnen geachtet hast.

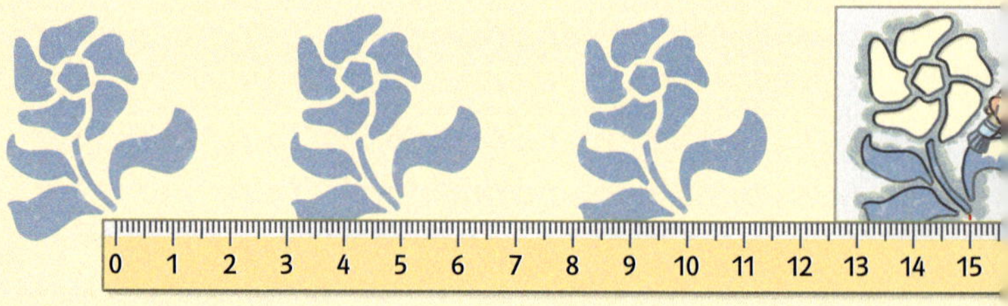

Muster werden häufig nach bestimmten Regeln gebildet. Um sie zu zeichnen, werden unter anderem Verschiebungen genutzt. Diese werden jetzt erklärt.

Bei einer **Verschiebung** werden alle Punkte gleich weit und in die gleiche Richtung verschoben.

Man beschreibt diese Verschiebung durch einen **Verschiebungspfeil**, der durch seine Länge und Richtung die Verschiebung festlegt.

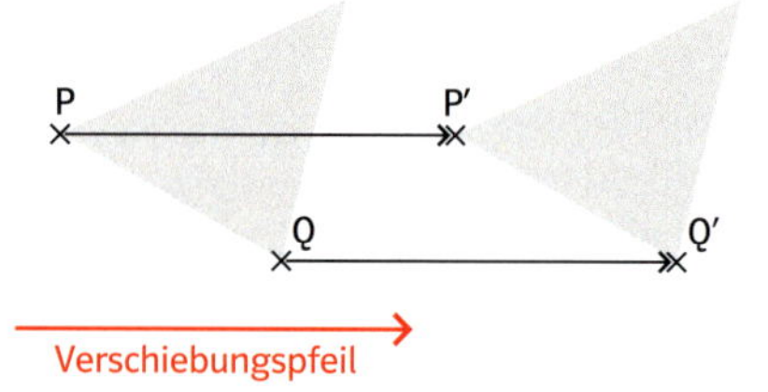

Für Figuren, die mittels eines **Verschiebungspfeils** zueinander **verschiebungssymmetrisch** sind, gilt:
- Zu jedem Punkt der einen Figur gibt es einen entsprechenden verschobenen Punkt in der anderen Figur.
- Alle Punkte der Ausgangsfigur werden in die gleiche Richtung und gleich weit verschoben.

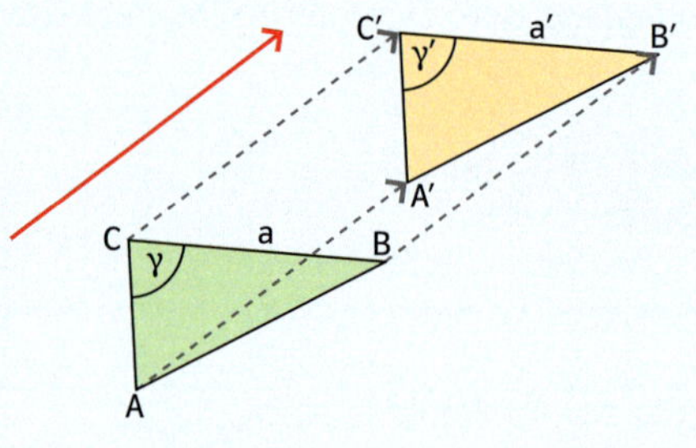

Bei Verschiebungen nennt man die Punkte, die durch die Verschiebung entstehen, Bildpunkte.

Beispiel 1 Eine Figur verschieben
Übertrage das Dreieck ABC in dein Heft und verschiebe es, wie es der Verschiebungspfeil u angibt.

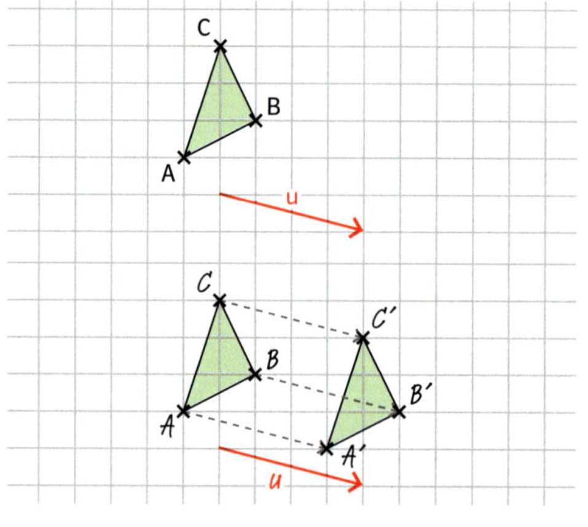

Lösung
Zeichne die Parallelen zum Verschiebungspfeil u durch die Eckpunkte A, B und C des Dreiecks. Trage auf den Parallelen die Länge des Verschiebungspfeils ab. Zeichne dann das Bilddreieck A'B'C'.

Aufgaben

○ **1** Übertrage die Figur mit dem Verschiebungspfeil in dein Heft. Verschiebe wie durch den Pfeil angegeben.

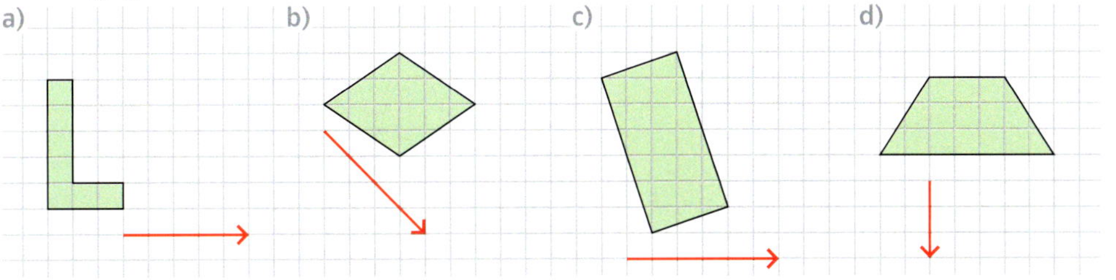

○ **2** Können die Figuren durch eine Verschiebung aufeinander abgebildet werden? Wenn ja, übertrage die Figuren in dein Heft und zeichne einen passenden Verschiebungspfeil ein.

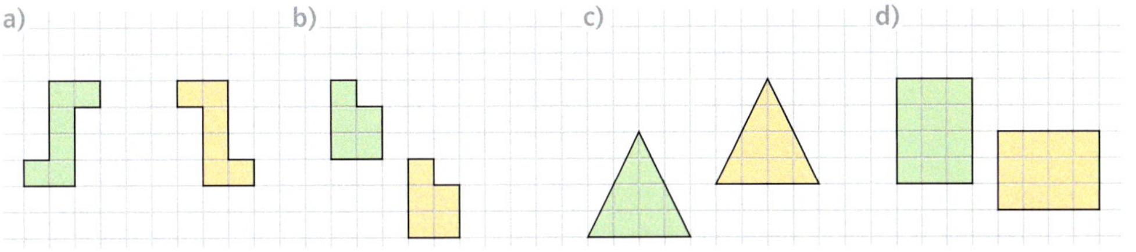

○ **3** Bei einer Verschiebung wird der Punkt P(1 | 2) auf P′(5 | 3) abgebildet.
a) Welche Koordinaten haben die Bildpunkte von A(1 | 0), B(4 | 3) und C(5 | 3)? Zeichne.
b) Welche Koordinaten hat der Bildpunkt von D(36 | 57)?

○ **4** Übertrage die Figur mit dem Verschiebungspfeil u in dein Heft. Verschiebe wie durch den Pfeil angegeben.

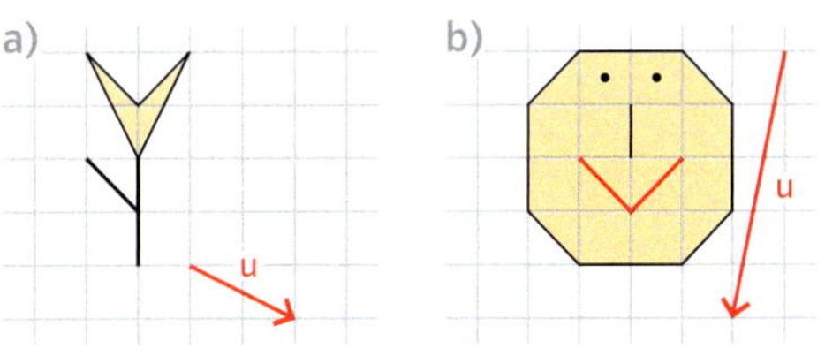

Die Aufgaben 4 und 6 können auch mit einem DGS (vgl. Seite 132 f.) bearbeitet werden.

○ **5** Ordne zu, welcher der Pfeile v_1 bis v_4 zu Ornament (I) bzw. Ornament (II) gehört.

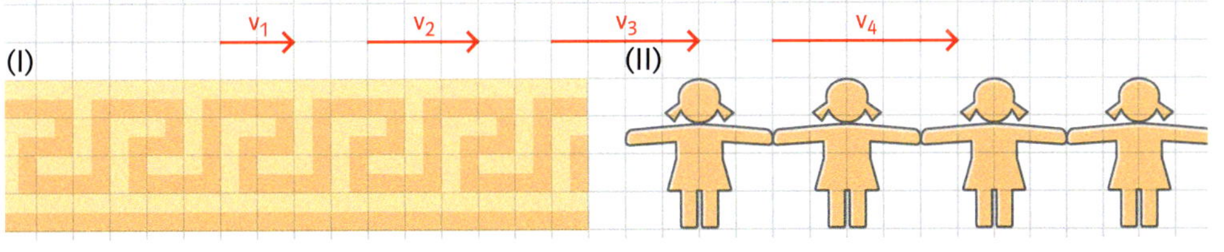

○ **6** Zeichne das Muster in dein Heft und setze es fort. Zeichne den Verschiebungspfeil ein.

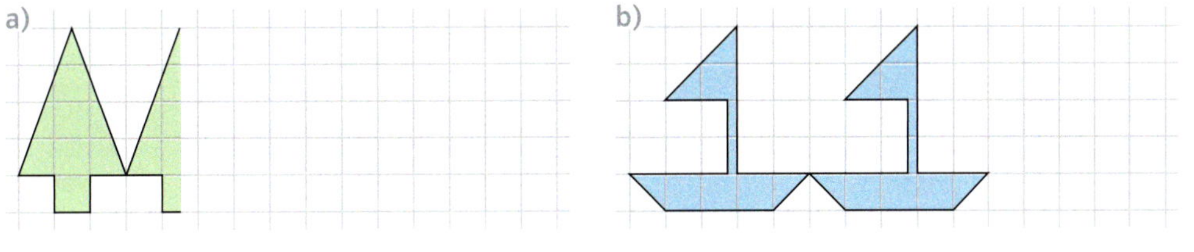

Teste dich!

Lösungen, Seite 204

○ **7** Übertrage die Figur mit dem Verschiebungspfeil in dein Heft. Verschiebe wie durch den Pfeil angegeben.

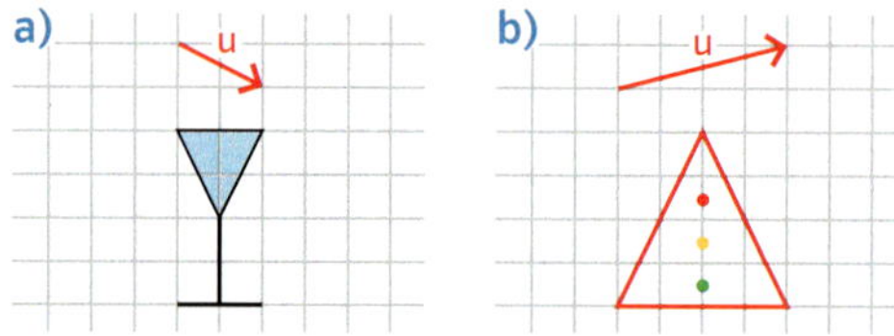

○ **8** Wähle eine Figur aus Aufgabe 4 oder 7 und gestalte ein Muster wie in Aufgabe 6.

◒ **9** Zeichne das Dreieck ABC mit A(3|2), B(5|3) und C(4|4). Zeichne das Bilddreieck bei einer Verschiebung, die die folgenden Punkte aufeinander abbildet.
a) A auf B b) B auf A c) C auf A d) C auf D(7|5)

◒ **10** Zeichne einen Fischschwarm durch Verschiebung der gegebenen Figur mit verschiedenen Verschiebungspfeilen.

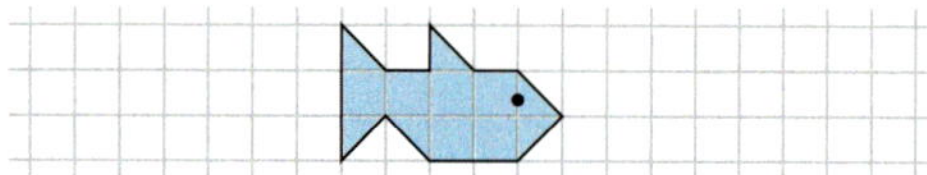

◒ **11** Das Muster ist durch Achsen- und Punktspiegelungen sowie durch Verschiebung entstanden. Schreibe eine Anleitung zum Nachzeichnen. Die Begriffe auf dem Rand können helfen.

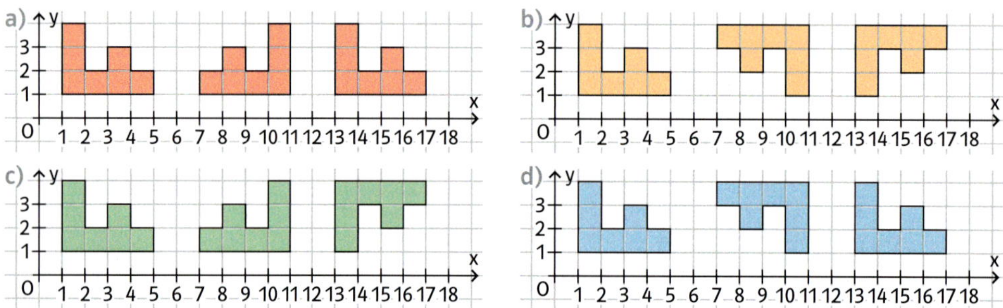

Wortliste
- die Figur
- die Koordinaten
- verschieben um … Einheiten
- spiegeln an
- die Spiegelachse
- das Spiegelzentrum

Teste dich!

Lösungen, Seite 204

◒ **12** Das große Dreieck ist aus acht Dreiecken aufgebaut. Welche dieser Dreiecke entstehen aus Dreieck 1
a) durch Verschiebung,
b) durch Achsenspiegelung?
Gib jeweils die Verschiebungspfeile bzw. die Spiegelachsen an.

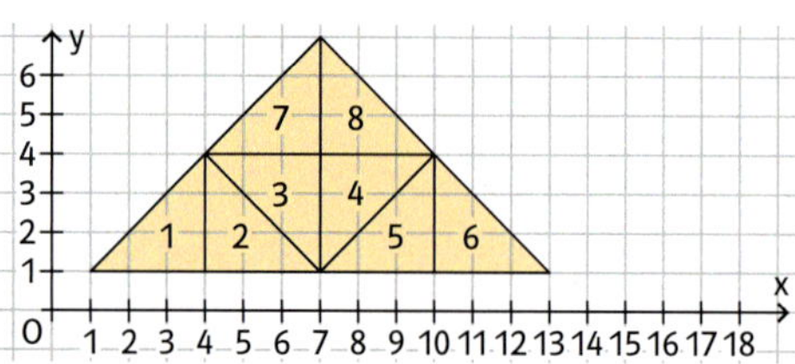

● **13** **Gilt immer – gilt nie – es kommt darauf an**
Überprüfe, ob die folgenden Aussagen immer gelten, nie stimmen oder nur in bestimmten Fällen richtig sind. Begründe deine Entscheidung gegebenenfalls mit einer Zeichnung oder mithilfe eines Geometrieprogramms.
a) Eine doppelte Achsenspiegelung bewirkt dasselbe wie eine Verschiebung.
b) Eine doppelte Punktspiegelung bewirkt dasselbe wie eine Verschiebung.

Aufgabe 13 kann auch mit einem DGS (vgl. Seite 132 f.) bearbeitet werden.

Teste dein Grundwissen!

Merkkasten, Seite 8
Lösungen, Seite 204

G **14** Übertrage in dein Heft und ergänze.
a) 8 kg = ☐ g **b)** 80 t = 80 000 ☐ **c)** ☐ mg = 20 g **d)** 5000 ☐ = 5 kg
e) 10 g = 10 000 ☐ **f)** 30 000 g = ☐ kg **g)** 95 kg = 95 000 ☐ **h)** ☐ kg = 260 t

6 Eigenschaften von Vielecken

Im Foto der Schwebebahn in Wuppertal erkennt man einige bekannte Figuren. Beschreibe und benenne sie. Welche anderen Beispiele aus der Umwelt fallen dir noch ein?

Im Alltag begegnen einem viele Vielecke mit besonderen Eigenschaften. Einige von ihnen werden im Folgenden vorgestellt.

Figuren, die nur von Strecken begrenzt werden, nennt man **Vielecke**. Beispiele sind:

Erinnerung:
Als Strecke bezeichnet man eine gerade Verbindungslinie zwischen zwei Punkten.

Dreieck	Viereck	Fünfeck	Sechseck

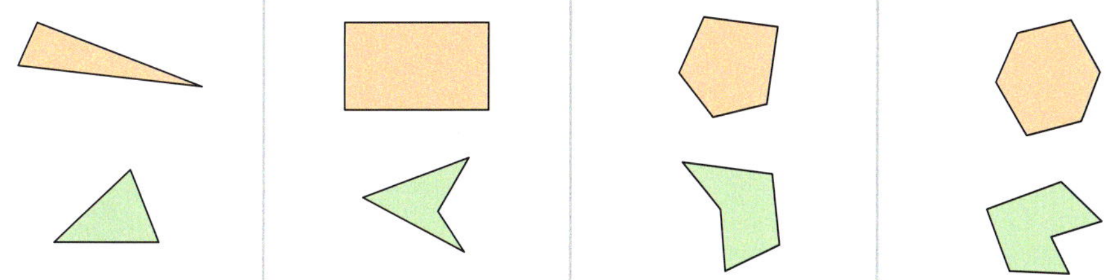

Dreiecke und Vierecke können Besonderheiten aufweisen.

Besondere Dreiecke

Ein Dreieck mit zwei gleich langen Seiten heißt **gleichschenkliges Dreieck**.

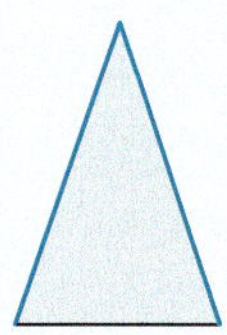

Ein Dreieck mit drei gleich langen Seiten heißt **gleichseitiges Dreieck**.

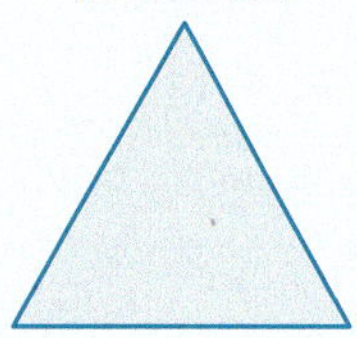

Ein Dreieck mit zwei aufeinander senkrecht stehenden Seiten heißt **rechtwinkliges Dreieck**.

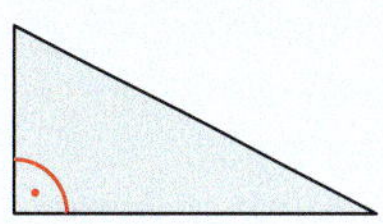

Besondere Vierecke

Beispiel

Wenn in einem Viereck zwei gegenüberliegende Seiten parallel zueinander sind, heißt es **Trapez**.

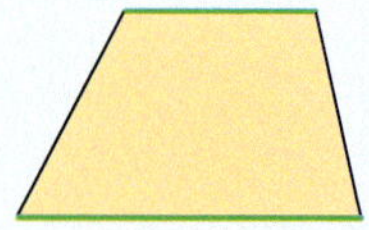

Wenn in einem Viereck jeweils die gegenüberliegenden Seiten parallel zueinander sind, heißt es **Parallelogramm**.

Wenn ein Viereck vier gleich lange Seiten besitzt, heißt es **Raute**.

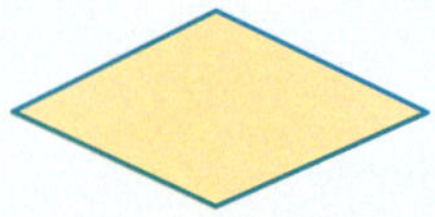

Wenn in einem Viereck die benachbarten Seiten jeweils senkrecht zueinander stehen, heißt es **Rechteck**.

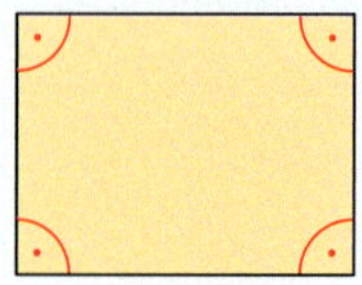

Wenn ein Viereck vier gleich lange Seiten besitzt und benachbarte Seiten jeweils senkrecht zueinander stehen, heißt es **Quadrat**.

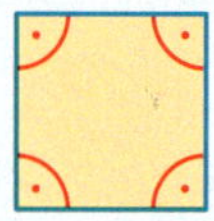

Bei Vierecken beschriftet man die Ecken mit Großbuchstaben und die Seiten mit Kleinbuchstaben. In der Regel beschriftet man die Ecken und die Seiten eines Vierecks gegen den Uhrzeigersinn (siehe Fig. 1).

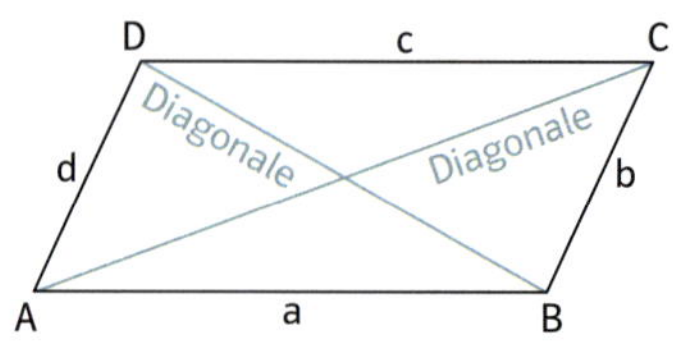

Fig. 1

Gegen den Uhrzeigersinn:

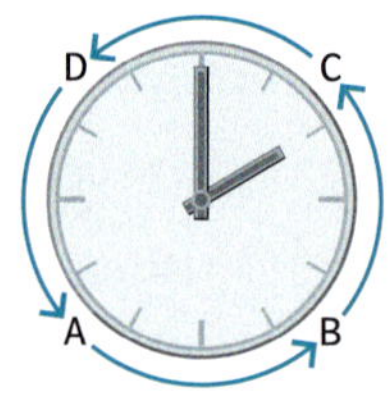

Die Strecke von einem Eckpunkt zum gegenüberliegenden Eckpunkt bezeichnet man als **Diagonale** des Vierecks.

Beispiel 1 Vierecke unterscheiden

Gib an, welchen besonderen Vierecken diese Figur zugeordnet werden kann. Begründe mithilfe seiner Eigenschaften.

a)

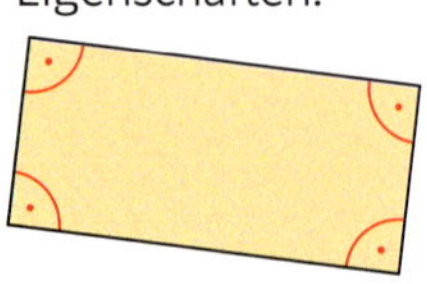

b)

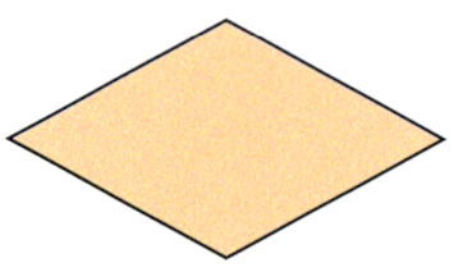

Lösung

a) Das Viereck ist ein Rechteck, denn jeweils benachbarte Seiten stehen senkrecht zueinander. Das Viereck ist auch ein Trapez, da es zwei gegenüberliegende, parallele Seiten hat.
Das Viereck ist auch ein Parallelogramm, weil die gegenüberliegenden Seiten jeweils parallel zueinander sind.
Da die vier Seiten nicht alle gleich lang sind, ist das Viereck keine Raute und kein Quadrat.

b) Das Viereck ist eine Raute, denn die Figur besitzt vier gleich lange Seiten.
Das Viereck ist auch ein Parallelogramm und Trapez, da jeweils die gegenüberliegenden Seiten parallel sind.
Das Viereck ist kein Quadrat, da die Seiten jeweils nicht senkrecht zueinander stehen.

Beispiel 2 Parallelogramme zeichnen

Zeichne zwei verschiedene Parallelogramme mit den Seitenlängen $a = 5\,cm$ und $b = 3\,cm$.

Lösung

Erstes Parallelogramm

Zeichne $\overline{AB}$. *Zeichne $\overline{BC}$.* *Zeichne die Parallelen zu $\overline{AB}$ und $\overline{BC}$.*

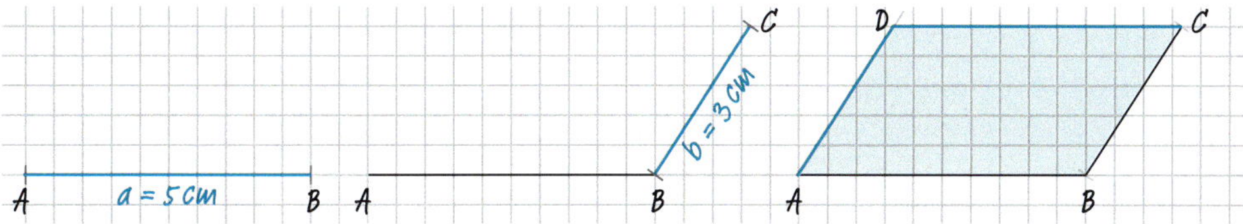

Zweites Parallelogramm

Zeichne $\overline{AB}$. *Zeichne $\overline{BC}$.* *Zeichne die Parallelen zu $\overline{AB}$ und $\overline{BC}$.*

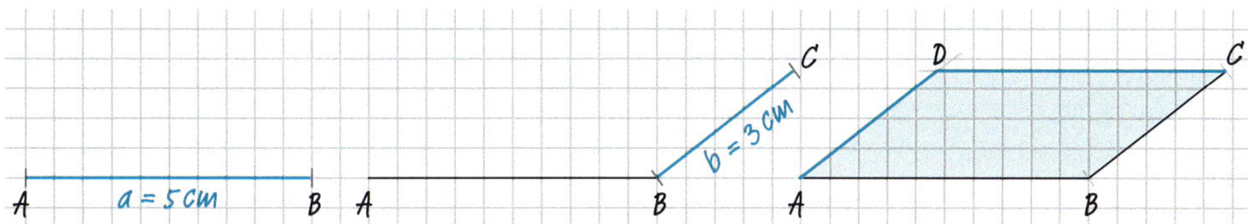

Aufgaben

1 Gib zu allen besonderen Dreiecken und Vierecken der Übersicht auf den Seiten 125 und 126 mindestens zwei Dinge aus dem Alltag an, die jeweils die gleiche Form aufweisen.

2 Gib an, um welche besonderen Dreiecke es sich gegebenenfalls handelt.

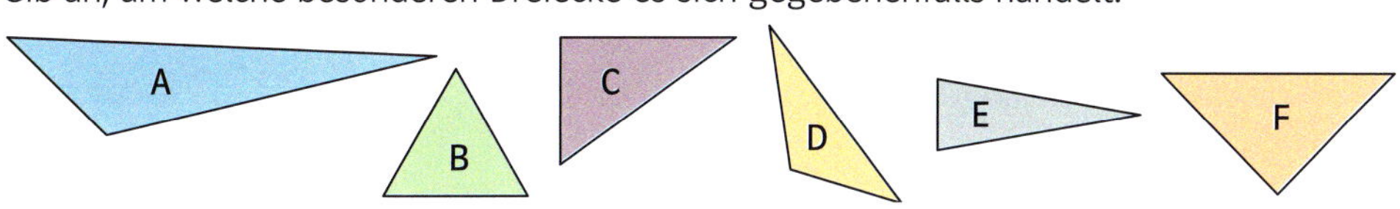

3 Gib an, welche der abgebildeten Vierecke
a) Parallelogramme sind, b) Trapeze sind.

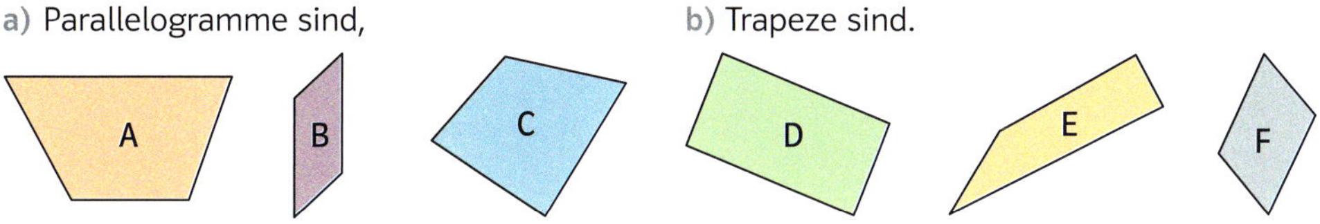

4 Zeichne ein Quadrat mit der Seitenlänge a.
a) $a = 4\,cm$ b) $a = 7\,cm$ c) $a = 45\,mm$

5 Zeichne ein Rechteck mit den Seitenlängen a und b.
a) $a = 2\,cm$, $b = 4\,cm$ b) $a = 5\,cm$, $b = 3\,cm$ c) $a = 25\,mm$, $b = 6\,cm$

6 Übertrage die Figur in dein Heft und ergänze sie zu einem Parallelogramm.

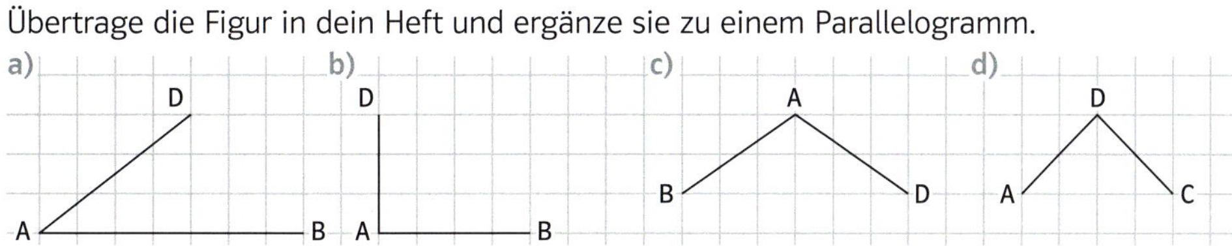

○ **7** a) Zeichne jeweils zwei verschiedene Parallelogramme mit den Seitenlängen a und b.
(1) a = 6 cm, b = 4 cm (2) a = 8 cm, b = 2 cm (3) a = 35 mm, b = 4 cm
b) Zeichne jeweils ein Rechteck mit den Seitenlängen a und b. Handelt es sich ebenfalls um Parallelogramme? Begründe.
c) Zeichne jeweils eine Diagonale in die Rechtecke aus Teilaufgabe b). Entscheide, ob es sich bei den entstandenen Dreiecken um besondere Dreiecke handelt. Begründe.

○ **8** Notiere die verschiedenen Namen der folgenden Vierecke. Begründe mithilfe der Eigenschaften der Vierecke.

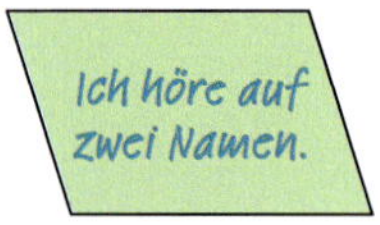

Teste dich!

→ **Lösungen**, Seite 209

○ **9** a) Übertrage die Figur in dein Heft.
b) Entscheide, ob es sich um ein besonderes Viereck handelt. Begründe mithilfe der Eigenschaften.
c) Zeichne eine Diagonale ein. Entscheide, ob es sich bei den beiden entstandenen Dreiecken um besondere Dreiecke handelt. Begründe.

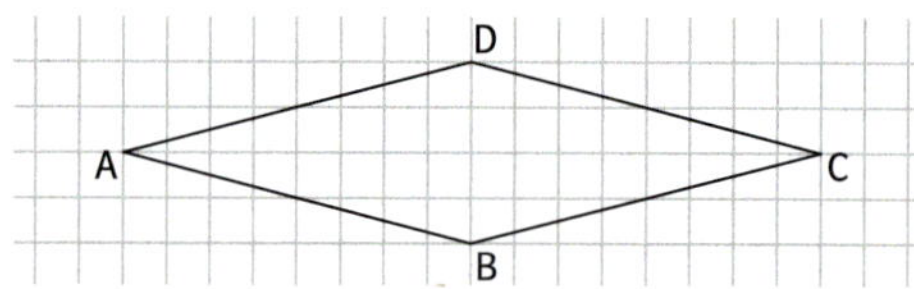

○ **10** a) Zeichne ein Rechteck mit den Seitenlängen a = 7 cm und b = 45 mm.
b) Zeichne ein Quadrat mit der Seitenlänge a = 35 mm.
c) Zeichne ein Parallelogramm mit den Seitenlängen a = 4 cm und b = 4 cm, in dem zwei benachbarte Seiten senkrecht aufeinanderstehen. Gib weitere Namen für das entstandene Viereck an.

◒ **11** a) Carla sagt: „Ich zähle sechs Trapeze und auch sechs Parallelogramme." Marlene erkennt gar kein Trapez und ist verwirrt. Wer hat recht?
b) Zähle selbst Trapeze, Parallelogramme, Rauten, Rechtecke und Quadrate.

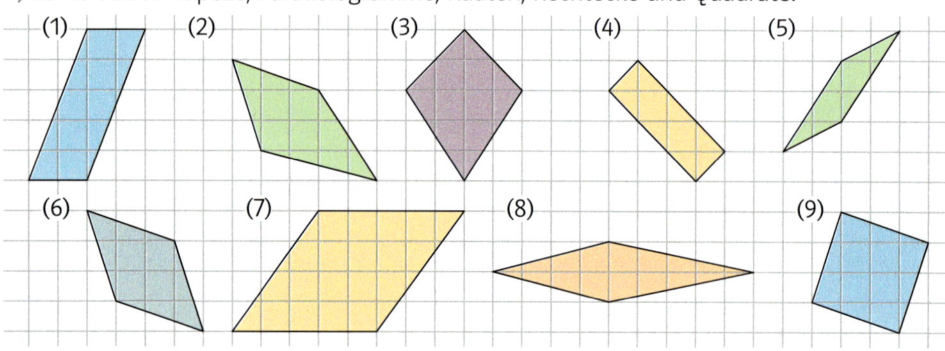

◒ **12** Zeichne die Punkte A(3 | 2), B(5 | 6) und C(3 | 4) in ein Koordinatensystem. Ergänze einen Punkt D so, dass ein Parallelogramm entsteht. Gib die Koordinaten des Punktes an. Gib an, wie viele unterschiedliche Lösungen es gibt.

Aufgabe 12 kann auch mit einem DGS (vgl. Seite 132 f.) bearbeitet werden.

◒ **13** a) Zeichne auf weißem Papier ein Parallelogramm, das auch ein Rechteck ist.
b) Zeichne auf weißem Papier ein Parallelogramm, das kein Rechteck ist.
c) Zeichne auf weißem Papier ein Viereck, das ein Trapez, aber kein Parallelogramm ist.

14 a) Übertrage Fig. 1 in dein Heft und gib die Koordinaten der Eckpunkte an.
b) Handelt es sich um ein besonderes Dreieck? Begründe.
c) Spiegle das Dreieck an der Achse durch die Punkte B und C und an der Achse durch die Punkte A und C. Gib jeweils die Koordinaten der Spiegelpunkte an. Gib an, welche besonderen Figuren beim Spiegeln entstehen.

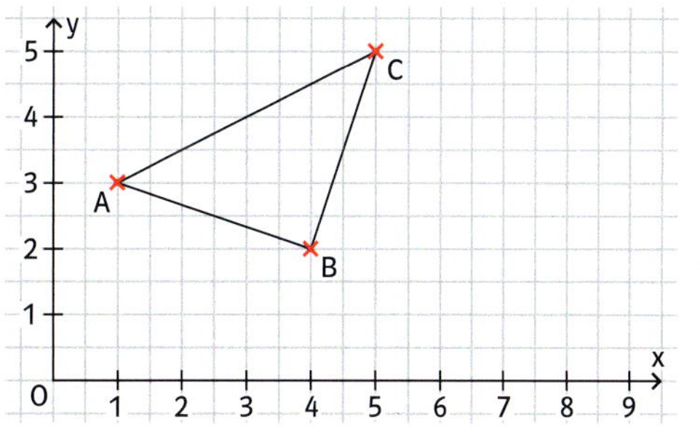

Fig. 1

15 **Gegenbeispiel gesucht!**
Zeige, dass die Aussage falsch ist. Zeichne hierzu ein passendes Gegenbeispiel.
a) Jede Raute ist ein Quadrat.
b) Jedes gleichschenklige Dreieck ist gleichseitig.
c) Jedes Trapez ist ein Parallelogramm.

16 Antonia begründet, dass jedes gleichseitige Dreieck auch gleichschenklig ist: „Bei einem gleichseitigen Dreieck sind alle drei Seiten gleich lang. Bei einem gleichschenkligen Dreieck müssen nur zwei Seiten gleich lang sein. Also ist ein gleichseitiges Dreieck automatisch auch gleichschenklig."
Begründe in ähnlicher Form, dass die folgenden Aussagen richtig sind.
a) Jedes Quadrat ist eine Raute.
b) Jedes Parallelogramm ist ein Trapez.
c) Jedes Quadrat ist ein Rechteck.

Teste dich!

→ **Lösungen**, Seite 205

17 a) Zeichne auf weißem Papier eine Raute, die kein Quadrat ist.
b) Zeichne auf weißem Papier ein Trapez, das auch ein Rechteck ist.

18 **Wahr oder falsch?**
Entscheide, ob die Aussage wahr oder falsch ist. Begründe.
a) Jedes Parallelogramm ist ein Rechteck.
b) Jedes Rechteck ist ein Parallelogramm.

19 a) Nimm zwei Hölzer in Fig. 2 weg, sodass zwei unterschiedliche Quadrate entstehen.
b) Lege drei Hölzer so um, dass drei gleich große Quadrate entstehen.
c) Welche besonderen Vierecke lassen sich aus vier bzw. sechs Streichhölzern legen, welche nicht? Begründe.

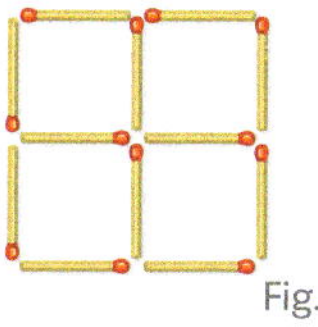
Fig. 2

20 a) Zeichne drei verschiedene Vierecke. Markiere bei jeder Seite die Mitte und verbinde diese Punkte zu einem neuen Viereck. Welche Art von Viereck entsteht? Vergleiche mit deinem Partner. Formuliert eure Entdeckung im Heft.
b) Zeichne in verschiedene besondere Vierecke jeweils die beiden Diagonalen. Was lässt sich entdecken? Dokumentiere in deinem Heft.

Aufgabe 20 kann auch mit einem DGS (vgl. Seite 132 f.) bearbeitet werden.

Teste dein Grundwissen!

→ **Merkkasten**, Seite 83
Lösungen, Seite 205

21 Wie viel Zeit vergeht
a) von 9:30 Uhr bis 11:15 Uhr,
b) von 5:45 Uhr bis 22:10?

○ **1** Trage die Punkte in ein Koordinatensystem ein und verbinde sie der Reihe nach. Welches Bild entsteht? A(4|8), B(2|6), C(3|6), D(1|4), E(3|4), F(0|1), G(3|1), H(3|0), K(5|0), L(5|1), M(8|1), N(5|4), P(7|4), Q(5|6), R(6|6). Verbinde zusätzlich die Punkte R und A.

Lösungen, Seite 20

Die Aufgaben 1 und 5 können auch mit einem DGS (vgl. Seite 132 f.) bearbeitet werden.

○ **2** a) Bestimme die Koordinaten der angegebenen Punkte.
b) Bestimme die Strecken, die senkrecht bzw. parallel zueinander sind.
c) Finde und benenne besondere Dreiecke und Vierecke.
d) Denke dir selbst ein Bild im Koordinatensystem und eine Spiegelachse g aus. Dein Partner soll nun dein Bild an der Achse g spiegeln. Kontrolliert gegenseitig eure Ergebnisse.

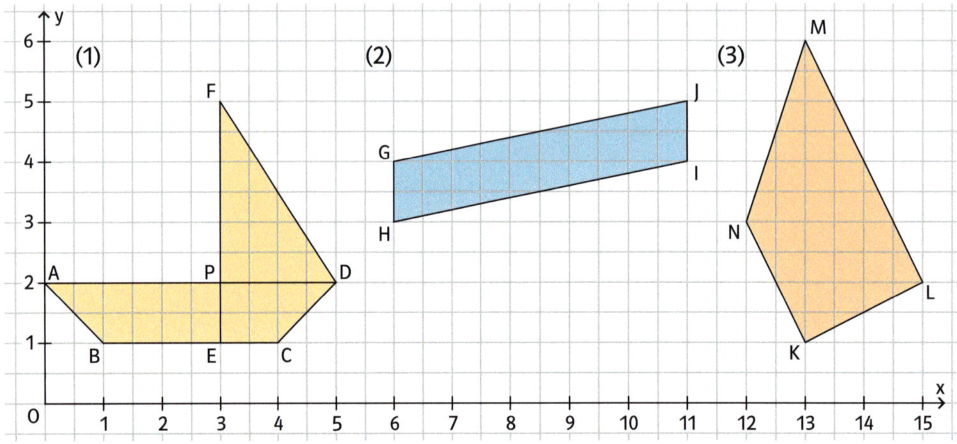

○ **3** Benenne die folgenden Vierecke und untersuche sie auf Achsen- und Punktsymmetrie. Gib an, ob mehrere Namen für ein Viereck möglich sind und begründe mithilfe der Eigenschaften.

a) b) c) d)

○ **4** Prüfe, ob die Punkte richtig gespiegelt sind. Erkläre gegebenenfalls, was falsch gemacht wurde und korrigiere im Heft.

a) b) c) d)

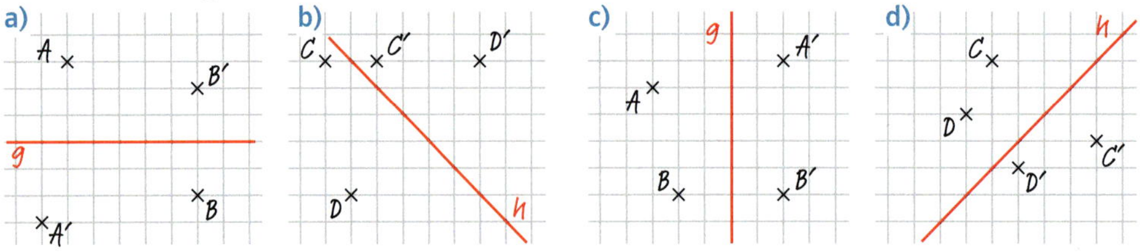

○ **5** a) Zeichne ein Fünfeck mit den Eckpunkten A(1|2), B(3|2), C(3|3), D(2|4) und E(1|3) in ein Koordinatensystem.
b) Die Spiegelachse g verläuft durch die Punkte P(2|1) und Q(5|4). Führe eine Achsenspiegelung an der Geraden g aus und gib die Koordinaten der Spiegelpunkte an.

6 a) Zeichne eine Gerade g durch die Punkte A(0|3) und B(3|0) in ein Koordinatensystem.
b) Ein Punkt C hat die y-Koordinate 5. Wähle die x-Koordinate von Punkt C so aus, dass die Gerade h durch die Punkte A und C senkrecht zur Geraden g verläuft.
c) Bestimme den Abstand von Punkt C zur Geraden g.
d) Zeichne eine Parallele p zur Geraden g durch den Punkt C.

Aufgabe 6 kann auch mit einem DGS (vgl. Seite 132 f.) bearbeitet werden.

7 In Fig. 1 siehst du etwas ungewöhnliche Würfelbilder. Ordne die Würfelbilder nach der Anzahl ihrer Symmetrieachsen. Erzeuge für jede Zahl zwischen 1 und 6 selbst Würfelbilder mit ein, zwei oder vier Symmetrieachsen.

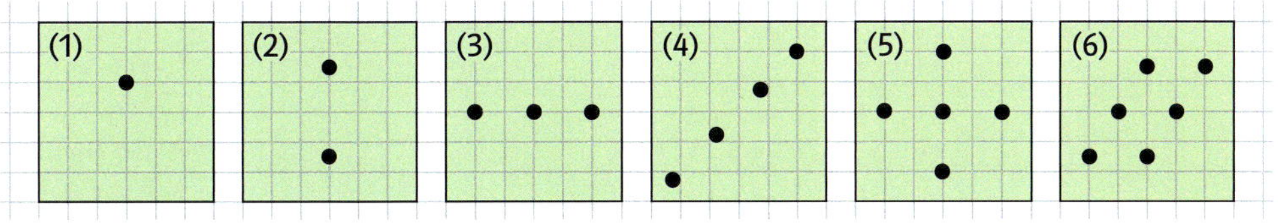

Fig. 1

8 **Wer bin ich?**
Gib an, um welche besondere Figur es sich handelt.
a) Ich habe drei Ecken und drei Seiten und eine Symmetrieachse.
b) Ich habe drei Ecken und drei Seiten und drei Symmetrieachsen.
c) Ich bin ein Viereck und meine gegenüberliegenden Seiten sind jeweils parallel.
d) Meine benachbarten Seiten stehen alle senkrecht aufeinander.
e) Meine Diagonalen stehen senkrecht aufeinander und sind gleich lang.

9 In diesem Spiel soll mit Strecken ein Weg vom Start zum Ziel gesucht werden. Der Weg darf, außer bei Start und Ziel, weder den Spielfeldrand noch eine Figur berühren. Die Endpunkte der einzelnen Strecken müssen immer natürliche Koordinaten haben.

„Natürliche Koordinaten" meint, dass beide Koordinaten natürliche Zahlen sind.

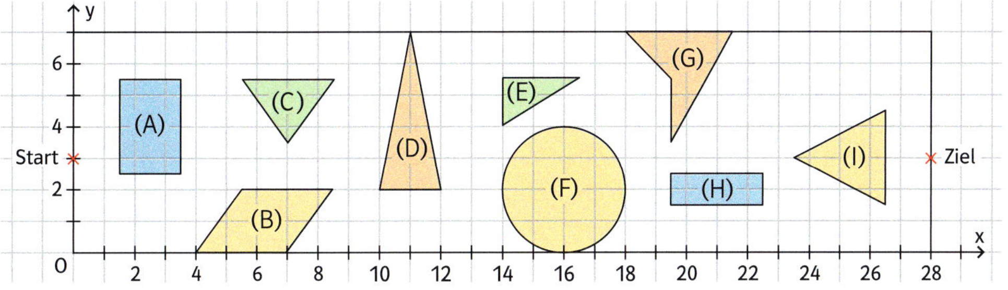

a) Welche Gruppe findet den Weg mit den wenigsten Punktangaben? Gebt die Koordinaten der Punkte an.
b) Welche der farbigen Figuren haben welche Symmetrieeigenschaften? Gebt die besonderen Namen der Figuren an.

10 **Gilt immer – gilt nie – es kommt darauf an**
Entscheide bei den folgenden Aussagen, ob sie immer, nie oder nur unter bestimmten Bedingungen gelten. Begründe deine Entscheidung und gib die Bedingungen gegebenenfalls mit an.
a) Ein Dreieck kann nicht gleichseitig und rechtwinklig sein.
b) Spiegelt man ein Viereck an einer seiner Seiten, erhält man wieder ein Viereck.
c) Spiegelt man ein gleichseitiges Dreieck an einer seiner Seiten, erhält man eine Raute.
d) Zu zwei parallelen Geraden g und h gibt es eine Gerade a, die denselben Abstand zu g und h besitzt.

DGS – Geometrie mit dem Computer

Mit einem geeigneten Geometrieprogramm kann man z. B. Figuren zeichnen oder Spiegelungen durchführen. Hierzu wählt man aus einer Werkzeugleiste Befehle aus, die durch Icons (kleine Bildchen) dargestellt werden. Man kann mithilfe solcher Programme die gezeichneten Figuren auch verändern, indem man die eingezeichneten Punkte verschiebt. Die Punkte oder Figuren, die z. B. durch Spiegelungen entstanden sind, werden dann automatisch so verändert, dass die Spiegeleigenschaften erhalten bleiben. Eine kleine Auswahl von Befehlen eines solchen Geometrieprogramms wird hier vorgestellt.

Geometrieprogramme werden auch oft „Dynamisches Geometrie-System“ kurz **DGS** genannt.

Punkte in ein Koordinatensystem einzeichnen
Man kann im dynamischen Geometriesystem entscheiden, ob ein Koordinatensystem oder Gitterlinien angezeigt werden. Punkte im Koordinatensystem können eingetragen werden, indem man den entsprechenden Befehl aktiviert und die passende Stelle im Koordinatensystem markiert. Man kann aber auch die Koordinaten als Zahlen eingeben. (vgl. Fig. 1)

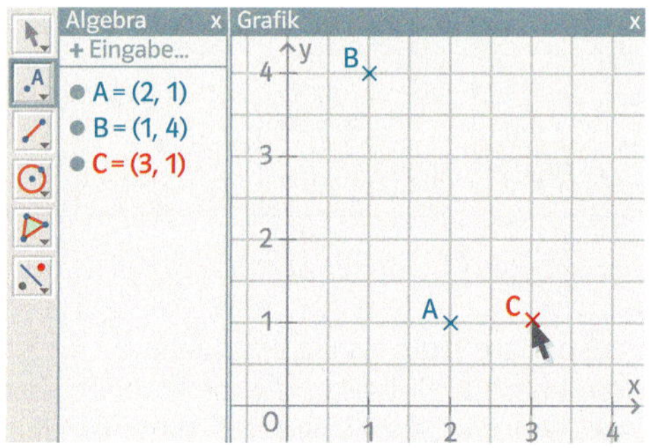

Fig. 1

Besondere Figuren zeichnen
Um z. B. ein Quadrat zu zeichnen, aktiviert man den Befehl *Regelmäßiges Vieleck* und markiert dann die Positionen, an denen diese Figur gezeichnet werden soll. In Fig. 2 hat das Programm zu den eingezeichneten Punkten A und B die Punkte C und D automatisch so ergänzt, dass ein Quadrat entsteht. Wenn man nun A oder B verschiebt, werden C und D automatisch so verschoben, dass ABCD ein Quadrat bleibt.

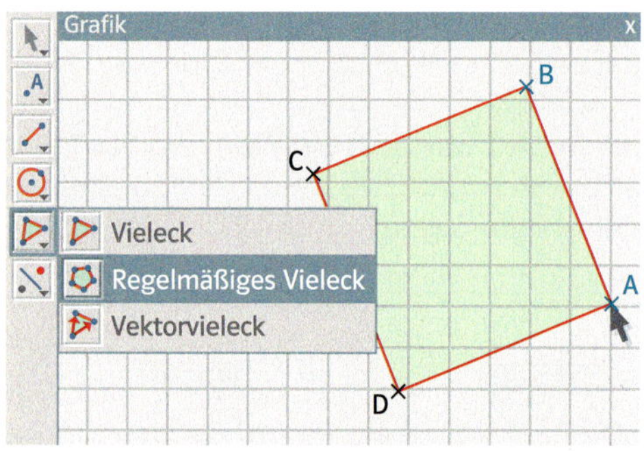

Fig. 2

Spiegelungen durchführen
Mithilfe von dynamischen Geometriesystemen kann man auch Punkt- und Achsenspiegelungen durchführen. Hierzu aktiviert man den passenden Befehl und wählt dann aus, welche Figur an welchem Punkt bzw. an welcher Geraden gespiegelt werden soll. In Fig. 3 wurde das Dreieck ABC am Punkt Z gespiegelt. Wenn man die Punkte A, B, C oder Z verschiebt, verschiebt das Programm automatisch die Spiegelpunkte, sodass die Spiegeleigenschaften erhalten bleiben.

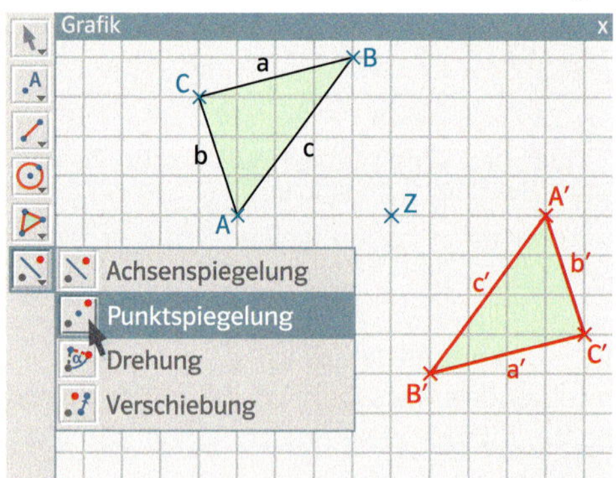

Fig. 3

Einen Kreis zeichnen

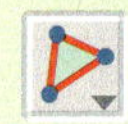
Ein Vieleck zeichnen

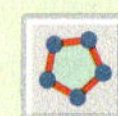
Regelmäßiges Vieleck zeichnen

Achsenspiegelung

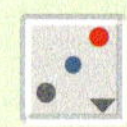
Punktspiegelung

Pfeil zum Bewegen von Objekten

💻 Jetzt kannst du selbst mit einem Geometrieprogramm arbeiten.

1 a) Zeichne mit einem dynamischen Geometriesystem die in Fig. 1 abgebildeten Figuren.
b) Zeichne mit einem dynamischen Geometriesystem ein Objekt (Person, Auto, Haus, Baum) deiner Wahl.
Probiere hierzu verschiedene Befehle des Programms aus.

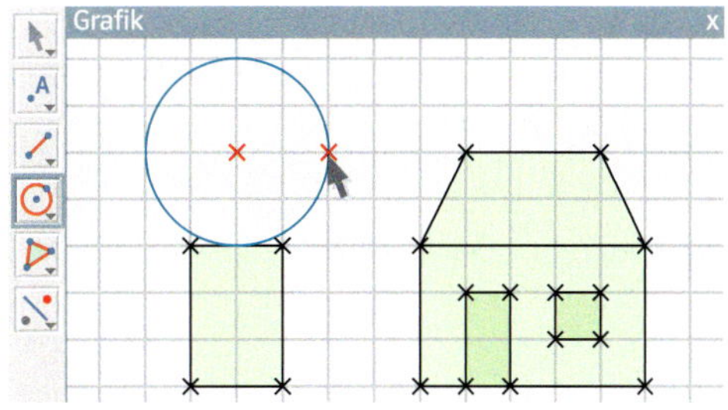

Fig. 1

Wenn du einen Punkt oder eine Figur mit der rechten Maustaste anklickst, öffnet sich ein Menü, in dem man die Eigenschaften (z. B. die Farbe und die Größe) verändern kann.

2 a) Zeichne das Dreieck mit den Eckpunkten A(1|1), B(2|1) und C(1|4) mithilfe eines dynamischen Geometriesystems in ein Koordinatensystem.
b) Spiegle das Dreieck ABC an der Geraden durch die Punkte D(5|1) und E(4|4). Gib die Koordinaten der Spiegelpunkte A′, B′ und C′ an.
c) Spiegle das Dreieck ABC am Punkt F(6|6).
d) Untersuche, ob die Spiegelungen aus den Teilaufgaben a) und b) weiterhin richtig angezeigt werden, wenn man die eingegebenen Punkte verschiebt.

Wenn durch das Verschieben eines Ausgangspunktes die Vorgaben in der Aufgabe nicht mehr erfüllt sind, dann hast du die Zeichnung vorher nicht mit den richtigen Befehlen durchgeführt.

3 a) Zeichne ein Dreieck ABC sowie zwei zueinander senkrechte Geraden g und h.
b) Spiegle das Dreieck ABC zuerst an g und dann das Spiegelbild nochmals an h. Verschiebe die Punkte A, B, C oder die Geraden g und h. Untersuche, ob die Geraden weiterhin senkrecht zueinander sind und ob deine Spiegelungen von dem Programm weiterhin richtig angezeigt werden.
c) Bestimme den Schnittpunkt S der Geraden g und h. Untersuche, ob man durch eine Punktspiegelung des Ausgangsdreiecks am Punkt S das gleiche Ergebnis erhält wie durch die doppelte Achsenspiegelung in Teilaufgabe b).

4 In dynamischen Geometriesystemen kann man sich ein Protokoll anzeigen lassen, in dem man nachlesen kann, wie die Zeichnung entstanden ist.
a) Das Protokoll in Fig. 3 gibt an, wie Fig. 2 entstanden ist. Beschreibe mithilfe des Protokolls in eigenen Worten, wie die Zeichnung in Fig. 2 entstanden ist.
b) Erstelle selbst mit einem dynamischen Geometriesystem eine Zeichnung wie in Fig. 2. Untersuche dann, ob es möglich ist, den Punkt E so zu verschieben, dass die beiden Vierecke auf der rechten Seite genau übereinstimmen.
c) Stelle eine Vermutung auf, warum nur die Punkte A, B, E und F in Fig. 2 und Fig. 3 blau dargestellt wurden.

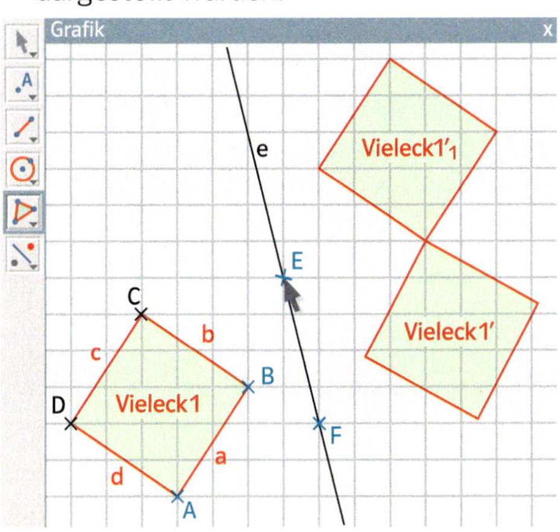

Fig. 2

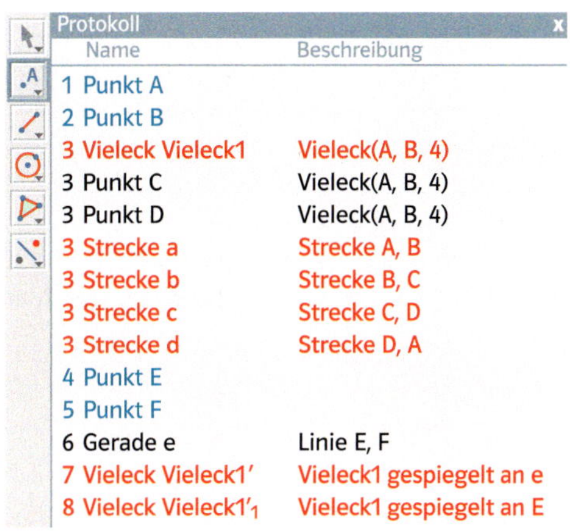
Protokoll

Name	Beschreibung
1 Punkt A	
2 Punkt B	
3 Vieleck Vieleck1	Vieleck(A, B, 4)
3 Punkt C	Vieleck(A, B, 4)
3 Punkt D	Vieleck(A, B, 4)
3 Strecke a	Strecke A, B
3 Strecke b	Strecke B, C
3 Strecke c	Strecke C, D
3 Strecke d	Strecke D, A
4 Punkt E	
5 Punkt F	
6 Gerade e	Linie E, F
7 Vieleck Vieleck1′	Vieleck1 gespiegelt an e
8 Vieleck Vieleck1′₁	Vieleck1 gespiegelt an E

Fig. 3

Besondere Lage von Geraden
g und k stehen **senkrecht** aufeinander. Kurz: $g \perp k$.
h und k sind **parallel** zueinander. Kurz: $h \parallel k$.

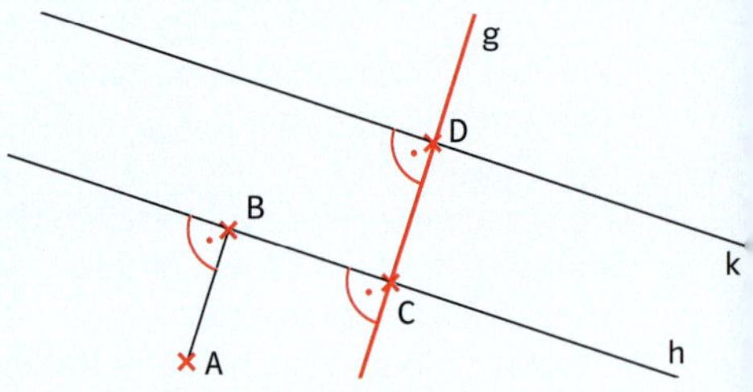

Abstand
Der **Abstand der Geraden h und k** entspricht der Länge der Strecke $\overline{CD}$.
Der **Abstand des Punktes** A zur Geraden h entspricht der Länge der Strecke $\overline{AB}$.

Koordinatensytem
Die Lage eines Punktes in einem Koordinatensystem lässt sich durch eine x-Koordinate und eine y-Koordinate beschreiben.

P(5 | 2)

x-Koordinate (5 nach rechts)

y-Koordinate (2 nach oben)

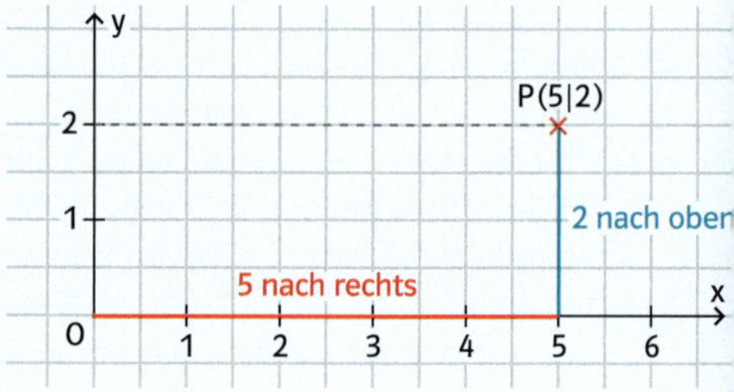

Achsensymmetrische Figuren
Eine Figur, die man so falten kann, dass die beiden Teile genau aufeinanderliegen, heißt **achsensymmetrisch**. Die Faltlinie nennt man **Symmetrieachse**.
Die Verbindungsstrecke von Punkt und Spiegelpunkt verläuft senkrecht zur Symmetrieachse.
Die Symmetrieachse halbiert die Verbindungsstrecke von Punkt und Spiegelpunkt.

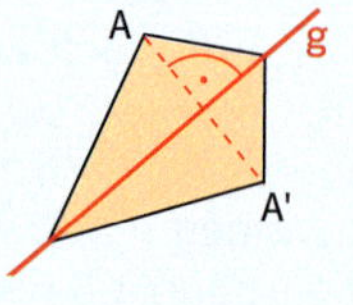

Besondere Dreiecke
Ein Dreieck mit zwei gleich langen Seiten heißt **gleichschenkliges Dreieck**.
Ein Dreieck mit drei gleich langen Seiten heißt **gleichseitiges Dreieck**.
Ein Dreieck mit zwei aufeinander senkrecht stehenden Seiten heißt **rechtwinkliges Dreieck**.

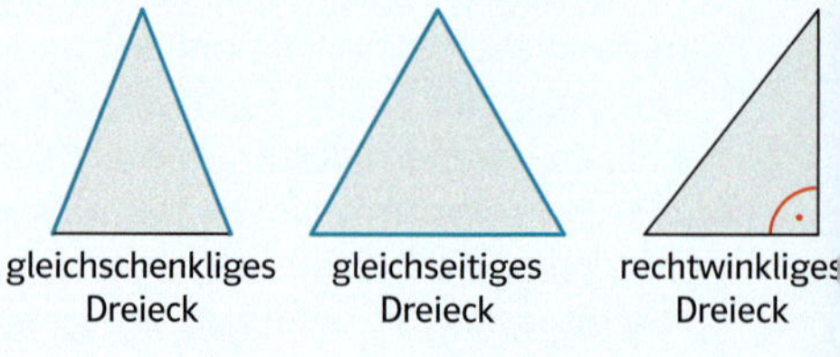

Besondere Vierecke
Wenn in einem Viereck zwei gegenüberliegende Seiten parallel zueinander sind, heißt es **Trapez**.
Wenn in einem Viereck jeweils die gegenüberliegenden Seiten parallel zueinander sind, heißt es **Parallelogramm**.
Wenn ein Viereck vier gleich lange Seiten besitzt, heißt es **Raute**.
Wenn in einem Viereck die benachbarten Seiten jeweils senkrecht zueinander stehen, heißt es **Rechteck**.
Wenn ein Viereck vier gleich lange Seiten besitzt und benachbarte Seiten jeweils senkrecht zueinander stehen, heißt es **Quadrat**.

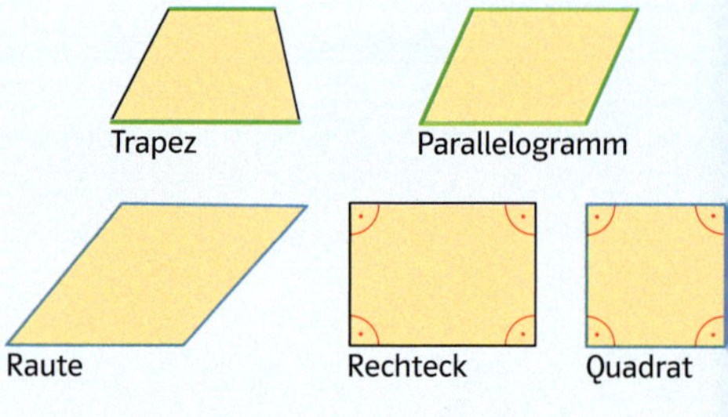

Runde 1

Lösungen, Seite 207

1 a) Zeichne in ein Koordinatensystem die Punkte A(0|1), B(2|4), C(8|0), D(7|2), E(9|5), F(16|1) und G(3|1).
b) Zeichne Geraden durch die Punkte A und B, B und C, D und E sowie E und F. Prüfe, ob sie parallel oder senkrecht zueinander sind.
c) Bestimme den Abstand des Punktes G zu der Geraden durch die Punkte A und B.

2 Untersuche die Figuren auf Symmetrie. Gib gegebenenfalls je zwei Punkte der Symmetrieachsen bzw. das Symmetriezentrum mithilfe von Koordinaten an.

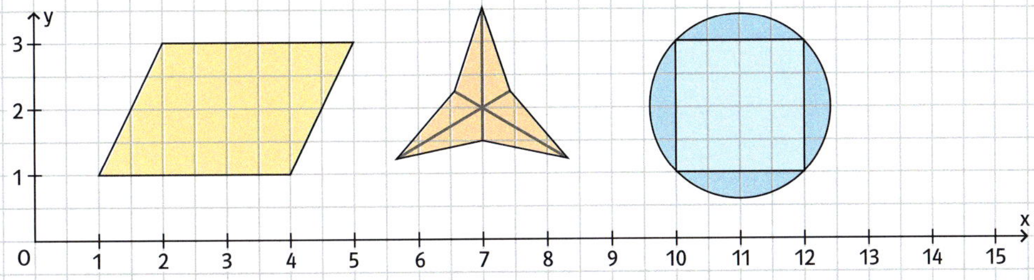

3 a) Zeichne ein Rechteck mit den Seitenlängen 45 mm und 3 cm.
b) Zeichne ein Parallelogramm mit den Seitenlängen aus Teilaufgabe a), das kein Rechteck ist.

4 **Wahr oder falsch?**
Entscheide, ob die folgenden Aussagen wahr oder falsch sind und begründe.
Ein Parallelogramm, bei dem alle Seiten die Länge 3 cm haben,
a) muss ein Quadrat sein, b) ist eine Raute, c) kann ein Quadrat sein.

5 Gib jeweils zwei Unterschiede und zwei Gemeinsamkeiten von Parallelogrammen und Quadraten an.

Runde 2

Lösungen, Seite 208

1 a) Übertrage Figur 1 in dein Heft und untersuche sie auf Symmetrie. Gib ggf. zwei Punkte der Symmetrieachsen bzw. das Symmetriezentrum mithilfe von Koordinaten an.
b) Spiegle das Viereck an der Geraden durch die Punkte A(5|0) und B(2|3).
c) Spiegle das Viereck am Punkt Z(3|2).

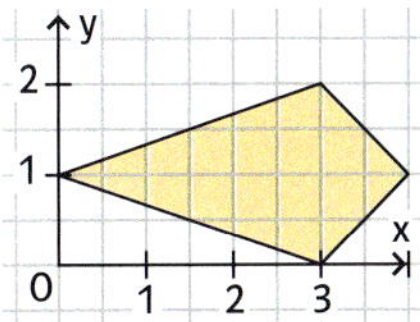

Fig. 1

2 a) Untersuche, welche Geraden in Fig. 2 zueinander senkrecht und welche zueinander parallel sind. Notiere.
b) Bestimme jeweils den Abstand der zueinander parallelen Geraden.

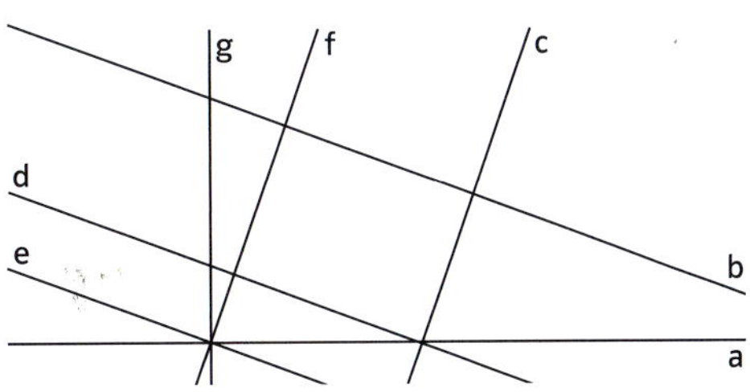

Fig. 2

3 Entscheide, ob die folgenden Dinge achsen- bzw. punktsymmetrisch sind. Gib ggf. die Anzahl der Symmetrieachsen an.
a) Geodreieck b) leere Heftseite c) der Buchstabe „O“ d) Parallelogramm

4 Gib alle möglichen Namen an, die das beschriebene Viereck haben kann.
a) Die benachbarten Seiten sind senkrecht zueinander und alle Seiten sind gleich lang.
b) Die Diagonalen halbieren einander.

V Ganze Zahlen

Das kannst du bald

- Zusammenhänge mit positiven oder negativen Zahlen beschreiben
- Ganze Zahlen anordnen und vergleichen
- Positive Zahlen addieren und subtrahieren
- Negative Zahlen multiplizieren und dividieren

Check-in

Schätze dich ein:

	☺	😐	☹
1. Ich kann natürliche Zahlen anordnen.	☐	☐	☐
2. Ich kann mit dem Koordinatensystem umgehen.	☐	☐	☐
3. Ich kann Terme geschickt überschlagen.	☐	☐	☐
4. Ich kann Terme mit Rechenregeln geschickt berechnen.	☐	☐	☐

Lerntipps

zu 1. **Grundwissen**, Seite 186
zu 2. **Beispiel**, Seite 109
zu 3. **Beispiel 2**, Seite 14
Beispiel 2, Seite 18
zu 4. **Beispiel 1**, Seite 44
Beispiel 1 + 2, Seite 50

Teste dich!

Lösungen, Seite 209

1 Zahlen anordnen
Ordne die Zahlen der Größe nach an und finde das Lösungswort.

527 R | 205 O | 257 A | 572 D | 57 E | 250 P | 25 L

2 Mit dem Koordinatensystem umgehen
a) Lies die Koordinaten der Eckpunkte des Fünfecks ab.

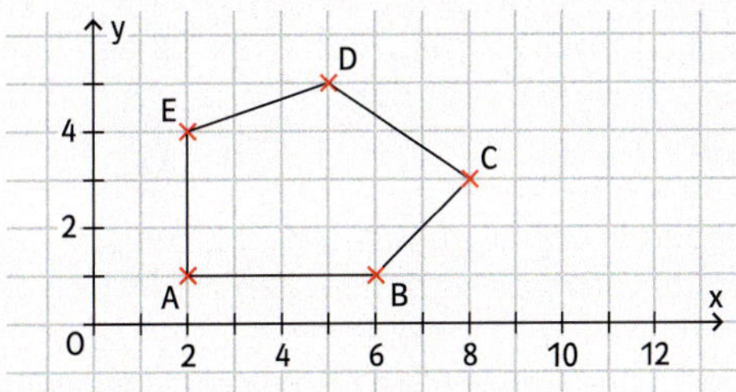

b) Zeichne die folgenden Punkte in ein geeignetes Koordinatensystem ein. A(6|8), B(5|4), C(4|5), D(2|5), E(1|4), F(1|1), G(5|1), H(7|1) und I(7|4). Verbinde die Punkte in alphabetischer Reihenfolge sowie Punkt I und A. Welche Figur ergibt sich?

3 Geschickt überschlagen
Ordne nur mithilfe des Überschlags der Größe nach, beginne mit dem größten Ergebnis. Wenn du deine Farbreihenfolge von oben nach unten in die Flagge überträgst, erhältst du eine Landesflagge. Weißt du, welche?

$2 \cdot 24$ | $88 - 23$ | $2 \cdot 25 + 9$ | $56 + 22$

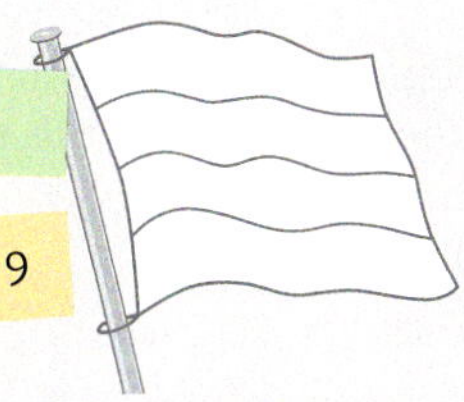

4 Geschickt berechnen
Berechne geschickt, indem du Rechenregeln anwendest.
a) $22 + 47 + 18$ b) $2 \cdot 6 \cdot 3 \cdot 5$ c) $7 \cdot 46 + 7 \cdot 54$ d) $5 \cdot (20 - 3)$

1 Negative Zahlen

Die tiefste Temperatur

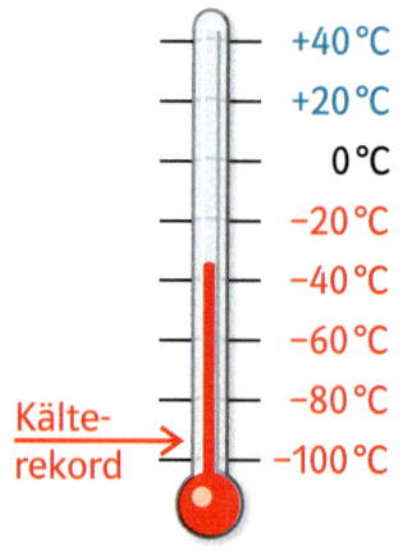

Der Kälterekord von Lufttemperaturen, die auf der Erde gemessen wurden, liegt bei -93,2 °C (Dome Argus).

Die tiefste Stelle

Im Tal des Todes befindet sich die tiefste Stelle Amerikas mit 86 m unter NN.

Für Temperaturangaben über null genügen die bisherigen Zahlen. Zur Beschreibung von Temperaturen unter null gibt es andere Zahlen. Man nennt sie **negative Zahlen** und schreibt sie mit einem Minuszeichen, z. B. -3, -5. Man verwendet negative Zahlen auch zur Beschreibung von Schulden oder von Höhenangaben, wenn sich der Ort unter NN befindet.
Zur deutlichen Unterscheidung zwischen positiven und negativen Zahlen schreibt man anstelle von z. B. 3 auch +3. Die Zeichen + und - heißen hier **Vorzeichen**. Die Zahlen +3, +5 ... nennt man positive Zahlen. Die Zahl Null ist weder positiv noch negativ. Sie wird daher meist ohne Vorzeichen geschrieben. Bei positiven Zahlen lässt man in der Regel das +-Zeichen weg.
Um positive und negative Zahlen zu veranschaulichen, erweitert man den Zahlenstrahl zu einer **Zahlengeraden**. Man trägt die negativen Zahlen -1, -2, -3, ... von der Null aus spiegelbildlich zu +1, +2, +3, ... ein.

Die Zahlengerade

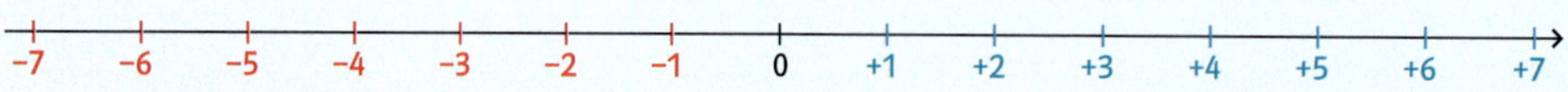

Negative Zahlen stehen links von Null.

Null

Positive Zahlen stehen rechts von Null.

... **Ganze Zahlen** ...

Entsprechend der Erweiterung des Zahlenstrahls zur Zahlengeraden kann man auch das Koordinatensystem erweitern. Dazu setzt man die x-Achse nach links und die y-Achse nach unten fort und beschriftet sie jeweils wie eine Zahlengerade.

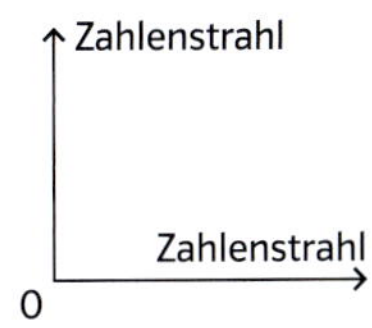

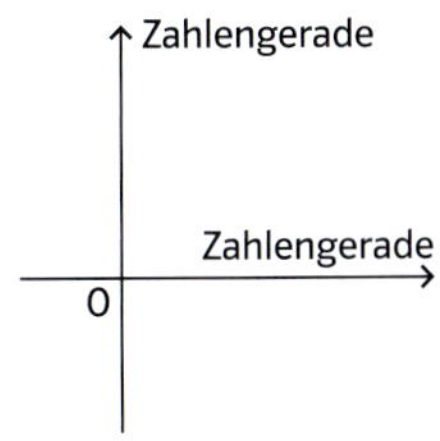

A(−2 | +1)
x-Koordinate y-Koordinate

A(−2 | +1) bedeutet:
Gehe vom Ursprung um 2 Einheiten nach links und um 1 Einheit nach oben.
C(+2 | −1) bedeutet:
Gehe vom Ursprung um 2 Einheiten nach rechts und um 1 Einheit nach unten.

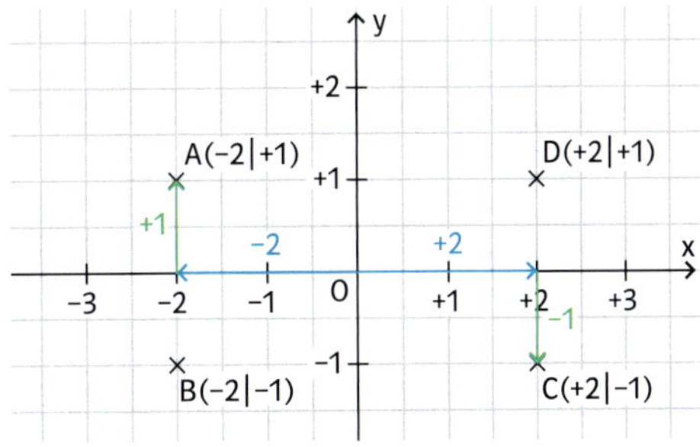

Beispiel 1 Zahlengerade
Zeichne eine Zahlengerade, trage die Zahlen +16, +35, −15 und −37 ein. Welche Länge wählst du für den Abstand von 0 bis 10?
Lösung
Einteilung: Der Abstand von 0 bis +10 ist 1 cm.

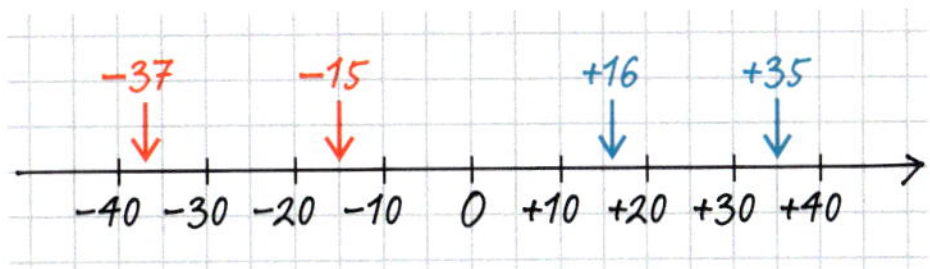

Beispiel 2 Koordinatensystem
a) Lies die Koordinaten der schwarz eingezeichneten Punkte in Fig. 1 ab.
b) Zeichne die Punkte F(+3 | −1), G(−3 | +2), H(−4 | −4) und I(−3 | −2) in ein Koordinatensystem ein.
c) Der Punkt H wird um 10 Einheiten nach links und um 17 Einheiten nach oben verschoben. Welche Koordinaten hat der verschobene Punkt H'? Löse ohne Zeichnung.

Lösung
a) A(−3 | −1), B(−2 | +3), C(−2 | +1), D(+4 | +1), E(+3 | −2)
b) rote Eintragungen in Fig. 1
c) H'(−14 | +13)

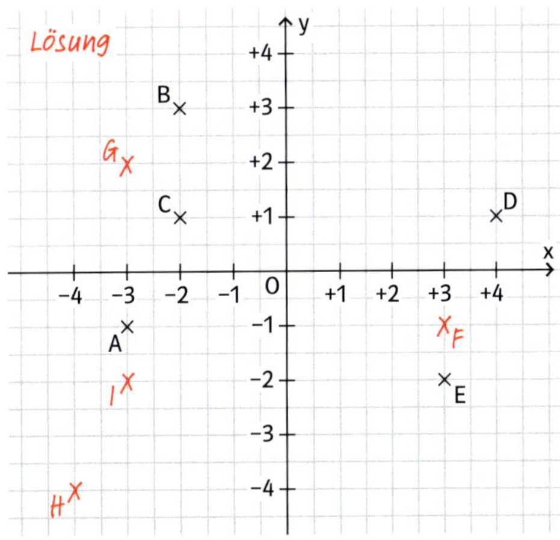

Fig. 1

Aufgaben

○ **1** Lies die Temperatur ab.

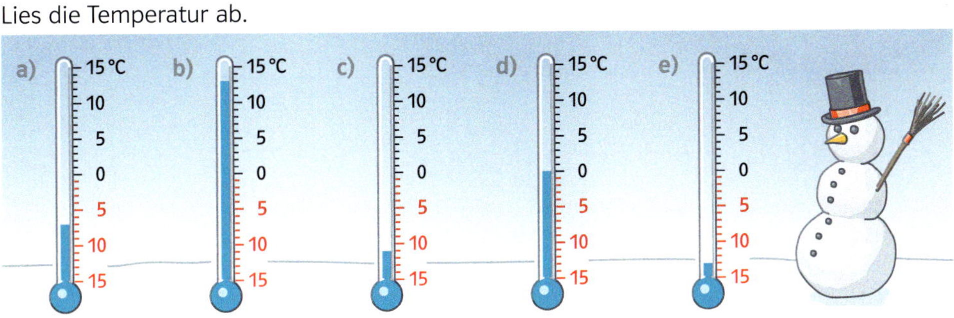

○ **2** Welche Zahlen sind auf der Zahlengeraden rot markiert?

a)
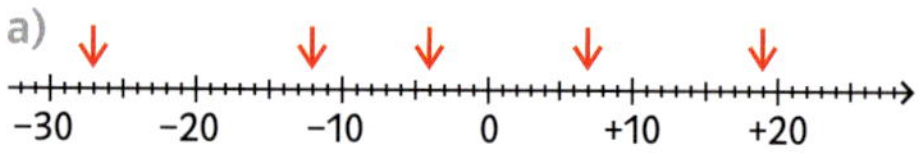

b)
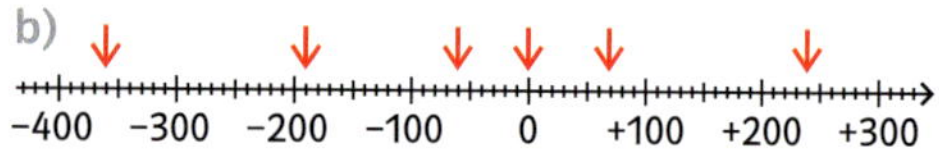

c)
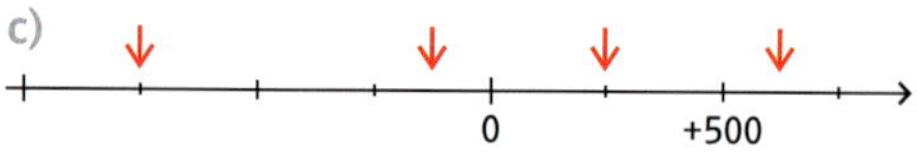

d)
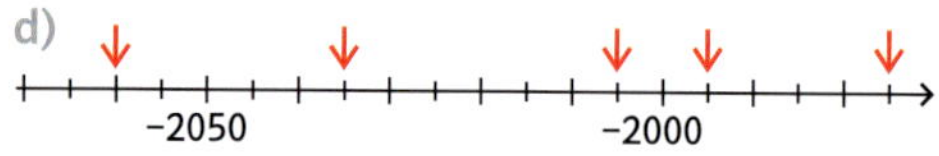

○ **3** Zeichne eine Zahlengerade in dein Heft. Lege zuerst eine sinnvolle Einteilung so fest, dass du alle Zahlen einzeichnen kannst. Markiere die folgenden Zahlen.

a) −3, +4, 0, −7, +7, −1, +3, +9
b) −15, +35, +5, −25, −5, +25, +15, +10
c) +600, −350, +500, +450, −250, −100
d) −1500, +3500, −2500, −500, +7500

○ **4** Lies die Koordinaten der Punkte in Fig. 1 und Fig. 2 ab.

○ **5** Das Viereck ABCD hat die Eckpunkte A(−5|−3), B(+1|−3), C(+1|+1) und D(−5|+1).

a) Zeichne das Viereck ABCD in ein Koordinatensystem.
b) Die Seite $\overline{AB}$ schneidet die y-Achse im Punkt E. Gib die Koordinaten von E an.
c) Zeichne die Diagonalen $\overline{AC}$ und $\overline{BD}$ ein. Sie schneiden sich im Punkt F. Gib die Koordinaten von F an.

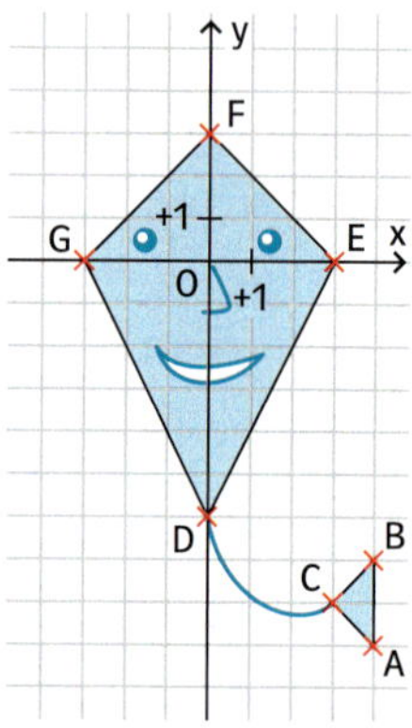

Fig. 1

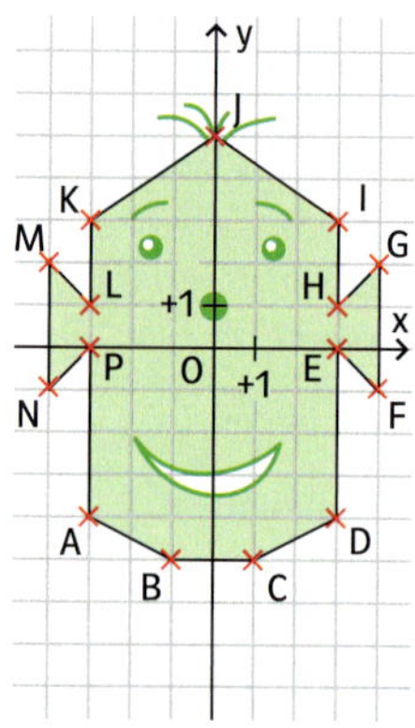

Fig. 2

Teste dich!

Lösungen, Seite 209

○ **6** Welche Zahlen sind auf der Zahlengeraden rot markiert?

a)
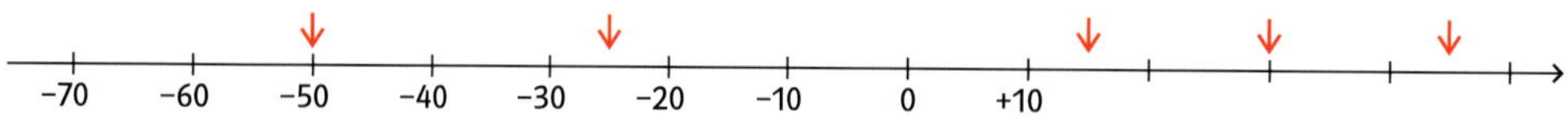

b)
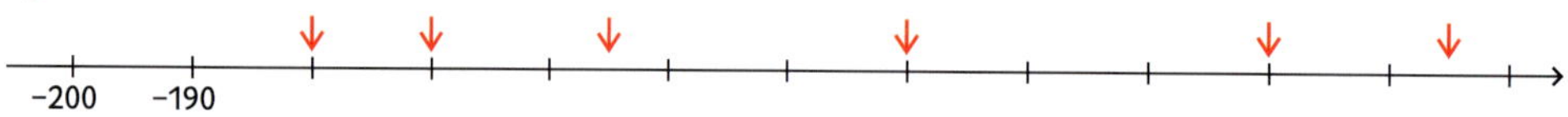

○ **7** Das Quadrat ABCD hat die Eckpunkte A(−2|−3), B(+2|−3), C(+2|+1) und D(−2|+1).

a) Zeichne das Quadrat in ein Koordinatensystem.
b) Die Diagonale $\overline{AC}$ schneidet die x-Achse im Punkt E und die y-Achse im Punkt F. Gib die Koordinaten von E und F an.
c) Die Diagonale $\overline{BD}$ schneidet die Diagonale $\overline{AC}$ im Punkt S. Gib die Koordinaten von S an.

◒ **8** Welche Zahl liegt in der Mitte von

a) +2 und +10,
b) +7 und −5,
c) +2 und −4,
d) −12 und −4?

◒ **9** Auf einer Zahlengeraden haben zwei aufeinanderfolgende ganze Zahlen den Abstand 1 cm. Wie lang ist die Strecke von

a) +13 bis +74,
b) −3 bis +13,
c) −13 bis −7,
d) −26 bis +41?

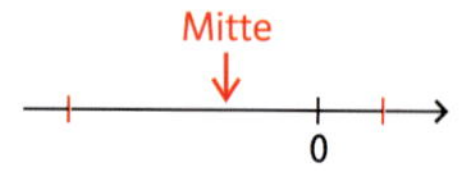

10 Zeichne die Punkte $A(+2|+1)$, $B(+2|+3)$ und $C(-4|+3)$ in ein Koordinatensystem.
a) Ergänze einen Punkt D so, dass das Viereck ABCD ein Rechteck ist. Gib die Koordinaten von D an.
b) Zeichne die Diagonalen $\overline{AC}$ und $\overline{BD}$ ein. Lies die Koordinaten des Schnittpunktes P der Diagonalen ab.
c) Finde den Punkt, der spiegelsymmetrisch zum Punkt A liegt (Spiegelachse ist die y-Achse). Gib die Koordinaten des Punktes an.

11 a) Ein Kreis hat den Mittelpunkt $M(+2|0)$ und den Radius 7. Er schneidet die x-Achse in zwei Punkten. Gib die Koordinaten der Schnittpunkte ohne Zeichnung an.
b) Ein Kreis schneidet die x-Achse in den Punkten $A(-14|0)$ und $B(-2|0)$. Welche x-Koordinate hat der Mittelpunkt $N(x|0)$ des Kreises? Wie groß ist der Radius?

Teste dich!

Lösungen, Seite 209

12 a) Ergänze den Punkt D so, dass das Viereck ABCD mit $A(+5|-3)$, $B(+5|+3)$ und $C(-1|+3)$ ein Quadrat ist. Wie lang ist eine Seite des Quadrats?
b) Gib die Koordinaten des Punktes an, der spiegelsymmetrisch zu A liegt, wenn die y-Achse die Spiegelachse ist.
c) Gib die Koordinaten des Punktes an, der spiegelsymmetrisch zu B liegt, wenn die x-Achse die Spiegelachse ist.

13 Auf einer Zahlengeraden haben die Zahlen 0 und +1 den Abstand 1 cm.
a) Wie lang ist die Strecke von −6 bis +14?
b) Welche Zahl liegt in der Mitte von −6 und +14?

14 Beantworte ohne Zeichnung. Welche Koordinaten hat der Punkt, der spiegelsymmetrisch zu $P(+17|-28)$ liegt, wenn
a) die x-Achse die Spiegelachse ist,
b) die y-Achse die Spiegelachse ist.

15 Auf der Karte kann man die Zeitzonen der Erde erkennen. Alle Orte, die innerhalb einer Zeitzone liegen, haben dieselbe Uhrzeit.
a) Suche Städte auf verschiedenen Kontinenten, die in derselben Zeitzone liegen.
b) Du möchtest von Deutschland aus um 13 Uhr deine Freundin in San Francisco anrufen. Wird sie durch den Anruf geweckt?
c) Jan ruft vom Ausland aus in Deutschland an. Hier ist Montag. Jan behauptet, bei ihm sei Sonntag. Kann das sein?

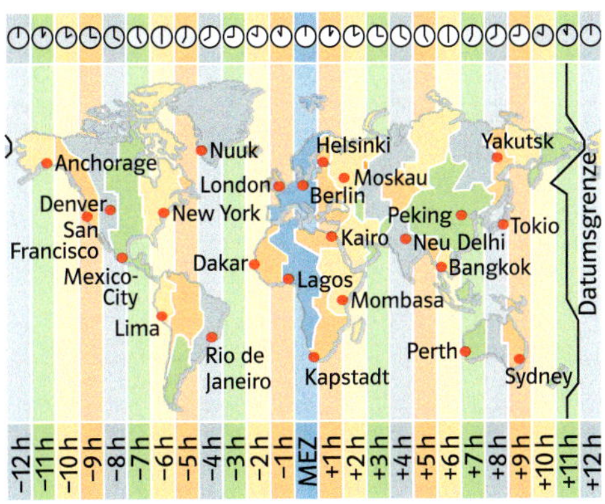

Teste dein Grundwissen!

Merkkästen, Seite 113 und Seite 117
Lösungen, Seite 210

G **16** Entscheide, ob die beiden Verkehrsschilder achsen- oder punktsymmetrisch oder beides sind. Beschreibe gegebenenfalls die Lage der Symmetrieachsen bzw. des Symmetriezentrums.

2 Anordnung und Betrag

Planeten unseres Sonnensystems kann man nach verschiedenen Gesichtspunkten in eine Reihenfolge bringen.
Ordne sie, indem du ihre Entfernung von der Sonne vergleichst.
Ordne sie, indem du ihre Oberflächentemperaturen vergleichst.

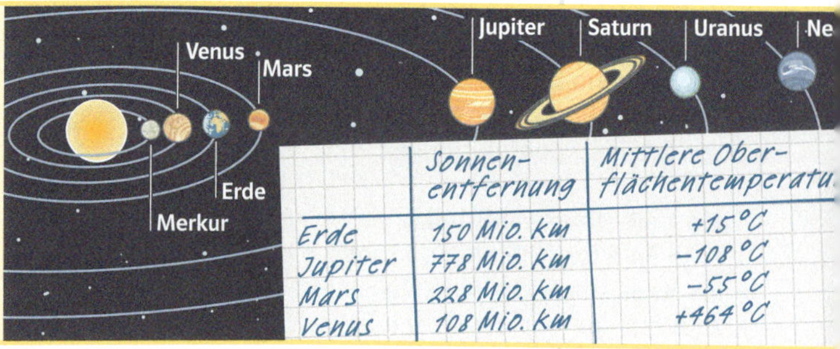

	Sonnen-entfernung	Mittlere Oberflächentemperatu
Erde	150 Mio. km	+15 °C
Jupiter	778 Mio. km	−108 °C
Mars	228 Mio. km	−55 °C
Venus	108 Mio. km	+464 °C

Bei den natürlichen Zahlen steht die kleinere von zwei Zahlen auf dem Zahlenstrahl weiter links. Entsprechendes gilt auch für ganze Zahlen auf der Zahlengeraden. Die Zahl −7 steht auf der Zahlengeraden links von der Zahl −3. Es ist also −7 kleiner als −3.

Die Zahlen +3 und −3 liegen auf der Zahlengeraden bezüglich der Null spiegelbildlich zueinander. Man nennt +3 und −3 **Gegenzahlen**. Beide Zahlen haben von der Null denselben Abstand 3. Man sagt: Der **Betrag** von +3 ist 3 und schreibt $|+3| = 3$. Entsprechend ist $|-3| = 3$.

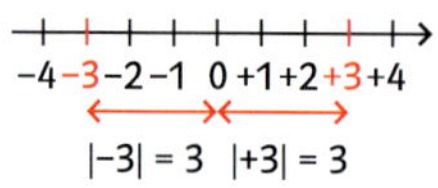

Von zwei ganzen Zahlen ist diejenige **kleiner**, die auf der Zahlengeraden **weiter links** liegt.
Man schreibt: $-5 < -3$ $\quad -1 < +1$ $\quad +3 < +5$

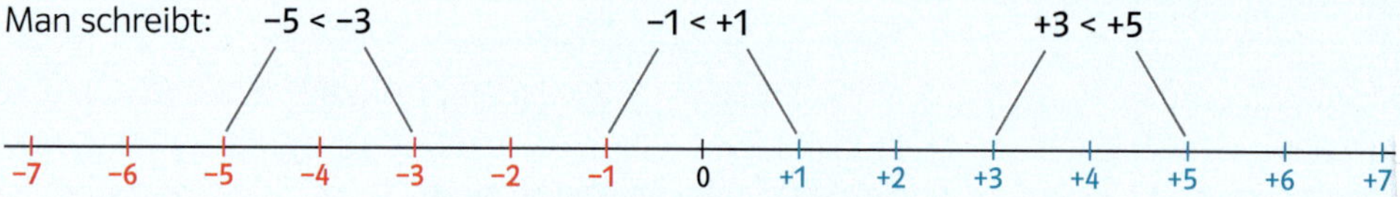

Den Abstand einer ganzen Zahl a zur Zahl Null nennt man ihren **Betrag**.
Für den Betrag von a schreibt man $|a|$. Es ist $|+5| = |5| = 5$ und $|-5| = 5$.
Zahl und **Gegenzahl** haben stets den gleichen Betrag.

Der Betrag ist nie negativ.
Lies: Betrag von −5 ist 5.

Beispiel 1 Größer und kleiner
Welches der Zeichen < oder > gehört in das Kästchen ☐?
a) −15 ☐ −10 b) +1 ☐ −101 c) +10 ☐ +100 d) −21 ☐ −40

Lösung
a) −15 liegt auf der Zahlengeraden links von −10, also $-15 < -10$.
b) +1 liegt auf der Zahlengeraden rechts von −101, also $+1 > -101$.
c) $+10 < +100$
d) $-21 > -40$

Anstelle von $+1 > -101$ kann man auch schreiben: $1 > -101$

Beispiel 2 Betrag
a) Schreibe $|-8|$ und $|+1000|$ ohne Betragzeichen.
b) Gib alle Zahlen an, die den Betrag 12 haben.
c) Gib alle Zahlen an, deren Betrag kleiner ist als 5.
d) Gib die Gegenzahl von 102 und von −999 an.

Lösung
a) $|-8| = 8$, $|+1000| = 1000$.
b) Es sind die Zahlen 12 und −12.
c) −4, −3, −2, −1, 0, 1, 2, 3, 4.
d) Es sind die Zahlen −102 und 999.

Aufgaben

○ **1** Welches der Zeichen < oder > gehört in das Kästchen?

a) −14 □ 5 b) +14 □ −5 c) 14 □ 5 d) −14 □ −5
e) +84 □ +48 f) −84 □ 48 g) −84 □ −48 h) 84 □ −48
i) −10 □ −9 j) 1 □ −1 k) 1 □ −1000 l) 0 □ −55
m) −217 □ 172 n) −666 □ −888 o) 1999 □ −2000 p) −6478 □ −4879

○ **2** Ordne die Zahlen der Größe nach. Beginne mit der kleinsten Zahl.

a) −12, 13, −7, −8, 8 b) −99, −101, −90, 90, 99 c) −111, −110, 111, 110, 101

○ **3** Zeichne eine Zahlengerade und kennzeichne alle Zahlen,

a) die größer sind als −5 und kleiner als 3,
b) die kleiner sind als −6 und größer als −12,
c) deren Betrag kleiner als 2 ist,
d) deren Betrag größer als 3 ist.

○ **4** Schreibe ohne Betragzeichen.

a) |−7| b) |+1000| c) |−17| d) |0|

○ **5** Übertrage die Tabelle in dein Heft und fülle sie aus.

Zahl	13	−13	102	−75			1		0	
Betrag										16
Gegenzahl					−15	36		100		

○ **6** Fließt der Jordan vom Toten Meer zum See Genezareth oder umgekehrt? Begründe.

○ **7** Zeichne eine Zahlengerade und kennzeichne alle Zahlen,

a) deren Betrag kleiner ist als 3,
b) deren Betrag größer ist als 5,
c) deren Betrag größer als 6 und kleiner als 8 ist.

○ **8** Gib fünf Zahlen an,

a) die kleiner sind als 2,
b) deren Betrag größer als 30 ist,
c) deren Betrag kleiner als 4 ist,
d) die größer sind als −6.

Teste dich! → **Lösungen**, Seite 210

○ **9** Ordne die Zahlen der Größe nach. Verwende dazu das Kleinerzeichen.

a) 66, −89, 101, −110, −555, −5, 55 **b)** −256, −1026, 5, 666, −10, 10

○ **10** **a)** Welche Zahlen haben den Betrag 100?
b) Gib alle Zahlen an, deren Betrag kleiner als 8 ist.
c) Gib alle Zahlen an, deren Betrag größer als 2 und kleiner als 4 ist.
d) Schreibe |−122| und |+62| ohne Betragzeichen.

◐ **11** Welche der beiden Zahlen ist die größere, welche hat den größeren Betrag?

a) 10 und −9 b) −10 und 9 c) −101 und −110 d) −37 und 0
e) −229 und 29 f) −1 und −1000 g) −599 und −601 h) −398 und −389

12 a) Welche der Zahlen −7, 8, −15, 15, −101, 100 hat den größten (kleinsten) Betrag?
b) Wie viele Zahlen haben einen Betrag, der höchstens (mindestens, genau) 20 ist?

13 Nenne zwei Zahlen,
a) die kleiner sind als 7, aber einen größeren Betrag als die Zahl 7 haben,
b) die größer sind als −7, aber einen kleineren Betrag als die Zahl −7 haben.

14 a) Wie viele natürliche Zahlen gibt es, deren Betrag kleiner als 10 ist?
b) Wie viele ganze Zahlen gibt es, deren Betrag kleiner als 10 ist?
c) Wie viele ganze Zahlen gibt es, deren Betrag größer als 5 und kleiner als 10 ist?

15 Welche Zahlen haben zu ihrer Gegenzahl den Abstand 10?

16 a) Addiere die Beträge der Zahlen −9 und 14.
b) Addiere die Beträge der Zahlen −9 und −14.
c) Subtrahiere den Betrag der Zahl −12 vom Betrag der Zahl −22.
d) Addiere zum Betrag der Zahl −56 die Gegenzahl von −16.

Teste dich!

Lösungen, Seite 210

17 Wie viele ganze Zahlen gibt es,
a) deren Betrag mindestens 3 und höchstens 5 ist,
b) die größer sind als −3, aber einen kleineren Betrag als −5 haben?

18 a) Addiere 18 zur Gegenzahl von −22. b) Multipliziere den Betrag von −17 mit 5.

19 Welche der Zahlen 2, −4, 30, −55 haben genau zwei dieser Eigenschaften?

A: Ihr Betrag ist kleiner als 3.
B: Sie ist größer als −3.
D: Sie liegt auf der Zahlengeraden links von −1.
E: Sie ist eine natürliche Zahl.
C: Sie hat von der Zahl 13 den Abstand 17.

20 a) Beschreibe, welche Zahlen größer (kleiner) als ihre Gegenzahl sind.
b) Gibt es eine Zahl, die gleich ihrer Gegenzahl ist?
c) Gibt es eine ganze Zahl, die auf der Zahlengeraden zwischen den Zahlen −99 und −100 liegt?

21 Drücke mithilfe des Betragzeichens aus.
a) Die Zahlen −6 und 6 sind auf der Zahlengeraden gleich weit von der Zahl Null entfernt.
b) −3 liegt auf der Zahlengeraden näher bei der Zahl Null als 5.
c) −8 ist auf der Zahlengeraden weiter von der Zahl Null entfernt als −7.

Teste dein Grundwissen!

Merkkasten, Seite 11
Lösungen, Seite 210

G **22** Die Namensschilder wurden ungeschickt gefaltet. Wie heißt die Dame, wie der Herr? Begründe, warum man die Namen auf diesen gefalteten Namensschildern lesen kann.

3 Positive Zahlen addieren und subtrahieren

Beschreibe, wie sich die Tageshöchsttemperatur laut Wetter-App im Laufe der kommenden Tage verändern wird. Wann nimmt die Temperatur ab, wann nimmt sie zu? Um wie viel Grad ändert sie sich von Tag zu Tag?

Additions- und Subtraktionsaufgaben mit natürlichen Zahlen kann man auf der Zahlengeraden veranschaulichen.

Bei der **Addition** 8 + 3 geht man auf der Zahlengeraden von 8 aus 3 Einheiten nach **rechts**.

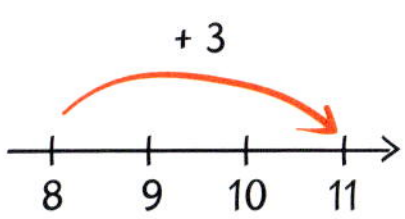

Bei der **Subtraktion** 17 − 3 geht man auf der Zahlengeraden von 17 aus 3 Einheiten nach **links**.

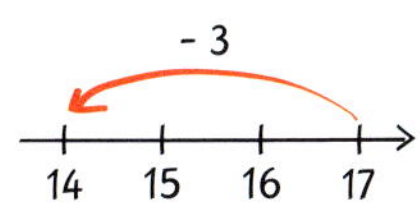

Bei Rechnungen im Bereich der ganzen Zahlen geht man genauso vor. Addiert man eine positive Zahl, so geht man auf der Zahlengeraden nach rechts. Subtrahiert man eine positive Zahl, geht man dementsprechend nach links.

Addieren einer positiven Zahl
Gehe auf der Zahlengeraden nach **rechts**.

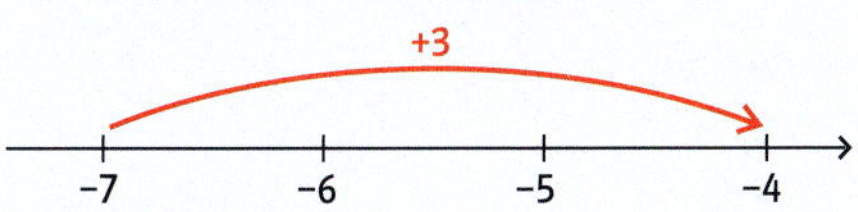

−7 + 3 = −4

Subtrahieren einer positiven Zahl
Gehe auf der Zahlengeraden nach **links**.

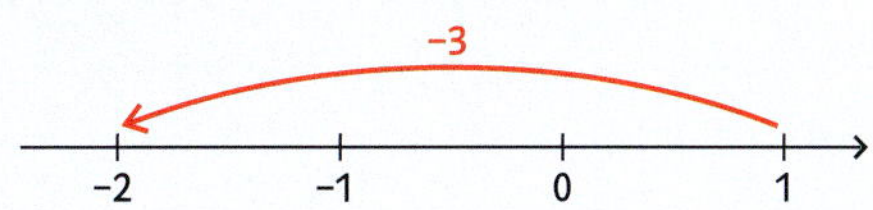

1 − 3 = −2

Zusätzlich zu den bisher bekannten Rechnungen können bei der Addition nun auch negative Zahlen als erster Summand (Startpunkt) auftreten. Ist der zweite Summand größer als der Betrag des ersten, dann wird beim Addieren die Null überschritten.

Bei der Subtraktion kann der Subtrahend jetzt größer sein als der Minuend, sodass beim Subtrahieren die Null überschritten wird.
Zudem kann der Minuend selbst bereits eine negative Zahl sein. Dann wird die Null nicht überschritten, da sich die gesamte Rechnung im negativen Zahlenbereich abspielt.

Anstatt an der Zahlengeraden abzuzählen, kann man in folgenden Schritten vorgehen:
1. Man überlegt, ob die 0 überschritten wird oder nicht.
2. Man folgert daraus, welches Vorzeichen das Ergebnis hat.
3. Man notiert schließlich eine Nebenrechnung, die das Berechnen erleichtert.

<table>
<tr><th>Addieren</th><th>Subtrahieren</th></tr>
<tr><td>Aufgabe: $-4 + 6$
$6 > |-4|$, also wird die Null überschritten.
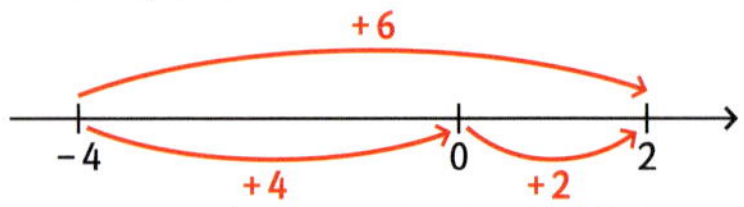
Man startet bei −4 und geht 6 Einheiten nach rechts. Nach 4 Einheiten erreicht man die 0.
Nebenrechnung: $6 - 4 = 2$
Man geht also noch 2 Einheiten nach rechts weiter.
Ergebnis: $-4 + 6 = 2$</td><td>Aufgabe: $5 - 17$
Subtrahend ist größer als Minuend, also wird die Null überschritten.

Man startet bei 5 und geht 17 Einheiten nach links. Nach 5 Einheiten erreicht man die 0.
Nebenrechnung: $17 - 5 = 12$
Man geht also noch 12 Einheiten nach links weiter.
Ergebnis: $5 - 17 = -12$</td></tr>
<tr><td>Aufgabe: $-17 + 9$
$9 < |-17|$, also wird die Null nicht überschritten.
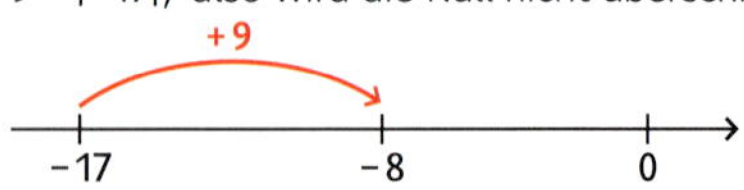
Man startet bei −17 und geht 9 Einheiten nach rechts. Dabei bleibt man im negativen Bereich.
Nebenrechnung: $17 - 9 = 8$
Zum Erreichen der 0 fehlen 8 Einheiten.
Ergebnis: $-17 + 9 = -8$</td><td>Aufgabe: $-21 - 9$
Minuend ist negativ, also wird die Null nicht überschritten.

Man startet bei −21 und geht 9 Einheiten nach links. Dabei bleibt man im negativen Bereich.
Nebenrechnung: $21 + 9 = 30$
Man befindet sich also 30 Einheiten links von der Null.
Ergebnis: $-21 - 9 = -30$</td></tr>
</table>

Beispiel 1 Summen und Differenzen an der Zahlengeraden berechnen

Skizziere an der Zahlengeraden. Berechne mithilfe einer Nebenrechnung.

a) $-7 + 5$ b) $3 - 6$ c) $-7 - 4$ d) $-6 + 9$

Lösung

a)

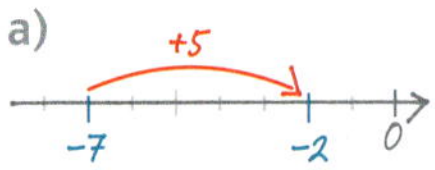

Wie viel fehlt zum Erreichen der 0? Die Frage führt zur Nebenrechnung:
$7 - 5 = 2$
also:
$-7 + 5 = -2$

b)

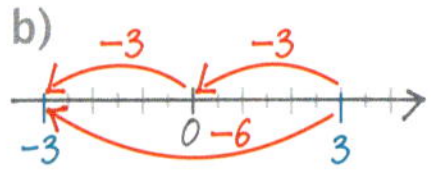

Um wie viel wird die 0 überschritten? Die Frage führt zur Nebenrechnung:
$6 - 3 = 3$
also:
$3 - 6 = -3$

c)

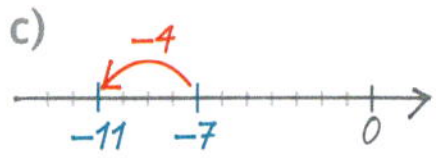

Die 0 wird hier nicht überschritten. Die Frage führt zur Nebenrechnung:
$7 + 4 = 11$
also:
$-7 - 4 = -11$

d)

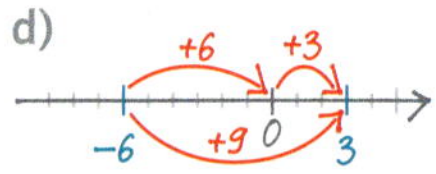

Um wie viel wird die 0 überschritten? Die Frage führt zur Nebenrechnung:
$9 - 6 = 3$
also:
$-6 + 9 = 3$

Aufgaben

○ **1** Ermittle die fehlenden Werte und notiere die vollständige Rechenaufgabe in deinem Heft. Beschreibe jeweils eine Situation, die zu der Rechenaufgabe passt.

a)

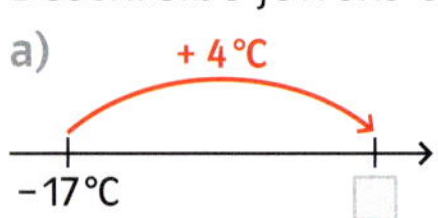

b)

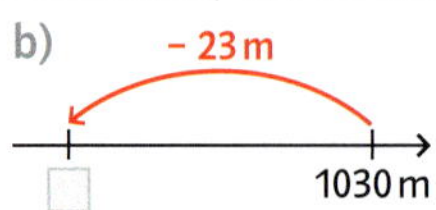

c)

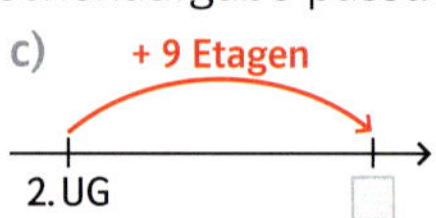

d)

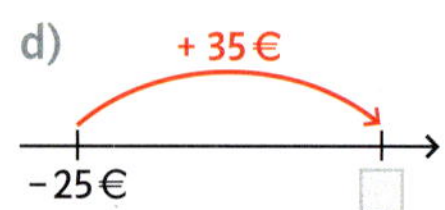

○ **2** Ordne den Aufgaben das passende Pfeilbild zu. Gib die zugehörige Nebenrechnung an und berechne anschließend die Lösung der Aufgabe.

a) $20 - 70$ b) $-70 + 50$ c) $-20 - 50$ d) $-20 + 70$

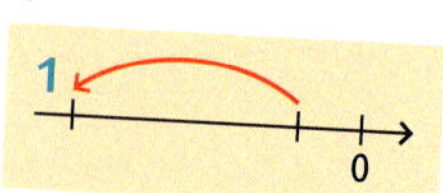

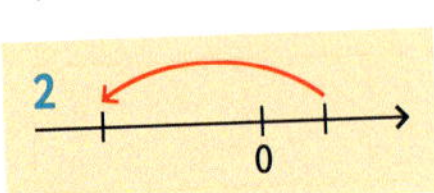

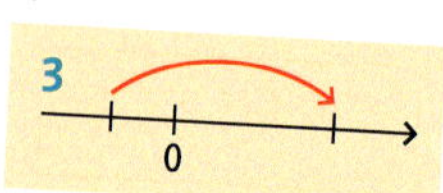

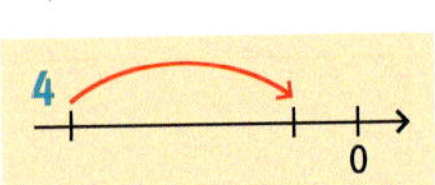

3 Überlege zunächst, ob das Ergebnis positiv oder negativ ist, und berechne dann im Kopf.
a) −14 + 20 b) −23 + 16 c) −28 − 48 d) +18 − 20 e) −1001 + 1005
f) 28 − 35 g) 18 + 20 h) −77 + 66 i) −18 − 20 j) −1111 − 2222

4 Übertrage die Rechnung in dein Heft und ergänze die fehlende Zahl.
a) −1 + 15 = ▢ b) −18 + ▢ = −6 c) ▢ − 21 = −7 d) +9 − ▢ = −81

5 Veranschauliche die Veränderungen an einer Zahlengeraden. Ermittle die fehlenden Werte und trage sie in die Zeichnungen ein.
a) In der Nacht sank die Temperatur um 5 Grad auf −17 °C.
b) Der Kontostand nahm von −96 € um 200 € zu.
c) Die Anzeige im Aufzug stieg von −1 auf +6 an.

Teste dich!

Lösungen, Seite 210

6 Notiere die dargestellte Rechnung im Heft und ergänze die fehlende Zahl.

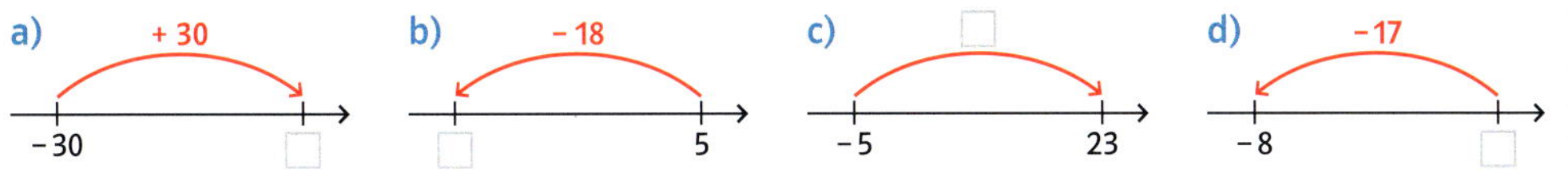

7 Der Rekord beim Tauchen ohne Atemgerät (Apnoetauchen) liegt bei −102 m, wenn keine Flossen verwendet werden. Mit Benutzung eines Tauchschlittens liegt er 112 m tiefer. Berechne diese Rekordtiefe.

8 Marlene behauptet: „Addieren und Subtrahieren von positiven Zahlen ist ganz einfach, auch ohne Zahlengerade und Pfeile! Wenn man die positiven Zahlen in Kringel schreibt, kann man das Vorgehen auch gut erklären."
Überprüfe Marlenes Vorschlag an fünf eigenen Beispielen.

1. +◯ +◯ / −◯ −◯ *Ich addiere die beiden Zahlen in den Kringeln und kann dann das Vorzeichen, das bei der Rechnung vorkommt, als Vorzeichen des Ergebnisses übernehmen.*

2. +◯ −◯ / −◯ +◯ *Ich ziehe von den beiden Zahlen im Kringel die mit dem kleineren Betrag von der mit dem größeren Betrag ab. Das Vorzeichen vom Ergebnis ist dann dasselbe wie von der Zahl mit dem größeren Betrag.*

9 Entscheide mit einem Überschlag, in welchem der gefärbten Bereiche das Ergebnis liegen muss. Berechne anschließend genau.
a) 11 − 42 b) −12 + 31 c) 350 − 362 d) −21 − 17

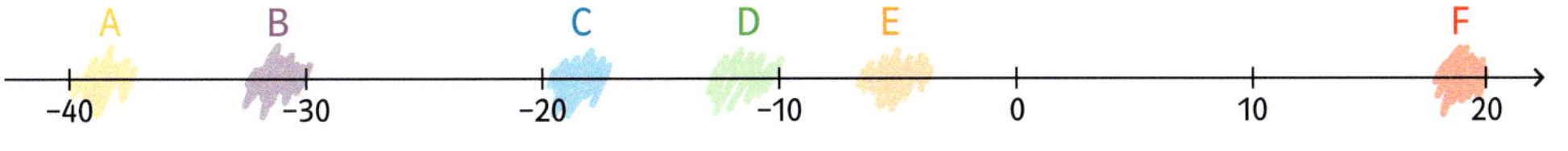

10 **Finde den Fehler!**
Beschreibe, was falsch gemacht wurde. Verwende Fachbegriffe, z. B. die auf dem Rand. Berechne anschließend im Heft die richtige Lösung.
a) *444 − 888 = 444* b) *−16 − 14 = 2* c) *−17 + 4 = −21* d) *−10 + 24 = 34*

Wortliste
- die Summe
- die Differenz
- negativ
- die Null überschreiten
- das Vorzeichen

Teste dich!

→ **Lösungen**, Seite 21

11 Das Konto von Frau Schmid weist ein Guthaben von 235 € auf. Nach der Bezahlung einer Rechnung hat sie Schulden in Höhe von 478 €.
a) Wie hoch war die Rechnung?
b) Wie viel Euro kann Frau Schmid noch abheben, wenn sie ihr Konto bis zu einem Betrag von höchstens 2400 € überziehen darf?

12 Jana trainiert intensiv Fahrradfahren. Ihr Ziel ist es, in einer Woche insgesamt 315 km zu fahren. Sie führt genau Buch (siehe Tabelle unten).
a) Erkläre, was Jana in ihrer Tabelle notiert, und erläutere die „Bilanzen".
b) Übertrage die Tabelle ins Heft und fülle sie bis Samstag aus. Bestimme die Strecke, die sie am Sonntag fahren muss, um ihr Wochenziel zu erreichen. Vervollständige die letzte Spalte.

	Montag	Dienstag	Mittwoch	Donnerstag	Freitag	Samstag	Sonntag
Tagessoll	45 km	45 km	45 km	45 km	45 km	45 km	45 km
Tagesstrecke	40 km	49 km	39 km	44 km	47 km	44 km	
Tagesbilanz	-5 km	4 km					
Gesamtbilanz	-5 km	-1 km					

13 **Gilt immer – gilt nie – es kommt darauf an**
Untersuche, ob die folgenden Aussagen immer gelten, nie stimmen oder ob sie nur in bestimmten Fällen richtig sind. Gib gegebenenfalls die Bedingungen an.
a) Wenn man von einer positiven Zahl ihr 4-Faches subtrahiert, verdreifacht man ihren Betrag.
b) Wenn man von einer negativen Zahl ihre Gegenzahl subtrahiert, ist der Betrag vom Ergebnis doppelt so groß wie der Betrag der Ausgangszahl.

14 Rechts sind Aufzeichnungen über den Moselpegel bei Ruwer in Rheinland-Pfalz dokumentiert.
a) Fasse die Informationen zusammen, die du dem Diagramm entnehmen kannst.
b) Erläutere, warum die Linie nicht „glatt" ist, sondern Ecken hat.
c) Erläutere, was die Grafik mit dem Addieren und Subtrahieren positiver Zahlen zu tun hat. Notiere drei Rechenaufgaben, die zu dem Diagramm passen.

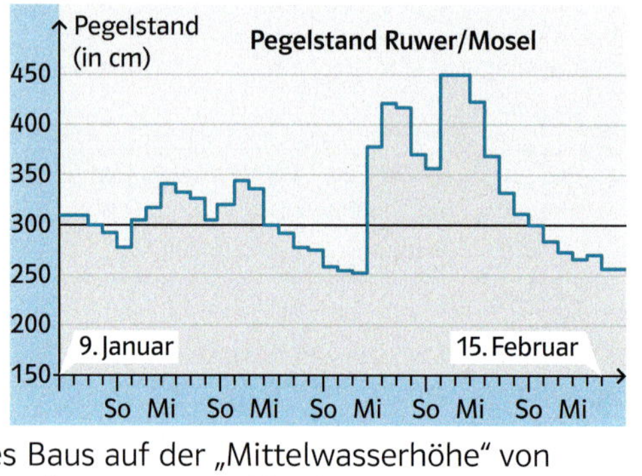

d) Wie würde ein Biber, der den Eingang seines Baus auf der „Mittelwasserhöhe" von 300 cm hat, den Wasserstand mit positiven und negativen Zahlen beschreiben können? Schreibe einen kurzen Text.

Teste dein Grundwissen!

→ **Merkkästen**, Seite
und Seite 109
Lösungen, Seite 21

G **15** Zeichne die Punkte A(-4 | -1), B(4 | 3), C(-2 | 5) und D(1 | -1) in ein Koordinatensystem. Zeichne eine Gerade g durch die Punkte A und B und eine Gerade h durch die Punkte C und D. Überprüfe, ob die beiden Geraden senkrecht aufeinanderstehen.

4 Negative Zahlen multiplizieren und dividieren

Einige Felder der Multiplikationstabelle sind schon ausgefüllt. Überlege, welche Zahlen in die leeren Felder gehören könnten. Begründe deine Entscheidung.

·	3	2	1	0	−1	−2	−3
3	9	6	3	0			
2	6	4	2	0			
1	3	2	1	0			
0	0	0	0	0			

Bisher wurden nur positive Zahlen multipliziert und dividiert. Im Folgenden wird schrittweise erklärt, wie man negative Zahlen multiplizieren kann und wie man aus den Regeln für das Multiplizieren auch Regeln für das Dividieren ableiten kann.

Multiplizieren negativer Zahlen
Das Multiplizieren mit einer natürlichen Zahl entspricht dem Vervielfachen. Dies kann man als Summe auffassen, zum Beispiel
$5 \cdot 3 = 3 + 3 + 3 + 3 + 3 = 15$.

Genauso kann man die Multiplikation einer positiven Zahl mit einer negativen Zahl als wiederholtes Subtrahieren verstehen, zum Beispiel
$5 \cdot (-3) = -3 - 3 - 3 - 3 - 3 = -15$.

Da das Kommutativgesetz der Multiplikation auch gelten soll, wenn man negative Zahlen in die Multiplikation einbezieht, gilt
$-3 \cdot 5 = 5 \cdot (-3) = -15$.

Verallgemeinert heißt das: Multipliziert man eine positive und eine negative Zahl, ist das Ergebnis immer negativ.

Beachte:
Setze Klammern, wenn Rechenzeichen und Vorzeichen direkt nebeneinanderstehen!

Vorzeichen

$3 \cdot (-2)$

Rechenzeichen

Dividieren negativer Zahlen
Da jede Division als Umkehrung einer Multiplikation aufgefasst werden kann, liegt es nahe, dass die Division einer negativen Zahl durch eine positive Zahl zu einem negativen Ergebnis führt. Dass dieses Vorgehen sinnvoll ist, verdeutlicht ein Beispiel: Werden Schulden (negative Zahl) unter mehreren Leuten (positive Zahl) aufgeteilt, bleiben es für jeden einzelnen immer noch Schulden (also negative Zahlen), auch wenn sie dann weniger groß sind, also einen kleineren Betrag haben.

Multiplikation negativer Zahlen
Multipliziert man eine negative Zahl mit einer positiven Zahl, so ist das Ergebnis negativ.

Division negativer Zahlen
Dividiert man eine negative Zahl durch eine positive Zahl, so ist das Ergebnis negativ.

$+ \cdot - = -$
$- \cdot + = -$

$- : + = -$

Beispiel 1 Produkte berechnen
Berechne.
a) $(-2) \cdot 6$ b) $7 \cdot (-4)$ c) $17 \cdot (-3)$ d) $-5 \cdot 3 \cdot 4$

Lösung
a) $(-2) \cdot 6 = -12$ b) $7 \cdot (-4) = -28$ c) $17 \cdot (-3) = -51$ d) $-5 \cdot 3 \cdot 4 = -15 \cdot 4 = -60$

Beispiel 2 Quotienten berechnen

Berechne.

a) $(-12) : 6$ b) $(-44) : 11$ c) $-111 : 3$ d) $-5 \cdot 9 : 3$

Lösung

a) $(-12) : 6 = -2$ b) $(-44) : 11 = -4$ c) $-111 : 3 = -37$ d) $-5 \cdot 9 : 3 = -45 : 3 = -15$

Aufgaben

○ **1** Berechne im Kopf und notiere das Ergebnis.

a) $2 \cdot (-8)$ b) $4 \cdot (-7)$ c) $-9 \cdot 3$ d) $0 \cdot (-12)$ e) $5 \cdot (-7)$
f) $-6 \cdot 8$ g) $6 \cdot (-8)$ h) $4 \cdot (-25)$ i) $12 \cdot (-8)$ j) $-11 \cdot 11$

○ **2** Berechne im Kopf und notiere das Ergebnis

a) $(-42) : 7$ b) $(-81) : 9$ c) $56 : 8$ d) $(-24) : 4$ e) $(-44) : 4$
f) $(-100) : 20$ g) $144 : 12$ h) $(-1000) : 8$ i) $350 : 25$ j) $(-120) : 15$

○ **3** Jedes Ergebnis kommt zweimal vor. Notiere alle Paare mit demselben Ergebnis.

$-6 \cdot 6$ $25 \cdot (-8)$ $-12 \cdot 2$ $4 \cdot (-9)$ $8 \cdot (-3)$ $-2 \cdot 12$
$-12 \cdot 7$ $-14 \cdot 3$ $4 \cdot (-21)$ $4 \cdot (-6)$ $-5 \cdot 40$ $6 \cdot (-7)$

○ **4** Führe zuerst eine Überschlagsrechnung durch und berechne anschließend.

a) $33 \cdot (-18)$ b) $27 \cdot (-18)$ c) $-53 \cdot 11$ d) $121 \cdot (-12)$
e) $15 \cdot (-19)$ f) $32 \cdot (-19)$ g) $-89 \cdot 19$ h) $-15 \cdot 201$

○ **5** Entscheide mit einem Überschlag, in welchem der gefärbten Bereiche das Ergebnis liegen muss. Berechne dann die genauen Ergebnisse.

a) $-143 : 11$ b) $501 : 167$ c) $-721 : 103$ d) $126 : 9$

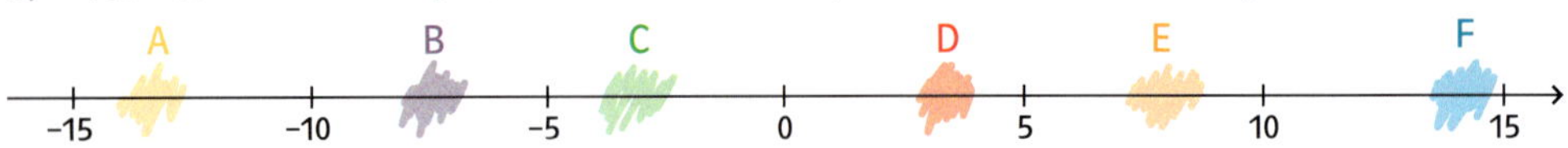

○ **6** Bestimme die fehlenden Zahlen.

a) $□ \cdot (-8) = -40$ b) $□ \cdot (-12) = -12$ c) $-2 \cdot □ = -50$ d) $5 \cdot □ = 40$
e) $□ : 4 = -3$ f) $□ \cdot (-13) = 0$ g) $-100 : □ = -4$ h) $□ : 1 = -31$
i) $12 \cdot □ = -48$ j) $□ : 11 = 7$ k) $16 - □ = -80$ l) $16 \cdot □ = -80$

Teste dich! → **Lösungen**, Seite 210

○ **7** Berechne.

a) $-6 \cdot 9$ b) $-1600 : 16$ c) $15 \cdot (-3)$ d) $-108 : 9$

○ **8** Führe zuerst eine Überschlagsrechnung durch und berechne anschließend.

a) $22 \cdot (-39)$ b) $-19 \cdot 61$ c) $-396 : 3$ d) $-536 : 4$

◒ **9** **Finde den Fehler!**

Beschreibe, was falsch gemacht wurde. Verwende Fachbegriffe, z. B. die auf dem Rand. Berechne anschließend im Heft die richtige Lösung.

a) $-2 \cdot 6 = 12$ b) $-32 : 4 = 8$ c) $3 \cdot 9 = -27$

Wortliste
- der Quotient
- der Faktor
- negativ
- das Produkt
- das Vorzeichen

10 Nenne oder beschreibe alle ganzen Zahlen, die man für □ bzw. △ einsetzen kann.

a) $5 \cdot □ = -8 + 3$ b) $0 \cdot □ = 5 \cdot 0$ c) $(5 - □) \cdot 3 = 0$

d) $5 \cdot □ = 0$ e) $5 = □ \cdot 0$ f) $-1 \cdot □ = 1 \cdot △$

11 Rico ist in einem Tauchbecken 5 m tief getaucht, Oscar sogar 15 m tief. Sie wollen wissen, wievielmal so tief Oscar wie Rico tauchen konnte und wie tief die beiden im Durchschnitt getaucht sind.

a) Gib an, mit welchen Termen auf dem Rand man diese Fragen beantworten kann. Begründe.

b) Berechne und beantworte die Fragen.

A $(-15 - 5) : 2$

B $(-15) : 5$

C $(15 + 5) : 2$

D $(15 - 5) : 2$

E $5 : 15$

F $15 : 5$

12 Berechne.

a) $3 \cdot (-5) \cdot 6$ b) $(-2) \cdot 5 \cdot 9$ c) $8 \cdot (-5) : 4$ d) $(-12) \cdot 6 : 8$

13 Nenne oder beschreibe die Zahlen, die man für □ einsetzen kann.

a) Das Ergebnis der Aufgabe $□ \cdot (-1)$ soll negativ sein.

b) Das Ergebnis der Aufgabe $-3 \cdot □$ soll möglichst nahe bei -40 liegen.

c) Das Ergebnis der Aufgabe $□ - 2$ soll negativ sein.

Teste dich!

Lösungen, Seite 210

14 Welche Zahl kann man für □ einsetzen?

a) $-3 \cdot □ = -51$ b) $□ \cdot 21 = -105$ c) $□ - 25 = -124$

15 Nenne oder beschreibe alle ganzen Zahlen, die man für □ einsetzen kann.

a) $-7 \cdot □ = 10 - 31$ b) $0 \cdot □ = -18$ c) $(□ + 13) \cdot (-6) = 0$

16 Zeichne die Punkte A(1 | 1), B(5 | 2), C(6 | 5) und D(2 | 4) in ein Koordinatensystem (1 LE = 1 Kästchen), das in x-Richtung bei −13 und in y-Richtung bei −11 beginnt.

a) Multipliziere die y-Koordinaten der Punkte A, B, C und D mit −1 und trage die so entstandenen Punkte ebenfalls in das Koordinatensystem ein. Beschreibe die Lage der beiden Parallelogramme zueinander.

b) Multipliziere die x-Koordinaten der Punkte A, B, C und D mit −1 und trage die so entstandenen Punkte ebenfalls in das Koordinatensystem ein. Beschreibe die Lage der beiden Parallelogramme zueinander.

c) Multipliziere die x- und die y-Koordinaten der Punkte A, B, C und D mit −2 und trage die so entstandenen Punkte ebenfalls in das Koordinatensystem ein. Beschreibe die Lage der beiden Parallelogramme zueinander.

17 **Gilt immer – gilt nie – es kommt darauf an**

Untersuche, ob die Aussagen immer gelten, nie stimmen oder ob sie nur in bestimmten Fällen richtig sind. Begründe. Die Aussagen beziehen sich auf alle Zahlen ungleich 0.

a) Das Ergebnis einer Divisionsaufgabe ist kleiner als der Dividend.

b) Das Produkt zweier Zahlen liegt auf der Zahlengeraden rechts vom größeren Faktor.

c) Stimmt das Produkt mit einem Faktor überein, so wurde mit 1 multipliziert.

Teste dein Grundwissen!

Merkkästen, Seite 104, Seite 105 und Seite 109
Lösungen, Seite 210

18 Trage die Punkte A(−3 | 4), B(4 | −2) und C(2 | 4) in ein Koordinatensystem ein.

a) Zeichne eine Senkrechte zur Geraden AB, die durch den Punkt C verläuft.

b) Zeichne eine Parallele zur Geraden AB, die durch den Punkt C verläuft. Bestimme den Abstand der Parallelen zur Gerade AB.

Lösungen, Seite 210

○ **1** a) Ordne die Zahlen 405, –504, –405, –540, –450 und –404 der Größe nach. Verwende das Kleinerzeichen.
b) Welche Zahl aus Teilaufgabe a) hat den größten Betrag, welche den kleinsten?

○ **2** Ordne die Ergebnisse der Aufgaben 6 – 9, 18 – 20, –3 + 8, 8 – 13 und –2 – 5 der Größe nach.

○ **3** Berechne.

a) –13 – 27	b) 15 – 23	c) –13 + 28	d) 27 – 46
e) 15 – 45	f) 13 – 19	g) –18 + 23	h) 45 – 51
i) –105 + 126	j) –254 – 244	k) 199 – 201	l) –1015 + 1012

○ **4** Berechne.

a) $3 \cdot (-8)$	b) $15 \cdot (-7)$	c) $12 \cdot (-4)$	d) $-72 : 9$
e) $-66 : 11$	f) $-49 : 7$	g) $-27 : 3^2$	h) $2^4 \cdot (-5)$
i) –9 + 28	j) 22 – 34	k) –13 – 26	l) $2^3 - 18$

○ **5** Übertrage die Tabelle in dein Heft und fülle sie aus.

a)

:	2	3	8	12
–24	–12			
72				
–120				
–144				

b)

·	–1	–3		
		–12		
5			–45	
6				72
	–13			

○ **6** Der Förderkorb einer Kohlenzeche fährt in einer Höhe von 208 m über dem Meeresspiegel los und erreicht nach 737 m das tiefer gelegene Kohleflöz.
Wie viele Meter unter dem Meeresspiegel liegt das Abbaugebiet?

○ **7** Herr Schulte darf sein Konto höchstens um 3600 € überziehen. Wie viel Euro kann er abheben, wenn sein Konto ein Guthaben von 2480 € aufweist?

○ **8** Welches der Zeichen <, > oder = gehört in das Kästchen?
a) $30 \cdot (-6)$ ☐ 30 : 6 b) –55 + 5 ☐ 55 – 45 c) $-75 \cdot 2$ ☐ 75 + 25

○ **9** Lisa hat die Höhen einiger Berge und die Tiefen einiger Tiefseegräben aufgeschrieben.

Mount Everest	8850 m
Aconcagua	6962 m
Mount McKinley	6194 m
Kilimandscharo	5895 m
Mont Blanc	4810 m
Marianengraben	11 034 m
Puerto-Rico-Graben	9219 m
Sundagraben	7500 m

a) Sie trägt die Namen auf der Weltkarte (Fig. 1) ein. Ordne den Namen Nummern zu.
b) Anschließend trägt sie die Berge und Tiefseegräben auf einer gemeinsamen Skala ein. Worauf muss sie dabei achten? Lege selbst eine solche Skala an.

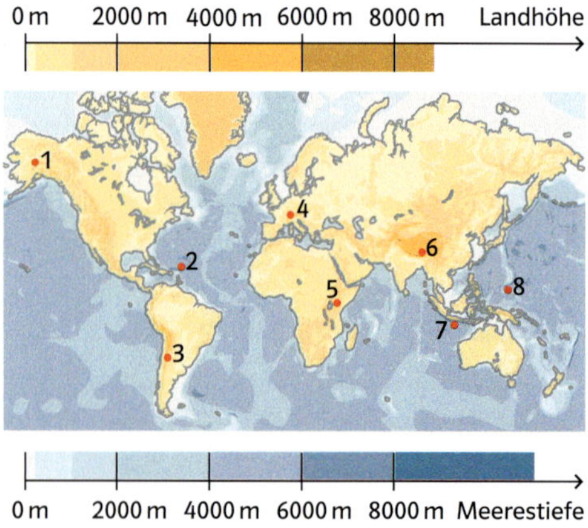

Fig. 1

10 Anna und Benni vergleichen ihre Kontostände A und B. Beide haben ein Guthaben auf dem Konto und es gilt A < B. Anna ist also momentan „ärmer" als Benni. Untersuche, ob dies auch zutrifft, wenn A und B negativ sind und A < B ist.

11 Mark denkt sich eine Zahl, subtrahiert 22, addiert 15 und erhält am Ende −3.
Welche Zahl hat er sich ausgedacht?

12 Timo fährt gern mit dem Fahrstuhl. Er steigt im Erdgeschoss eines Hochhauses ein und fährt 14 Stockwerke hinauf, dann 17 Stockwerke nach unten und anschließend nochmals 23 Etagen nach oben. Wie müsste sich der Fahrstuhl nach dieser Fahrt weiterbewegen, damit Timo im 2. Untergeschoss ankommt?

13 Subtrahiere vom Quotienten der Zahlen −72 und 8 das Produkt von 13 und 5.

14 Beurteile, welche der Zahlen 2, −3, 30, −55 genau zwei dieser Eigenschaften haben.

- **A** Ihr Abstand zur 0 ist kleiner als 5.
- **B** Sie ist größer als −3.
- **D** Sie liegt auf der Zahlengeraden links von −1.
- **E** Sie ist eine natürliche Zahl.
- **C** Sie hat von der Zahl 13 den Abstand 17.

15 Setze für □ das Zeichen „>", „<" oder „=" ein.
a) −60 □ 20 − 75 b) −25 + 45 □ 30 c) −155 + 156 □ 1 d) 13 □ −231 + 245

16 Im Pazifischen Ozean bei Neuseeland gibt es unter der Meeresoberfläche einen Berg, der 8690 m hoch ist. Wie weit liegt die Spitze dieses Berges unter der Meeresoberfläche, wenn der Meeresgrund in der Umgebung des Berges die geografische Höhe −9050 m hat? Fertige zunächst eine Skizze an.

17 a) Bilde fünf verschiedene Additionsaufgaben mit dem Ergebnis −13.
b) Bilde fünf verschiedene Subtraktionsaufgaben mit dem Ergebnis −3.

18 Die niedrigste Temperatur, die eine Pflanze überstehen kann, nennt man Frostresistenz.
a) Die Frostresistenz der Alpenrose beträgt im Januar −29 °C. Im Juni ist sie 25 °C höher. Welche Temperaturen übersteht die Alpenrose im Juni ohne Schädigung?
b) Die Latschenkiefer verträgt im Januar −43 °C, im Juli −7 °C.
Um wie viel steigt die Frostresistenz des Baumes von Januar bis Juli an?

19 Setze die Zahlenreihe fort.
a) 57, 51, 43, 33, 21, … b) −8, −6, −10, −4, −12, −2, … c) 0, 2, −2, 6, −10, 22, …

20 Durch die Pfeile werden auf der Zahlengeraden drei Zahlen a, b und c markiert. Entscheide, welche der folgenden Aussagen wahr oder falsch sind.
a) a > b; a < c; c > b
b) a < b < c; a > c > b
c) |a| < |c|; |a| > b; |c| < |b|

21 a) Bestimme die Zahlen, die man zu −13 addieren kann, um eine Zahl zu erhalten, deren Abstand zur Null 5 beträgt.
b) Bestimme, welche Zahl man zu −7 addieren muss, um die Gegenzahl von −7 zu erhalten.

Rechnen mit ganzen Zahlen

Bisher hast du zu einer gegebenen Zahl nur positive Zahlen addiert oder von ihr nur positive Zahlen subtrahiert. Wie man negative Zahlen addiert oder subtrahiert, erkennst du an den fortgesetzten Zahlenreihen:

Addieren

-2	+	3	=	1
-2	+	2	=	0
-2	+	1	=	-1
-2	+	0	=	-2
-2	+	(-1)	=	-3
-2	+	(-2)	=	-4
-2	+	(-3)	=	-5

wird immer um 1 kleiner

Subtrahieren

-2	-	3	=	-5
-2	-	2	=	-4
-2	-	1	=	-3
-2	-	0	=	-2
-2	-	(-1)	=	-1
-2	-	(-2)	=	0
-2	-	(-3)	=	1

wird immer um 1 größer

Wenn Vorzeichen und Rechenzeichen „aneinanderstoßen", setzt man Klammern:

Statt $-2 + -5 = -7$ schreibt man $-2 + (-5) = -7$.

Statt $-2 - -5 = 3$ schreibt man $-2 - (-5) = 3$.

Beim **Addieren einer negativen Zahl** geht man auf der Zahlengeraden, wie beim Subtrahieren einer positiven Zahl, nach links.

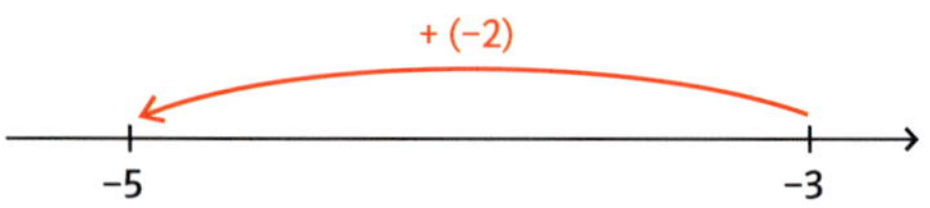

Beim **Subtrahieren einer negativen Zahl** geht man auf der Zahlengeraden, wie beim Addieren einer positiven Zahl, nach rechts.

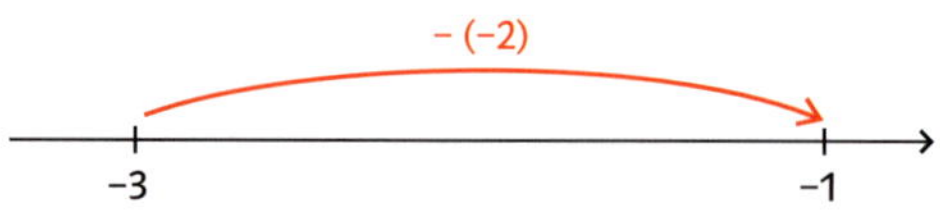

Addieren einer negativen Zahl ist dasselbe wie das **Subtrahieren** der **Gegenzahl**:
$11 + (-17) = 11 - 17 = -6$

Subtrahieren einer negativen Zahl ist dasselbe wie das **Addieren** der **Gegenzahl**:
$-7 - (-9) = -7 + 9 = 2$

Treffen also bei Additionen und Subtraktionen Rechen- und Vorzeichen aufeinander, so ist es zweckmäßig, die Rechnung zuerst zu vereinfachen. Dabei gilt:

$+(+\ldots) = +\ldots$ $\quad +(-\ldots) = -\ldots$ $\quad -(+\ldots) = -\ldots$ $\quad -(-\ldots) = +\ldots$

Zum Beispiel gilt:

$4 + (+5)$	$3 + (-8)$	$7 - (+13)$	$2 - (-4)$
$= 4 + 5$	$= 3 - 8$	$= 7 - 13$	$= 2 + 4$
$= 9$	$= -5$	$= -6$	$= 6$

1 Berechne.

a) $-20 - (-10)$ b) $-9 - (-10)$ c) $-10 - (-9)$ d) $24 + (-3)$
e) $-75 + (-72)$ f) $155 - (-156)$ g) $-59 + (-58)$ h) $59 - (-63)$
i) $69 - (-96)$ j) $1011 + (-1012)$ k) $26 - (-25)$ l) $-63 + (-60)$

Nach dem gleichen Prinzip lässt sich auch die Multiplikation zweier negativer Zahlen herleiten:

3	·	(−2)	=	−6
2	·	(−2)	=	−4
1	·	(−2)	=	−2
0	·	(−2)	=	0
(−1)	·	(−2)	=	2
(−2)	·	(−2)	=	4

wird jeweils um 2 größer

Das Produkt zweier negativer Zahlen ist also positiv. Ebenso wie bei der Addition und der Subtraktion setzt man Klammern, wenn das Rechenzeichen „·" auf das Vorzeichen trifft.

Multipliziert man **eine positive und eine negative Zahl**, so ist das **Ergebnis negativ.**
Beispiele: $(-5)\cdot 7 = -35$ und $3\cdot(-13) = -39$

Multipliziert man **zwei negative Zahlen**, so ist das **Ergebnis positiv.**
Beispiel: $(-4)\cdot(-8) = 32$

Die Division kann als Umkehraufgabe der Multiplikation verstanden werden. Die Rechnung $3\cdot(-2) = -6$ kann allerdings auf zwei verschiedene Weisen umgekehrt werden.
Die Umkehrung $(-6):3 = -2$ ist bereits bekannt. Es gilt allerdings auch $(-6):(-2) = 3$.
Eine Umkehrung der Aufgabe $(-2)\cdot(-2) = 4$ ist die Rechnung $4:(-2) = (-2)$.
Man erkennt, dass es eine Regel analog zur Multiplikationsregel gibt.

Dividiert man eine **positive durch eine negative Zahl** oder eine **negative durch eine positive Zahl**, so ist das **Ergebnis negativ.**
Beispiele: $36:(-3) = -12$ und $(-36):3 = -12$

Dividiert man eine **negative durch eine negative Zahl**, so ist das **Ergebnis positiv.**
Beispiel: $(-36):(-3) = 12$

Zum Beispiel gilt:

$(-2)\cdot(-8)$	$(-63):(-9)$	$12:(-4)$	$(-18):6$
$= 16$	$= 7$	$= -3$	$= -3$

2 Berechne im Kopf.

a) $12\cdot(-7)$ b) $(-18)\cdot 9$ c) $8\cdot(-13)$ d) $15\cdot(-3)$
e) $(-13)\cdot(-7)$ f) $(-13)\cdot(-20)$ g) $66\cdot(-100)$ h) $(-9)\cdot 200$

3 Berechne im Kopf.

a) $35:(-7)$ b) $(-78):(-13)$ c) $130:(-13)$ d) $(-75):15$
e) $(-77):(-7)$ f) $88:22$ g) $(-110):10$ h) $75:(-15)$
i) $81:9$ j) $(-60):15$ k) $(-220):(-20)$ l) $0:15$

Ganze Zahlen
Positive Zahlen: 1, 2, 3, …
Negative Zahlen: −1, −2, −3, …
Ganze Zahlen: … −3, −2, −1, 0, 1, 2, 3, …

Negative Zahlen *Positive Zahlen*

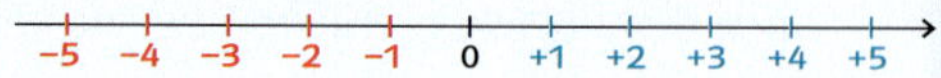

Ganze Zahlen

Zahlengerade
Die kleinere von zwei ganzen Zahlen liegt auf der Zahlengeraden weiter links.

$-5 < -3$ $-2 < 1$ $3 < 5$

Gegenzahl
Die Gegenzahl zu einer Zahl liegt auf der Zahlengeraden spiegelbildlich bezüglich der Null.

12 und −12 sind Gegenzahlen.

Betrag
Der Betrag einer ganzen Zahl ist ihr Abstand zur Zahl Null.

Es ist $|+12| = |-12| = 12$.

Positive Zahlen addieren
Man geht auf der Zahlengeraden nach rechts. Es muss beachtet werden, ob die 0 überschritten wird oder nicht.

$-3 + 5 = 2$

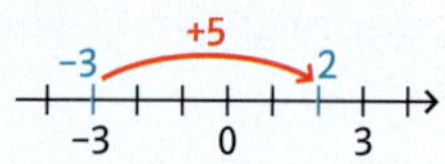

Nebenrechnung:
$5 - 3 = 2$

$-4 + 3 = -1$

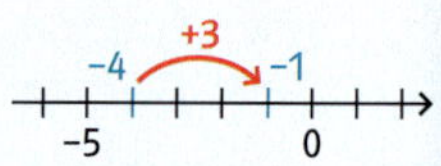

Nebenrechnung:
$4 - 3 = 1$

Positive Zahlen subtrahieren
Man geht auf der Zahlengeraden nach links. Es muss beachtet werden, ob die 0 überschritten wird oder nicht.

$2 - 6 = -4$

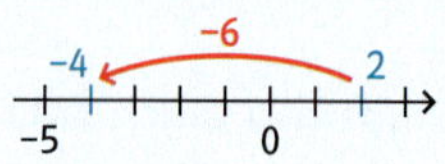

Nebenrechnung:
$6 - 2 = 4$

$-1 - 2 = -3$

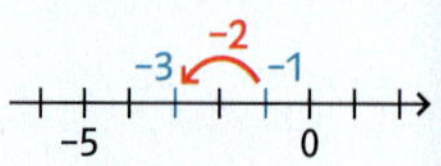

Nebenrechnung:
$1 + 2 = 3$

Negative Zahlen multiplizieren
Multipliziert man eine negative Zahl mit einer positiven Zahl, ist das Ergebnis negativ.
Aufgrund des Kommutativgesetzes der Multiplikation ist es egal, ob der erste oder der zweite Faktor negativ ist.

$12 \cdot (-3) = -36$ $(-5) \cdot 8 = -40$

Negative Zahlen dividieren
Dividiert man eine negative Zahl durch eine positive Zahl, ist das Ergebnis negativ.

$-63 : 7 = -9$

Runde 1

Lösungen, Seite 212

1 Welche Zahlen sind auf der Zahlengeraden rot markiert?

a)

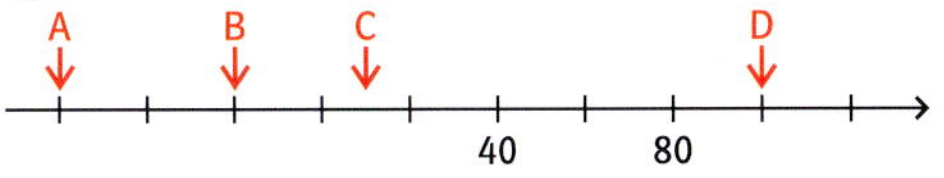

b)

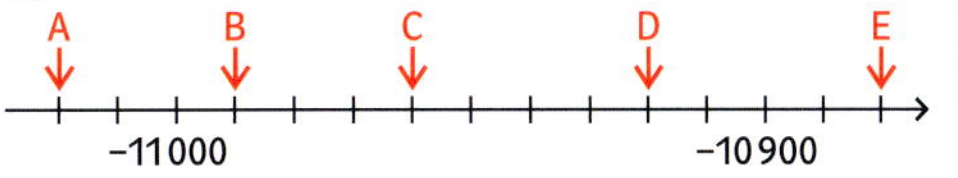

2 Ist die Aussage im Heft von Moritz wahr?

a) 199 > −2007 b) 879 > −890 c) −156 < −157 d) −1000 > −999

3 Berechne.

a) −13 + 23 b) −19 + 19 c) 77 − 73 d) −99 − 88
e) 45 − 34 f) −34 − 41 g) −17 + 34 h) −15 + 31

4 Welche Zahl ist

a) um 7 größer als −55, b) um 7 kleiner als −55, c) um 55 kleiner als 7?

5 Berechne.

a) 8 · (−9) b) 5 · (−14) c) 16 : 8 d) −52 : 13

6 Lara behauptet: „Multipliziert man zwei ganze Zahlen, dann kann das Ergebnis kleiner sein als jeder der Faktoren." Zeige an einem Zahlenbeispiel, dass Lara recht hat.

Runde 2

Lösungen, Seite 212

1 Gegeben sind die Zahlen −43, 12, −7, 0, −1, 1, −4, 3, −44, 45 und 11.

a) Ordne die Zahlen der Größe nach. Verwende das Kleinerzeichen.
b) Bilde die Gegenzahlen. Ordne sie der Größe nach.

2 Wie viele ganze Zahlen liegen zwischen

a) 12 und 18, b) 12 und −18, c) −12 und −18, d) −12 und 18?

3 Berechne.

a) 25 − 36 b) −55 − 18 c) −99 − 121 d) 15 − 38
e) 120 − 192 f) −169 − 241 g) 115 − 275 h) −524 + 495

4 Die dicksten Eisschichten der Erde gibt es in der Antarktis. In welcher Höhe befindet sich das darunterliegende Land, wenn die Eisoberfläche in einer Höhe von 2750 m liegt und das Eis 4600 m dick ist?

5 Gib alle Zahlen, die ins Kästchen passen, an: |☐| < |−3|.

6 Berechne.

a) 7 · (−6) b) −4 · 12 c) −56 : 7 d) −45 : 15

7 Welches der Zeichen <, > oder = gehört in das Kästchen?

a) 17 · (−3) ☐ 5 b) −8 + 14 ☐ 8 · (−4) c) 1000 ☐ −1 · 10 · 100

VI Flächen

Das kannst du bald

- Flächeninhalte mit verschiedenen Einheiten angeben und ineinander umrechnen
- Flächeninhalte von Rechtecken und rechtwinkligen Dreiecken sowie daraus zusammengesetzten Figuren berechnen
- Umfang von Figuren berechnen

Check-in

Schätze dich ein:

	☺	😐	☹
1. Ich kann geometrische Figuren erkennen und beschreiben.	▢	▢	▢
2. Ich kann Figuren aus Teilfiguren zusammensetzen und benennen.	▢	▢	▢
3. Ich kann mit dem Koordinatensystem umgehen.	▢	▢	▢
4. Ich kann Strecken mit dem Geodreieck messen.	▢	▢	▢
5. Ich kann Längen mit verschiedenen Einheiten angeben.	▢	▢	▢

Lerntipps

zu 1. **Merkkästen**, Seite 125 f.
zu 2. **Grundwissen**, Seite 187
zu 3. **Merkkasten**, Seite 109
zu 4. **Grundwissen**, Seite 188
zu 5. **Merkkasten**, Seite 74

Teste dich!

Lösungen, Seite 212

1 Geometrische Figuren erkennen
Das Foto zeigt zwei Fachwerkhäuser. Welche geometrischen Figuren erkennst du auf den Hauswänden?

2 Verschiedene Figuren aus zwei Dreiecken
Zeichne zwei Dreiecke auf Karopapier (Fig. 1) und schneide sie aus.
Lege die beiden Dreiecke so aneinander, dass neue Dreiecke oder Vierecke entstehen. Wie nennt man die entstandenen Figuren?

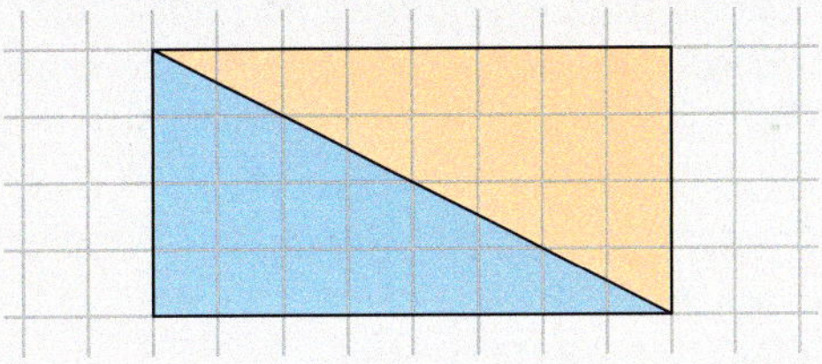

Fig. 1

3 Koordinatensystem
a) Zeichne das Dreieck mit den Eckpunkten A(3|2), B(7|6) und C(1|8) in ein Koordinatensystem. Ergänze eine Parallele zu $\overline{BC}$, die durch den Punkt A verläuft.
b) In welchen Punkten schneidet die Parallele die Koordinatenachsen? Gib die Koordinaten der Schnittpunkte an.

4 Messen
a) Zeichne das Viereck ABCD aus Fig. 2 ins Heft. Bezeichne die Mittelpunkte der vier Seiten mit P, Q, R und S und zeichne das Viereck PQRS.
b) Wie lang sind die Seiten des Vierecks PQRS?

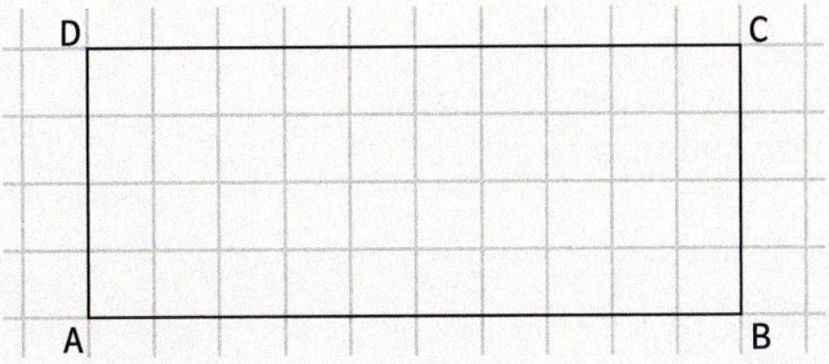

Fig. 2

5 Andere Längeneinheit, andere Maßzahl
Ergänze die fehlenden Maßzahlen.
a) 42 000 mm = ▢ cm = ▢ dm = ▢ m
b) ▢ km = 85 000 m = ▢ dm = ▢ cm

1 Flächeninhalte vergleichen

Vergleiche die Flächeninhalte der Katzenfiguren.

Im Alltag spielen Flächen eine wichtige Rolle. Wenn man zum Beispiel wissen möchte, welches das größte Zimmer in einer Wohnung ist, muss man die Größe der Bodenflächen vergleichen. Wie man hierbei vorgehen kann, wird im Folgenden erläutert.

Wenn man zwei Flächen mit Plättchen gleicher Größe auslegt, kann man die Größen der Flächen durch Abzählen der Plättchen vergleichen.
Die gelbe Fläche besteht aus 8, die rote aus 7 Plättchen: die gelbe Fläche ist größer.

Wenn man zwei Figuren auf Kästchenpapier zeichnet, kann man deren Größe vergleichen, indem man die Anzahl der Kästchen zählt, aus denen die Figuren bestehen.

Den Inhalt zweier Flächen kann man vergleichen, indem man beide Flächen mit gleich großen Plättchen auslegt, und die Anzahl der Plättchen vergleicht. Wenn man zum Auslegen von zwei Flächen die gleiche Anzahl von Plättchen benötigt, so sagt man, dass die Flächen den gleichen **Flächeninhalt** haben.

Statt Plättchen kann man auch die Kästchen auf kariertem Papier nutzen.

Man kann Figuren auch zerlegen und anders zusammenfügen, um ihren Flächeninhalt einfacher zu bestimmen.
Die abgebildete Figur lässt sich in zwei Teile zerlegen, die sich zu einem Rechteck ergänzen:
Flächeninhalt:
$A = 5 \cdot 4$ Kästchen = 20 Kästchen

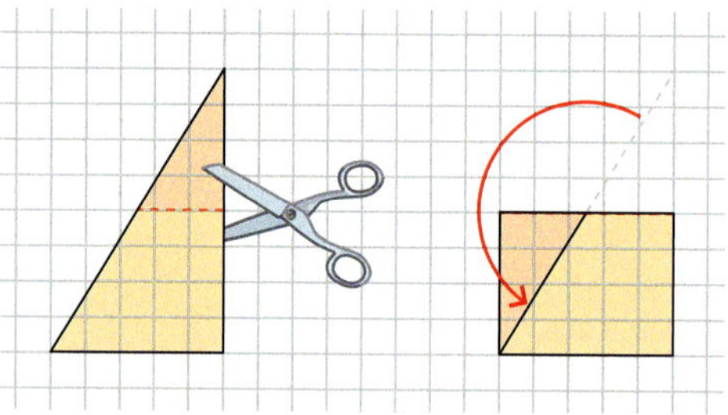

Beispiel 1 Vergleich von Flächeninhalten
Überprüfe, ob die Flächeninhalte gleich groß sind.
Lösung
Das gelbe L und das blaue T bestehen jeweils aus 16 Kästchen. Die Flächeninhalte sind gleich groß. Die rote Fläche besteht aus 20 Kästchen, ihr Flächeninhalt ist größer.

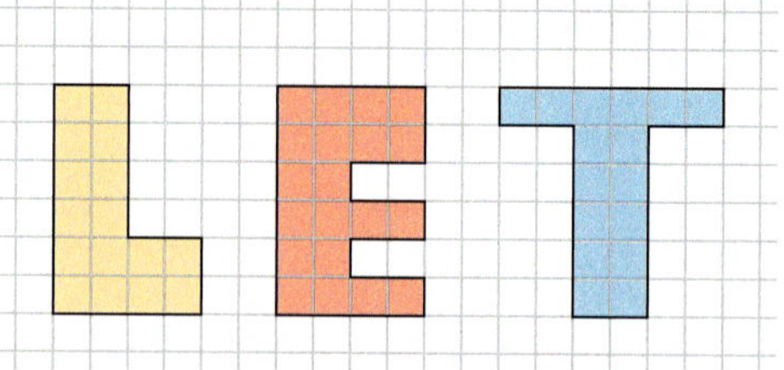

Beispiel 2 **Vergleich von Flächeninhalten durch Zerlegung**

Zeige, dass die beiden Flächeninhalte in Fig. 1 gleich groß sind.

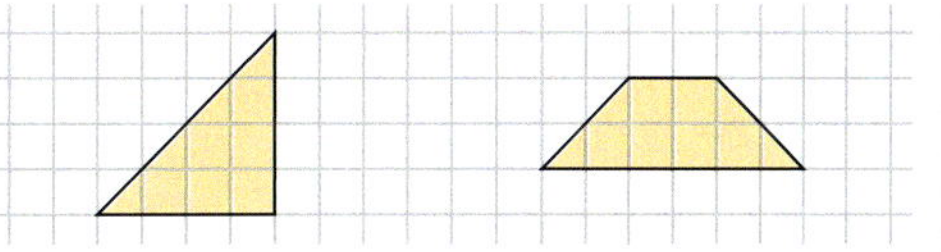

Fig. 1

Lösung

1. Möglichkeit:

Wenn man wie in Fig. 2 an der Spitze des großen Dreiecks ein kleines Dreieck abschneidet und an der rechten Seite anlegt, erhält man das Trapez aus Fig. 1. Die Flächeninhalte des Dreiecks und des Trapezes in Fig. 1 sind also gleich groß.

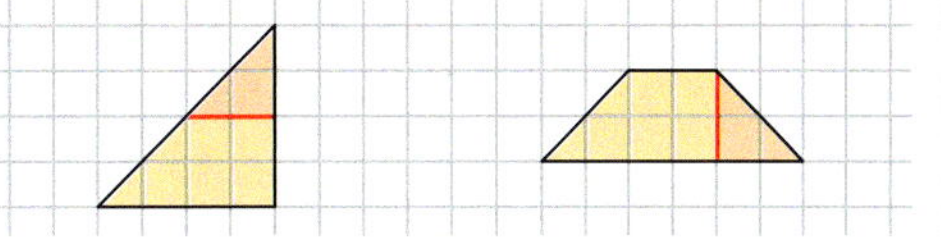

Fig. 2

2. Möglichkeit:

Legt man die beiden Figuren mit gleichen Dreiecken aus, so sieht man, dass man für jede der Figuren vier Dreiecke benötigt (vgl. Fig. 3).

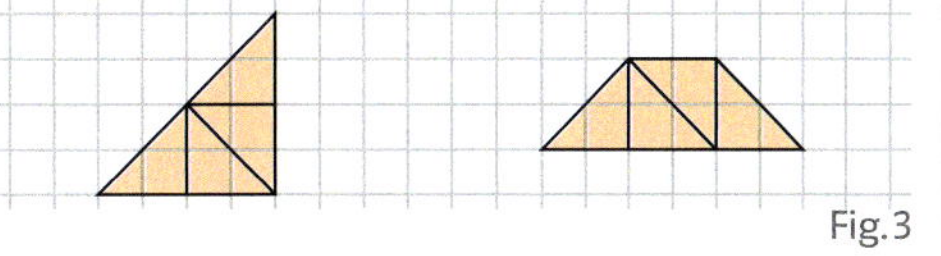

Fig. 3

Aufgaben

1 Die hellgelben Zellen der Bienenwabe sind mit Honig gefüllt. Ist mehr als die Hälfte der Wabe mit Honig gefüllt? Schätze zuerst und zähle dann.

2 a) Welches der beiden abgebildeten Zimmer ist größer? Begründe.

b) Zeichne zwei Zimmer und lass deinen Partner prüfen, ob sie gleich groß sind.

3 Bestimme, aus wie vielen Kästchen die Fläche jeweils besteht.

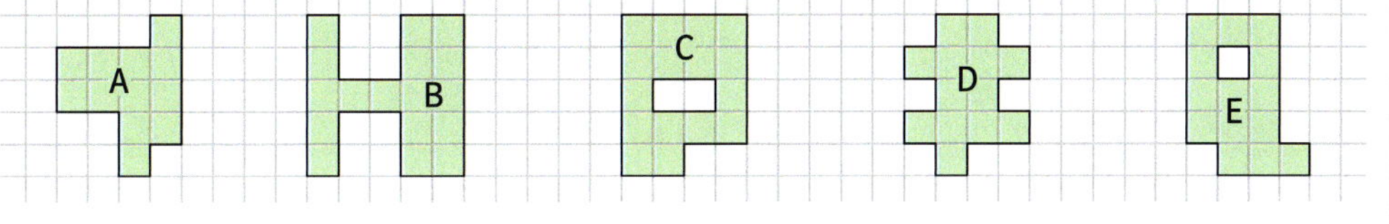

4 Ordne die Figuren nach der Größe ihrer Flächeninhalte.

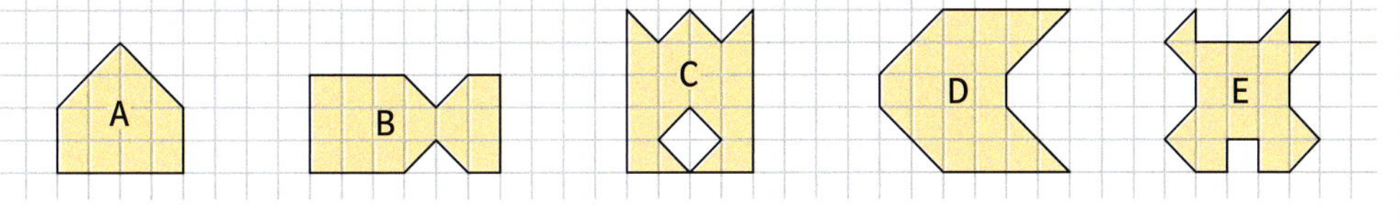

5 a) Untersucht, wie viele DIN-A4-Blätter man benötigt, um einen Schultisch vollständig abzudecken. Bestimmt auch, wie viele Blätter man für das Lehrerpult benötigt.

b) Untersucht mithilfe eurer Handflächen die Größe eures Schultisches. Vergleicht die Ergebnisse mit denen eurer Mitschüler. Womit lassen sich die Flächen der Tische besser messen, mit DIN-A4-Blättern oder mit euren Händen? Begründet eure Einschätzung.

Teste dich!

Lösungen, Seite 21

○ **6** Ordne die Figuren A bis D nach der Größe ihrer Flächeninhalte.

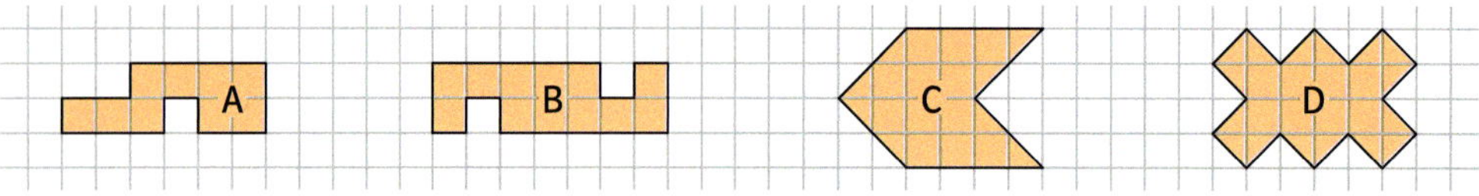

◒ **7** Schätze, ob die gezeichneten Flächen gleich groß sind. Erkläre dein Vorgehen.

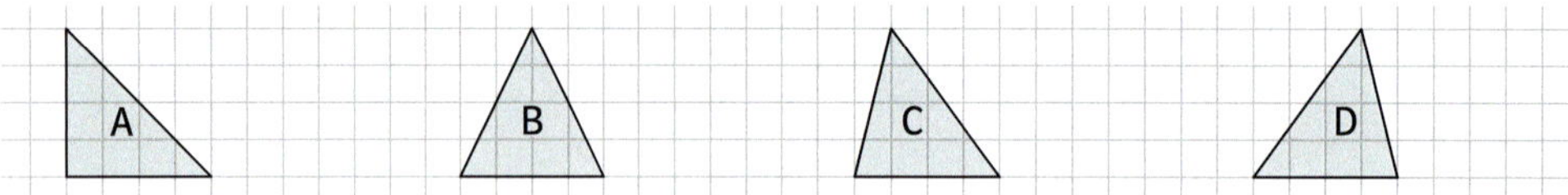

◒ **8** a) Überlege dir mit deinem Partner eine Zahl zwischen 10 und 50. Anschließend zeichnet jeder möglichst schnell eine Figur mit genau dieser Anzahl von Kästchen. Vergleicht eure Lösungen und besprecht, wie man am besten vorgehen sollte. Hängt das geschickteste Vorgehen oder die Anzahl der Möglichkeiten von der gewählten Zahl ab?
b) Zeichnet jeweils eine Figur in der Form eines Tannenbaums, deren Flächeninhalt so groß ist wie 30 Kästchen. Vergleicht eure Lösungen und besprecht dann, wie man hierbei am besten vorgeht.

◒ **9** **Wahr oder falsch?**
Sind die folgenden Aussagen wahr oder falsch? Begründe.
a) Wenn zwei Flächen den gleichen Flächeninhalt haben, so haben sie dieselbe Form.
b) Zu jedem Rechteck kann man ein Dreieck zeichnen, das denselben Flächeninhalt hat.
c) Wenn man bei einem Rechteck eine Seitenlänge verdoppelt, dann verdoppelt sich der Flächeninhalt.

Teste dich!

Lösungen, Seite 21

◒ **10** a) Ordne die Baugrundstücke in Fig. 1 nach der Größe ihrer Flächeninhalte.
b) Zeichne ein rechteckiges Grundstück mit dem gleichen Flächeninhalt wie Grundstück 1.
c) Zeichne ein rechteckiges Grundstück, das so groß ist wie Grundstück 1 und Grundstück 2 zusammen.

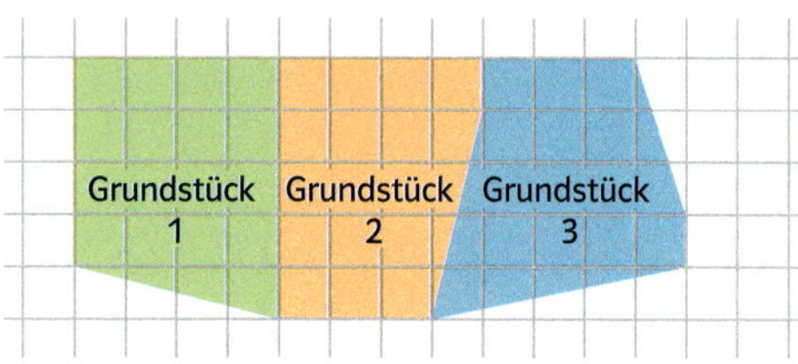

Fig. 1

● **11** Übertrage das Quadrat aus Fig. 2 mehrfach in dein Heft.
In dem Quadrat soll ein Rechteck mit 4 Kästchen eingefärbt werden. Es dürfen keine Kästchen geteilt werden. Untersuche, wie viele solcher Rechtecke es gibt.

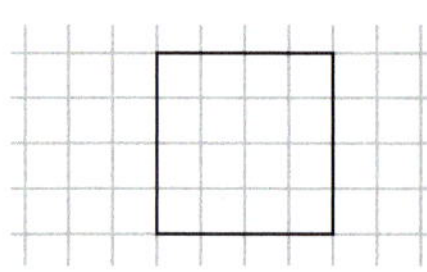
Fig. 2

● **12** Das Rechteck in Fig. 3 soll so in drei Teile zerlegt werden, dass man diese Teile zu einem Quadrat zusammensetzen kann. Zeichne eine solche Zerlegung im Heft.

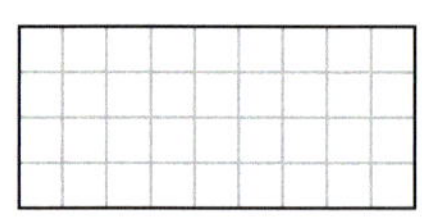
Fig. 3

Teste dein Grundwissen!

Beispiel 1, Seite 44
Merkkästen, Seite und Seite 49
Lösungen, Seite 21

G **13** Berechne möglichst geschickt.
a) $48 + 169 + 52 + 31$ b) $4 \cdot 23 \cdot 25$ c) $11 \cdot 12 + 11 \cdot 34 + 11 \cdot 54$

2 Flächeneinheiten

Reicht die Farbe, um die Decke in eurem Klassenraum zu streichen?
Wie viele solcher Farbtöpfe braucht man vermutlich, um alle Decken in eurer Schule weiß anzustreichen?

Bisher wurden Flächeninhalte zum Beispiel durch Abzählen von Kästchen verglichen, die die Fläche ausfüllen. In der Regel werden Flächeninhalte mithilfe von bestimmten Flächeneinheiten angegeben. Diese Einheiten sind quadratische Flächen, deren Seitenlängen den bekannten Längeneinheiten 1 mm, 1 cm usw. entsprechen. Im Folgenden wird vorgestellt, wie diese Flächeneinheiten heißen und wie man mit ihnen rechnen kann.

Den Flächeninhalt eines Zimmers gibt man in **Quadratmetern** an. Ein Quadrat mit der Seitenlänge 1 m hat den Flächeninhalt $1\,m^2$ (ein Quadratmeter). Eine Fläche, die man mit fünf solchen Quadraten auslegen kann, hat den Flächeninhalt $5\,m^2$.
Zu jeder Längeneinheit gibt es eine zugehörige **Flächeneinheit**.

Seitenlänge des Quadrats	1 mm	1 cm	1 dm	1 m	10 m	100 m	1 km
Flächeninhalt	$1\,mm^2$	$1\,cm^2$	$1\,dm^2$	$1\,m^2$	1 a	1 ha	$1\,km^2$
Name	Quadratmillimeter	Quadratzentimeter	Quadratdezimeter	Quadratmeter	Ar	Hektar	Quadratkilometer
Beispiel	Filzstiftpunkt 	Seitenfläche eines Würfels 	Handfläche 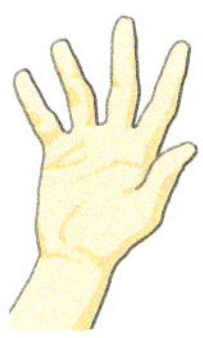	Flügel einer Wandtafel 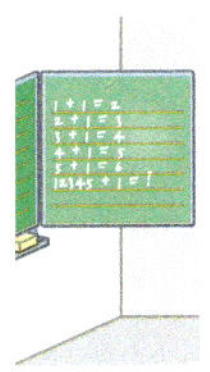	halber Tennisplatz 	Sportplatz mit Laufbahn 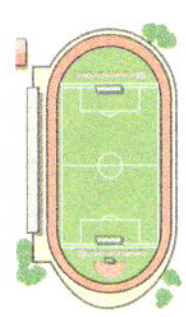	Helgoland (Hauptinsel) 

Wie viele Quadrate von $1\,dm^2$ passen in ein Quadrat mit dem Flächeninhalt $1\,m^2$?
Fig. 1 zeigt, dass in die untere Reihe 10 kleine Quadrate passen: $10 \cdot 1\,dm^2$.
Um $1\,m^2$ vollständig auszulegen, braucht man 10 solcher Reihen.
Also ist $1\,m^2 = 10 \cdot 10 \cdot 1\,dm^2 = 100\,dm^2$.
Wenn man also einen Quadratmeter in der nächstkleineren Maßeinheit dm^2 notieren will, muss man die Maßzahl mit 100 multiplizieren. Es gilt: $1\,m^2 = 100\,dm^2$.
Dieser Zusammenhang lässt sich auf die anderen Flächeneinheiten aus der Tabelle übertragen.

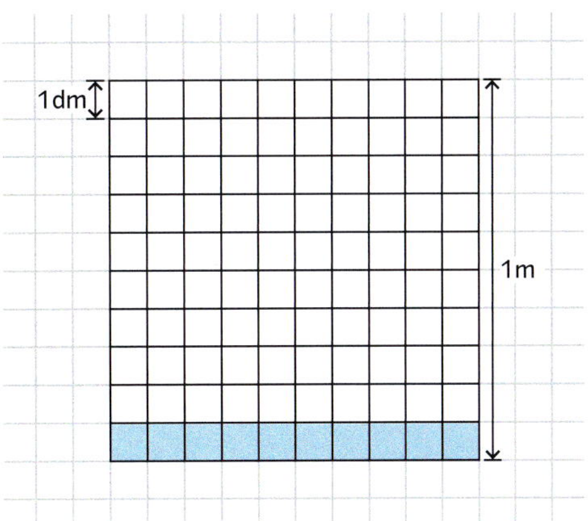

Fig. 1

Maßzahl
$1\,dm^2 = 100\,cm^2$
Maßeinheit

Achtung:
10-fache Seitenlänge beim Quadrat bedeutet 100-fachen Flächeninhalt.

Flächeninhalte in verschiedenen Einheiten angeben

← Umrechnung in die **nächstgrößere** Einheit

: 100	: 100	: 100	: 100	: 100	: 100
$1\,km^2 = 100\,ha$	$1\,ha = 100\,a$	$1\,a = 100\,m^2$	$1\,m^2 = 100\,dm^2$	$1\,dm^2 = 100\,cm^2$	$1\,cm^2 = 100\,mm^2$
· 100	· 100	· 100	· 100	· 100	· 100

Umrechnung in die **nächstkleinere** Einheit →

Umrechnen in die nächstgrößere Einheit: Maßzahl durch 100 dividieren

Umrechnen in die nächstkleinere Einheit: Maßzahl mit 100 multiplizieren

Wenn man einen Flächeninhalt in einer anderen Einheit angeben will, kann eine Stellenwerttafel nützlich sein.

km^2		ha		a		m^2		dm^2		cm^2		mm^2	
Z	E	Z	E	Z	E	Z	E	Z	E	Z	E	Z	E
		1	2	0	0	0	0						
							6	3	5				
5	3	0	9										
									2	0	0	5	0

$12\,ha = 1200\,a = 120\,000\,m^2$

$6\,m^2\,35\,dm^2 = 635\,dm^2$

$53\,km^2\,9\,ha = 5309\,ha$

$20\,050\,mm^2 = 2\,dm^2\,50\,mm^2$

Beispiel 1 Flächeninhalte in anderen Einheiten angeben

Gib in den Einheiten an, die in der Klammer stehen.

a) $4\,dm^2$ (cm^2, mm^2) b) $2\,ha$ (a, m^2) c) $60\,000\,a$ (ha, km^2)

Lösung

a) $4\,dm^2$
$= 400\,cm^2$
$= 40\,000\,mm^2$

b) $2\,ha$
$= 200\,a$
$= 20\,000\,m^2$

c) $60\,000\,a$
$= 600\,ha$
$= 6\,km^2$

$1\,km^2$
$= 100\,ha$
$= 10\,000\,a$
$= 1\,000\,000\,m^2$
$= 100\,000\,000\,dm^2$

Beispiel 2 Gemischte Schreibweise

Gib in der Einheit an, die in der Klammer steht.

a) $7\,a\,50\,m^2$ (in m^2) b) $2\,m^2\,5\,dm^2$ (in cm^2) c) $1\,km^2\,90\,a$ (in a)

Lösung

a) $7\,a\,50\,m^2 = 7\,a + 50\,m^2$
$= 700\,m^2 + 50\,m^2 = 750\,m^2$

b) $2\,m^2\,5\,dm^2 = 2\,m^2 + 5\,dm^2$
$= 200\,dm^2 + 5\,dm^2 = 205\,dm^2$
$= 20\,500\,cm^2$

c) $1\,km^2\,90\,a = 1\,km^2 + 90\,a$
$= 100\,ha + 90\,a$
$= 10\,000\,a + 90\,a = 10\,090\,a$

Beispiel 3 Rechnen mit Flächeneinheiten

Ein Bauer verkauft seine Grundstücke. Sie sind 4 ha, 2 ha, 134 a und 52 a groß.

a) Berechne, wie groß der Flächeninhalt aller verkauften Grundstücke zusammen ist.

b) Für einen Quadratmeter erhält er 2 €. Berechne, wie viel Geld er insgesamt erhält.

Tipp: Rechne immer mit Größen in derselben Einheit.

Lösung

a) $4\,ha + 2\,ha + 134\,a + 52\,a = 400\,a + 200\,a + 134\,a + 52\,a = 786\,a = 7\,ha\,86\,a$
Die Fläche ist insgesamt 7 ha 86 a groß.

b) $786\,a = 78\,600\,m^2$. $78\,600 \cdot 2\,€ = 157\,200\,€$. Er bekommt 157 200 €.

Aufgaben

○ 1 Gib an, welche Flächeneinheit für die Angabe des Flächeninhalts sinnvoll ist.

a) Kinderzimmer b) Fußballplatz c) Teller d) Schulgelände
e) Foto f) Teppich g) Rheinland-Pfalz h) Briefmarke

2 Nenne zwei Flächen, deren Flächeninhalt ungefähr $1\,m^2$, $1\,cm^2$, 1 ha bzw. $1\,km^2$ beträgt.

3 Hier stimmt etwas nicht. Ordne die Flächeninhalte richtig zu.

4

Mouna: „Wenn man eine Flächenangabe von cm^2 in mm^2 umrechnen möchte, dann muss man die Maßzahl mit 100 multiplizieren. Denn ein Quadratmillimeter passt 100-mal in einen Quadratzentimeter. Es gilt z. B. $2\,cm^2 = 200\,mm^2$."

Formuliere in ähnlicher Form Regeln mit einer Begründung für die Umrechnung.

a) von m^2 in dm^2
b) von mm^2 in cm^2
c) von ha in a
d) von m^2 in cm^2

5 a) Zeichne in dein Heft eine quadratische Fläche mit einem Flächeninhalt von $1\,dm^2$.
b) Zeichne in das Quadrat aus Teilaufgabe a) kleine Quadrate mit dem Flächeninhalt $1\,cm^2$. Wie viele dieser kleinen Quadrate passen in das Quadrat aus Teilaufgabe a)?
c) Gib jeweils in cm^2 an.
(1) $2\,dm^2$ (2) $21\,dm^2$ (3) $400\,dm^2$ (4) $7000\,dm^2$
d) Zeichnet an der Tafel ein Quadrat der Größe $1\,m^2$. Beantwortet nun folgende Fragen.
(1) Wie viele Quadrate mit dem Flächeninhalt $1\,dm^2$ passen in das große Quadrat an der Tafel?
(2) Wie viele Quadrate mit dem Flächeninhalt $1\,cm^2$ passen in das große Quadrat?
(3) Wie viele Quadrate mit dem Flächeninhalt $1\,mm^2$ passen in das große Quadrat?

6 Schreibe in der nächstkleineren Einheit.

a) $6\,m^2$ b) 15 ha c) 83 a d) $13\,cm^2$
e) $5\,cm^2$ f) $50\,m^2$ g) $25\,km^2$ h) $145\,dm^2$
i) $105\,cm^2$ j) $500\,dm^2$ k) $15\,000\,km^2$ l) 300 ha

Wird die Maßeinheit kleiner, wird die Maßzahl größer und umgekehrt.

7 Schreibe in der nächstgrößeren Einheit.

a) $500\,cm^2$ b) $400\,m^2$ c) 1500 ha d) $100\,dm^2$
e) $5000\,mm^2$ f) $500\,m^2$ g) 7000 a h) $200\,m^2$
i) $10\,500\,mm^2$ j) $700\,dm^2$ k) 1000 ha l) 50 000 a

8 Übertrage in dein Heft und ergänze die fehlende Angabe.

a) 32 ▢ = $3200\,cm^2$ b) $49\,m^2$ = ▢ dm^2 c) 4200 a = 42 ▢
d) ▢ ha = 17 000 a e) 4700 ▢ = $47\,m^2$ f) 230 000 ▢ = $2300\,km^2$

9 Gib in den Einheiten an, die in der Klammer stehen.

a) $12\,dm^2$ (cm^2, mm^2) b) 31 ha (a, m^2) c) $81\,m^2$ (dm^2, cm^2)
d) $7\,km^2$ (ha, a) e) 820 000 a (ha, km^2) f) $20\,000\,cm^2$ (dm^2, m^2)

10 Finde heraus, auf welchen Kärtchen derselbe Flächeninhalt angegeben wird.

1 $500\,dm^2$ 2 5000 a 3 $50\,000\,mm^2$ 4 50 ha 5 $5\,dm^2$ 6 $5\,m^2$

Teste dich!

Lösungen, Seite 21

○ **11** Schätze den Flächeninhalt und gib ihn in einer sinnvollen Einheit an.
a) Basketballfeld b) Spielkarte c) Tischtennisplatte d) Schachbrett

○ **12** Gib in den Einheiten an, die in der Klammer stehen.
a) $5\,m^2$ (dm^2, cm^2) b) $170\,000\,m^2$ (a, ha) c) 30 000 ha (a, m^2)
d) $3\,dm^2$ (cm^2, mm^2) e) $10\,000\,mm^2$ (cm^2, dm^2) f) 30 000 a (ha, km^2)

◒ **13** a) Wie groß wäre eine Fläche mit dem Inhalt „ein Quadratfuß" in cm^2? Schätze zuerst und berechne dann.
b) Denke dir weitere solcher Flächeneinheiten aus und untersuche, wie groß sie sind.

◒ **14** Übertrage in dein Heft und ergänze die fehlende Angabe.
a) 18 ☐ = $180\,000\,m^2$ b) $27\,m^2$ = ☐ cm^2 c) ☐ km^2 = 2 500 000 a
d) 230 000 a = 23 ☐ e) 350 000 ☐ = $35\,m^2$ f) $45\,000\,000\,dm^2$ = 45 ☐

◒ **15** **Finde die Fehler!**
Erkläre jeweils, was falsch gemacht wurde und korrigiere die Fehler im Heft.
a) $5\,m^2 = 500\,cm^2$ b) $15\,ha = 150\,a$ c) $1\,km^2 = 1000\,m^2$

◒ **16** Gib in der Einheit an, die in der Klammer steht.
a) $8\,dm^2$ (in mm^2) b) 28 ha (in m^2) c) $810\,000\,m^2$ (in ha)
d) $700\,000\,mm^2$ (in dm^2) e) $8\,m^2$ (in mm^2) f) $4\,000\,000\,m^2$ (in km^2)

◒ **17** Es ist $4\,m^2\,25\,dm^2 = 425\,dm^2$. Schreibe in der kleineren Einheit.
a) $5\,m^2\,12\,dm^2$ b) $6\,km^2\,52\,ha$ c) 5 ha 12 a
d) $6\,km^2\,6\,ha$ e) $12\,a\,50\,m^2$ f) $8\,m^2\,40\,cm^2$

◒ **18** Es ist $735\,m^2 = 7\,a\,35\,m^2$. Schreibe in gemischter Schreibweise.
a) $232\,m^2$ b) 153 ha c) $793\,dm^2$ d) $3940\,cm^2$ e) $1010\,mm^2$ f) 1235 a

◒ **19** Eine Kleinstadt möchte eine 3 Hektar große Fläche als Neubausiedlung für Einfamilienhäuser nutzen. Der Bürgermeister schlägt vor, die Fläche in 50 gleich große Grundstücke aufzuteilen.
a) Berechne, wie groß ein Grundstück ist.
b) Berechne, wie viel die Stadt einnimmt, wenn der Preis 150 € pro m^2 beträgt.

◒ **20** Ordne der Größe nach. Beginne mit der kleinsten Flächeneinheit. Verwende das Zeichen $<$.
1 $200\,m^2\,22\,dm^2$ 2 $2\,a\,21\,m^2$ 3 $999\,dm^2\,22\,cm^2$ 4 $20\,020\,m^2$
5 $200\,a\,70\,m^2$ 6 2 ha 2 a

◒ **21** Berechne und gib das Ergebnis in der Einheit an, die in der Klammer steht.
a) $16\,m^2 + 24\,dm^2$ (in dm^2) b) $4\,dm^2 - 4\,cm^2$ (in cm^2) c) $10\,m^2 + 900\,dm^2$ (in dm^2)
d) $98\,cm^2 + 600\,mm^2$ (in cm^2) e) $25\,cm^2 \cdot 8$ (in dm^2) f) $4\,dm^2 : 80$ (in cm^2)
g) $78\,dm^2 + 2200\,cm^2$ (in m^2) h) 5 ha + 100 a (in ha) i) 4 ha + 105 a (in a)

22 Jürgen sagt: „Um die Umrechnungen in die unterschiedlichen Flächeneinheiten fehlerfrei durchführen zu können, muss man sich zwei Dinge merken:
(1) Die vollständige Reihe der Flächeneinheiten: $mm^2 - cm^2 - dm^2 - m^2 - a - ha - km^2$
(2) Beim Umrechnen in die nächstkleinere Einheit multipliziert man die Maßzahl mit 100.
Beim Umrechnen in die nächstgrößere Einheit teilt man die Maßzahl durch 100."
a) Erläutere Jürgens Regel an mehreren Beispielen.
b) Erkläre, was Jürgen mit „vollständige Reihe" meint und warum es wichtig ist, sich die vollständige Reihe der Flächeneinheiten zu merken.

Teste dich!

→ **Lösungen**, Seite 213

23 Berechne.
a) $5\,dm^2 + 205\,cm^2$ b) $3\,ha - 125\,a$ c) $125\,cm^2 + 2\,m^2$ d) $5\,ha\,20\,m^2 + 230\,m^2$

24 Eine Holzplatte mit einer Größe von $2\,m^2$ soll in 40 Bretter der gleichen Größe zersägt werden. Berechne den Flächeninhalt eines solchen Brettes.

25 Der Laacher See bei der Abtei Maria Laach hat eine Wasseroberfläche von ungefähr 331 ha. Stelle dir vor, der See würde lückenlos mit Holzflößen bedeckt, auf denen sich pro Quadratmeter zwei Menschen aufhalten können. Untersuche, ob die rund 4 Millionen Einwohner von Rheinland-Pfalz dann auf dem See Platz hätten.

26 **Flächen im und am menschlichen Körper**
a) Wusstest du schon, dass die Hautoberfläche eines erwachsenen Menschen ungefähr $2\,m^2$ beträgt? Auf einem cm^2 befinden sich durchschnittlich 500 Nervenzellen. Wie viele Nervenzellen sind auf der gesamtem Hautoberfläche?
b) Wusstest du schon, dass die menschliche Lunge aus ungefähr 100 Millionen Lungenbläschen besteht? Jedes Lungenbläschen hat eine Oberfläche von etwa $1\,mm^2$. Berechne mit diesen Angaben die gesamte Oberfläche der Lunge.

Unter der Oberfläche der Lunge versteht man die Gesamtoberfläche aller Lungenbläschen. Wähle für die Lösung bei Teilaufgabe b) eine sinnvolle Einheit!

27 Der brasilianische Regenwald wird immer kleiner. Forscher haben herausgefunden, dass in den Jahren 1995 bis 2000 pro Jahr ungefähr zwei Millionen Hektar Wald vernichtet wurden.
a) Berechne, wie viele Fußballfelder Wald pro Minute vernichtet wurden, wenn die Angaben der Forscher stimmen.
b) Recherchiere aktuelle Zahlen sowie mögliche Folgen der Zerstörung des Regenwaldes. Informiere dich auch über Umweltinitiativen, die sich für den Erhalt des Regenwaldes einsetzen.

Teste dein Grundwissen!

→ **Merkkasten**, Seite 87
Lösungen, Seite 213

28 Herr Meirer kauft für 249,99 Euro ein GPS-Gerät, für 1199,99 Euro ein Klapprad, für 89,99 Euro Fahrradtaschen und für 99,99 Euro Bleistifte. Wie viel gibt er insgesamt aus? Überschlage zuerst und berechne dann möglichst geschickt.

3 Flächeninhalt von Rechtecken

Reicht der Plattenvorrat, um die Terrasse mit Platten zu belegen?

Bisher wurden Flächeninhalte von Quadraten mit der Seitenlänge 1 mm, 1 cm, 1 dm usw. betrachtet. Wenn man Rechtecke systematisch in solche Quadrate aufteilt, erhält man eine Formel zur Berechnung des Flächeninhalts von Rechtecken. Man kann Flächeninhalte berechnen und braucht diese nicht mehr durch Abzählen zu bestimmen.

Das Rechteck in Fig. 1 hat die Seitenlängen 4 cm und 3 cm. Um den Flächeninhalt dieses Rechtecks zu bestimmen, kann man es mit Quadraten der Seitenlänge 1 cm auslegen. Hierbei gibt es zwei Möglichkeiten, um eine Formel für den Flächeninhalt zu erhalten.

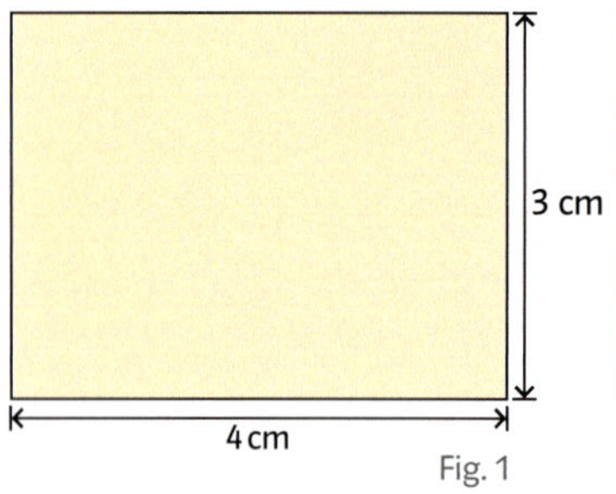

Fig. 1

3 Streifen mit je 4 Quadraten

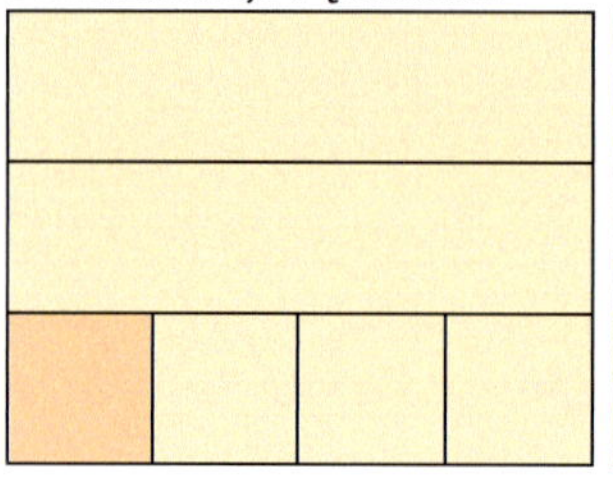

Fig. 2

4 Streifen mit je 3 Quadraten

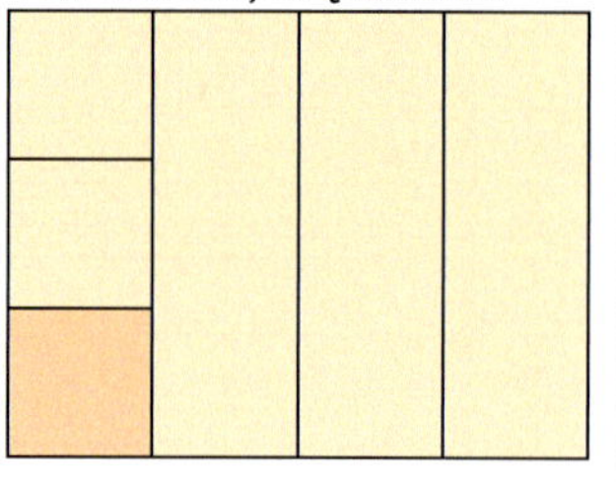

Fig. 3

Man kann das Quadrat in drei Streifen mit jeweils vier Quadraten (vgl. Fig. 2) oder in vier Streifen mit jeweils drei Quadraten (vgl. Fig. 3) aufteilen. Es passen also 4-mal 3 Quadrate bzw. 3-mal 4 Quadrate, also insgesamt 12 Quadrate in das Rechteck. Deshalb beträgt der Flächeninhalt $3 \cdot 4\,\text{cm}^2 = 4 \cdot 3\,\text{cm}^2 = 12\,\text{cm}^2$.
Man darf $3 \cdot 4\,\text{cm}^2$ bzw. $4 \cdot 3\,\text{cm}^2$ auch schreiben als $3\,\text{cm} \cdot 4\,\text{cm}$ bzw. $4\,\text{cm} \cdot 3\,\text{cm}$ und erhält $3\,\text{cm} \cdot 4\,\text{cm} = 12\,\text{cm}^2$ bzw. $4\,\text{cm} \cdot 3\,\text{cm} = 12\,\text{cm}^2$. Der Flächeninhalt eines Rechtecks lässt sich somit berechnen, indem man seine Länge mit seiner Breite multipliziert.

Den **Flächeninhalt A** eines **Rechtecks** kann man aus den Seitenlängen a und b berechnen.
Es gilt: $A = a \cdot b$
Für den **Flächeninhalt A** eines **Quadrats** mit der Seitenlänge a gilt: $A = a \cdot a = a^2$

A wie area (lat.): Fläche

Flächeninhalt eines Rechtecks: Länge mal Breite.

Beispiel 1 Flächeninhalte berechnen
a) Berechne den Flächeninhalt einer rechteckigen 40 m langen und 25 m breiten Wiese.
b) Eine quadratische Fliese hat die Seitenlänge 20 cm. Berechne ihren Flächeninhalt.
c) Bestimme den Flächeninhalt eines 2 m langen und 2 dm breiten Bretts.

Lösung
a) $A = 40\,\text{m} \cdot 25\,\text{m} = 1000\,\text{m}^2$ Die Wiese hat einen Flächeninhalt von $1000\,\text{m}^2$.
b) $A = 20\,\text{cm} \cdot 20\,\text{cm} = 400\,\text{cm}^2$ Der Flächeninhalt der Fliese beträgt $400\,\text{cm}^2$.
c) $2\,\text{m} = 20\,\text{dm}$, $A = 20\,\text{dm} \cdot 2\,\text{dm} = 40\,\text{dm}^2$ Das Brett hat einen Flächeninhalt von $40\,\text{dm}^2$.

Zum Rechnen mit Größen müssen die Maßeinheiten zusammenpassen.

Beispiel 2 **Seitenlängen berechnen**
Ein 5 a großer rechteckiger Bauplatz ist 25 m lang. Berechne, wie breit er ist. Fertige eine Skizze an.

Lösung

Eine Seitenlänge ist in m angegeben. Daher rechnet man den Flächeninhalt in m^2 um.
Es gilt: $5\,a = 500\,m^2$.
Mit der Formel zur Berechnung des Flächeninhalts eines Rechtecks und den Angaben aus der Aufgabenstellung erhält man: $500\,m^2 = 25\,m \cdot b$
Man erhält b durch das Berechnen der Umkehraufgabe: $500 : 25 = 20$. Es gilt $b = 20\,m$, denn $25\,m \cdot 20\,m = 500\,m^2$. Der Bauplatz ist also 20 m breit.

Mögliche Skizze:

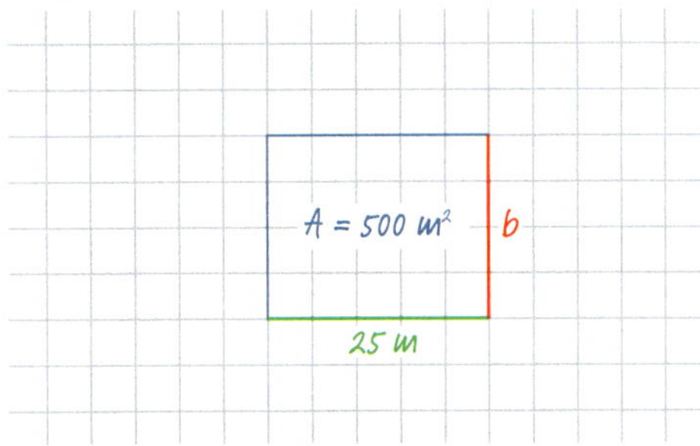

Beispiel 3 **Zusammengesetzte Figuren**
Bestimme den Flächeninhalt der abgebildeten Figur.

Lösung

1. Möglichkeit: Die Figur lässt sich in drei Rechtecke zerlegen:
Gelbes Rechteck: $A_{gelb} = 2\,cm \cdot 2\,cm = 4\,cm^2$
Rotes Rechteck: $A_{rot} = 1\,cm \cdot 1\,cm = 1\,cm^2$
Blaues Rechteck: $A_{blau} = 1\,cm \cdot 2\,cm = 2\,cm^2$
Flächeninhalt der ganzen Figur: $A = 7\,cm^2$

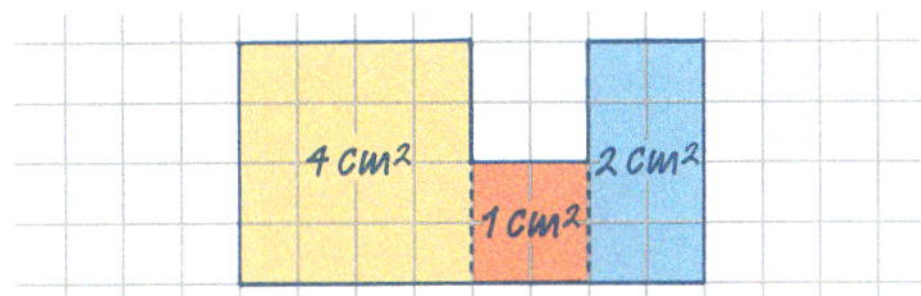

2. Möglichkeit: Die Figur lässt sich zu einem großen Rechteck ergänzen.
Großes Rechteck: $A_{groß} = 2\,cm \cdot 4\,cm = 8\,cm^2$
Kleines Rechteck: $A_{klein} = 1\,cm \cdot 1\,cm = 1\,cm^2$
Flächeninhalt der ganzen Figur: $A = 7\,cm^2$

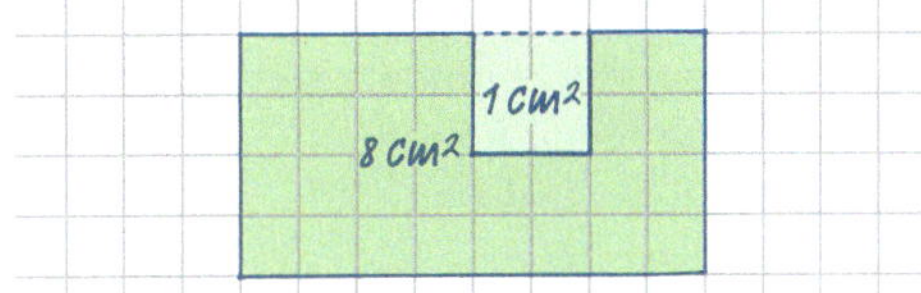

Aufgaben

○ **1** Berechne den Flächeninhalt.

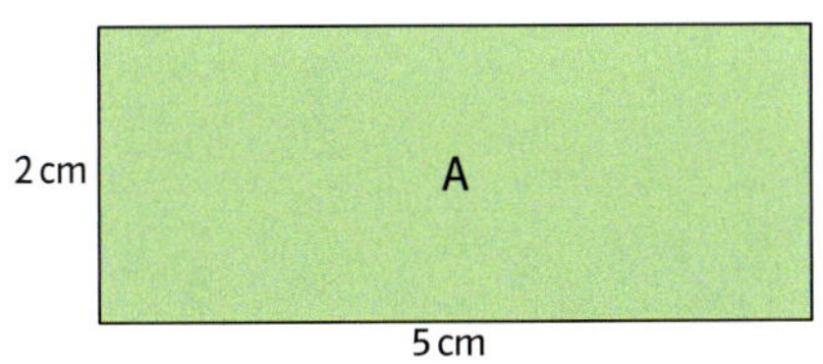

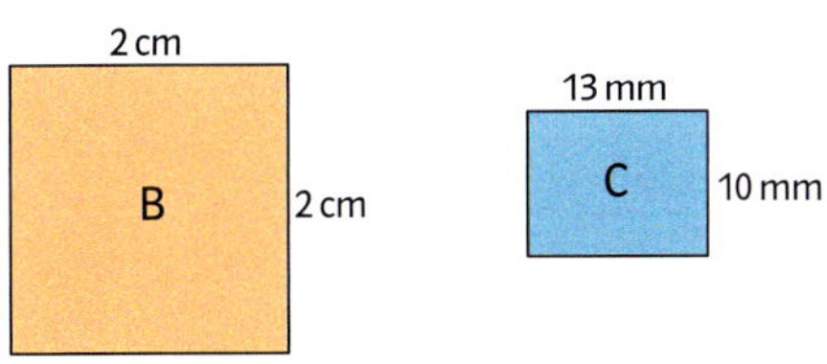

○ **2** Berechne den Flächeninhalt des Rechtecks mit den gegebenen Seitenlängen.
a) 2 cm, 8 cm b) 4 mm, 6 mm c) 10 km, 30 km d) 9 dm, 11 dm
e) 12 m, 8 m f) 14 cm, 14 cm g) 14 dm, 13 dm h) 14 m, 15 m

○ **3** Berechne den Flächeninhalt A des Rechtecks mit den Seitenlängen a und b.
a) $a = 5\,cm$, $b = 2\,mm$ b) $a = 3\,m$, $b = 2\,dm$ c) $a = 7\,dm$, $b = 5\,cm$ d) $a = 4\,mm$, $b = 7\,cm$
e) $a = 9\,cm$, $b = 6\,dm$ f) $a = 3\,dm$, $b = 12\,m$ g) $a = 3\,km$, $b = 250\,m$ h) $a = 2\,mm$, $b = 3\,dm$

○ **4** Ein Quadrat hat die Seitenlänge 8 cm. Berechne seinen Flächeninhalt.

○ **5** Zeichne drei Rechtecke mit dem Flächeninhalt $12\,cm^2$. Erläutere, wie du vorgehst.

○ **6** Miss die Seitenlängen und berechne den Flächeninhalt.

a) b) c)

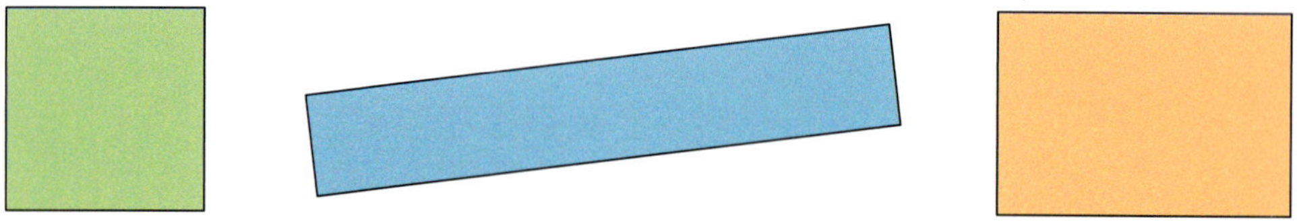

○ **7** Ein Zimmer ist 5 m lang und 4 m breit.
a) Überprüfe, ob das Parkett aus dem Angebot für das Zimmer ausreicht.
b) Berechne, wie teuer das Parkett für das Zimmer ist.

○ **8** Ein Glaser bestellt Glas für ein Schaufenster mit den Maßen 4 m × 3 m. Das Glas kostet 32 € pro Quadratmeter. Berechne den Preis des Glases.

Teste dich!

Lösungen, Seite 213

○ **9** Berechne den Flächeninhalt A des Rechtecks mit den Seitenlängen a und b.
a) a = 120 dm, b = 4 dm **b)** a = 7 cm, b = 5 mm **c)** a = 8 cm, b = 3 dm

○ **10** Ein 32 m langer und 15 m breiter Bauplatz wird für 225 € pro Quadratmeter angeboten. Berechne, wie teuer der Bauplatz ist.

◒ **11** Bestimme näherungsweise den Flächeninhalt. Miss hierzu die Seitenlängen. Runde sie vor der Berechnung. Längere Seitenlängen kannst du gegebenenfalls auch schätzen.
a) Mathematikheft b) Schülerausweis c) Schultisch d) Lehrerpult
e) Tafel f) Klassenraum g) Fenster h) Tür

◒ **12** a) Miss die Seitenlängen dieser Buchseite, runde auf cm und berechne den Flächeninhalt.
b) Schätze, ob man mit den Seiten deines Mathematikbuches euer Klassenzimmer tapezieren kann. Kontrolliere durch eine Rechnung.

◒ **13** Übertrage die Tabelle in dein Heft und ergänze die fehlende Angabe des Rechtecks.

	a)	b)	c)	d)	e)
Länge	4 cm		25 m		4000 m
Breite	25 dm	6 cm		100 m	
Flächeninhalt		$72\,cm^2$	10 a	3 ha	$20\,km^2$

◒ **14** Berechne, wie breit ein 8 cm langes Rechteck mit dem angegebenen Flächeninhalt ist.
a) $80\,cm^2$ b) $240\,cm^2$ c) $80\,mm^2$ d) $32\,dm^2$

◒ **15** Jule behauptet: „Mit der Formel $A = a \cdot b$ kann ich mir gut merken, wie man Flächeneinheiten umwandelt, z. B.: $1\,m^2 = 1\,m \cdot 1\,m = 100\,cm \cdot 100\,cm = 10\,000\,cm^2$. Also ist $1\,m^2$ das Gleiche wie $10\,000\,cm^2$." Überprüfe Jules Überlegung anhand von weiteren Beispielen.

◒ **16** Hans möchte eine Wand streichen. Sie ist 3 m hoch und 4 m breit. Das Fenster ist 25 dm breit und 80 cm hoch. Wie groß ist der Inhalt der Fläche, für die er Farbe benötigt?

17 Eine 25 km lange und 36 m breite Autobahn soll innerhalb von 6 Monaten gebaut werden. Man rechnet damit, dass pro Tag etwa 25 000 Autos über diese Autobahn fahren werden.
a) Berechne die für die Autobahn benötigte Gesamtfläche in Hektar.
b) Berechne, wie viele 500 m^2 große Baugrundstücke auf dieser Fläche Platz hätten.

18 Berechne den Flächeninhalt.
a)
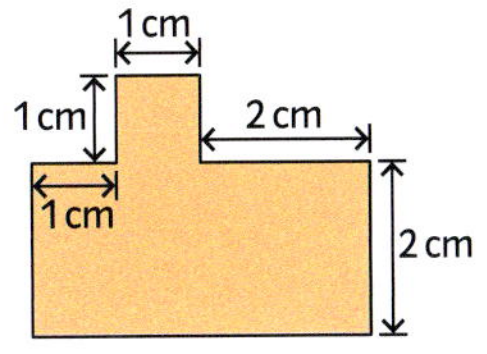

b)
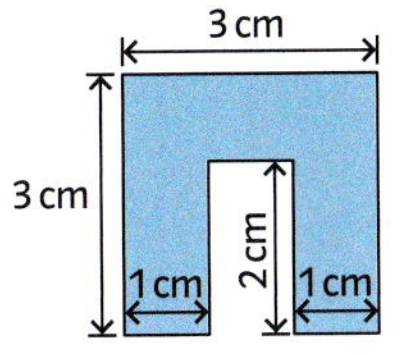

c)
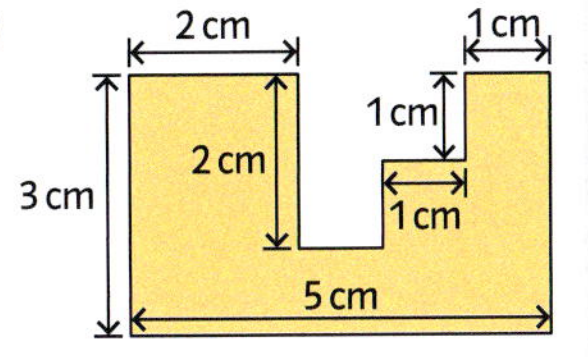

19 **Finde den Fehler!**
Beschreibe, was falsch gemacht wurde. Verwende Fachbegriffe. Die Begriffe auf dem Rand können helfen. Berechne anschließend im Heft die richtige Lösung.
a) A = 3 cm · 4 dm = 12 cm^2 b) A = 7 cm · 10 cm = 70 cm^2 = 7 dm^2 c) A = 2 m · 2 = 4 m^2

Wortliste
- die Maßeinheit
- die Maßzahl
- anpassen
- die Streckenlänge
- der Flächeninhalt
- Nullen ergänzen
- dividieren durch
- teilen durch
- multiplizieren mit

Teste dich! Lösungen, Seite 213

20 Berechne den Flächeninhalt der Figur.
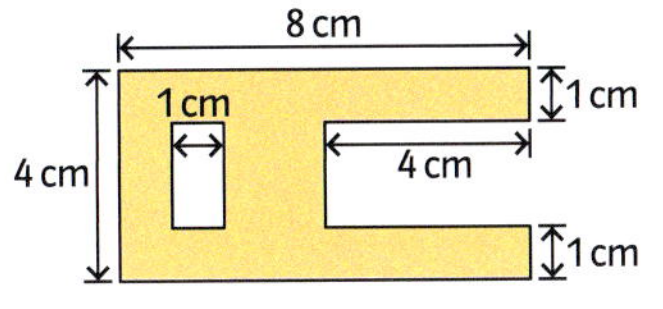

21 a) Hannah möchte einen 2 m^2 großen Tisch mit Mosaiksteinchen der Größe 2 cm × 2 cm belegen. Berechne, wie viele Steine sie benötigt.
b) Eine Seite des Tisches ist 80 cm lang. Berechne, wie lang die andere Seite ist.

22 Ein Park wird neu angelegt. Um eine rechteckige Wiese mit der Länge 50 m und der Breite 20 m soll ein 15 dm breiter Weg führen.
a) Erstelle eine Skizze. Schätze und berechne dann den Flächeninhalt des Weges.
b) Der Weg soll mit Pflastersteinen der Größe 10 cm × 20 cm gepflastert werden. Berechne, wie viele dieser Steine man benötigt.

23 Untersuche an Beispielen, wie sich der Flächeninhalt eines Rechtecks ändert, wenn man
a) die Länge verdoppelt,
b) die Breite halbiert,
c) die Länge und die Breite verdoppelt,
d) die Länge vervierfacht und die Breite halbiert.

24 **Gilt immer – gilt nie – es kommt darauf an**
Überprüfe, ob die folgenden Aussagen immer gelten, nie stimmen oder nur in bestimmten Fällen richtig sind. Begründe.
a) Wenn man alle Seitenlängen eines Quadrats verdoppelt, dann verdoppelt sich der Flächeninhalt.
b) Wenn man eine Seite eines Rechtecks um 2 cm verlängert, dann verdoppelt sich der Flächeninhalt.
c) Wenn man in einem Quadrat die Länge um 1 cm verlängert und die Breite um 1 cm verkürzt, dann erhält man ein Rechteck, das genauso groß ist wie das Quadrat.

Teste dein Grundwissen! Merkkasten, Seite 10 Lehrtexte, Seite 13 und Seite 21 Lösungen, Seite 214

25 Berechne und runde das Ergebnis auf Hunderter.
a) 5612 + 1489 + 951 b) 5879 + 1578 + 55 555 c) 597 · 562

4 Flächeninhalt von rechtwinkligen Dreiecken

Das Boot von Tim und Julia soll ein neues Segel bekommen.
Die Geschwister überlegen, wie viel Stoff sie dafür benötigen.
„Das ist einfach", sagt Tim, „schau doch mal, wie das Segel genäht ist."
Julia meint: „Es gibt aber noch eine andere Möglichkeit herauszufinden, wie groß das Segel werden muss. Stell dir vor, wir bräuchten zwei Segel."

Bisher wurden Flächeninhalte von Rechtecken bestimmt. Da jedes rechtwinklige Dreieck einem halben Rechteck entspricht, lässt sich aus der Formel für den Flächeninhalt von Rechtecken leicht eine Formel für den Flächeninhalt von rechtwinkligen Dreiecken herleiten. Diese kann man dann auch verwenden, um den Flächeninhalt von Figuren zu berechnen, die sich in rechtwinklige Dreiecke zerlegen lassen.

Das rechtwinklige Dreieck in Fig. 1 kann man durch ein zweites flächengleiches rechtwinkliges Dreieck zu einem Rechteck mit den Seitenlängen 3 cm und 4 cm ergänzen (vgl. Fig. 2).
Der Flächeninhalt des Rechtecks beträgt
$A_{Rechteck} = 4\,cm \cdot 3\,cm$
$= 12\,cm^2$.

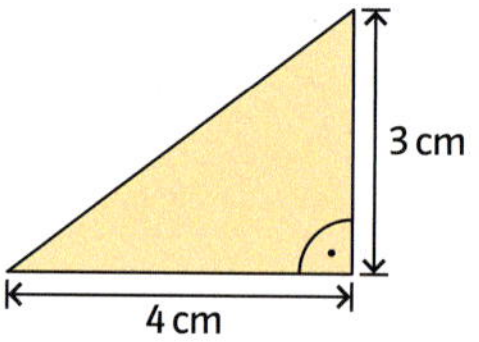

Fig. 1

Der Flächeninhalt des rechtwinkligen Dreiecks in Fig. 1 ist genau halb so groß wie der des Rechtecks. Somit gilt für den Flächeninhalt des rechtwinkligen Dreiecks in Fig. 1
$A_{Dreieck} = (4\,cm \cdot 3\,cm) : 2$
$= 12\,cm^2 : 2 = 6\,cm^2$.

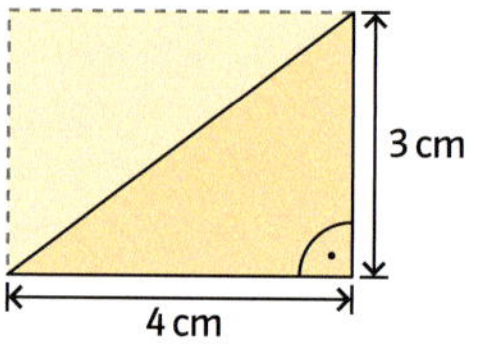

Fig. 2

Dieses Verfahren kann man für beliebige rechtwinklige Dreiecke anwenden. Man erhält daher eine Formel zur Berechnung des Flächeninhalts rechtwinkliger Dreiecke.

Flächeninhalt von rechtwinkligen Dreiecken
Den Flächeninhalt A eines rechtwinkligen Dreiecks kann man mithilfe der Längen der Seiten a und b berechnen, die am rechten Winkel anliegen.
Es gilt: $A = (a \cdot b) : 2$.

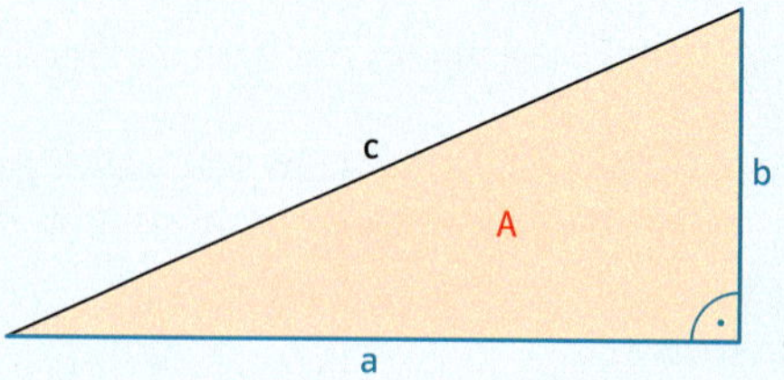

Viele Figuren lassen sich in rechtwinklige Dreiecke zerlegen. Das blaue Dreieck wurde z. B. in zwei rechtwinklige Dreiecke zerlegt. Wenn man den Flächeninhalt der beiden rechtwinkligen Dreiecke addiert, erhält man den Flächeninhalt des großen Dreiecks. Es gilt:

$A_{blau} = (1\,cm \cdot 4\,cm) : 2 + (3\,cm \cdot 4\,cm) : 2$
$= 4\,cm^2 : 2 + 12\,cm^2 : 2$
$= 2\,cm^2 + 6\,cm^2 = 8\,cm^2$

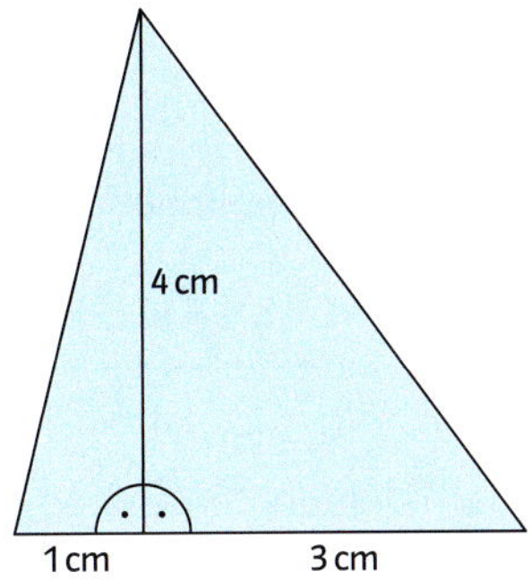

Beispiel Bestimmen eines Flächeninhalts durch Ergänzung zu einem Rechteck

a) Zeichne das Fünfeck mit den Koordinaten A(1|1), B(5|1), C(5|2), D(3|3) und E(1|3) in ein Koordinatensystem (1 cm = 1 Längeneinheit).
b) Berechne den Flächeninhalt des Fünfecks.

Lösung

a) Siehe Figur rechts.
b) Man kann das Fünfeck durch das schraffierte rechtwinklige Dreieck zu einem Rechteck ergänzen.
Für den Flächeninhalt des Fünfecks gilt dann:
$A_{Fünfeck} = A_{Rechteck} - A_{Dreieck}$
$= 4\,cm \cdot 2\,cm - (2\,cm \cdot 1\,cm) : 2$
$= 8\,cm^2 - 2\,cm^2 : 2 = 8\,cm^2 - 1\,cm^2$
$= 7\,cm^2$

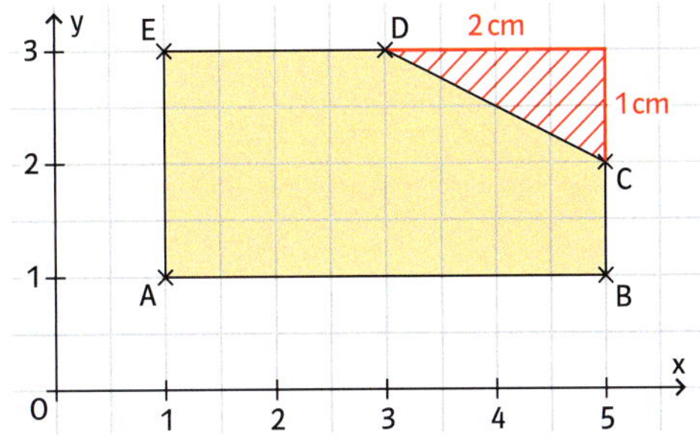

Manchmal ist es günstiger, eine Figur zu einem Rechteck oder einem rechtwinkligen Dreieck zu ergänzen.

Aufgaben

○ **1** Gib an, welche Formel zu welchem Dreieck gehört.

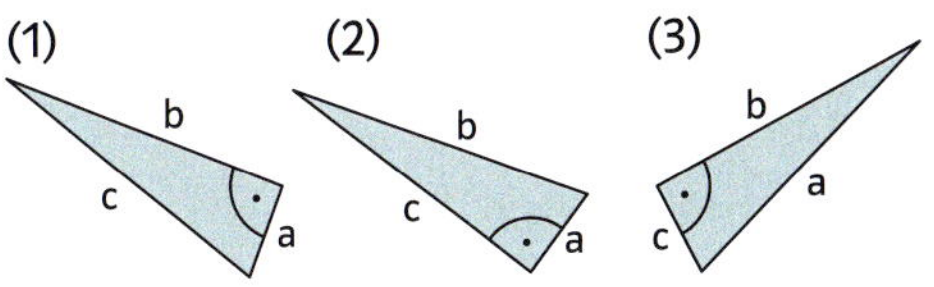

A $A = (a \cdot c) : 2$

B $A = (b \cdot c) : 2$

C $A = (a \cdot b) : 2$

○ **2** Berechne den Flächeninhalt mithilfe der angegebenen Seitenlängen.

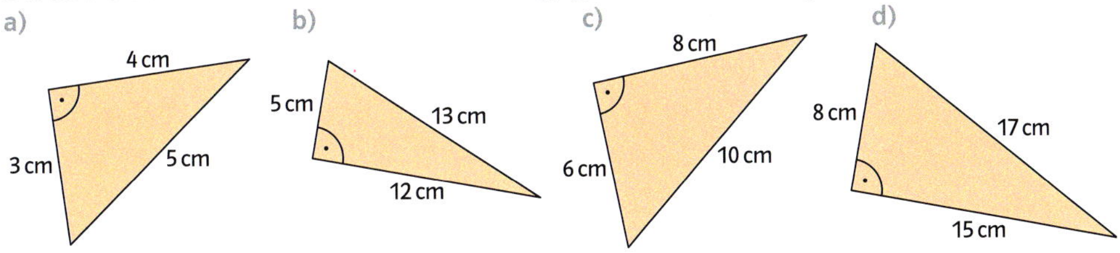

○ **3** Zeichne das Dreieck mit den Eckpunkten A, B und C in ein Koordinatensystem (1 cm = 1 Längeneinheit). Überprüfe, ob es rechtwinklig ist und berechne den Flächeninhalt.
a) A(1|1), B(4|1), C(4|3) b) A(2|5), B(5|1), C(5|5) c) A(3|3), B(3|1), C(8|1)

○ **4** Zeichne das Dreieck mit den Eckpunkten A, B und C in ein Koordinatensystem (1 cm = 1 Längeneinheit). Zerlege es in rechtwinklige Dreiecke und berechne den Flächeninhalt.
a) A(1|1), B(4|1), C(2|3) b) A(2|1), B(4|2), C(2|4) c) A(3|4), B(7|6), C(3|7)

Teste dich!

Lösungen, Seite 214

○ **5** Zeichne das Dreieck mit den Eckpunkten A, B und C in ein Koordinatensystem (1 cm = 1 Längeneinheit). Zerlege es (wenn nötig) in zwei rechtwinklige Dreiecke und berechne den Flächeninhalt.

a) A(0|0), B(4|0), C(4|7) b) A(1|8), B(5|2), C(5|8) c) A(2|5), B(6|3), C(8|5)

◒ **6** **Finde den Fehler!**
Beschreibe, was falsch gemacht wurde. Verwende geeignete Fachbegriffe. Berechne anschließend im Heft die richtige Lösung.

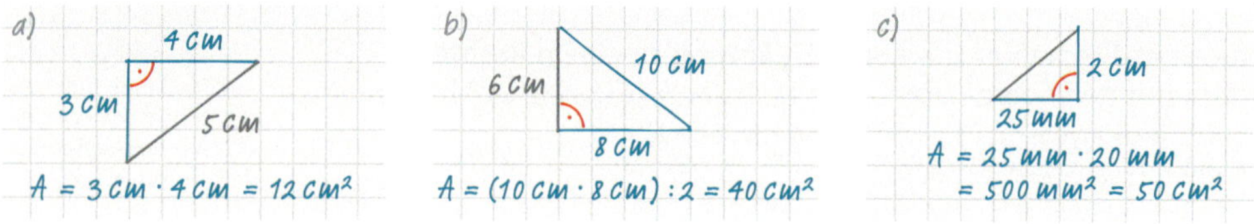

◒ **7** Zeichne zwei verschiedene Dreiecke mit $A = 10\,cm^2$. Erkläre dein Vorgehen.

◒ **8** Zeichne die Figur in ein Koordinatensystem (1 cm = 1 Längeneinheit). Bestimme den Flächeninhalt mithilfe einer Zerlegung oder einer Ergänzung. Erläutere dein Vorgehen.

a) Viereck mit den Eckpunkten A(1|1), B(5|1), C(5|4) und D(1|3)
b) Viereck mit den Eckpunkten A(2|2), B(4|1), C(4|7) und D(2|3)
c) Fünfeck mit den Eckpunkten A(1|4), B(10|4), C(10|7), D(5|7) und E(1|6)
d) Fünfeck mit den Eckpunkten A(3|5), B(7|3), C(7|7), D(5|6) und E(3|6).
e) 💻 Zeichne die Figuren aus den Teilaufgaben a) – d) mithilfe eines dynamischen Geometrieprogramms und kontrolliere damit deine Lösungen aus den Teilaufgaben a) – d).

Dynamische Geometrieprogramme können den Flächeninhalt von Figuren automatisch berechnen.

Teste dich!

Lösungen, Seite 214

◒ **9** a) Wie groß ist der Flächeninhalt des Bauplatzes? Schätze zuerst und berechne dann.
b) Berechne, wie viele Quadratmeter man mindestens dazukaufen muss, um einen rechteckigen Bauplatz zu erhalten.

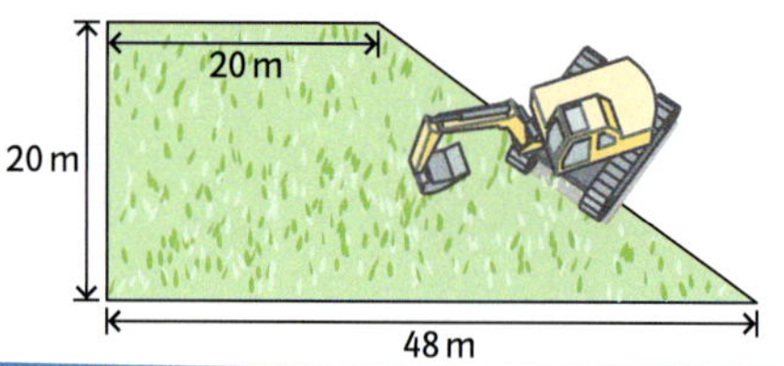

● **10** Bei einem Drachen stehen die beiden Diagonalen senkrecht aufeinander und eine der beiden Diagonalen halbiert die andere.
a) Bestimme den Flächeninhalt des abgebildeten Drachens.
b) Begründe: Den Flächeninhalt eines beliebigen Drachens erhält man, indem man die Längen der beiden Diagonalen multipliziert und das Produkt halbiert.
c) Zeichne drei verschiedene Drachen mit dem Flächeninhalt $15\,cm^2$.

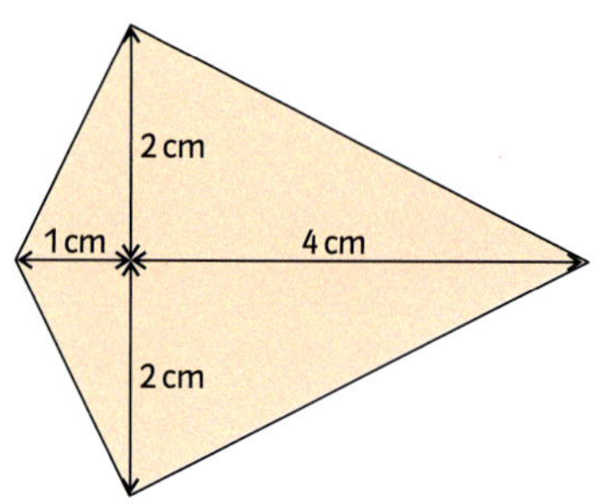

Teste dein Grundwissen!

Merkkästen, Seite 9 und Seite 10
Lösungen, Seite 214

G **11** Runde auf Millionen.

a) 245 245 100 b) 157 511 245 c) 2 147 111 111 d) 2 502 222

5 Umfang von Vielecken

Die Klasse 5 c plant eine Wanderung.
Tom: „Ich habe auf der Karte nachgemessen, dass der Stille See etwa $4\,km^2$ groß ist. Der Wildsee ist um $1\,km^2$ kleiner. Wir sollten also um den Wildsee wandern."
Tanja: „Da bin ich aber nicht einverstanden!"
Erkläre, wie Tanja ihre Äußerung begründen könnte.

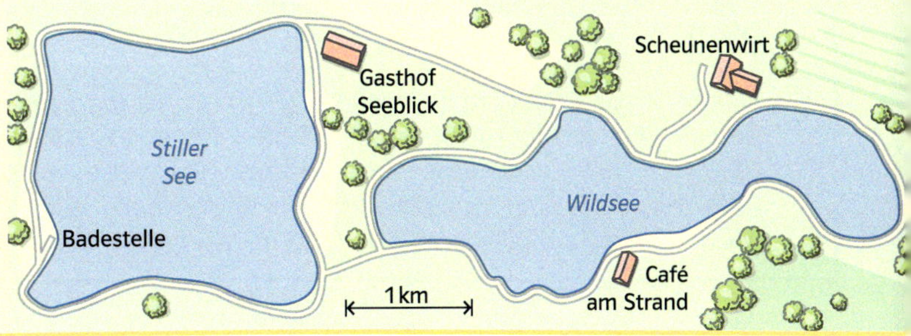

Bisher wurden Flächeninhalte von Rechtecken und rechtwinkligen Dreiecken sowie daraus zusammengesetzten Figuren berechnet. Neben der Fläche ist oft auch der Umfang einer Figur von Bedeutung. Was man darunter versteht und wie man ihn berechnet, wird im Folgenden erläutert.

Will man ein Bild einrahmen, muss man wissen, wie lang der Rand des Bildes insgesamt ist. Man nennt diese Länge den Umfang des Bildes.

Die Länge der Randlinie einer Figur nennt man **Umfang**.

Den **Umfang** eines **Vielecks** erhält man, indem man die Längen aller Randstrecken addiert.

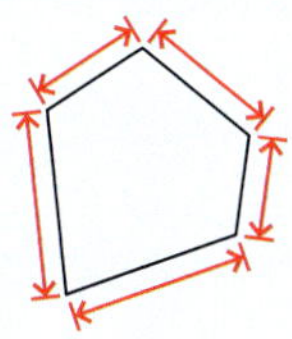

Für den **Umfang U** eines **Rechtecks** mit den Seitenlängen a und b gilt:
$U = 2 \cdot a + 2 \cdot b = 2 \cdot (a + b)$

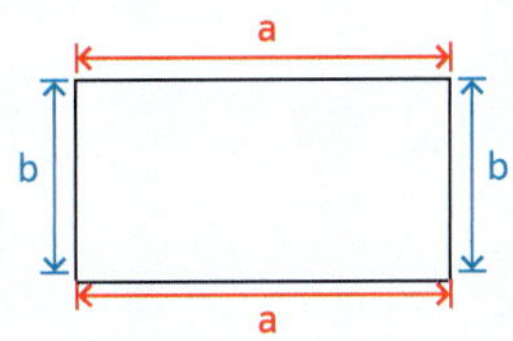

Für den **Umfang U** eines **Quadrats** mit der Seitenlänge a gilt: $U = 4 \cdot a$

Umfang eines Rechtecks:
2-mal (Länge + Breite)

oder:
2-mal Länge +
2-mal Breite

Beispiel 1 Umfang bestimmen
Bestimme mithilfe eines Lineals den Umfang der Flächen in Fig. 1.

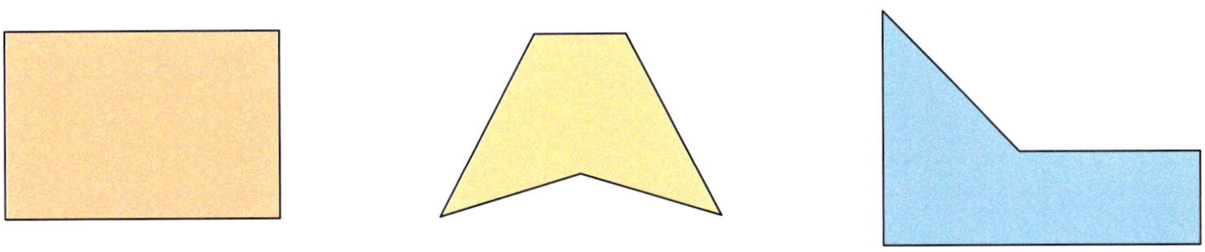

Fig. 1

Lösung
Gemessene Seitenlängen des orangefarbenen Rechtecks: 3 cm und 2 cm
$U_{orange} = 2 \cdot (3\,cm + 2\,cm) = 10\,cm$
Gemessene Seitenlängen der gelben Fläche:
1 cm; 22 mm; 16 mm
$U_{gelb} = 2 \cdot (22\,mm + 16\,mm) + 10\,mm = 86\,mm$.
Gemessene Seitenlängen der blauen Fläche: 1 cm; 2 cm; 21 mm; 25 mm; 35 mm.
$U_{blau} = 10\,mm + 20\,mm + 21\,mm + 25\,mm + 35\,mm = 111\,mm$.

Beispiel 2 Umfang berechnen

Eine rechteckige, 25 m lange Wiese mit dem Flächeninhalt 4 a soll vollständig eingezäunt werden. Berechne, wie lang der Zaun wird.

Lösung

Es gilt $4\,a = 400\,m^2$.

Eine Seitenlänge ist in m angegeben. Daher rechnet man den Flächeninhalt in m^2 um.

Da die Wiese rechteckig ist und eine Seite 25 m lang ist, gilt also $A = 400\,m^2 = 25\,m \cdot b$.

Es gilt $b = 16\,m$, denn $25\,m \cdot 16\,m = 400\,m^2$. Die Wiese ist also 16 m breit.

(Den Wert für b kann man durch die Umkehrrechnung $400 : 25 = 16$ bestimmen.)

Für den Umfang U gilt dann: $U = 2 \cdot 25\,m + 2 \cdot 16\,m = 82\,m$. Der Zaun wird 82 m lang.

Zum Rechnen mit Größen müssen die Maßeinheiten zusammenpassen.

Aufgaben

○ **1** Bestimme den Umfang des Rechtecks mit den Seitenlängen a und b.

a) $a = 4\,cm$, $b = 12\,cm$ b) $a = 2\,dm$, $b = 11\,dm$ c) $a = 3\,mm$, $b = 15\,mm$ d) $a = 2\,km$, $b = 19\,km$

○ **2** Berechne den Umfang und den Flächeninhalt des Rechtecks mit den Seitenlängen a und b.

a) $a = 8\,mm$, $b = 4\,cm$ b) $a = 2\,dm$, $b = 9\,cm$ c) $a = 4\,m$, $b = 17\,dm$ d) $a = 3\,km$, $b = 450\,m$

○ **3** Miss die Seitenlängen und berechne den Umfang sowie den Flächeninhalt.

a) 

b) 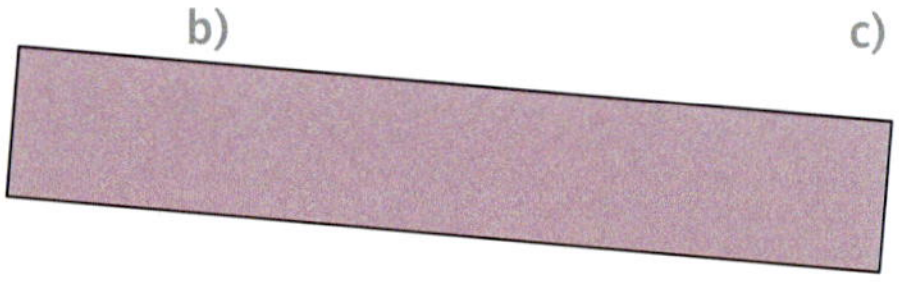

c) 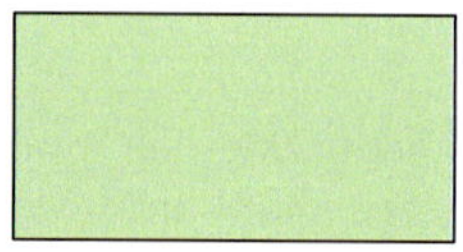

○ **4** Zeichne das Viereck ABCD in ein Koordinatensystem mit der Einheit 1 cm. Bestimme seinen Umfang.

a) A(1|1), B(7|1), C(7|5), D(4|5) b) A(0|3), B(3|5), C(4|9), D(1|7)

○ **5** Ein 4 m langes und 5 m breites Zimmer soll mit Fußleisten ausgestattet werden. Die Tür ist 1 m breit.

a) Berechne, wie viele Meter Fußleisten gebraucht werden.

b) Berechne, wie viel man für die Fußleisten insgesamt zahlen muss, wenn ein laufender Meter 6 € kostet.

○ **6** Ein quadratisches Grundstück hat eine Seitenlänge von 30 m.

a) Berechne den Flächeninhalt des Grundstücks.

b) Das Grundstück soll umzäunt werden. Berechne, wie lang der Zaun wird.

c) Wie verändert sich die Grundstücksfläche bei einer Verdopplung der Seitenlänge?

Teste dich!

→ **Lösungen**, Seite 214

○ **7** Die Wiese (vgl. Fig. 1) soll eingezäunt werden. Berechne die benötigte Zaunlänge.

○ **8** Bestimme den Umfang und den Flächeninhalt eines Rechtecks mit den Seitenlängen 5 dm und 3 m.

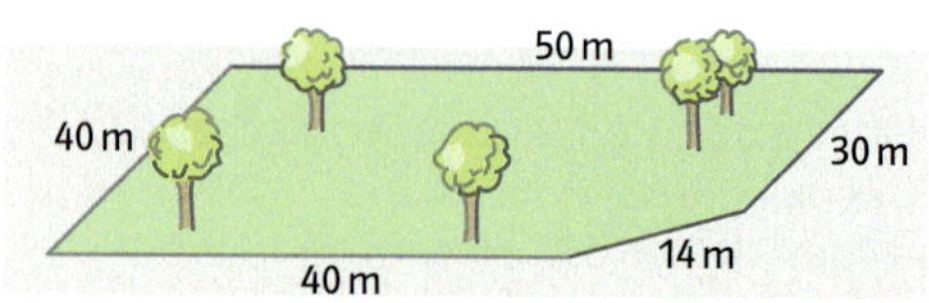

Fig. 1

9 Zeichne drei verschiedene Rechtecke, die alle den gleichen Umfang von 24 cm haben. Untersuche, welches der Rechtecke den größten Flächeninhalt hat.

10 Ein rechteckiger Parkplatz soll angelegt und deshalb während der Bauphase eingezäunt werden. Jeder Pkw-Stellplatz umfasst eine Breite von 3 m und eine Länge von 5 m. Wie viele Meter Zaun benötigt man mindestens, wenn 20 Autos nebeneinander parken sollen?

11 Es sind eine Seitenlänge und der Flächeninhalt eines Rechtecks bekannt.
Berechne die Länge der zweiten Seite sowie den Umfang des Rechtecks.
a) 3 cm · ▒ = 6 cm^2 b) ▒ · 5 dm = 60 dm^2 c) 6 m · ▒ = 300 m^2 d) ▒ · 12 km = 96 km^2
e) Hans: „Da muss man ja nur rückwärts rechnen!" Was meint er wohl damit? Erläutere.

12 Ein Rechteck mit den Seitenlängen a und b hat den Flächeninhalt A und den Umfang U. Berechne die fehlenden Größen.
a) a = 4 cm, b = 3 mm b) a = 30 cm, U = 80 cm c) b = 25 m, A = 10 a
d) a = 15 mm, b = 7 mm e) a = 127 km, b = 57 km f) a = 1 km, b = 200 m

13 Ein Rechteck hat die Maße a = 16 cm und b = 10 cm.
a) Berechne seinen Flächeninhalt und seinen Umfang.
b) Berechne, welche Breite ein flächengleiches Rechteck mit der Länge 20 cm hat.
c) Berechne, welche Breite ein umfanggleiches Rechteck mit der Länge 20 cm hat.

14 Übertrage die Tabelle in dein Heft und ergänze die fehlenden Angaben des Rechtecks.

	a)	b)	c)	d)
Länge	12 cm	25 dm	8 mm	
Breite	6 cm			20 m
Flächeninhalt		275 dm^2		20 a
Umfang			26 mm	

15 Zwei Zimmer sollen renoviert werden. Das erste Zimmer ist 5 m lang und 4 m breit, das zweite Zimmer ist 6 m lang und 3 m breit. Vergleiche den Materialbedarf für die beiden Zimmer (Teppichboden, Fußbodenleisten, Tapeten, Farbe für die Decke).
Gehe davon aus, dass beide Zimmer 25 dm hoch sind und eine 2 m hohe und 1 m breite Tür sowie ein 1 m^2 großes Fenster besitzen.

16 Familie Berzen aus Hürth möchte für 140 000 Euro ein rechteckiges Grundstück kaufen, das 375 m^2 groß ist und mit einer Breite von 15 m direkt an der Straße liegt. Auf dem Grundstück soll ein Reihenhaus mit einer Wohnfläche von 120 m^2 entstehen.
a) Berechne, wie weit sich das Grundstück nach hinten erstreckt.
b) Berechne den Umfang des Grundstücks.

17 Ein Fußballfeld, 98 m lang und 58 m breit, soll zur Pflege des Rasens durch eine Absperrung gesichert werden. Die Absperrung verläuft in 1 m Abstand vom Spielfeldrand.
a) Wie viele Meter Band werden benötigt? Schätze zunächst und berechne dann.
b) Das Band muss alle 5 Meter durch einen Pfosten geführt werden. Bestimme, wie viele Pfosten erforderlich sind.

18 Finde den Fehler!
Beschreibe, was falsch gemacht wurde. Verwende Fachbegriffe. Die Begriffe auf dem Rand können helfen. Berechne anschließend im Heft die richtige Lösung.

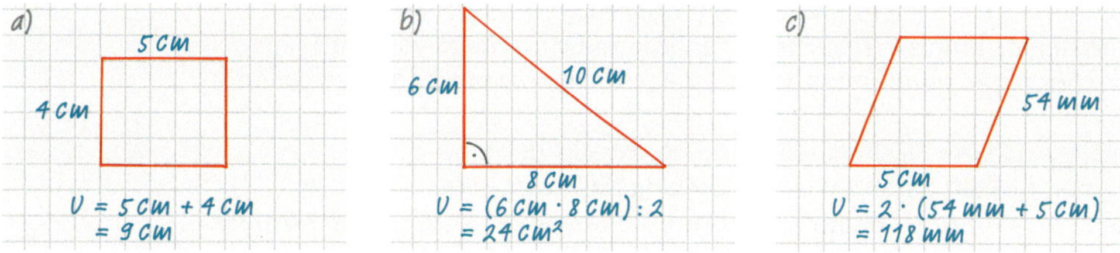

Wortliste
- multiplizieren mit
- dividieren durch
- teilen durch
- die Formel
- der Flächeninhalt
- der Umfang
- die Maßeinheit
- die Maßzahl
- das Komma

19 Wahr oder falsch?
Sind die folgenden Aussagen wahr oder falsch? Begründe.
a) Wenn man bei einem Rechteck eine Seitenlänge verdoppelt, dann verdoppelt sich der Umfang.
b) Wenn man den Umfang eines Quadrats verdoppelt, dann verdoppelt sich auch der Flächeninhalt.
c) Wenn man bei einem rechtwinkligen Dreieck alle Seitenlängen verdoppelt, dann vervierfacht sich der Flächeninhalt.

Teste dich!

Lösungen, Seite 214

20 Ein Rechteck hat eine Länge von a = 13 cm und einen Umfang von U = 9 dm. Bestimme die Länge der Seite b und berechne den Flächeninhalt des Rechtecks.

21 Ein 120 m breiter und 150 m langer rechteckiger eingezäunter Parkplatz soll 30 m länger und 30 m breiter werden und weiterhin rechteckig bleiben. Berechne, wie viele Meter zusätzlicher Zaun benötigt werden.

22 a) Bei einem Rechteck werden alle Seitenlängen verdreifacht. Untersuche, wie sich der Umfang und der Flächeninhalt des Rechtecks dann verändern.
b) Untersuche zeichnerisch und rechnerisch, wie sich der Umfang eines Quadrats verändert, wenn sein Flächeninhalt viermal so groß wird.

23 Max behauptet: „Das rote Dreieck ist praktisch gleich groß wie die gelbe Treppenfigur. Daher haben beide den gleichen Flächeninhalt und den gleichen Umfang." Hat Max recht? Begründe.

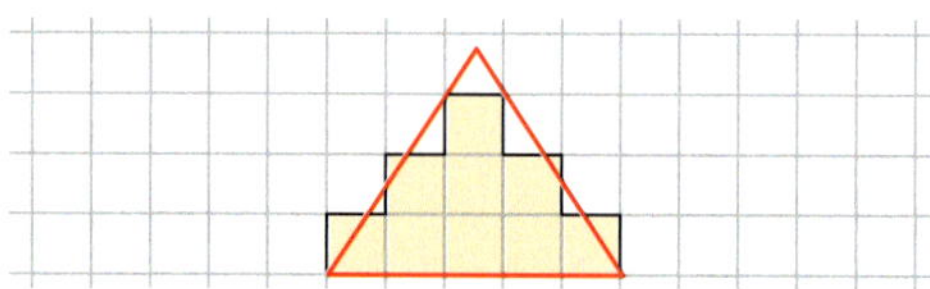

24 Bei den Figuren kommt immer ein Quadrat dazu. Jedes Quadrat hat die Seitenlänge 1 cm.

(1) (2) (3) (4) (5)

a) Bestimme den Umfang der 10. Figur.
b) Eine Figur hat den Umfang 14 cm. Welche Nummern kommen hierfür infrage?

Teste dein Grundwissen!

Beispiel 1, Seite 44
Merkkästen, Seite 4 und Seite 49
Lösungen, Seite 215

G **25** Berechne möglichst geschickt.
a) 17 + 28 + 33 + 22 b) 25 · 19 · 8 c) 4 · (17 + 25)

○ **1** Untersuche, welche der Vierecke aus den vier roten Dreiecken zusammengesetzt werden können.

○→ **Lösungen**, Seite 215

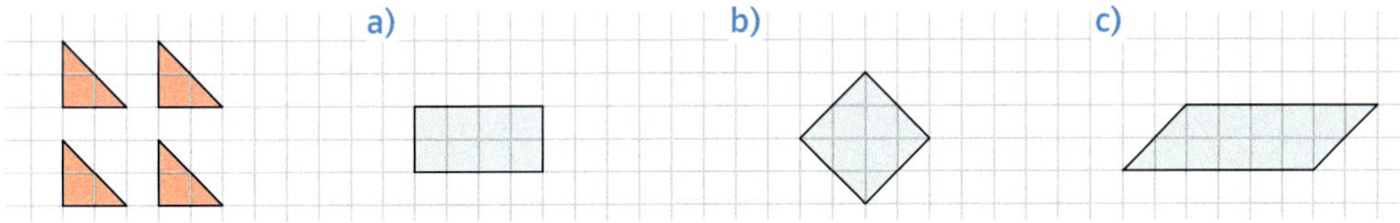

○ **2** Gib in den Einheiten an, die in der Klammer stehen.
a) $200\,dm^2$ (m^2, cm^2) b) $500\,ha$ (km^2, a) c) $1900\,cm^2$ (mm^2, dm^2)
d) $7\,m^2$ (dm^2, cm^2) e) $1200\,m^2$ (a, dm^2) f) 1700 a (ha, m^2)

○ **3** Übertrage in dein Heft und ergänze die fehlende Angabe.
a) $7\,dm^2$ = □ cm^2 b) 29 ha = 2900 □ c) $3000\,mm^2$ = □ cm^2
d) 500 □ = 50 000 ha e) $34\,m^2$ □ dm^2 = $3402\,dm^2$ f) 97 □ 12 a = 970 012 a
g) $99\,m^2$ = 990 000 □ h) 70 □ = $700\,000\,cm^2$ i) □ a = $9\,700\,000\,dm^2$

○ **4** Bestimme den Flächeninhalt der abgebildeten Figuren.

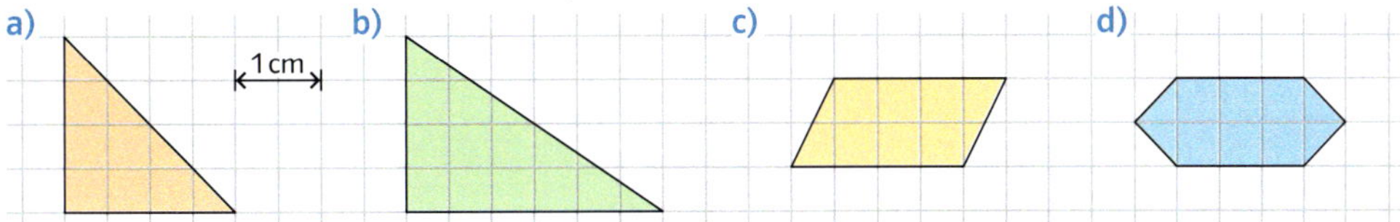

○ **5** a) Untersuche, ob die Dreiecke denselben Flächeninhalt haben wie das Rechteck.
b) Zeichne ein weiteres Rechteck, das den gleichen Flächeninhalt wie das abgebildete Rechteck hat.

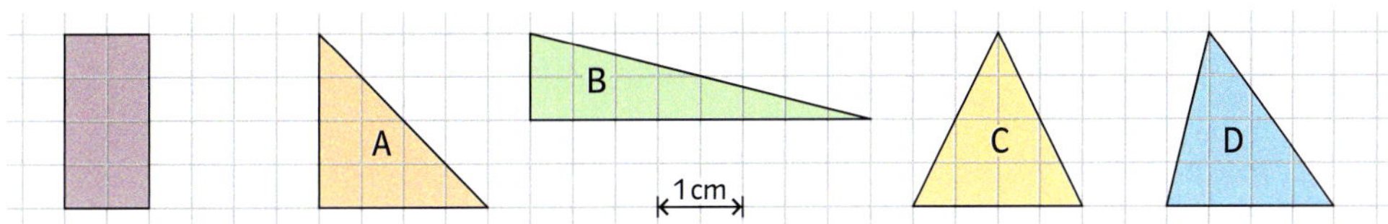

○ **6** Berechne den Flächeninhalt der in Fig. 1 abgebildeten Zimmer.

○ **7** Zeichne die Figuren mithilfe der gegebenen Eckpunkte in ein Koordinatensystem und berechne ihren Flächeninhalt und ihren Umfang (eine Längeneinheit entspricht 1 cm). Miss hierzu die benötigten Seitenlängen.
a) A(5 | 2), B(7 | 2), C(6 | 3)
b) A(3 | 2), B(4 | 2), C(4 | 6)
c) A(1 | 3), B(5 | 3), C(7 | 5), D(3 | 5)
d) A(0 | 0), B(4 | 0), C(10 | 5), D(6 | 5)

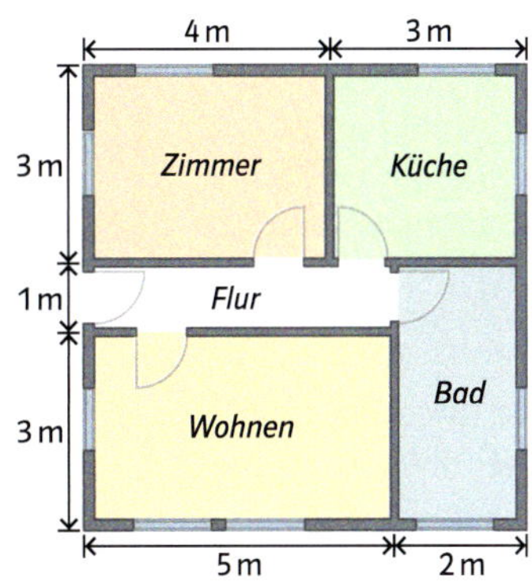

Fig. 1

○ **8** Auf einer Karte im Maßstab 1:2500 hat ein rechteckiger Parkplatz eine Länge von 5 cm und eine Breite von 6 cm.
a) Berechne die tatsächlichen Maße des Parkplatzes.
b) Berechne den tatsächlichen Flächeninhalt des Parkplatzes.

○ **9** Zum 800. Geburtstag des Hamburger Hafens bemalte eine Künstlergruppe eine 15 m hohe und 260 m lange Außenwand eines Docks.
Wie groß ist der Flächeninhalt des Gemäldes? Schätze zunächst und berechne dann.

◒ **10** Bestimme den Flächeninhalt der Figuren in cm^2.

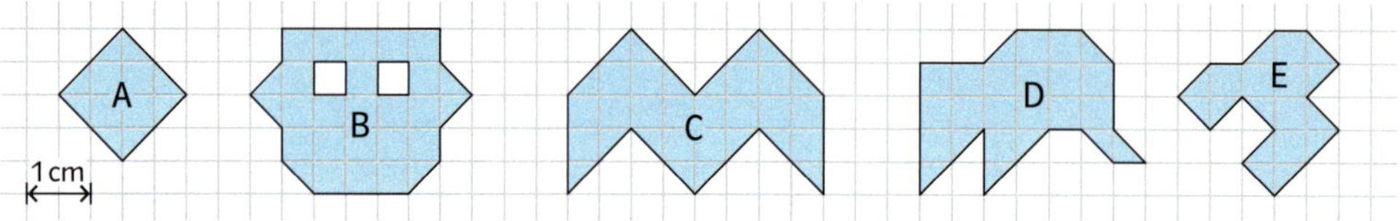

◒ **11** Gib an, wie viel zu einem Hektar fehlt.
a) 1 a b) 95 a c) 800 m^2 d) 8000 m^2 e) 24 a 40 m^2 f) 1 m^2

◒ **12** Fernseher mit der Auflösung UHD stellen 3840 × 2160 Pixel dar.
a) Wie viele Pixel werden auf einem Bildschirm mit der Auflösung UHD dargestellt? Überschlage zunächst und berechne dann exakt.
b) Ein 55-Zoll-Bildschirm mit der Auflösung UHD hat die Abmessung 121 cm × 68 cm. Wie viele Pixel werden auf diesem Bildschirm ungefähr pro Quadratzentimeter angezeigt? Führe dazu eine geeignete Überschlagsrechnung durch.

Als Pixel oder Bildpunkte bezeichnet man die kleinsten dargestellten Punkte, aus denen ein digitales Bild besteht.

◒ **13** Auf einem 10 a großen Grundstück stehen ein Gebäude mit 64 m^2, eine Garage mit 15 m^2 und ein Schuppen mit 25 m^2 Grundfläche. Berechne, wie groß der Inhalt der Fläche ist, die für den Garten bleibt.

◒ **14** Herr Barth rasiert sich einmal täglich seit seinem 17. Geburtstag. Berechne mithilfe geeigneter Schätzungen, wie alt Herr Barth ungefähr sein wird, wenn er eine Fläche rasiert hat, die genauso groß ist wie sein 15 m langer und 8 m breiter Rasen.

● **15** Die Petronas Towers in Kuala Lumpur (Malaysia) gehören mit 452 m zu den höchsten Gebäuden der Welt. Jeder der beiden Türme hat 88 Etagen mit durchschnittlich jeweils 2000 m^2 Bürofläche.
a) Bestimme näherungsweise die Höhe einer Etage.
b) Berechne, welche Maße ein einstöckiges Gebäude ungefähr haben müsste, wenn es dieselbe Bürofläche wie einer der Türme haben soll.
c) Berechne, wie viele Fußballfelder (mit einer Breite von 70 m und einer Länge von 100 m) ungefähr den gleichen Flächeninhalt haben wie die gesamte Bürofläche der beiden Petronas Towers.

Tangram

Tangram ist ein jahrtausendealtes, chinesisches Legespiel. Es wird in China „Chi ch'ae pan" genannt, was so viel wie „siebenschlau" oder „Weisheitsbrett" bedeutet.
Man weiß heute nicht mehr genau, wann das Spiel entstand und wer es erfunden hat. Der Legende nach ließ ein alter Mann eine wertvolle Fliese fallen. Sie zerbrach in sieben Stücke. Während er die Fliese wieder zusammensetzte, sah er in seiner Fantasie viele Bilder Gestalt annehmen – Häuser, Tiere, Menschen …

Tangram – selbst gemacht
Schneide aus Papier oder Pappe ein Quadrat aus. Zeichne mit Bleistift die Diagonalen ein. Zwei der entstandenen Dreiecke müssen noch weiter unterteilt werden. Ergänze die Schnittlinien.
Zwei von diesen verlaufen senkrecht zu jeweils einer der Diagonalen, die dritte verläuft parallel zu einer Quadratseite. Nun kannst du die Teile des Puzzles ausschneiden und farbig gestalten.

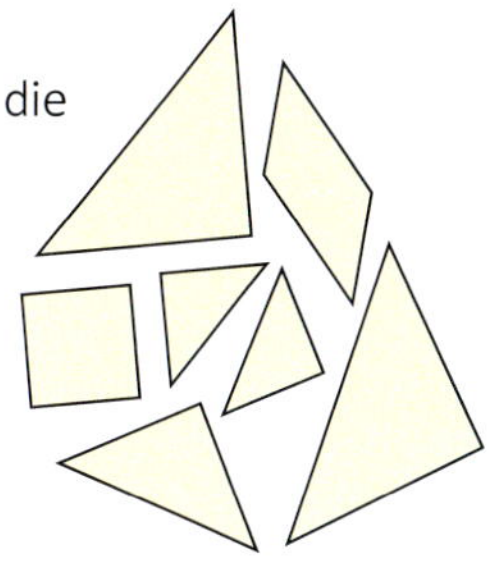

Spielregeln für Tangram
Man legt die Teile so zusammen, dass Bilder wie Tiere, Menschen oder Gegenstände entstehen. Es müssen alle sieben Teile verwendet werden, und die Teile dürfen nicht übereinanderliegen.

Bei den Aufgaben könnt ihr auch in Gruppen arbeiten.

1 Lege aus den sieben Teilen zuerst ein Quadrat „mit Loch". Füge die Teile anschließend wieder zu einem Quadrat ohne Loch zusammen.

2 Lege die sieben Teile zu einem
a) Rechteck, b) Parallelogramm, c) Dreieck, d) Trapez.
Ermittle, ob es verschiedene Möglichkeiten gibt.

3 Tangramsammlung – Spiel ohne Grenzen
Lege aus den sieben Teilen die folgenden Schattenfiguren.

Es ist schon erstaunlich, wie viele unterschiedliche Figuren man mit den sieben Teilen legen kann. Die großen Tangram-Meister haben bis zu 1000 unterschiedliche Bilder gekannt.

Sportplätze sind auch Flächen

In den Bestimmungen des internationalen Fußballverbandes findet man genaue Angaben, wie ein Fußballfeld aussehen muss:

Abmessung und Abgrenzung
Ein Fußballfeld muss mindestens 90 m lang und 45 m breit sein. Seine größte zugelassene Länge bzw. Breite ist 120 m bzw. 90 m.
Die Mittellinie ist parallel zu den Torlinien und teilt das Spielfeld in zwei Hälften. Um den Mittelpunkt der Mittellinie ist ein Kreis mit Radius 9 m 15 cm zu ziehen.

Eckraum
An jeder Ecke wird eine Fahne an einer Stange, die mindestens 15 dm hoch sein muss, angebracht. Um jede Eckfahne ist ein Viertelkreis mit 1 m Radius im Spielfeld zu ziehen.

Tore
In der Mitte jeder Torlinie sind die Tore aufzustellen. Sie bestehen aus zwei senkrechten Pfosten, die in gleichem Abstand zu den Eckfahnen stehen und durch eine Querlatte verbunden sind. Der Abstand zwischen den Innenkanten der Pfosten beträgt 7 m 32 cm. Die Unterkante der Querlatte ist 2 m 44 cm vom Boden entfernt. Die Torpfosten und die Querlatte dürfen höchstens 12 cm breit sein.

Torraum
Rechtwinklig zu jeder Torlinie sind im Abstand von 5 m 50 cm von der Innenkante der Torpfosten zwei Linien zu ziehen. Diese Linien müssen sich 5 m 50 cm in das Spielfeld hinein erstrecken und durch eine zur Torlinie parallele Linie miteinander verbunden werden. Der von diesen Linien und der Torlinie umschlossene Raum wird Torraum genannt.

Strafraum
Rechtwinklig zu jeder Torlinie sind im Abstand von 16 m 50 cm von der Innenkante der Torpfosten zwei Linien zu ziehen. Diese Linien müssen sich 16 m 50 cm in das Spielfeld hinein erstrecken und durch eine zur Torlinie parallele Linie miteinander verbunden werden. Der von diesen Linien und der Torlinie umschlossene Raum wird Strafraum genannt.
In jedem Strafraum, 11 m vom Mittelpunkt der Torlinie und gleich weit von beiden Pfosten entfernt, ist die Strafstoßmarke als sichtbares Zeichen anzubringen. Von jeder Strafstoßmarke aus ist ein Teilkreis mit 9 m 15 cm Radius außerhalb des Strafraums zu ziehen.

1 Zeichne ein Spielfeld, das den Regeln entspricht. Wähle für 1 m in der Wirklichkeit 1 mm in der Zeichnung.

2 Vergleiche die Flächeninhalte des kleinstmöglichen und des größtmöglichen Fußballfeldes.

3 Wie groß ist die Spielfläche, die jedem Spieler rechnerisch zur Verfügung steht?

4 Wie groß ist der Flächeninhalt des Strafraums?

Ein Fußball darf einen Durchmesser von 22 bis 23 cm haben. Er muss mindestens 396 g und darf höchstens 453 g schwer sein. Das Fußballfeld im Stadion Camp Nou in Barcelona ist 105 m lang und 68 m breit.

5 a) Wie viele Fußbälle hätten darauf ungefähr Platz, wenn man das gesamte Feld damit auslegen würde?
b) Wie schwer wären diese Bälle zusammen?
c) Wie hoch wäre die Säule, die man erhalten würde, wenn man alle diese Bälle aufeinanderstapeln könnte?

Ein Tennisplatz hat die in der Zeichnung angegebenen Maße. Die rote Fläche ist das Spielfeld für ein Doppel. Hier spielen jeweils zwei Spieler gegeneinander. Bei einem Einzel ist das Spielfeld nur 8 m 23 cm breit.

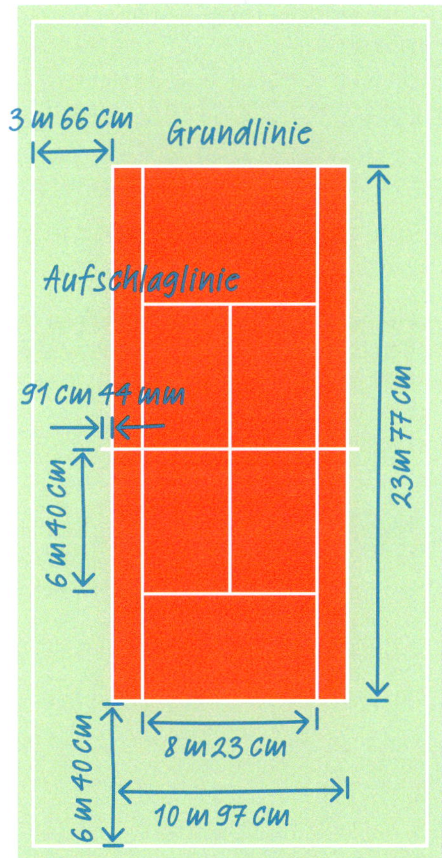

6 Versuche, deinem Partner den Tennisplatz so in Worten zu beschreiben, dass er ihn nur aufgrund deiner Angaben zeichnen kann. Er sollte dabei für einen Meter in der Wirklichkeit eine Kästchenlänge im Heft wählen.

7 Du hast dich sicher über die „krummen" Längenangaben gewundert. Diese stammen noch aus der Zeit, als die ersten Tennisregeln aufgestellt wurden. Dies geschah im Jahr 1874 durch den Engländer Walter Clopton Wingfield. Er verwendete die damals übliche Längeneinheit 1 Yard. Sie ist heute noch in vielen englischsprachigen Ländern weitverbreitet. Ein Yard ist ungefähr 91 cm 44 mm lang. Mithilfe eines Taschenrechners kannst du alle Längenangaben in Yards umrechnen. Sehen jetzt die Längenangaben in Yards nicht „schöner" aus?

8 Zur Erweiterung seiner Tennisanlage hat ein Verein eine 80 m lange und 60 m breite Wiese gekauft. Wie viele neue Plätze kann der Verein darauf anlegen? Erstelle verschiedene Vorschläge, wie man diese Plätze anordnen könnte.

9 Berechne aus den Längenangaben in der Zeichnung weitere Eigenschaften eines Tennisplatzes.
a) Länge, Breite, Umfang und Gesamtlänge aller Linien des Spielfelds
b) Flächeninhalte des gesamten Platzes und der Spielfelder für Einzel und Doppel
c) Spielfläche, die rechnerisch jedem Spieler im Einzel bzw. im Doppel zur Verfügung steht

Umfang
Den Umfang eines Vielecks erhält man, indem man die Längen aller Randstrecken addiert.

Umfang
$U = 8\,cm$

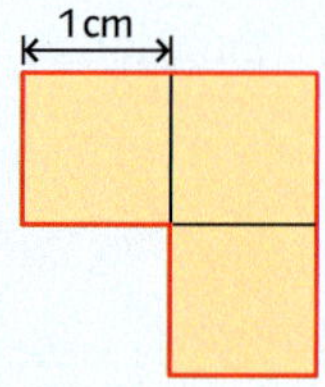

Flächeninhalt
Eine Fläche hat den Flächeninhalt $3\,cm^2$, wenn sie so groß ist wie drei Zentimeterquadrate zusammen.

Flächeninhalt
$A = 3\,cm^2$

Flächeneinheiten
Flächeninhalte kann man in den Einheiten mm^2, cm^2, dm^2, m^2, a, ha und km^2 messen. Wenn man einen Flächeninhalt in der nächstgrößeren Flächeneinheit angeben möchte, muss man die Maßzahl durch 100 teilen. Möchte man den Flächeninhalt in der nächstkleineren Flächeneinheit angeben, multipliziert man die Maßzahl mit 100.

$1\,km^2 = 100\,ha$
$1\,ha = 100\,a$
$1\,a = 100\,m^2$
$1\,m^2 = 100\,dm^2$
$1\,dm^2 = 100\,cm^2$
$1\,cm^2 = 100\,mm^2$

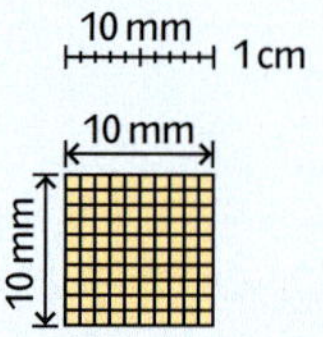

$10\,mm \cdot 10\,mm$
$= 100\,mm^2$
$= 1\,cm^2$

Flächeninhalt und Umfang eines Rechtecks
Flächeninhalt: Länge mal Breite
Formel: $A = a \cdot b$
Umfang: 2-mal Länge + 2-mal Breite
Formel: $U = 2 \cdot a + 2 \cdot b = 2 \cdot (a + b)$

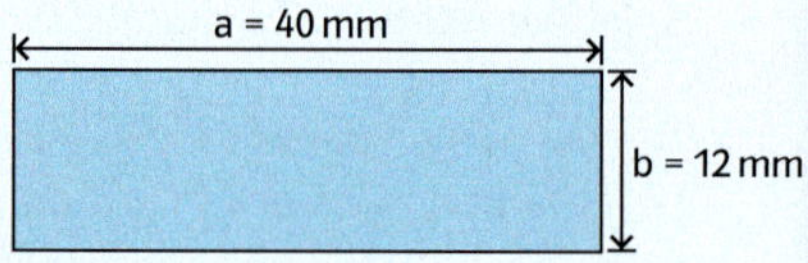

Flächeninhalt
$A = 40\,mm \cdot 12\,mm = 480\,mm^2$
Umfang
$U = 2 \cdot (40\,mm + 12\,mm) = 104\,mm$

Flächeninhalt eines rechtwinkligen Dreiecks
Den Flächeninhalt A eines rechtwinkligen Dreiecks kann man mithilfe der Längen der Seiten a und b berechnen, die am rechten Winkel anliegen.
Es gilt: $A = (a \cdot b) : 2$

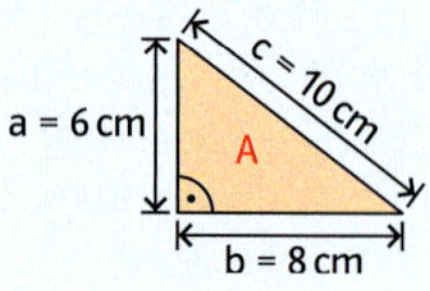

$A = (6\,cm \cdot 8\,cm) : 2$
$= 48\,cm^2 : 2$
$= 24\,cm^2$

Flächeninhalt durch Zerlegung und Ergänzung bestimmen
Man kann den Flächeninhalt eines Vielecks bestimmen, indem man es in Rechtecke und rechtwinklige Dreiecke zerlegt.
Auch geeignete Ergänzungen, z. B. zu einem Rechteck, können beim Bestimmen des Flächeninhalts von Vielecken helfen.

Zerlegung:

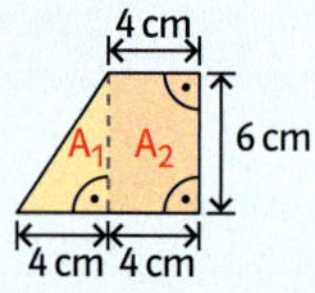

Ergänzung:

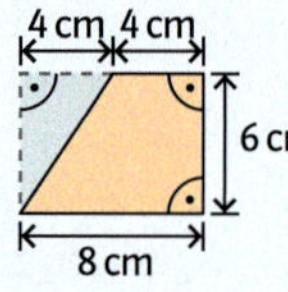

Berechnung mithilfe der Zerlegung:
$A = A_1 + A_2$
$= (4\,cm \cdot 6\,cm) : 2 + 4\,cm \cdot 6\,cm = 36\,cm^2$
Berechnung mithilfe der Ergänzung:
$A = A_{Rechteck} - A_{Dreieck}$
$= 8\,cm \cdot 6\,cm - (4\,cm \cdot 6\,cm) : 2 = 36\,cm^2$

Runde 1

Lösungen, Seite 216

1 Gib in der Einheit an, die in der Klammer steht.
a) $7\,cm^2$ (in mm^2) b) $3\,m^2\,5\,dm^2$ (in dm^2) c) $12\,km^2$ (in ha) d) $3\,km^2$ (in a)
e) Erkläre an einem Beispiel, wie du Flächeninhalte in einer kleineren oder größeren Einheit angeben kannst.

2 Berechne den Flächeninhalt und den Umfang der auf dem Rand abgebildeten Figuren. Miss hierzu die notwendigen Längen und zerlege (falls notwendig) die Figur in geeigneter Form.

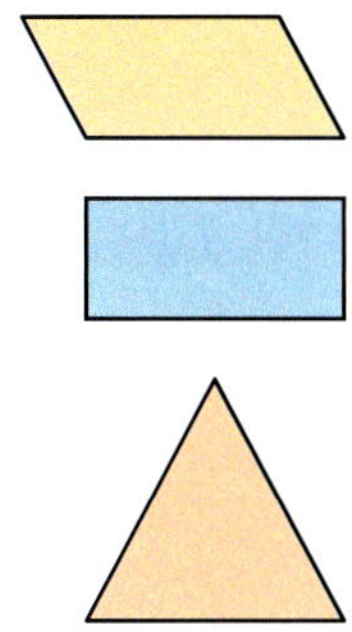

3 Berechne.
a) $7\,m^2 - 5\,dm^2$ b) $7\,m - 5\,dm$ c) $2\,km^2 + 260\,ha$ d) $4 \cdot 50\,a + 2\,ha$

4 Ein Rechteck hat eine 40 mm lange Seite und den Flächeninhalt $10\,cm^2$.
a) Berechne die Länge der anderen Seite und zeichne das Rechteck.
b) Zeichne ein rechtwinkliges Dreieck mit einem Flächeninhalt von $48\,cm^2$.

5 Ein rechteckiger Marktplatz mit den Maßen $60\,m \times 40\,m$ soll neu gepflastert werden. Ein einzelner Pflasterstein ist 10 cm lang und 10 cm breit und wiegt ungefähr 1500 g.
a) Berechne, wie viele Pflastersteine benötigt werden.
b) Berechne, wie viele Lkw-Ladungen Steine nötig sind, wenn ein Lkw 20 t laden darf.

Runde 2

Lösungen, Seite 217

1 Berechne.
a) $6\,m^2 + 48\,dm^2$ b) $6\,m^2 - 48\,dm^2$ c) $6\,m - 48\,dm$ d) $5\,ha + 9\,a$

2 Zeichne die Figuren mit den angegebenen Eckpunkten in ein gemeinsames Koordinatensystem (Längeneinheit 1 cm) und bestimme jeweils den Flächeninhalt und den Umfang.
a) A(5|2), B(9|2), C(9|3) b) P(1|1), Q(4|1), R(4|2), S(1|6)

3 a) Zeichne drei verschiedene Rechtecke mit einem Flächeninhalt von $36\,cm^2$.
b) Untersuche, welches der Rechtecke aus Teilaufgabe a) den kleinsten Umfang hat.
c) Zeichne ein Rechteck, das einen Umfang von 16 cm und einen Flächeninhalt von $16\,cm^2$ hat.

4 Leon will zehn Türen seines Hauses streichen. Sie sind 2 m hoch und 82 cm breit.
a) Berechne, welchen Flächeninhalt alle Türen (innen und außen) zusammen haben.
b) Eine Farbdose reicht für ca. $8\,m^2$. Berechne, wie viele Farbdosen benötigt werden.

5 Ein Rechteck ist 15 m lang und 8 m breit.
a) Berechne seinen Flächeninhalt und seinen Umfang.
b) Die längere Seite des Rechtecks wird nun so verlängert, dass sein Flächeninhalt um $40\,m^2$ größer wird. Berechne, um wie viele Meter sich der Umfang dadurch vergrößert.

6 Wahr oder falsch?
Entscheide, ob die folgenden Aussagen wahr oder falsch sind. Begründe.
a) Verzehnfacht man bei einem Rechteck alle Seitenlängen, so verzehnfacht sich auch der Flächeninhalt.
b) Für eine Karte einer Nordseeinsel im Maßstab 1:1000 benötigt man doppelt so viel Papier wie für eine Karte im Maßstab 1:2000.

Zahlen und Operationen

Natürliche Zahlen (Aufgabe 1)

Beim Zählen verwendet man die natürlichen Zahlen 0, 1, 2, 3, 4 usw.
Zu jeder natürlichen Zahl gibt es eine um 1 größere Zahl, ihren Nachfolger. Ebenso gibt es zu jeder natürlichen Zahl außer der 0 eine um 1 kleinere Zahl, ihren Vorgänger.

0 1 2 3 4 5 6 7 8 9 10

2 ist kleiner als 5. Man schreibt $2 < 5$.
5 ist größer als 2. Man schreibt $5 > 2$.

Stellenwerttafel (Aufgabe 2 und 3)

In unserem Zahlensystem hängt die Bedeutung einer Ziffer von der Stelle ab, an der sie steht.

M	HT	ZT	T	H	Z	E
3	4	2	9	7	6	5

3 000 000 + 400 000 + 20 000 + 9000 + 700 + 60 + 5
= 3 429 765

In Worten:
drei Millionen vierhundertneunundzwanzigtausendsiebenhundertfünfundsechzig

Rechnen (Aufgaben 4 und 5)

Es gibt vier Grundrechenarten

Addition

	3	7	8
+	2	1	6
	5	9	4

Summe

Subtraktion

	8	6	3
−	4	2	1
	4	4	2

Differenz

Multiplikation

8 · 1 2 4 Produkt

	8	0	0
+	1	6	0
+		3	2
	9	9	2

Division

9 6 : 4 = 2 4
− 8
1 6 Quotient
− 1 6
0

Teste dein Grundwissen!

Lösungen, Seite 218

1 Gib zu jeder Zahl ihren Vorgänger und ihren Nachfolger an.
a) 2337 b) 1569 c) 3000 d) 4360

2 Zähle fünf Schritte vorwärts und fünf Schritte rückwärts.
a) in Einerschritten von 17 aus
b) in Zehnerschritten von 240 aus
c) in Hunderterschritten von 2720 aus

3 Schreibe die Zahlen in eine Stellenwerttafel. Ordne die Zahlen der Größe nach.

zweitausenddreihundertvier; 55 896; 22 500; 4001; achtzehntausenddreihundertneun; 793

4 a) Gib an, welche Zahlen nicht zur 3-er-Reihe gehören.

30 9 21 16 12 27 19 24 15 23

b) Gib an, welche Zahlen nicht zur 7-er-Reihe gehören.

28 43 14 35 65 21 42 63 53 49

c) Gib an, welche Zahlen nicht zur 8-er-Reihe gehören.

62 48 24 42 72 32 40 65 64 56

5 Berechne im Kopf.
a) 12 + 22 b) 26 − 8
c) 7 · 12 d) 96 : 8

Raum und Form

Grundfiguren (Aufgaben 1 und 2)

Dreieck

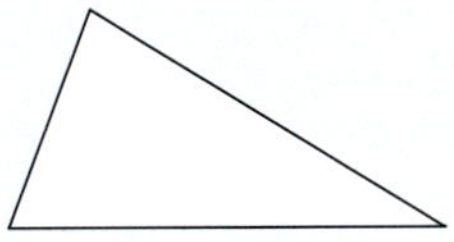

Viereck

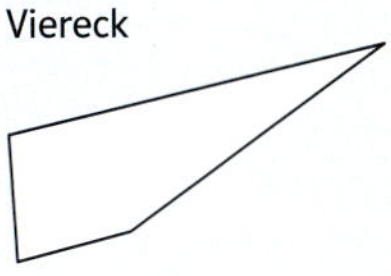

Fünfeck

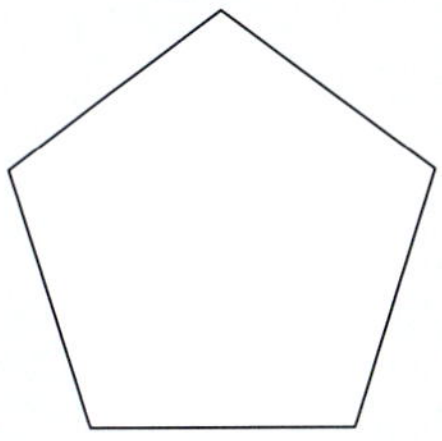

Parallelogramm

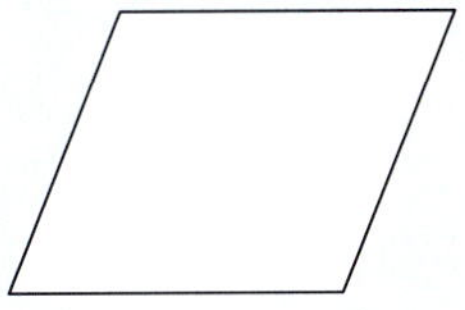

Rechteck

Quadrat

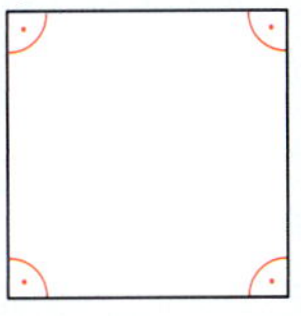

Umfang und Flächeninhalt (Aufgabe 3)

Die Länge des Randes ist der **Umfang** einer Figur.
Der **Flächeninhalt** beschreibt die Größe der durch den Rand der Figur begrenzten Fläche.

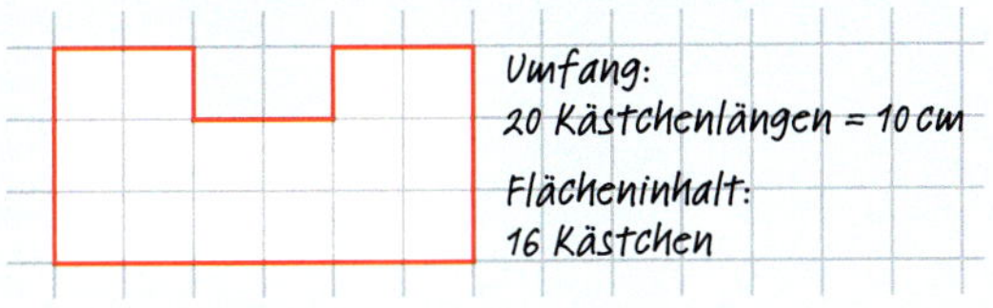

Achsensymmetrie (Aufgabe 4)

Die rote Figur ist achsensymmetrisch bezüglich der Spiegelachse g.

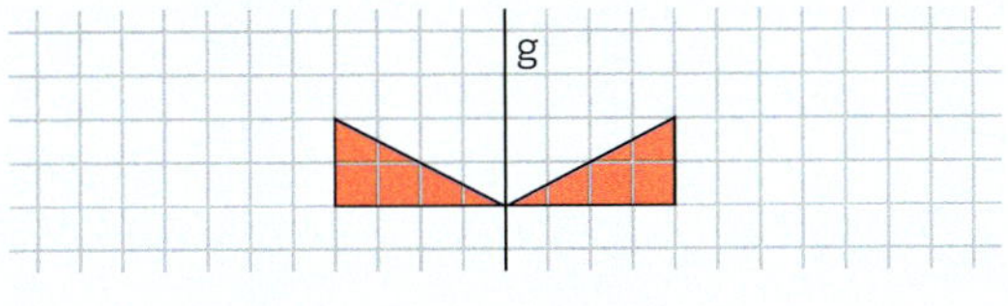

Teste dein Grundwissen!

→ **Lösungen**, Seite 218

1 a) Zeichne ein Quadrat mit einer Seitenlänge von 4 cm.
b) Zeichne ein Rechteck mit den Seitenlängen 3 cm und 5 cm.

2 Übertrage das Muster in dein Heft und setze es drei Schritte fort.

a)

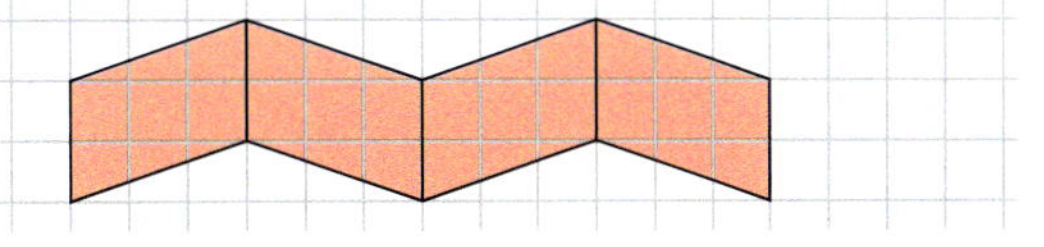

b)

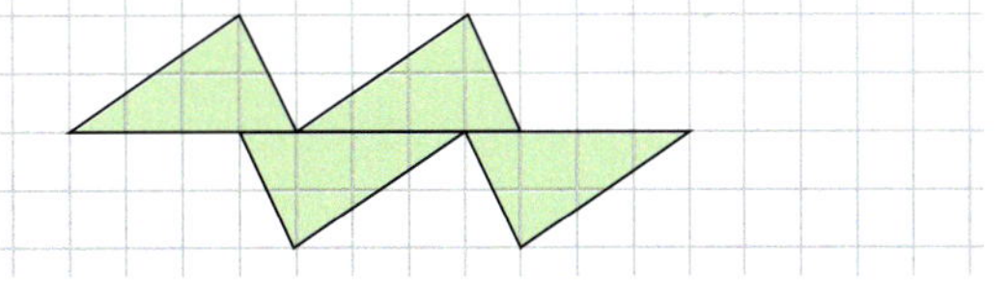

3 Bestimme den Umfang der Figur in der Einheit „Kästchenlänge“ und den Flächeninhalt in der Einheit „Kästchen“.

a) b) c)

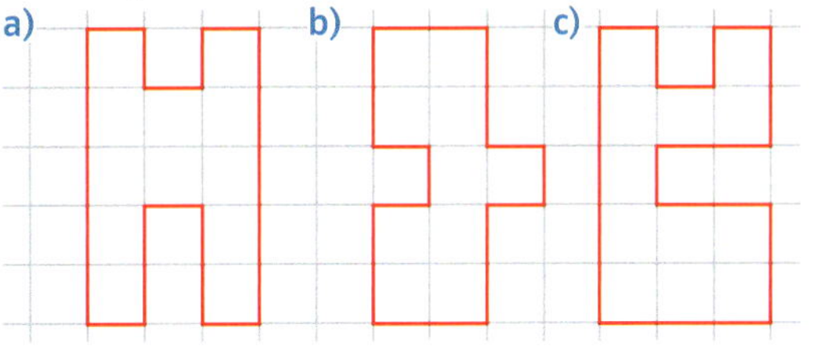

4 Zeichne die Symmetrieachse ein.

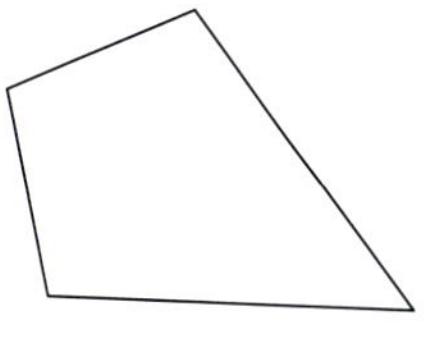

Größen und Messen

Längen (Aufgaben 1 und 2)

Längen werden in den Einheiten km, m, dm, cm und mm angegeben.

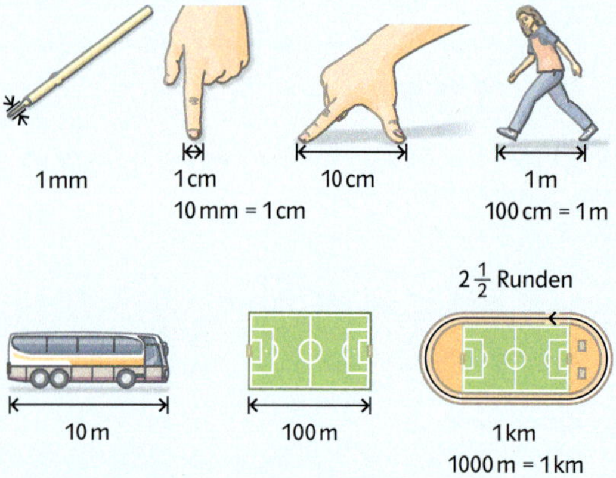

Massen (Aufgabe 2)

Massen werden in den Einheiten g, kg und t angegeben.

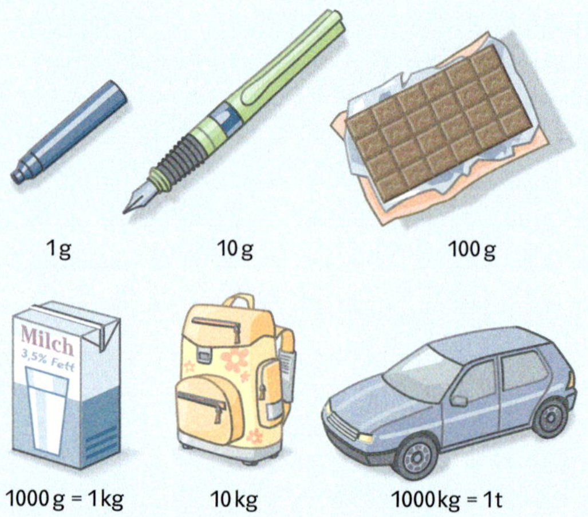

Geld (Aufgabe 3)

Geld wird in Deutschland in den Einheiten Euro (€) und Cent (ct) angegeben.

Teste dein Grundwissen!

→ **Lösungen**, Seite 219

1 Übertrage das Rechteck mit den Punkten A und B in dein Heft. Zeichne eine Strecke von A nach B. Miss die Strecke mit dem Lineal und gib die Länge in mm an.

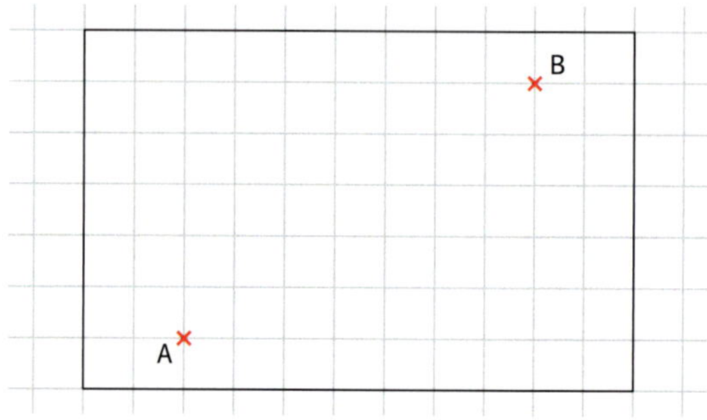

2 Gib einen Schätzwert in einer geeigneten Maßeinheit an.
- a) Dicke einer 1-ct-Münze
- b) Masse deines Mathematikbuches
- c) Breite der Tür des Klassenraumes

3 a) Lisa kauft Süßigkeiten für 2,60 €. Sie bezahlt mit einem 5-Euro-Schein. Berechne, wie viel Wechselgeld sie zurück erhält.
b) Mirkos Vater kauft eine Hose für 42,70 € und ein Hemd für 12,00 €. Berechne, wie viel er bezahlen muss.

Daten, Häufigkeit und Wahrscheinlichkeit

Daten und Häufigkeit (Aufgabe 1)

Daten, wie zum Beispiel Umfrageergebnisse, lassen sich auf verschiedene Arten darstellen: Die jeweiligen **Häufigkeiten** kann man in Strichlisten (Fig. 1), Tabellen (Fig. 2) und Diagrammen (Fig. 3) veranschaulichen.

Fig. 1

Unterrichtsfach	*Anzahl der Stimmen*
Sport	*8*
Englisch	*6*
Mathematik	*5*
Musik	*5*
Deutsch	*4*

Fig. 2

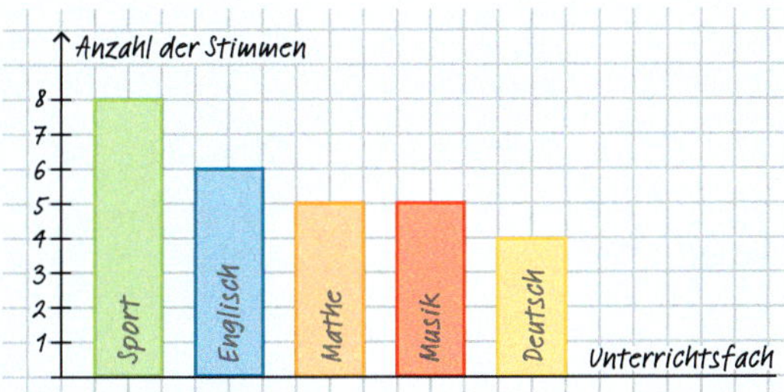

Fig. 3

Wahrscheinlichkeit (Aufgaben 2 und 3)

Bei einfachen Zufallsversuchen lassen sich die **Wahrscheinlichkeiten** für bestimmte Ergebnisse angeben:
Etwa in der Hälfte der Fälle zeigt eine geworfene Münze die Kopfseite.
Etwa in einem Sechstel der Fälle wird die Augenzahl Eins gewürfelt.

Teste dein Grundwissen!

→ **Lösungen**, Seite 219

1 Die Tabelle zeigt die Lieblingssportarten der Jungen und Mädchen einer vierten Klasse.

Sportart	Anzahl der Jungen	Anzahl der Mädchen
Tischtennis	3	5
Schwimmen	1	2
Fußball	5	3
Fahrradfahren	3	4

a) Wie viele Mädchen sind in der vierten Klasse?
b) Wie viele Kinder besuchen die Klasse?
c) Wie viele Jungen bevorzugen eine Ballsportart?
d) Zeichne zu der Tabelle ein Diagramm.

2 Bei einem sechsseitigen Spielwürfel ist die Summe der gegenüberliegenden Augenzahlen stets 7.

a) Welche Augenzahl liegt welcher gegenüber?
b) Beim fünfmaligen Würfeln werden die Augenzahlen addiert. Gib die kleinst- und die größtmögliche Summe an.

3 a) Beim Würfeln mit zwei Spielwürfeln addiert man die gewürfelten Augenzahlen. Welche Summen sind möglich?
b) Beim Würfeln mit zwei Spielwürfeln erhält man die Summe 7 wesentlich häufiger als die Summe 12. Woran liegt das?

I Natürliche Zahlen

Seite 5

Check-in

1
a) 25 b) 40 c) 48 d) 6000 e) 5111 f) 4121

2
a) 33 b) 71 c) 202 d) 7479 e) 2188 f) 1889

3
a) 96 b) 350 c) 35 000 d) 1425 e) 8380 f) 24 480

4
a) 9 b) 3 c) 7000 d) 224 e) 3332 f) 12 345

Seite 8

10
a) Markiert sind die Zahlen 8, 15, 22, 37 und 56.
b)

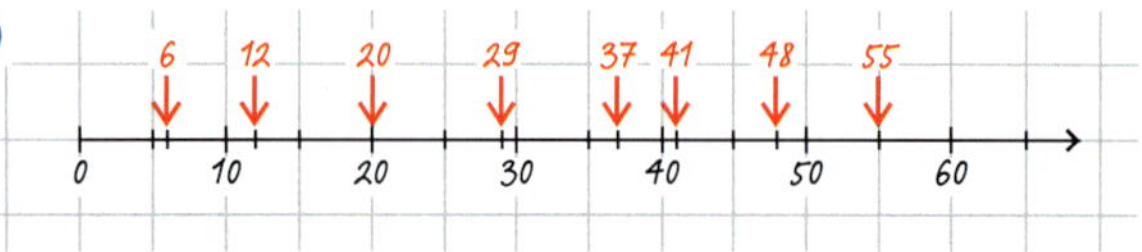

11
a) 12 < 38 < 58 < 97 < 113 < 200 < 204 < 370
b) 556 < 565 < 566 < 655 < 656 < 665

15
Von 89 bis 99 sind es 11 Zahlen, von 100 bis 199 sind es 100 Zahlen, von 200 bis 209 sind es 10 Zahlen (jeweils einschließlich).
Man kann 121 Zahlen für das Kästchen einsetzen.

16
Markiert sind die Zahlen, die größer als 2 und kleiner als 12 sind.

G **19**
a)

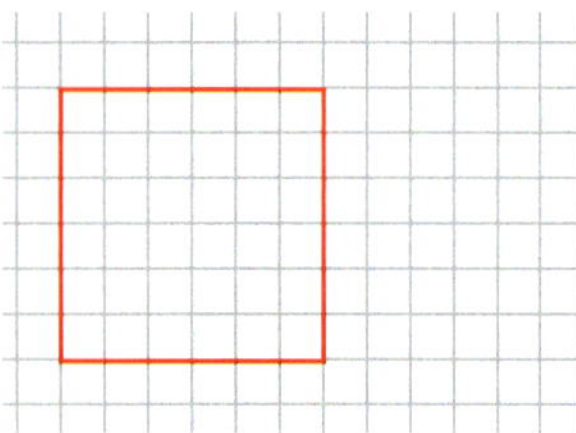

b)

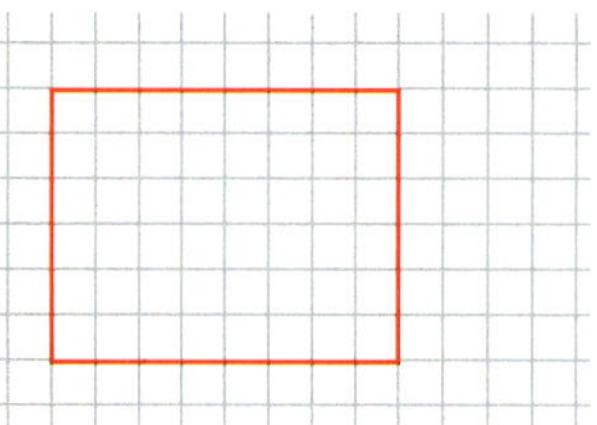

c) Quadrat: Umfang 12 cm
Rechteck: Umfang 14 cm
d) Quadrat: Flächeninhalt 36 Kästchen
Rechteck: Flächeninhalt 48 Kästchen

Seite 11

12
22 005 702 311

13
a) 4990 b) 1300 c) 30 000

Seite 12

22
a) Zahl: 22 000 000, Vorgänger: 21 999 999, Nachfolger: 22 000 001
b) Zahl: 2085, Vorgänger: 2084, Nachfolger: 2086

23
größte Zahl: 5049, kleinste Zahl: 4950

G **26**

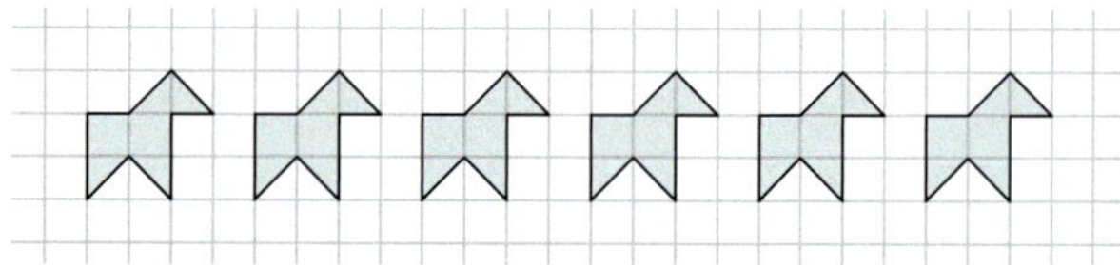

Seite 15

9
a) 91 b) 165 c) 445 d) 500

10
a) 23 + 148 = 171 b) 975 + 238 = 1213

11
a) 5873 b) 3901 c) 13 331 d) 10 257

Seite 16

21
22 302

22
Überschlagsrechnung: 8500 + 100 + 4000 + 200 = 12 800;
12 597 muss das Ergebnis sein.

G **25**
a) Quadrat
b) Rechteck
c) Dreieck
d) Parallelogramm
e) Fünfeck

Seite 19

14
a) 55 b) 21 c) 222 d) 108

15

a) 72 − 35 = 37

b) 202 − 154 = 48

16

a) Überschlag, z. B. 6700 − 1200 = 5500; 6745 − 1234 = 5511
b) Überschlag, z. B. 7700 − 3600 = 4100; 7712 − 3606 = 4106
c) Überschlag, z. B. 330 000 − 40 000 = 290 000;
330 167 − 41 163 = 289 004
d) Überschlag, z. B. 210 000 − 120 000 = 90 000;
209 901 − 119 010 = 90 891

Seite 20

24

1 000 000 − 8421 = 991 579. Man muss 991 579 addieren.

25

33 305 − 17 300 = 16 005. Das Stadion hat 16 005 Stehplätze.

G **28**

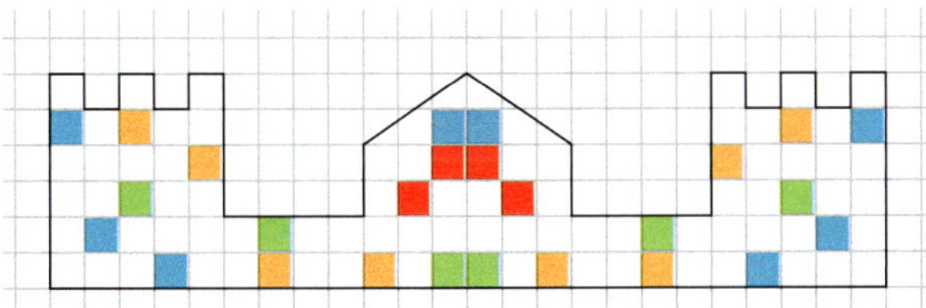

Seite 23

13

a) 9 · 35 = 315

b) 21 · 7 = 147

14

a) Überschlag, z. B. 50 · 12 = 600; 49 · 12 = 588
b) Überschlag, z. B. 150 · 800 = 120 000; 153 · 805 = 123 165
c) Überschlag, z. B. 930 · 100 = 93 000; 930 · 107 = 99 510
d) Überschlag, z. B. 200 · 900 = 180 000; 207 · 889 = 184 023

Seite 24

22

Auf jeder Seite sind 27 · 16 = 432 Sitzplätze. Also hat der Saal insgesamt 2 · 432 = 864 Sitzplätze.

23

Das Ergebnis verdoppelt sich.

G **25**

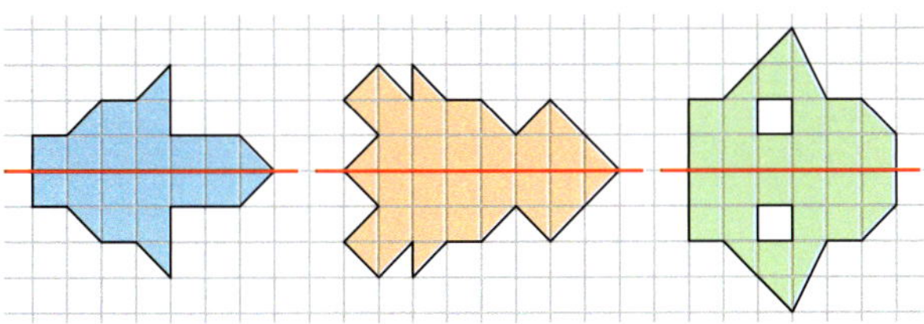

Seite 26

9

a) 4

b) 13

c) 0

d) 5 Rest 10

10

a) 84 : 4 = 21

b) 220 : 4 = 55

Seite 27

17

a) 88 : 8 = **11**

b) 132 + **155** = 287

c) 105 : **5** = 21

d) **20** · 15 = 300

18

Die größte dreistellige Zahl ist 999. Es ist 2997 : 999 = 3.
Also muss man 2997 durch 3 teilen.

G **21**

a) Die erste Figur enthält 11 Kästchen, die zweite 12 und die dritte 13. Somit enthält die dritte Figur am meisten Kästchen.
b) Die erste Figur enthält 15 Kästchen, die zweite 12 und die dritte 11. Somit enthält die erste Figur am meisten Kästchen.

Seite 29

7

a)
```
 1687 : 7 = 241
-14
  28
 -28
   07
   -7
    0
```
Probe: 241 · 7 = 1687

b)
```
 392 : 4 = 98
-36
  32
 -32
   0
```
Probe: 98 · 4 = 392

c)
```
 1863 : 9 = 207
-18
  06
  -0
   63
  -63
    0
```
Probe: 207 · 9 = 1863

d)
```
 20 286 : 7 = 2898
-14
  62
 -56
   68
  -63
    56
   -56
     0
```
Probe: 2898 · 7 = 20 286

8

a) 364 : 14 = 26
-28
84
-84
0

Probe: 26 · 14
26
104
364

b) 2272 : 25 = 90 Rest 22
-225
22
- 0
22

Probe: 90 · 25
180
450
2250
2250 + 22 = 2272

c) 27006 : 42 = 643
-252
180
-168
126
-126
0

Probe: 643 · 42
2572
1286
27006

d) 17000 : 55 = 309 Rest 5
-165
50
- 0
500
-495
5

Probe: 309 · 55
1545
1545
16995
16995 + 5 = 17000

Seite 30

16

a) 675 : 15 = 45
-60
75
-75
0
Die fehlende Zahl lautet 45.

b) 1296 : 24 = 54
-120
96
-96
0
Die fehlende Zahl lautet 54.

c) 33 · 44
132
132
1452
Die fehlende Zahl lautet 1452.

d) 1984 : 16 = 124
-16
38
-32
64
-64
0
Die fehlende Zahl lautet 124.

17

1000 : 6 = 166 Rest 4
-6
40
-36
40
-36
4
Es können 166 Kästen gefüllt werden. 4 Flaschen bleiben übrig.

G **20**

a)
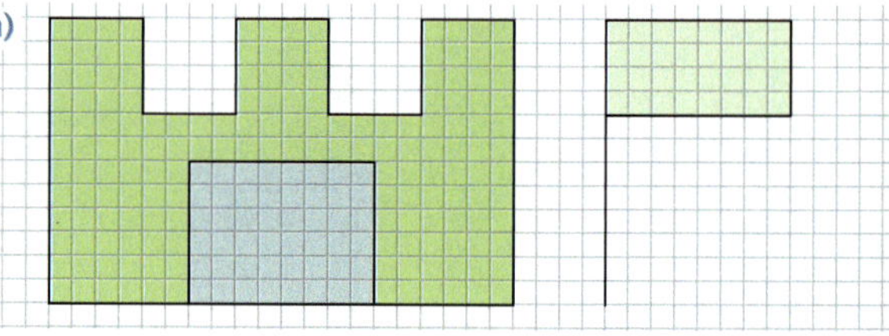

b)

Seite 32

4

a) $(11)_2 = 1 \cdot 2 + 1 \cdot 1 = 3$
b) $(110)_2 = 1 \cdot 4 + 1 \cdot 2 + 0 \cdot 1 = 6$
c) $(1001)_2 = 1 \cdot 8 + 0 \cdot 4 + 0 \cdot 2 + 1 \cdot 1 = 9$
d) $(10\,111)_2 = 1 \cdot 16 + 0 \cdot 8 + 1 \cdot 4 + 1 \cdot 2 + 1 \cdot 1 = 23$

5

a) $12 = 1 \cdot 8 + 1 \cdot 4 + 0 \cdot 2 + 0 \cdot 1 = (1100)_2$
b) $16 = 1 \cdot 16 + 0 \cdot 8 + 0 \cdot 4 + 0 \cdot 2 + 0 \cdot 1 = (10\,000)_2$
c) $60 = 1 \cdot 32 + 1 \cdot 16 + 1 \cdot 8 + 1 \cdot 4 + 0 \cdot 2 + 0 \cdot 1 = (111\,100)_2$
d) $84 = 1 \cdot 64 + 0 \cdot 32 + 1 \cdot 16 + 0 \cdot 8 + 1 \cdot 4 + 0 \cdot 2 + 0 \cdot 1$
$= (1\,010\,100)_2$

9

a) Sie hat 10 Stellen.
b) Höchstens sechs Stellen haben 64 Zahlen (einschließlich der 0). Es sind die Zahlen von 0 bis 63.

G **12**

a)

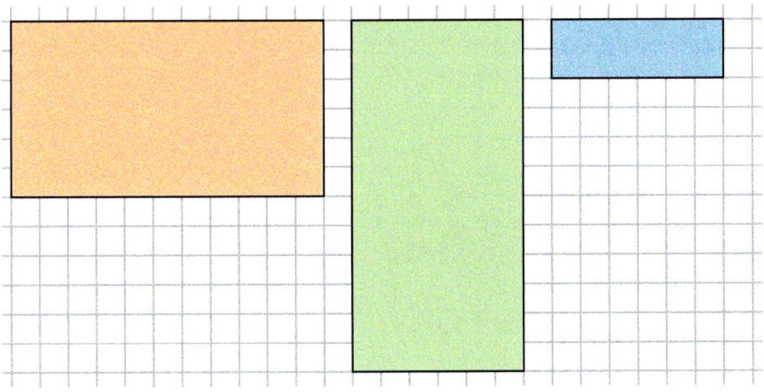

b)

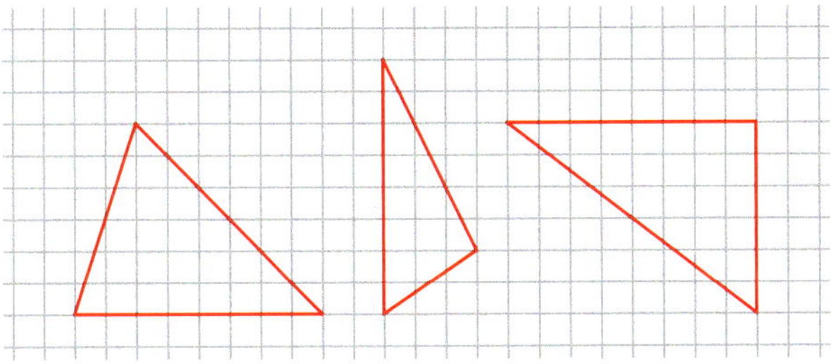

Seite 33

1

a)

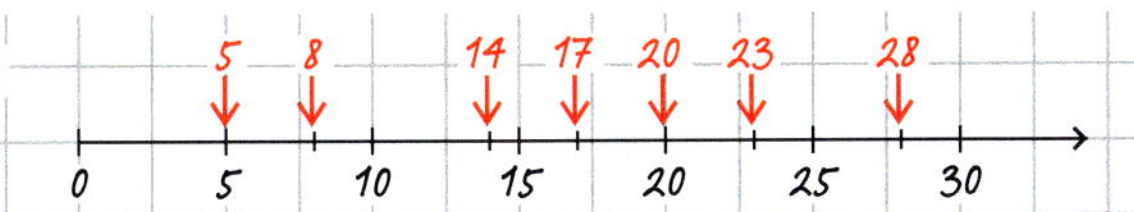

b)

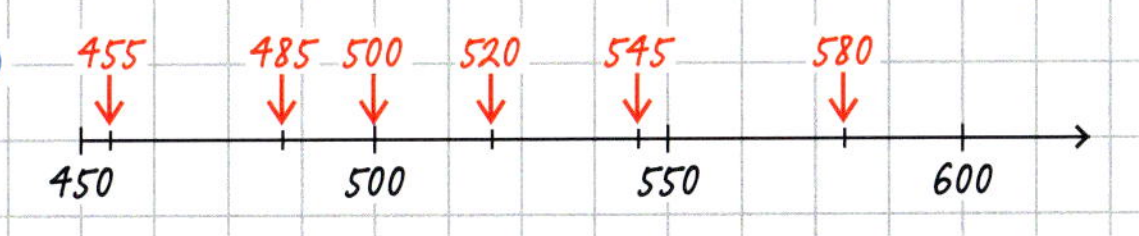

2

a) 140, 710, 400, 4210

b) 6000, 12 000, 61 000, 230 000

3

a) 502 b) 184 c) 76 d) 12
e) 3 f) 170 g) 154 h) 1221
i) 5400 j) 80 k) 13 053 l) 11 995

4

a) 65 246 b) 693 642 c) 44 626 d) 542
e) 3 916 380 f) 11 845 g) 782 h) 381 405

5

a)

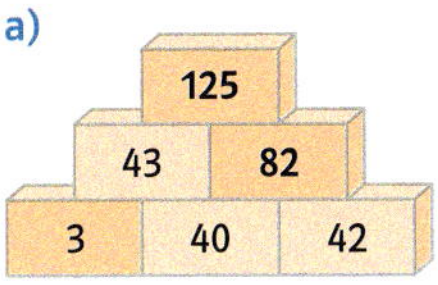

b)

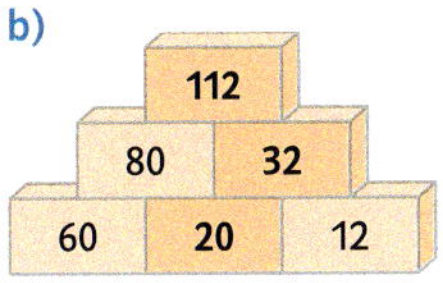

c)

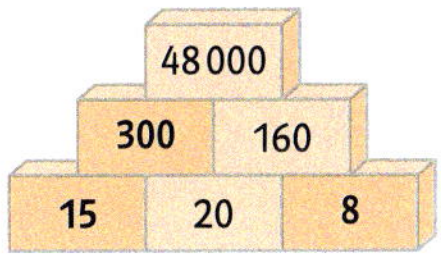

d)

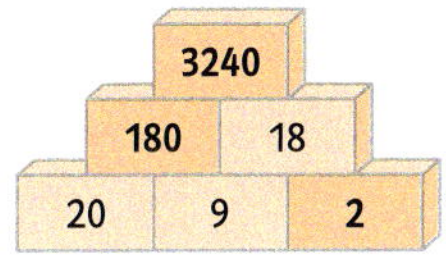

6

Die fünfköpfige Familie zahlt beim normalen Preis pro Tag für die Fahrräder $2 \cdot 8€ + 3 \cdot 5€ = 31€$. Für zwei Tage bezahlt sie somit 62 € und 5 € für die Helme. Insgesamt also 67 €. Damit lohnt sich das Familienangebot.

7

a) $(110)_2 = 4 + 2 + 0 = 6$

b) $(11010)_2 = 26$

c) $(1010)_2 = 10$

d) $(100001)_2 = 33$

8

a) 10 000 − 325 = 9675

b) 5100 : 17 = 300

c) 1 000 000 − 987 = 999 013

9

a) 64 Zahlen

b) 89 Zahlen

10

a) 995, 996, 997, 998, 999, 1000, 1001, 1002, 1003, 1004

b) 100 Zahlen, nämlich die Zahlen von 950 bis 1049.

11

a) 100 000 : 4 = 25 000. Es wären 25 000 Autos.

b) 100 000 : 50 = 2000. Es wären 2000 Busse.

c) 100 000 : 1000 = 100. Es wären 100 Züge.

12

Die Familie kann 24 Tage wechseln.
Anleitung: Man füllt eine Tabelle mit den Sitzplatznummern 1, 2, 3 und 4 aus und zählt die Möglichkeiten.

Vater	Mutter	Kind 1	Kind 2
1	2	3	4
1	2	4	3
1	3	2	4
…	…	…	…

Seite 37

Runde 1

1

a) A = 15, B = 25, C = 45, D = 75, E = 90

b) A = 1240, B = 1280, C = 1300, D = 1350, E = 1380, F = 1420

2

a) 927 305 412, gerundet auf Zehner: 927 305 410

b) 6 006 006 606, gerundet auf Zehner: 6 006 006 610

3

a) 522 b) 129 c) 42 d) 18
e) 110 f) 1111 g) 18 590 h) 6

4

a) 116 001 b) 14 484 c) 10 396 d) 245

5

a) 9000 : 18 = 500; 18 · **500** = 9000
b) 1229 − 984 = 245; **245** + 984 = 1229
c) 192 : 24 = 8; 192 : **8** = 24
d) 7524 − 251 = 7273; 7524 − **7273** = 251
e) 578 · 45 = 26 010; **26 010** : 578 = 45
f) 8283 : 33 = 251; **251** · 33 = 8283
g) 1206 + 785 = 1991; **1991** − 785 = 1206
h) 27 200 : 40 = 680; 27 200 : **680** = 40

Runde 2

1

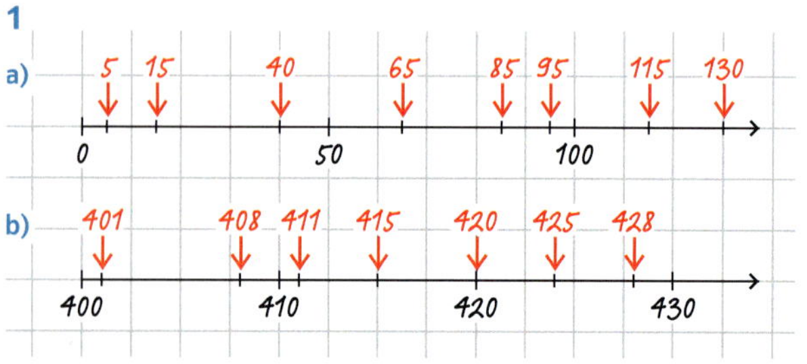

2

a) 56 Zahlen b) 989 999 Zahlen c) keine Zahl

3

a) auf Zehner: 45 100
b) auf Hunderter: 45 100
c) auf Tausender: 45 000

4

a) 31 b) 18 300 c) 1000 d) 2780
e) 1533 f) 7 g) 7600 h) 2026

5

a) 512; Probe: 512 · 44 = 22 528
b) 367 080
c) 578; Probe: 578 · 35 = 20 230
d) 137 350

6

Da Erwachsene doppelt so viel bezahlen wie Kinder, muss Familie Ritter den Wert von 7 Eintrittskarten für Kinder bezahlen. Insgesamt bezahlen sie 49 €. Also kostet eine Eintrittskarte für Kinder 7 € und eine für Erwachsene 14 €.

7

Man benötigt 17 Kästen für den Orangensaft, 9 für den Traubensaft und 4 für den Apfelsaft, insgesamt also 30 Kästen.

II Rechnen mit natürlichen Zahlen

Seite 39

Check-in

1

a) (I) 29 (II) 84 (III) 37 (IV) 7
b) Addition: (III) Subtraktion: (I)
Multiplikation: (II) Division: (IV)

2

a) 1413 b) 6955 c) 5127 d) 3117

3

a) 783 972 b) 360 760 c) 621 d) 233

4

A − 4 B − 2 C − 5 D − 3 E − 1

Seite 42

8

a) (24 − 19) · 7 = 35, Produkt
b) (13 + 11) + (13 − 11) = 26, Summe
c) 39 − [30 − (7 + 15)] = 31, Differenz

9

a) (67 − 48) − 12 = 19 − 12 = 7
b) (9 + 5) + (9 · 5) = 14 + 45 = 59

13

Multipliziere die Differenz von 451 und 389 mit 10.
(451 − 389) · 10 = 620

14

a) 45 − (**11** + 34) = 0
b) **74** + (156 − 130) = 100
c) (29 − **11**) − (7 + 6) = 5

G **17**

a) 10 Wochen sind 70 Tage. Überschlagsrechnung: 70 · 25 = 1750. Die Aussage ist also falsch.
b) Überschlagsrechnung: 10 · 12 = 120. Die Aussage ist wahr.
c) Überschlagsrechnung: 7 · 12 = 84. Die Aussage ist wahr.

Seite 45

7

a) (34 + 56) + (20 + 80) = 190
b) (890 + 110) + 190 = 1190
c) (820 + 80) + (37 + 163) = 1100

8

a) 12 b) 41 c) 330

13
a) $120 + 60 - (34 + 26) = 120$
b) $544 - (155 + 45 + 78 + 22) = 544 - 300 = 244$

14
a) 607
b) Zugänge: $98 + 86 + 78 + 92 = 354$
Abgänge: $78 + 90 + 70 + 77 = 315$

G **16**
Die ersten 10 Lebensjahre von Max entsprechen 120 Monaten. Es kann also gut sein, dass er mehr als 122 Monate alt ist, z. B. wenn er vor mehr als 2 Monaten Geburtstag hatte. Lena hat nicht recht. Selbst wenn sie sich kurz vor ihrem 11. Geburtstag befindet, ist sie weniger als $11 \cdot 365 = 4015$ Tage alt.

Seite 48

7
a) $16 + 28 = 44$ b) $50 - 5 - 4 = 41$ c) $31 - 6 + 7 = 32$

8
a) $(4 \cdot 25) \cdot 8 = 800$
b) $(5 \cdot 4) \cdot 19 = 380$
c) $7 \cdot 100 - 7 \cdot 100 = 0$

13
a) $80 : \mathbf{4} - 15 = 5$ b) $1000 - 100 \cdot \mathbf{2} \cdot 3 = 400$

14
a) $6 \cdot (7 + 8 : 4) = 54$ b) $50 - (9 \cdot 4 + 3) = 11$

G **16**
Auch beim nächsten Wurf ist die Wahrscheinlichkeit „Fifty-fifty". Es ist also genauso wahrscheinlich, dass „Wappen" oben liegt wie wiederum „Zahl".

Seite 51

8
a) $8 \cdot 20 + 8 \cdot 3 = 184$
b) $30 \cdot 11 - 4 \cdot 11 = 286$
c) $3 \cdot 200 - 3 \cdot 20 - 3 \cdot 1 = 537$

9
a) $9 \cdot (27 + 3) = 270$
b) $7 \cdot (44 - 4) = 280$
c) $12 \cdot (56 - 6) = 600$

10
a) $7 \cdot 100 + 7 \cdot 4 = 728$
b) $6 \cdot 1000 - 6 \cdot 5 = 5970$
c) $4 \cdot 400 + 4 \cdot 8 = 1632$

Seite 52

18
a) Falsch ausgeklammert. Richtig ist:
$61 \cdot 8 - 8 \cdot 8 + 8 = (61 - 8 + 1) \cdot 8$
Erster Term: $(61 - 8 + 1) \cdot 8 = 432$;
zweiter Term: $(61 - 8) \cdot 8 = 424$
b) Falsch ausmultipliziert. Richtig ist:
$4 \cdot 2 \cdot (12 + 18) = 4 \cdot 2 \cdot 12 + 4 \cdot 2 \cdot 18$
Erster Term: $4 \cdot 2 \cdot (12 + 18) = 240$;
zweiter Term: $4 \cdot 12 + 4 \cdot 18 = 120$

19
a) $20 \cdot 19 - 20 \cdot 12 + 20 \cdot 12 = 380$
b) $28 \cdot (8 + 7 - 7 \cdot 2) = 28$
c) $27 \cdot 100 - 27 + 27 = 2700$
d) $1000 \cdot 7 - 21 + 22 = 7001$
e) $99 \cdot (33 - 23) - 90 = 99 \cdot 10 - 90 = 900$
f) $32 \cdot (18 + 7 - 5) = 32 \cdot 20 = 640$

G **22**
a) $5 \cdot 40 = 200$, die Aussage ist wahr.
b) $200 \cdot 6 = 1200$, die Aussage ist falsch.
c) $40 \cdot 4 = 160$, die Aussage ist falsch.

Seite 54

8
a) Basis 9, Exponent 2, $9^2 = 81$
b) Basis 5, Exponent 3, $5^3 = 125$
c) Basis 10, Exponent 6, $10^6 = 1\,000\,000$
d) Basis 16, Exponent 2, $16^2 = 256$

9
a) $12^2 = 144$, $15^2 = 225$, $17^2 = 289$
b) $100 = 10^2$, 1 Million $= 10^6$

10
a) $4 \cdot 5 > 4^2$ b) $4 \cdot 2 < 2^4$
c) $9^2 = 3^4$ d) $10^5 <$ 1 Million

Seite 55

16
a) 51 b) 20 c) 9 d) 400

17
$2^5 = 32$
Es sind somit 32 Lagen Papier.

G **19**
Für Tina ist es unmöglich, eine „1" zu würfeln. Wenn man wie Tina zwei Würfel benutzt, ist es wahrscheinlicher, eine „7" zu würfeln als mit dem zwölfseitigen Würfel. Dafür hat Ahmed eine größere Wahrscheinlichkeit für eine „12".

Seite 58

9
a) Die Teiler von 42 sind 1, 2, 3, 6, 7, 14, 21 und 42.
b) Die Vielfache von 12 sind 12, 24, 36, 48, 60, 72, 84, 96, 108, 120, 132 und 144.

10
a) 6516, 321 000
b) 450, 101 010, 321 000
c) 450, 6516, 101 010, 321 000

Seite 59

22
Die Stockwerke liegen 240 cm übereinander. Möglich ist die Stufenhöhe 16 cm und 20 cm.

23
a) 2, 5, 8 b) 0 c) 5

G **26**
a)

+	⚀	⚁	⚂	⚃	⚄	⚅
⚀	2	3	4	5	6	7
⚁	3	4	5	6	7	8
⚂	4	5	6	7	8	9
⚃	5	6	7	8	9	10
⚄	6	7	8	9	10	11
⚅	7	8	9	10	11	12

b) Es gibt 11 verschiedene Würfelsummen. Sie haben nicht alle die gleiche Wahrscheinlichkeit.
c) 2 und 12; 3 und 11; 4 und 10; 5 und 9; 6 und 8; 7
Die 7 wird am häufigsten fallen.
d) In der Tabelle stehen genauso viele gerade Zahlen wie ungerade Zahlen. Das Spiel ist also fair.

Seite 61

9
a) 19 ist eine Primzahl. b) 38 ist keine Primzahl.
c) 23 ist eine Primzahl. d) 111 ist keine Primzahl.

10
a) $12 = 2 \cdot 2 \cdot 3 = 2^2 \cdot 3$ b) $100 = 2 \cdot 2 \cdot 5 \cdot 5 = 2^2 \cdot 5^2$
c) $77 = 7 \cdot 11$ d) $60 = 2 \cdot 2 \cdot 3 \cdot 5 = 2^2 \cdot 3 \cdot 5$

Seite 62

16
a) $44 = 2 \cdot 2 \cdot 11$ Teiler: 1, 2, 4, 11, 22, 44
b) $64 = 2 \cdot 2 \cdot 2 \cdot 2 \cdot 2 \cdot 2$ Teiler: 1, 2, 4, 8, 16, 32, 64
c) $105 = 3 \cdot 5 \cdot 7$ Teiler: 1, 3, 5, 7, 15, 21, 35, 105
d) $441 = 3 \cdot 3 \cdot 7 \cdot 7$ Teiler: 1, 3, 7, 9, 21, 49, 63, 147, 441

17
a) 11, 31, 41, 61 und 71
b) zum Beispiel: 222 222 222 222

G **20**
a) Das Spiel ist nicht gerecht. Es kann gar keine „1" fallen. Lotte gewinnt also nur bei der „2", die genauso wahrscheinlich ist wie die „12". Johannes hat zum Gewinnen aber zusätzlich die „11".
b) Das Spiel ist nicht gerecht. Es gibt nur 6 Möglichkeiten für einen Pasch, aber 30 Möglichkeiten, keinen Pasch zu bekommen.

Seite 65

6
a) 2, 3, 5, 8, 12, 17, 23, …
b) 27, 31, 35, 39, 43, 47, 51, …
c) 100, 99, 109, 108, 118, 117, 127, 126, …
d) 101, 98, 95, 92, 89, 86, 83, …

7
(1)
a) und b)

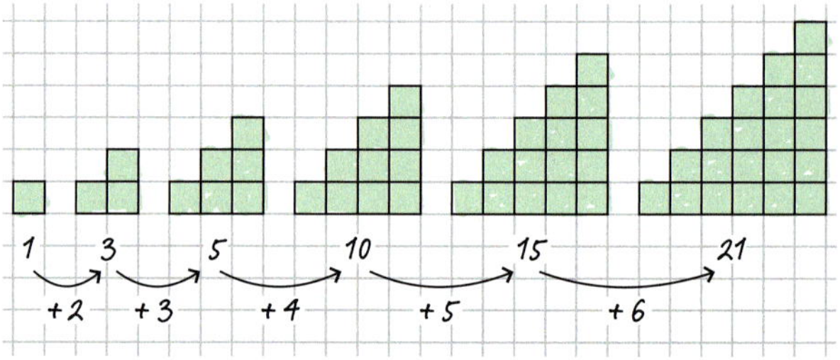

c) Die nächste Zahl in der Folge entsteht durch Addition der nächsthöheren natürlichen Zahl.

(2)
a) und b)

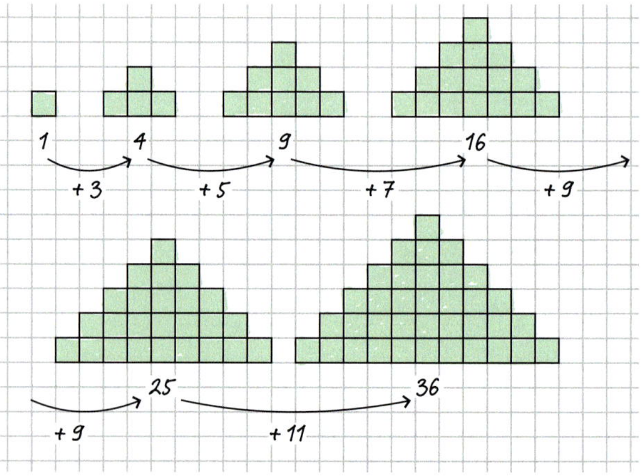

c) Die nächste Zahl in der Folge entsteht durch Addition der nächsthöheren ungeraden Zahl.

Seite 66

12
a) „immer minus 8": 360, 352, 344, 336, 328, 320, ...
b) „abwechselnd +3 und −10": 312, 315, 305, 308, 298, 301, 291, 294, ...
c) „es wird die Fünferreihe 5, 10, 15, 20 usw. addiert": 32, 37, 47, 62, 82, 107, 137, 172, ...
d) „man nimmt immer das Doppelte und erhöht um eins": 20, 41, 83, 167, 335, 671, 1343, ...

G **14**
Otfried Preußler starb im Alter von 89 Jahren. Erst im Oktober 2013 wäre er 90 Jahre alt geworden. Die Aussage ist also falsch.
Im Oktober 1955 wurde er 32 Jahre alt. „Der kleine Wassermann" erschien im folgenden Jahr. Die Aussage ist richtig.
Die Bücher wurden in 55 Sprachen übersetzt. Die Aussage ist richtig.
Seine Bücher wurden über 50 Millionen Mal verkauft. Die Aussage ist richtig.
Er starb in Prien am Chiemsee. Die Aussage ist richtig.

Seite 67

1
a) 302 b) 4 c) 50
d) 65 e) 20 f) 280

2
a) $(134 + 16) - (15 + 85) = 50$
b) $(4 \cdot 25) \cdot 7 = 700$
c) $330 - 190 - (55 + 55) = 30$

3
a) $400 \cdot 3 + 15 \cdot 3 = 1245$ b) $6 \cdot (208 - 8) = 1200$

4
a) $2^4 = 16$ b) $13^2 = 169$
c) $1^7 = 1$ d) $10^5 = 100\,000$

5
a) 1, 3, 9, 27, 81, 243 b) 7, 11, 15, 19, 23, 27
c) 10, 11, 13, 16, 20, 25, 31 d) 1, 1, 2, 6, 24, 120, 720

6
a) 30, Summe b) 100, Potenz
c) 990, Differenz d) 4, Quotient

7
a) 2220, 111015, 10^4 b) 567, 2220, 111015, 3^4

8
$2291 - (832 + 517) = 942$
Lisa hat 942 Höhenmeter bewältigt.

9
A: 90; B: 102, C: 90
Die Terme A und C haben denselben Wert.

10
a) 44 b) 85 c) 132

11
a) 0, 2, 6 b) 1, 3, 5, 7, 9 c) 2, 6
d) Es gibt keine passende Ziffer.

12
30 und 0

13
Der Term B ist richtig.

Seite 71

Runde 1

1
a) $78 - 57 - 3 = 18$
b) $1000 : 200 + 800 = 805$
c) $88 - 46 - 30 = 12$

2
a) $10 \cdot 10 = 100$; der Term ist ein Produkt.
b) $(52 : 13)^2 = 4^2 = 16$; der Term ist eine Potenz.
c) $200 + (4 \cdot 10 - 29) = 200 + 11 = 211$; der Term ist eine Summe.

3
a) $9 \cdot 200 - 9 \cdot 30 = 1530$ b) $7 \cdot (188 + 12) = 1400$

4
a) $10 \cdot (117 - 12 - 5) = 1000$
b) $320 + 80 - (125 + 25 + 50) = 200$

5
a) $16 = 2^4$ b) $100\,000 = 10^5$

6
Ausgaben pro Schüler: 1 € + 2,40 € + 1,60 € = 5 €
Zuschuss der Stadt pro Schüler: 50 € : 25 = 2 €
Jeder Schüler muss noch 3 € bezahlen.

7
52 580 ist durch 2 und durch 5 teilbar, da die letzte Ziffer 0 ist.
52 580 ist nicht durch 9 teilbar, da die Quersumme nicht durch 9 teilbar ist.

8
177 ist durch 3 teilbar, also keine Primzahl.
41 ist eine Primzahl.
1032 ist durch 2 teilbar, also keine Primzahl.

9
a) 1, 2, 4, 8, 16, 32, 64 b) 3, 5, 9, 15, 23, 33, 45

Runde 2

1
a) 98 b) 48 c) 3

2
a) $6 \cdot (11 - 8) = 66 - 48$
b) $5 \cdot (18 + 8 - 15) = \mathbf{90 + 40 - 75}$

3
$6 \cdot 29 = 6 \cdot 30 - 6 = 174$; $4 \cdot 62 = 4 \cdot 60 + 4 \cdot 2 = 248$

4
$121 = 11^2$; $324 = 18^2$

5
$(25 - 20) \cdot 9 \cdot 1000 = 45\,000$

6
a) $18 + 7 + 9 = 34$; 34 Höhenmeter wurde bergab gelaufen.
b) $520 - 18 - 7 + 11 - 9 + 3 = 500$; das Ziel liegt auf 500 m Höhe.
c) $520 + 11 + 3 - (18 + 7 + 9) = 500$; das Ziel liegt auf 500 m Höhe.

7
41**4**0, 44**4**0, 47**4**0

8
$45 = 3 \cdot 3 \cdot 5$; die Teiler von 45 sind 1, 3, 5, 9, 15 und 45.

9
Ja, zum Beispiel 108.

III Größen: Umwandeln – Rechnen

Seite 73

Check-in

1
a) Karla geht einkaufen, denn sie benötigt noch 150 **Gramm** Butter für ihren Kuchen. Die Butter kostet 179 **Cent**.
b) Marcs Auto ist etwa 5 **Meter** lang und wiegt 1 **Tonne** und 500 **Kilogramm**.
c) Bis zur großen Pause dauert es nur noch 50 **Sekunden**. Danach dauert es noch etwa 4 **Stunden**, bis die Schule aus ist.
d) Maries Mathematikbuch ist etwa 26 **Zentimeter** lang und 22 **Zentimeter** breit.
e) Es dauert mehrere **Tage**, bis Tim und Tina die 90 **Kilometer** lange Fahrradtour gemeistert haben.

2
267 cm < 276 cm < 295 cm < 319 cm < 345 cm

3
a) Oktober: 20 €, November 10 €, Dezember 30 €
b) 2500 kg, 2000 kg, 1900 kg

Seite 76

7
a) 500 mm b) 1020 cm c) 54 000 m d) 880 dm

8
a) 30 mm = 3 **cm** b) 43 cm = 430 **mm**
c) 460 dm = 46 **m** d) 15 000 m = 15 **km**

14
a) 68 m b) 3200 mm c) 8000 cm d) 5 km

15
a) 58 dm b) 705 cm c) 13 008 m d) 70008 dm

G **17**
a) 5095 **<** 5950 b) 989 **<** 2001
c) 13 313 **>** 13 133 d) 1198 **<** 11 197

Seite 78

5
a) 2000 m + 20 m = 2020 m
b) 1800 cm − 900 cm = 900 cm = 9 m
c) 180 dm = 18 m
d) 1000 cm − 68 cm = 932 cm

6
a) 180 cm : 6 cm = 30, 6 cm passen 30-mal in 18 dm.
b) 300 mm : 5 mm = 60, 5 mm passen 60-mal in 30 cm.

Seite 79

12
a) 160 dm : 5 = 32 dm
b) 52 cm − 28 cm = 24 cm
c) 38 mm · 4 = 152 mm = 15 cm 2 mm

13
a) 114 000 m : 7600 m = 15.
Es werden 15 Runden gefahren.
b) 11 400 000 : 250 = 45 600
Das Rad dreht sich 45 600-mal.

G **15**
a) 99 999 b) 102 c) 8642

Seite 82

8
a) 31 000 g = **31** kg b) 75 kg = **75 000 000** mg
c) 123 000 kg = **123** t d) 24 t = **24 000** kg

9
a) 750 g + 8000 g = 8750 g
b) 7 g − 5 g = 2 g = 2000 mg
c) 3250 g
d) 49 kg + 1 kg = 50 kg

15
a) 6200 g = 6 kg 200 g
b) 28 g 700 mg = 28 700 mg
c) 3600 g
d) 500 kg

16
a) Es werden 11 250 g Nudeln, also etwas mehr als 11 kg benötigt.
b) Es kann viermal Nudeln geben.

G **18**
gerundet auf Zehner: 23 460
gerundet auf Hunderter: 23 500
gerundet auf Tausender: 23 000
gerundet auf Zehntausender: 20 000

Seite 85

13
a) 300 s b) 8 min c) 5 h d) 3 d

14
a) 15:30 Uhr b) 20:05 Uhr c) 21:37 Uhr d) 21:14 Uhr

Seite 86

22
a) 7:45 – 8:30
8:35 – 9:20
9:35 – 10:20
10:25 – 11:10
11:25 – 12:10
12:15 – 13:00
13:05 – 13:50
13:55 – 14:40
b) Von 7:45 – 9:20 sind es 1 h 35 min.
c) Am Montag dauert der Schultag 6 h 55 min.

23
a) 93 Tage
b) 66 h 45 min

G **26**
a) (3) 4451
b) (1) 4599 und (4) 4551

Seite 88

8
a) 3,36 € b) 4,67 € c) 16,20 € d) 1,24 €

9
a) Sie bekommt 3,80 € zurück.
b) Eine Brezel kostet 59 ct.

Seite 89

15
Marcel fehlen noch 193 €. Nach 16 Monaten hat er 192 € gespart. Er kann sich das Fahrrad nach etwas mehr als 16 Monaten kaufen.

G **17**
a) 1 Million b) 1 Milliarde c) 1 Milliarde d) 1 Million
e) 10^4 f) 1 Million g) 10^{10} h) 10^7

Seite 92

6
Kanada: 35 Millionen, Mexiko: 110 Millionen, USA: 320 Millionen

7
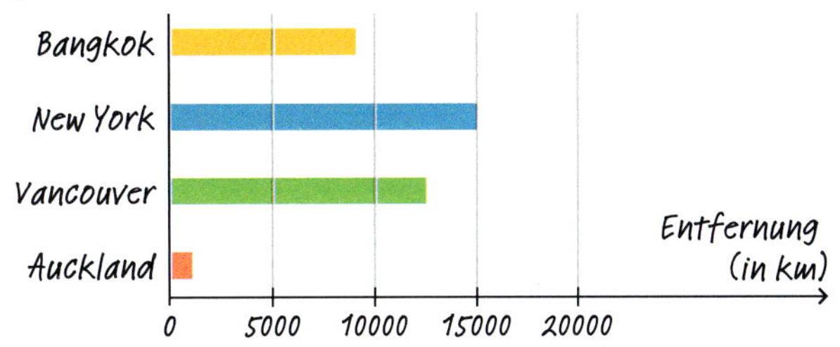

10
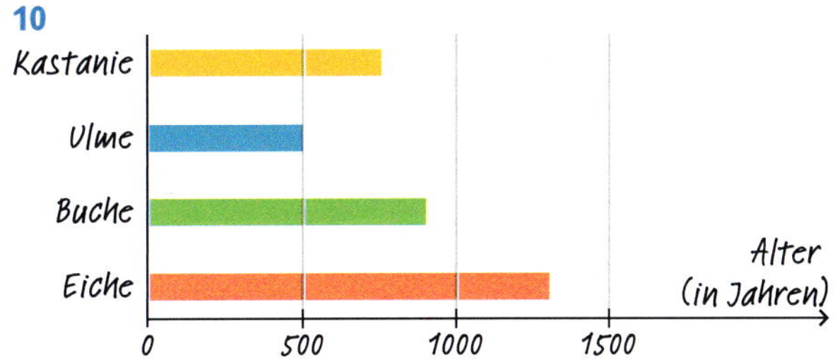

1 mm entspricht 10 Jahren.

Seite 93

G **14**
a) (1) 300 + 400 − 200 = 500
(2) 600 − 200 + 400 − 100 = 700
b) (1) 9000 − 2000 − 1000 = 7000
(2) 18 000 − 8000 + 1000 − 2000 = 9000

Seite 95

8
In der Wirklichkeit ist die Entfernung 150 km.

9
Die Entfernung auf der Wanderkarte ist 36 cm.

Seite 96

13

a) Länge in der Abbildung: 4 cm = 40 mm. Maßstab: 5 : 1
b) Maßstab 80 : 1

G **15**

a) (1) 400 · 200 = 80 000
(2) 900 · 100 = 90 000
(3) 500 · 100 · 200 = 10 000 000
b) (1) 350 : 70 = 5
(2) 2400 : 800 = 3
(3) 1400 : 700 = 2

Seite 97

1

a) 120 m	b) 560 cm	c) 23 000 kg	d) 12 g
e) 54,78 €	f) 70,03 €	g) 2 h	h) 50 h
i) 13 dm	j) 548 ct	k) 48 h	l) 3 d

2

a) 215 cm	b) 225 mm	c) 5450 kg	d) 5 g
e) 2,65 €	f) 11,88 €	g) 70 min	h) 4 h
i) 5 dm	j) 80 g	k) 50 ct	l) 50 min

3

120 000 mg = 120 g
50 000 mg = 50 g
1000 ct = 10 €
2500 dm = 250 m
900 s = 15 min
502 ct = 5,02 €
1800 s = 30 min

4

a) Jens hat 10 h 10 min geschlafen.
b) Marie kommt um 8:11 Uhr an.
c) Es sind noch 78 Tage bis Weihnachten.

5

	a)	b)	c)	d)	e)
Länge in der Wirklichkeit	20 km	350 m	980 cm	18 km	12 m
Länge im Modell	50 cm	70 cm	14 cm	9 cm	50 cm
Maßstab	1:40 000	1:500	70:1	1:200 000	1:24

6

individuelle Lösung, zum Beispiel: 10 min entsprechen 1 mm.

Tier	Balkenlängen
Hund	64 mm
Ente	54 mm
Elefant	32 mm

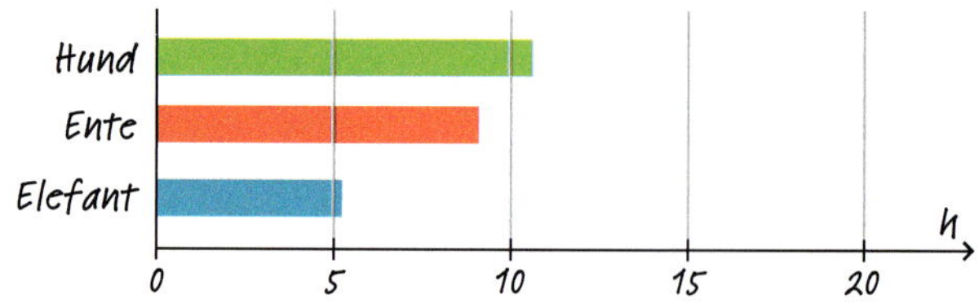

7

a) 6000 Tafeln Schokolade wiegen so viel wie eine Kuh.
b) Der Turm wäre 30 m hoch.
c) Dieser Turm würde 7620 kg wiegen.

8

a) 1. Wägung: Man legt in jede Schale 5 Münzen. Die falsche Münze befindet sich in der Schale, die sich nach unten neigt. Man muss nur noch die Münzen in dieser Schale untersuchen.
2. Wägung: Eine bleibt übrig. Es gibt zwei Möglichkeiten:
1. Möglichkeit: Die Waage ist im Gleichgewicht. Die übrige Münze ist die falsche Münze.
2. Möglichkeit: Die Waage neigt sich zu einer Seite. Die falsche Münze befindet sich in der Schale, die sich nach unten neigt. Man muss nur noch die Münzen in dieser Schale untersuchen.
3. Wägung: Von den verbliebenen beiden Münzen legt man in jede Schale eine. Die schwerere Münze ist die falsche.

b) 1. Wägung:
In jede Waagschale drei Münzen, vier bleiben übrig.
1. Möglichkeit: Gleichgewicht.
Das heißt, die sechs Münzen aus den Waagschalen sind normal, die vier übrigen gehören dann zur Gruppe „falsche Münze".
2. Wägung:
In die rechte Waagschale zwei normale Münzen, in die linke zwei von den falschen.
1. Möglichkeit: Gleichgewicht: Die falsche Münze ist unter den zwei übriggebliebenen falschen.
2. Möglichkeit: Ungleichgewicht: Die falsche Münze ist unter den zwei falschen aus der Waagschale.
3. Wägung: Vergleich einer falschen Münze mit einer normalen Münze.
2. Möglichkeit: Ungleichgewicht.
Das heißt, die falsche Münze ist eine von den drei Münzen aus der Gruppe „leichte Münzen" oder eine von den drei Münzen aus der Gruppe „schwere Münzen", die vier übrigen sind normal.
2. Wägung:
In die rechte Schale die drei „schweren Münzen", in die linke Schale drei „normale Münzen".
1. Möglichkeit: Gleichgewicht.
Die falsche Münze ist in der Gruppe der „leichten Münzen", sie ist leichter als die normalen Münzen.
2. Möglichkeit: Ungleichgewicht.
Die falsche Münze ist in der Gruppe der „schweren Münzen", sie ist schwerer als die normalen Münzen.
3. Wägung:
Zwei von den leichten bzw. zwei von den schweren werden verglichen.

Seite 101

Runde 1

1
a) 300 mm   b) 6000 kg   c) 180 min   d) 23,89 €

2
a) 145 cm   b) 6780 mg   c) 3 €   d) 8 min

3
Man benötigt 2500 Zellen.

4
Der Saurier war ungefähr 300 cm hoch und 780 cm lang.

5
Die Mütze besteht aus 4320 Maschen.

6
a) Franz ist 30 Tage älter. Zwischen den beiden ist ein Altersunterschied von 30 Tagen.
b) Fred hat am 6. Januar Geburtstag.

Runde 2

1
a) 48 dm, 4800 mm   b) 2 m, 200 cm
c) 6 t, 6 000 000 g   d) 2 d, 2880 min

2
a) 330 000 mm, 19 900 dm, 2 km, 200 001 cm, 3540 m, 19 km 800 m
b) 4 444 444 mg, 50 kg 3 g, 54 321 g, 1 t 600 kg, 4 t, 4080 kg

3
a) Es gibt 30 Ponys auf dem Hof.
b) Die Lieferung kostet 480 € und reicht acht Tage.

4
Dauer Stuttgart-München: 2 h 13 min
Ankunft München: 10:32 Uhr
Abfahrt Stuttgart: 8:48 Uhr

5
individuelle Lösung, zum Beispiel: 1 mm entspricht 5000 Einwohnern.

Stadt	Säulenhöhe
Koblenz	23 mm
Ludwigshafen	34 mm
Mainz	43 mm
Trier	22 mm

IV Symmetrie

Seite 103

Check-in

1

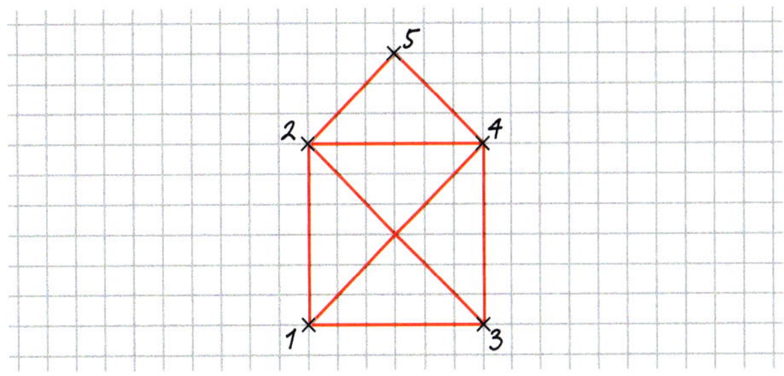

2
a)

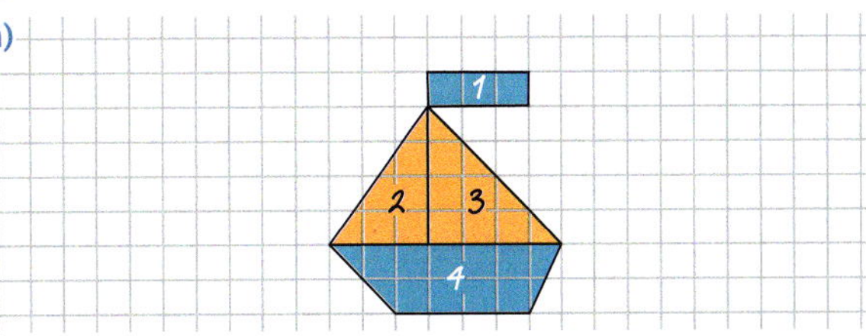

b) Figur 1 ist ein Rechteck. Die lange Seite ist dreimal so lang wie die kurze Seite.
Figur 2 ist ein Dreieck. Die beiden kürzeren Seiten schließen einen rechten Winkel ein.
Figur 3 ist ein Dreieck. Die beiden kürzeren Seiten sind gleich lang. Sie schließen einen rechten Winkel ein.
Figur 4 ist ein Viereck, bei dem zwei Seiten parallel zueinander liegen.

3
a)

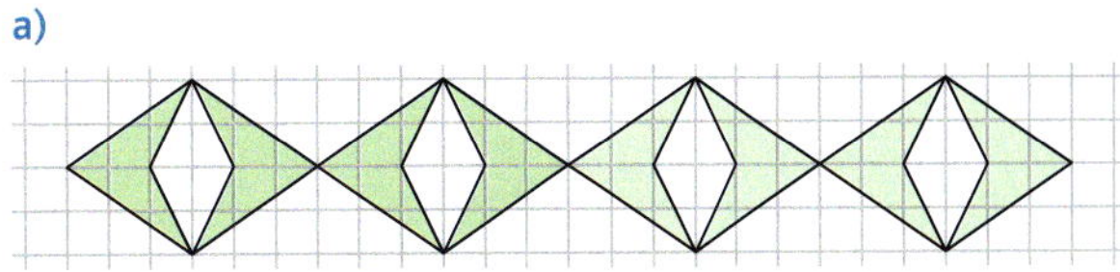

b)

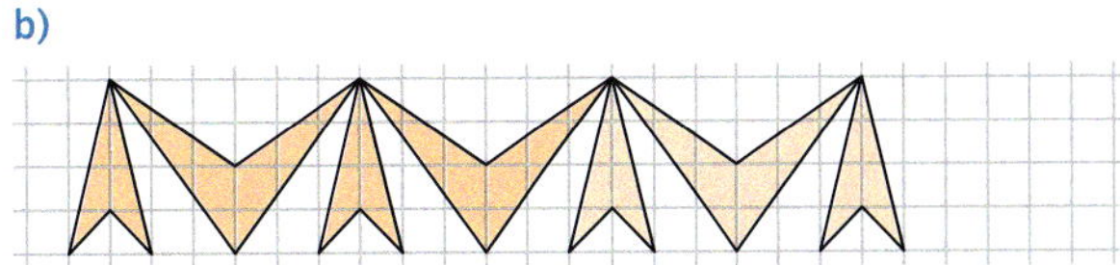

4
25 mm + 20 mm + 35 mm + 15 mm + 30 mm = 125 mm
Der Weg von A nach B beträgt 125 mm.

Seite 107

7

Senkrecht sind

h und k (h ⊥ k)	f und g (f ⊥ g)
f und i (f ⊥ i)	j und h (j ⊥ h)

Parallel sind

g und i (g ∥ i)	k und j (k ∥ j)

8

a), b), c)

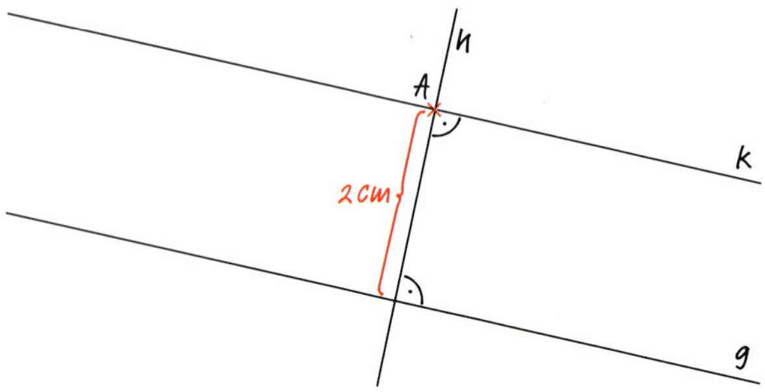

Seite 108

14

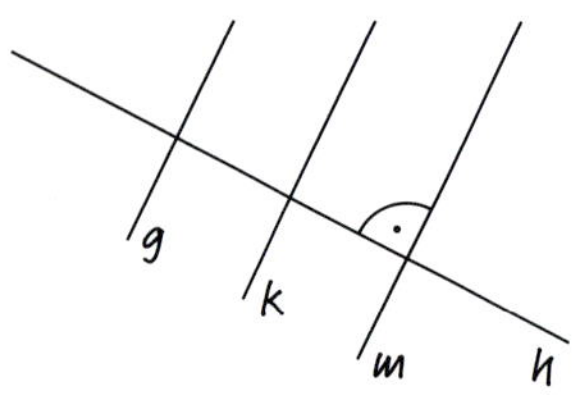

Es gilt: g ⊥ h

Begründung siehe Skizze oder:

Da g ∥ k und k ∥ m ist, muss auch g ∥ m gelten. Da m ⊥ h gilt, und g ∥ m, muss auch g ⊥ h gelten.

15

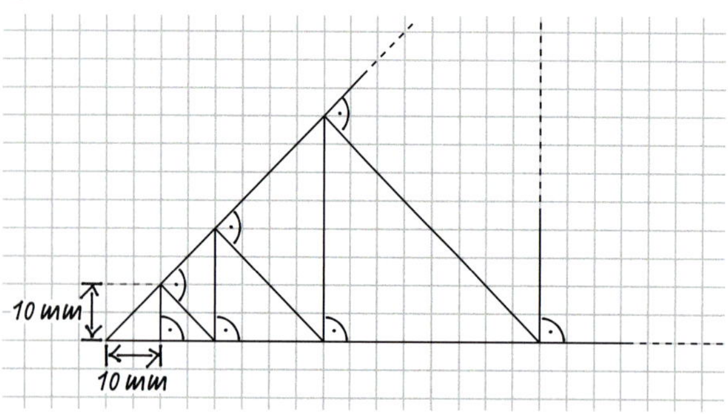

G **19**

a) 1400 mm b) 31 000 kg c) 360 min d) 3,21 €

Seite 110

5

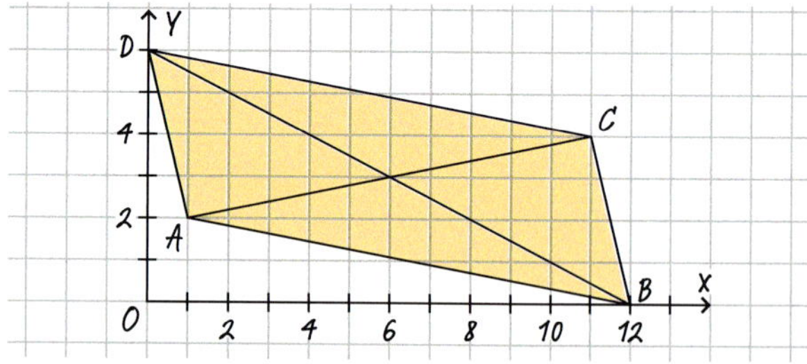

Schnittpunkt S(6 | 3)

6

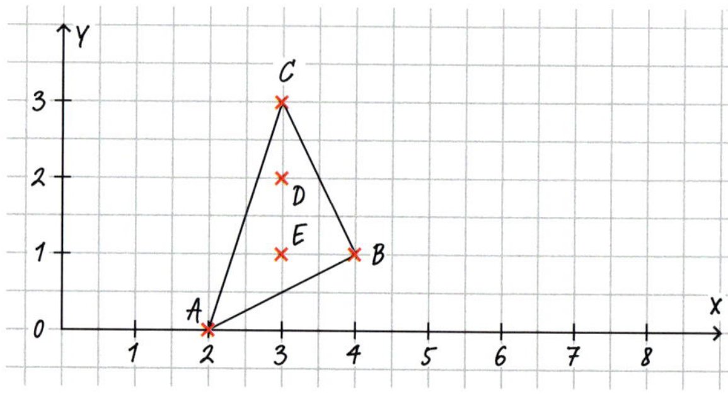

Die Punkte D(3 | 2) und E(3 | 1) liegen innerhalb des Dreiecks mit den Eckpunkten A, B und C und besitzen natürliche Koordinaten.

Seite 111

12

a)

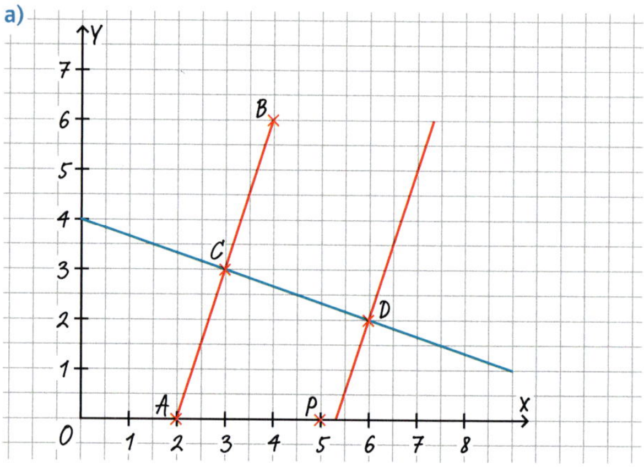

b) Die Gerade durch die Punkte D und C ist senkrecht zur Strecke $\overline{AB}$.

c) Der Punkt P liegt nicht auf der Parallelen.

G **14**

a) 632 cm b) 4250 kg c) 24 d) 2700 €

Seite 115

8

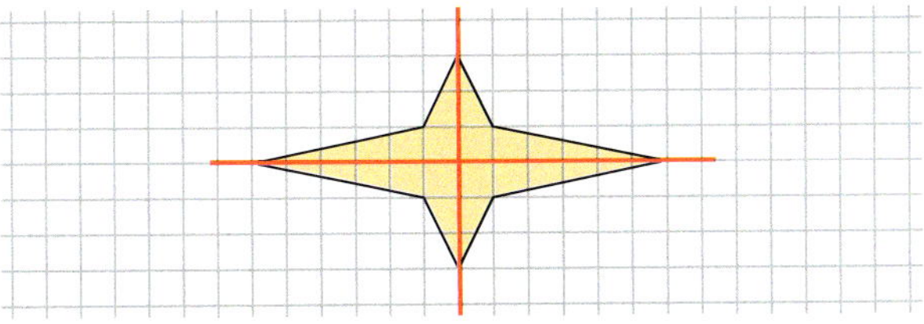

9

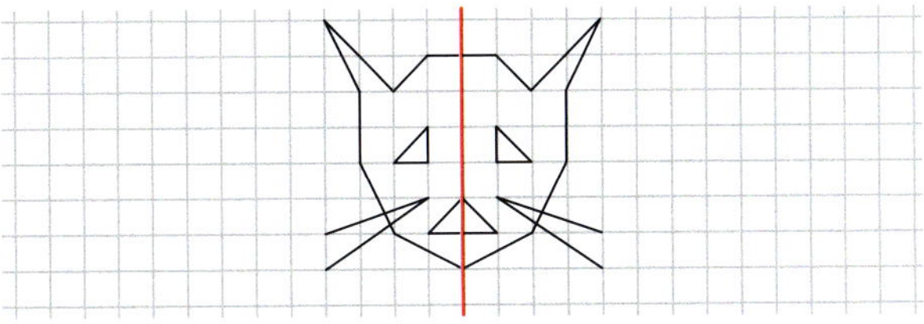

Seite 116

16

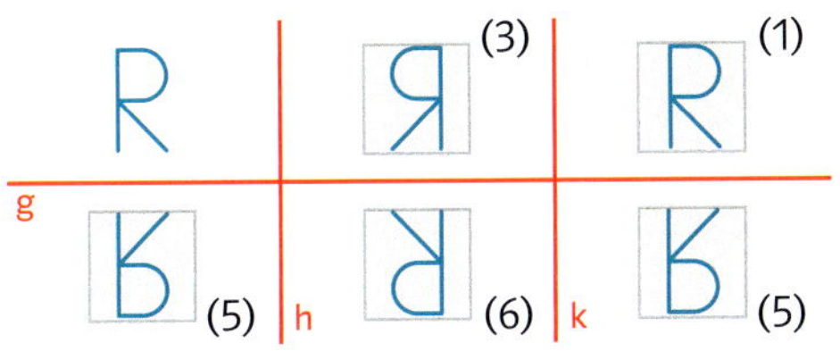

(1) entspricht den Gänsen.
(3) entspricht der Katze.
(5) entspricht dem Schwein und der Kuh.
(6) entspricht dem Hund.

17
a), b)

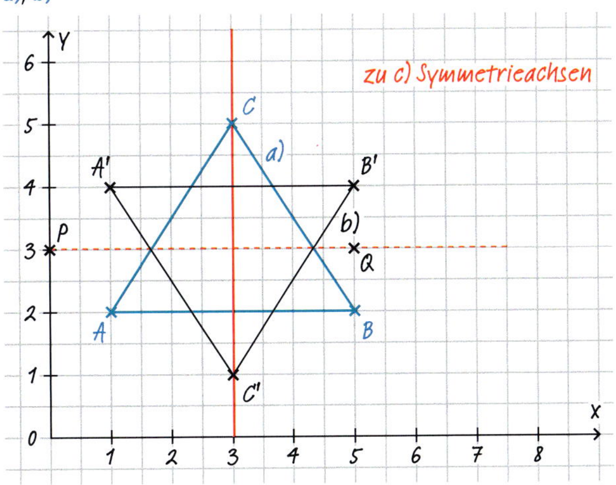

c) Die Gesamtfigur ist ein Stern mit 6 Ecken und zwei Symmetrieachsen durch die Punkte P(0|3) und Q(5|3) bzw. C(3|5) und C′(3|1).

G **20**
Die Strecke ist ungefähr 18 cm lang.

Seite 119

7

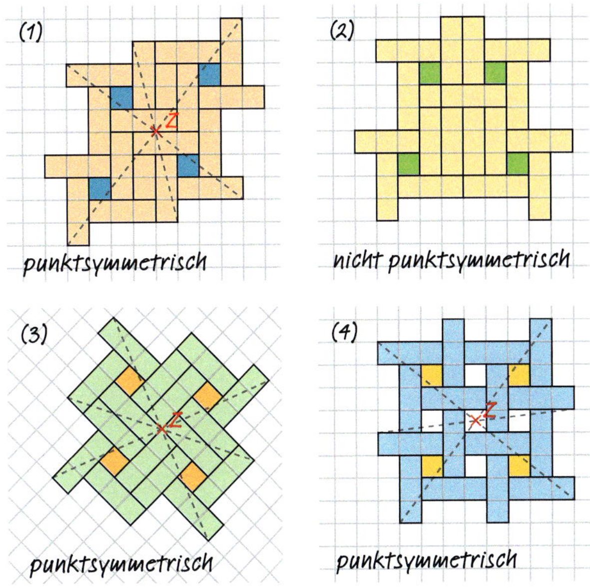

8
a)

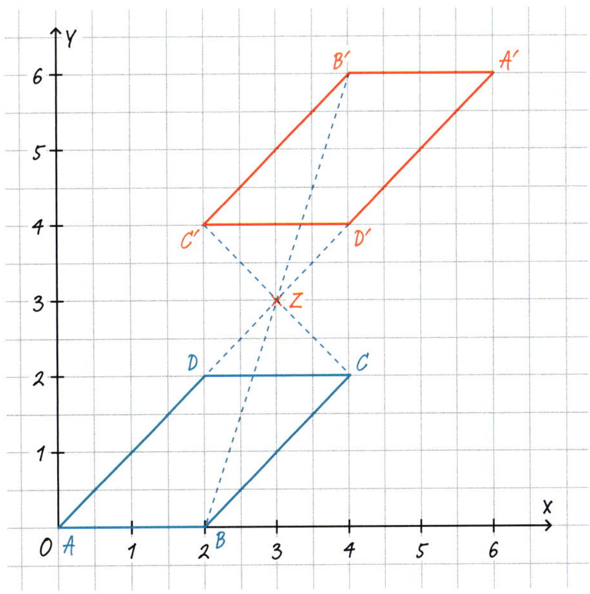

A′(6|6), B′(4|6), C′(2|4), D′(4|4)

b)

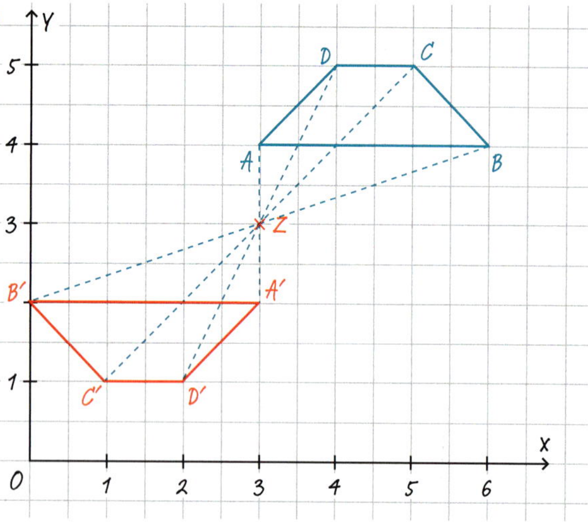

A′(3 | 2), B′(0 | 2), C′(1 | 1), D′(2 | 1)

Seite 121

16

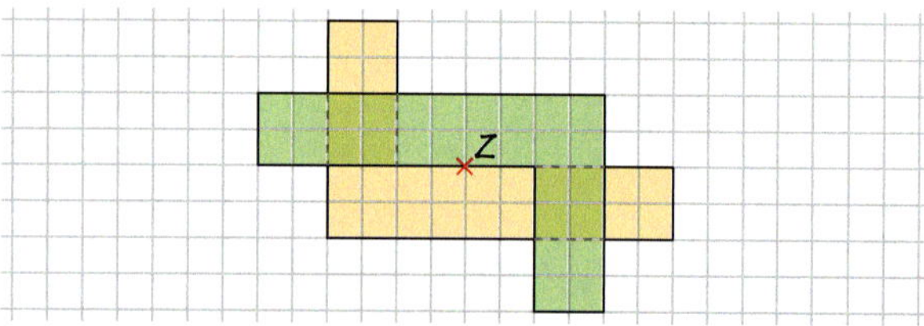

Berücksichtigt man die Farbigkeit, ist die Figur nicht punktsymmetrisch.

17

a), b)

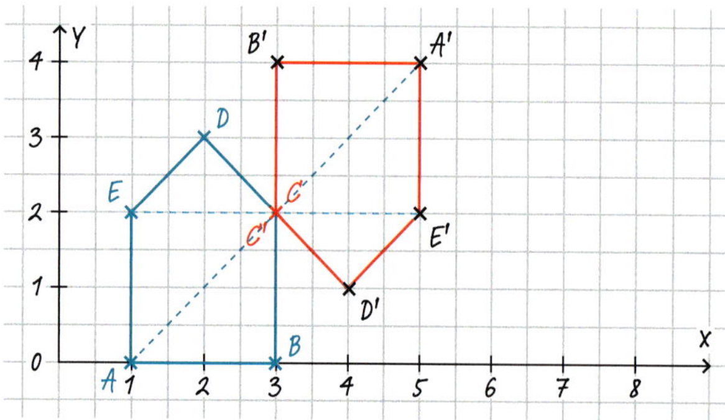

G **21**

a) 5 m = **500** cm
b) 2 km = **2000** m
c) **800** mm = 8 dm
d) **200** cm = 20 dm
e) 30 dm = 300 **cm**
f) 400 mm = 4 **dm**
g) 20 **km** = 20 000 m
h) **1000** mm = 1 m

Seite 124

7

a) b)

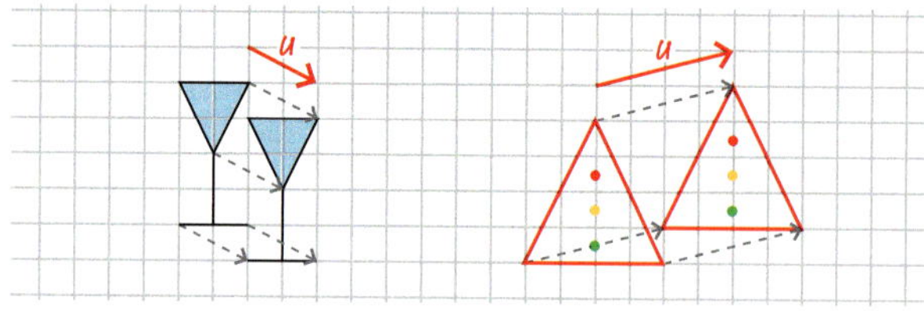

8

individuelle Lösung

12

a) Durch Verschiebung von Dreieck 1 entstehen Dreieck 5 (Pfeil u) und Dreieck 7 (Pfeil v).

b) Durch Achsenspiegelung von Dreieck 1 entstehen Dreieck 2 (Achse g), 6 (Achse h) und 7 (Achse k).

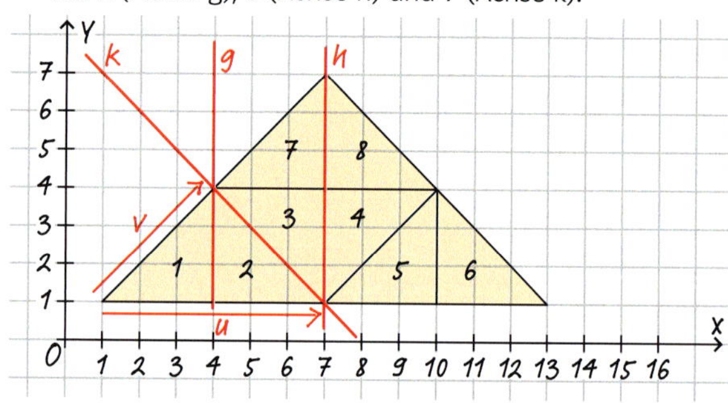

G **14**

a) 8 kg = **8000** g
b) 80 t = 80 000 **kg**
c) **20 000** mg = 20 g
d) 5000 **g** = 5 kg
e) 10 g = 10 000 **mg**
f) 30 000 g = **30** kg
g) 95 kg = 95 000 **g**
h) **260 000** kg = 260 t

Seite 128

9

a)

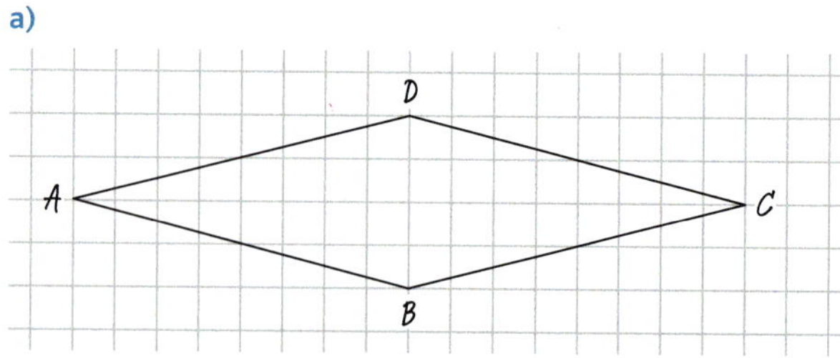

b) Es handelt sich um eine Raute, da alle vier Seiten gleich lang sind.

c)

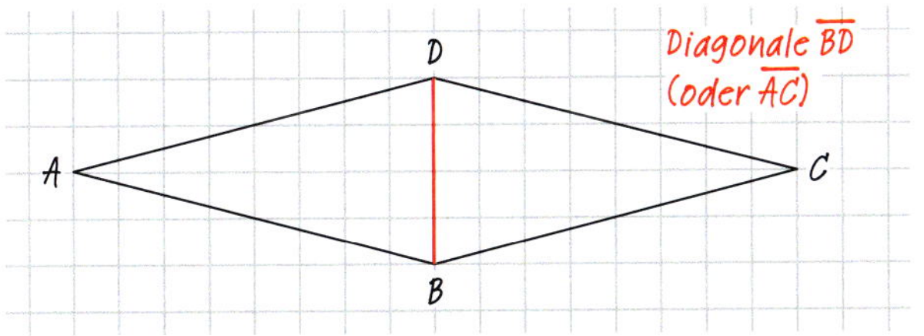

Es handelt sich um zwei gleichschenklige Dreiecke; sie besitzen jeweils zwei gleiche Seiten.

10

a)

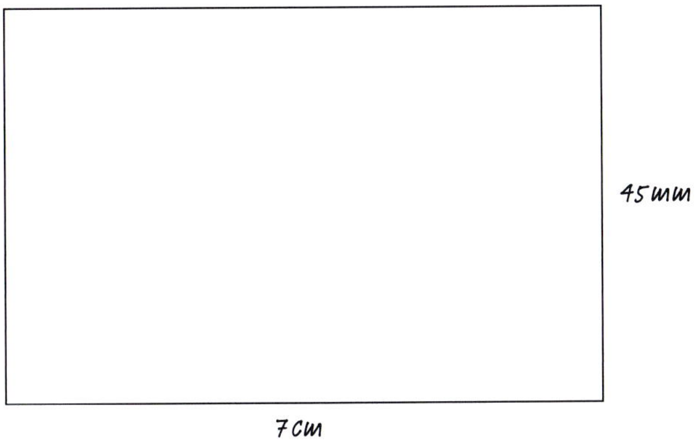

b)

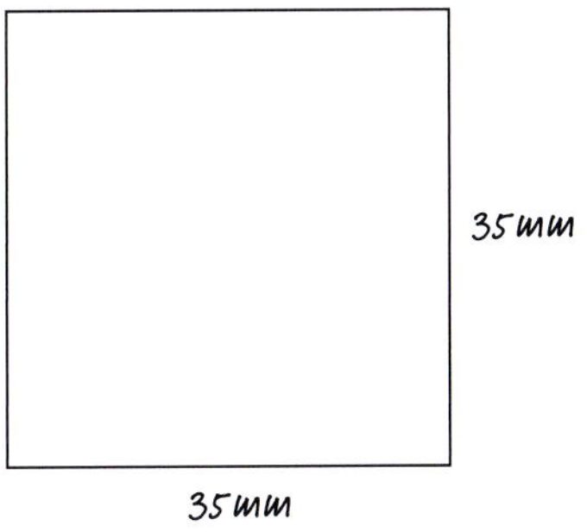

c)

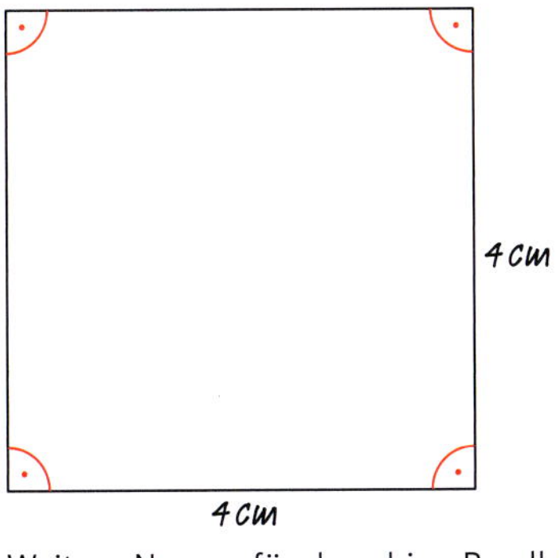

Weitere Namen für das obige Parallelogramm: Trapez, Raute, Rechteck, Quadrat.

Seite 129

17

a)

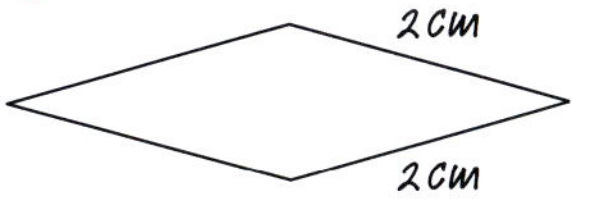

b)

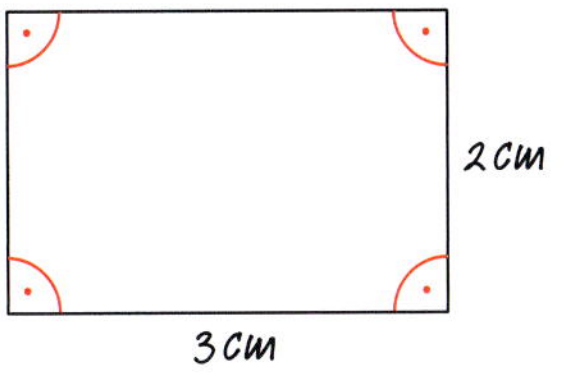

18

a) Falsch, Gegenbeispiel:

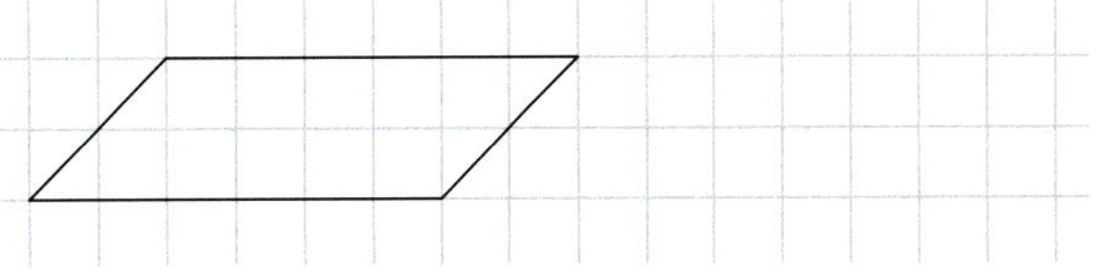

Kein Winkel ist ein rechter Winkel.

b) Wahr, denn die gegenüberliegenden Seiten eines Rechtecks sind stets parallel zueinander.

G **21**

a) 1 h 45 min

b) 16 h 25 min

Seite 130

1

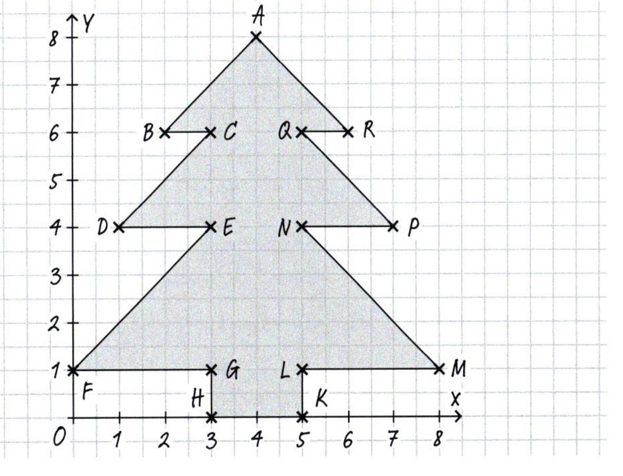

2

a), b)

(1) A(0|2), B(1|1), C(4|1), D(5|2), E(3|1), F(3|5), P(3|2)
$\overline{AD} \perp \overline{EF}$, $\overline{AB} \perp \overline{CD}$, $\overline{BC} \perp \overline{EF}$, $\overline{AD} \parallel \overline{BC}$

(2) G(6|4), H(6|3), I(11|4), J(11|5)
$\overline{GH} \parallel \overline{IJ}$, $\overline{HI} \parallel \overline{GJ}$

(3) K(13 | 1), L(15 | 2), M(13 | 6), N(12 | 3)
$\overline{KL} \perp \overline{KN}$, $\overline{KL} \perp \overline{LM}$, $\overline{LM} \parallel \overline{KN}$

c) □ ABCD: Trapez □ GHIJ: Parallelogramm
□ KLMN: Trapez □ ABEP: Trapez
□ CDPE: Trapez △ PDF: rechtwinkliges Dreieck

d) individuelle Lösung

3

Untersuchung auf Symmetrie
Achsensymmetrisch: a), b), c), d)
Die Vierecke in den Teilaufgaben a) und c) sind symmetrisch bezüglich zweier Symmetrieachsen.
Das Viereck in Teilaufgabe d) ist symmetrisch in Bezug auf vier Symmetrieachsen.
Punktsymmetrisch: a), c), d)

Namen

a) Rechteck (vier rechte Winkel), Parallelogramm (jeweils gegenüberliegende Seiten parallel), Trapez (zwei gegenüberliegende Seiten parallel)
b) Trapez (zwei gegenüberliegende Seiten parallel)
c) Raute (vier gleich lange Seiten), Parallelogramm (jeweils gegenüberliegende Seiten parallel), Trapez (zwei gegenüberliegende Seiten parallel)
d) Quadrat (vier gleich lange Seiten und vier rechte Winkel), Rechteck (vier rechte Winkel), Parallelogramm (jeweils gegenüberliegende Seiten parallel), Raute (alle vier Seiten gleich lang), Trapez (zwei gegenüberliegende Seiten parallel)

4

a) A falsch gespiegelt, B richtig gespiegelt
b) C falsch gespiegelt, D richtig gespiegelt
c) A falsch gespiegelt, B richtig gespiegelt
d) C falsch gespiegelt, D falsch gespiegelt

5

a)

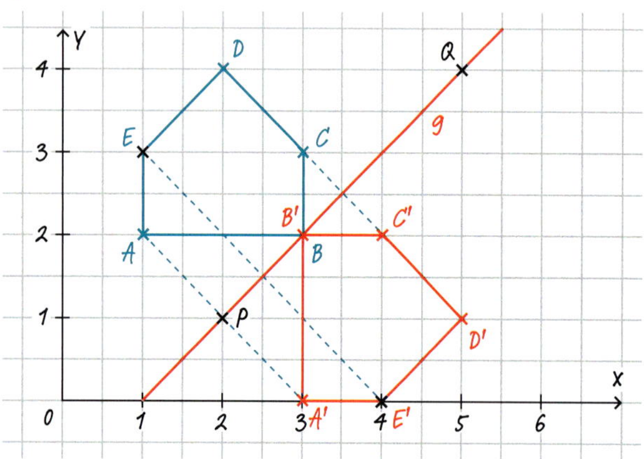

b) A'(3 | 0), B'(3 | 2) = B, C'(4 | 2), D'(5 | 1), E'(4 | 0)

Seite 131

6

a), b) und d)

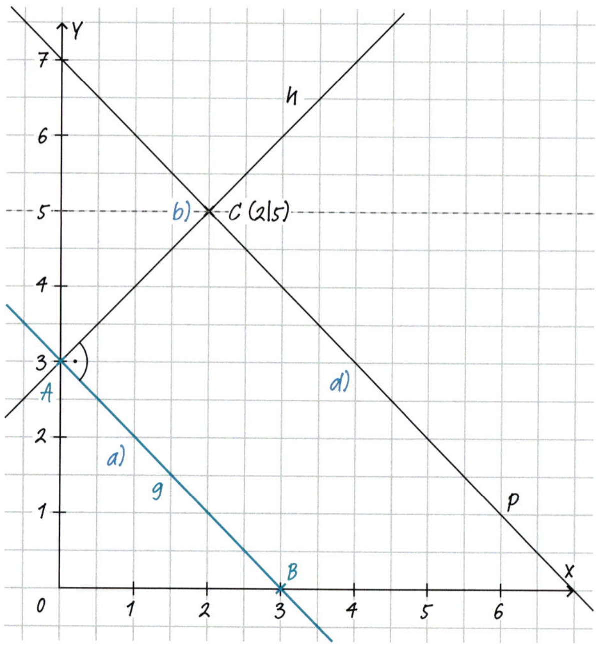

c) Der Abstand von Punkt C zur Geraden g beträgt ca. 28 mm.

7

0 Symmetrieachsen: (6)
1 Symmetrieachse: (1)
2 Symmetrieachsen: (2), (3), (4)
4 Symmetrieachsen (5)
individuelle Lösungen, zum Beispiel:

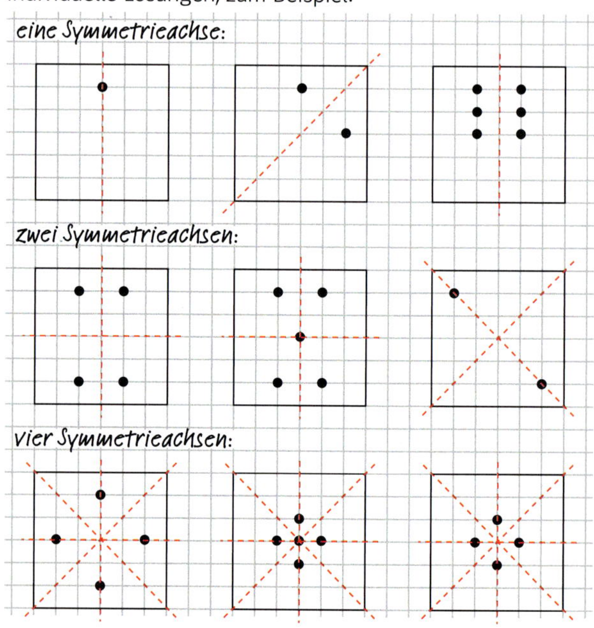

8

a) Ein gleichschenkliges Dreieck, denn drei Ecken hat nur ein Dreieck und ein Dreieck mit einer Symmetrieachse muss gleichschenklich sein.

Skizze

b) Ein gleichseitiges Dreieck, denn drei Ecken hat nur ein Dreieck und drei Symmetrieachsen hat nur ein gleichseitiges Dreieck mit drei gleich langen Seiten.

Skizze

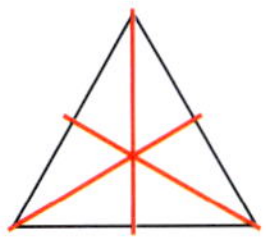

c) Ein Parallelogramm, da die gegenüberliegenden Seiten jeweils parallel sind.

d) Ein Rechteck, da hier alle benachbarten Seiten senkrecht aufeinanderstehen.

e) Ein Quadrat, …

Skizze

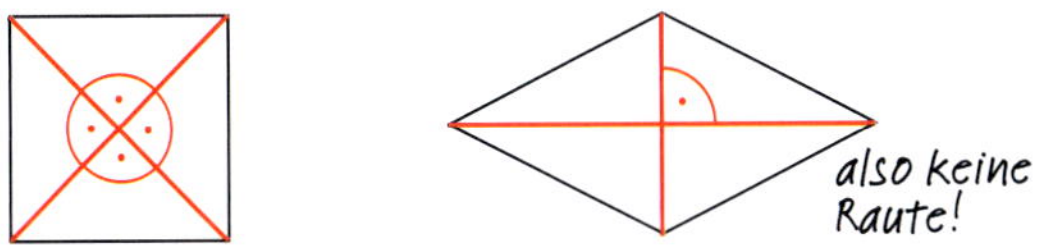

9

a) individuelle Lösung

Weg mit den wenigsten Punktangaben:

Start – A(2 | 1) – B(9 | 4) – C(10 | 1) – D(11 | 1) – E(16 | 5) – F(19 | 3) – G(26 | 6) – Ziel

b) (A) + (H): Rechtecke; achsensymmetrisch mit 2 Symmetrieachsen; punktsymmetrisch

(B): Parallelogramm; punktsymmetrisch

(C) + (D) + (I): gleichschenklige Dreiecke; achsensymmetrisch

[(F): Kreis; achsensymmetrisch mit unendlich vielen Symmetrieachsen; punktsymmetrisch)]

(E): rechtwinkliges Dreieck; keine Symmetrie

10

a) Gilt immer! Ein gleichschenkliges Dreieck hat drei gleich große Winkel (60°), die keine rechten Winkel sind.

b) Gilt nur bei Rechtecken und Quadtraten

Aus Trapezen, Parallelogrammen und Rauten erhält man in der Regel Sechsecke (s. Skizzen).

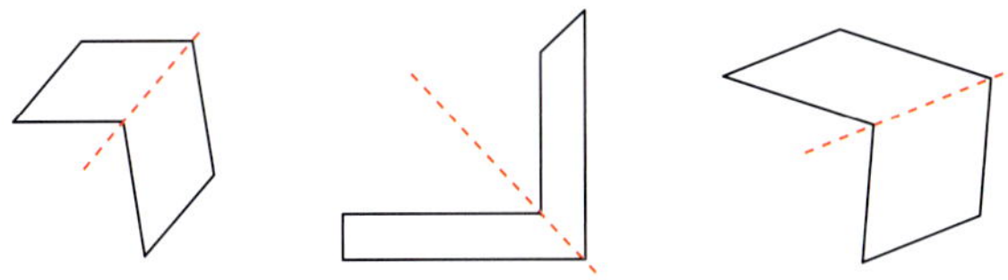

c)

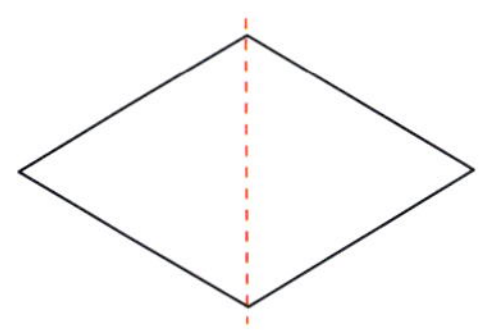

Gilt immer, denn man erhält ein Viereck mit vier gleich langen Seiten (s. Skizze).

d)

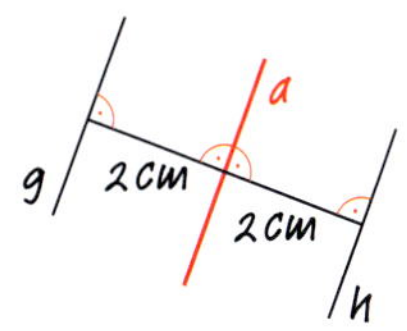

Gilt immer, diese Gerade a ist ebenfalls parallel zu g und h und liegt genau zwischen g und h.

Seite 135

Runde 1

1

a) Siehe Fig. 1 unten.

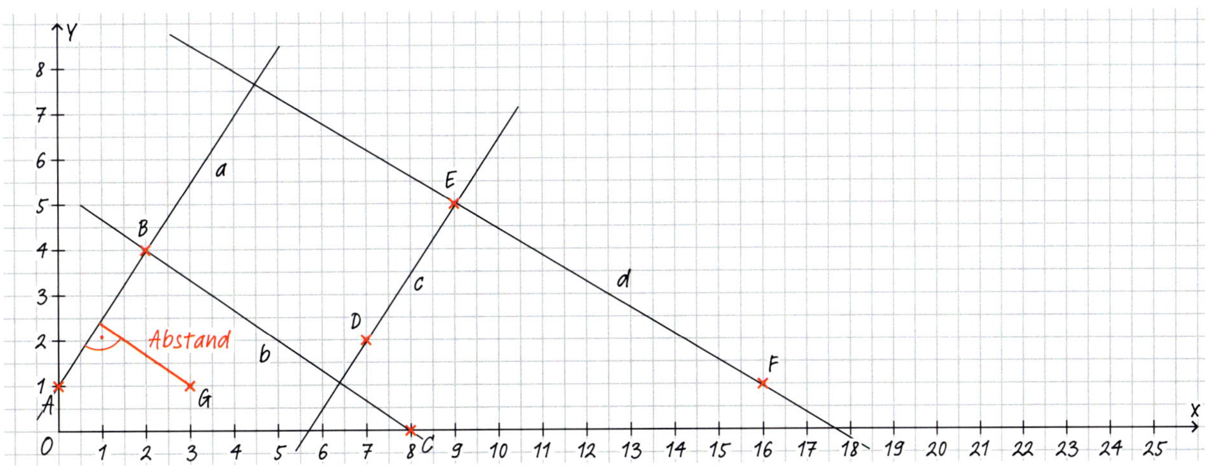

Fig. 1

b) a ∥ c; a ⊥ b; b ⊥ c (d hat keine besondere Lage zu den anderen Geraden)
c) Der Abstand von Punkt G zur Geraden a beträgt ca. 2,5 cm.

2
Parallelogramm
punktsymmetrisch bezüglich Punkt P(3 | 2)
Stern
achsensymmetrisch bezüglich 1. Achse (7 | 0) und (7 | 3)
2. Achse (5 | ≈ 0,8) und (7 | 2)
3. Achse (5 | ≈ 3,2) und (7 | 2)
Quadrat
punktsymmetrisch bezüglich Punkt P(11 | 2)
achsensymmetrisch bezüglich 1. Achse (11 | 0) und (11 | 4)
2. Achse (9 | 2) und (13 | 2)
3. Achse (13 | 0) und (9 | 4)
4. Achse (9 | 0) und (13 | 4)

3
a)

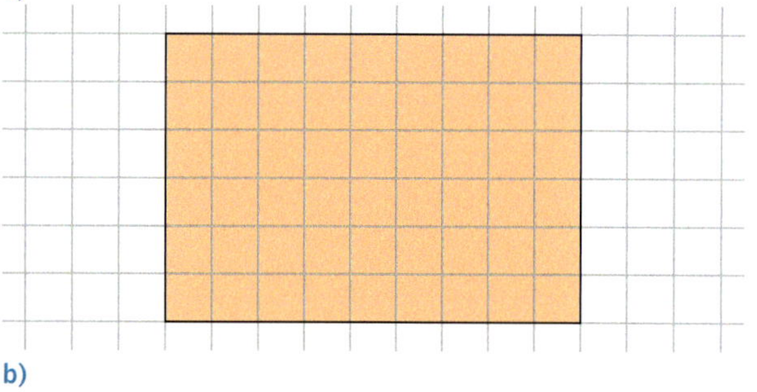

b)

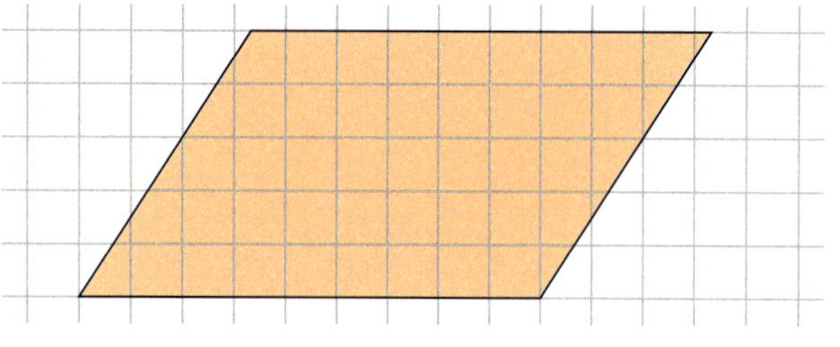

4
a) Falsch, es kann auch eine Raute sein.
b) Wahr, denn gegenüberliegende Seiten sind parallel und alle Seiten sind gleich lang.
c) Wahr, denn wenn zusätzlich benachbarte Seiten jeweils senkrecht zueinander stehen, ist es ein Quadrat.

5
Gemeinsamkeiten von Parallelogramm und Quadrat:
- gegenüberliegende Seiten sind parallel,
- Diagonalen halbieren einander,
- Figuren sind punktsymmetrisch.

Unterschiede zwischen Parallelogramm und Quadrat:
- Seiten sind im Parallelogramm nicht unbedingt gleich lang,
- Parallelogramm muss keine rechten Winkel haben,
- Parallelogramm muss nicht achsensymmetrisch sein.

Runde 2

1
a) Die Figur ist achsensymmetrisch mit der Symmetrieachse durch die Punkte A und B mit A(0 | 1) und B(4 | 1).
b)

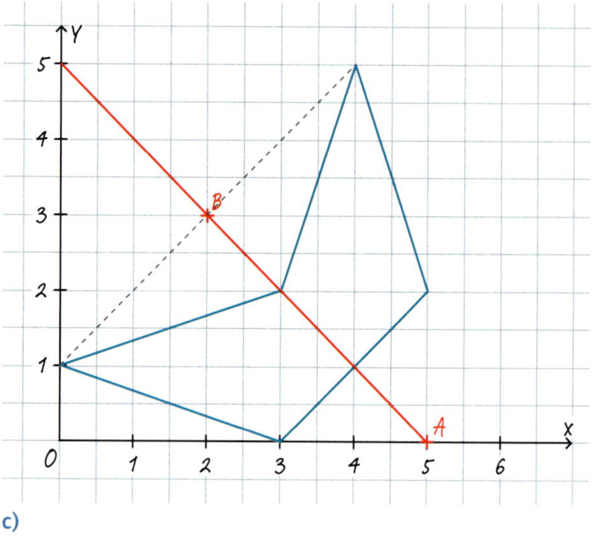

c)

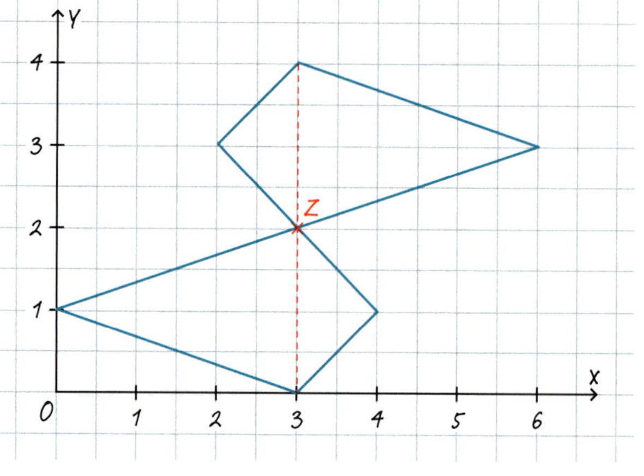

2
a) b ∥ d, b ∥ e, d ∥ e, c ∥ f
a ⊥ g, b ⊥ c, b ⊥ f, c ⊥ d, c ⊥ e, d ⊥ f, e ⊥ f
b) Abstand b – d: ca. 13 mm
Abstand d – e: ca. 6 mm
Abstand b – e: ca. 19 mm
Abstand c – f: ca. 17 mm

3
a) Achsensymmetrie bzgl. einer Symmetrieachse
b) Achsensymmetrie bzgl. zweier Symmetrieachsen und Punktsymmetrie
c) Da der Buchstabe „O" nicht kreisrund ist, gibt es zwei Symmetrieachsen. Je nach Form des „O" auch Punktsymmetrie.
d) Punktsymmetrie

4

a) Quadrat; weitere Namen: keine
b) Parallelogramm; weitere mögliche Namen: Raute, Rechteck, Quadrat

V Ganze Zahlen

Seite 137

Check-in

1

„LEOPARD“: 25 < 57 < 205 < 250 < 257 < 527 < 572

2

a) A(2 | 1), B(6 | 1), C(8 | 3), D(5 | 5), E(2 | 4)
b)

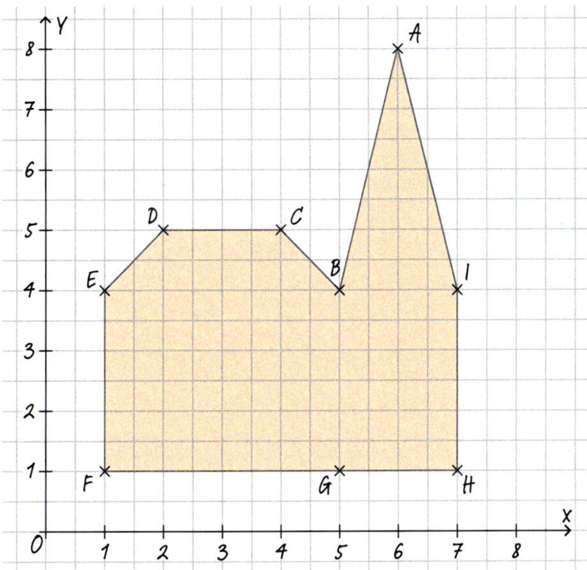

Es entsteht eine Kirche.

3

rot – blau – gelb – grün: Mauritius

4

a) 22 + 47 + 18 = 22 + 18 + 47 = 40 + 47 = 87
b) 2 · 6 · 3 · 5 = 2 · 5 · 6 · 3 = 10 · 18 = 180
c) 7 · 46 + 7 · 54 = 7 · (46 + 54) = 7 · 100 = 700
d) 5 · (20 – 3) = 5 · 20 – 5 · 3 = 100 – 15 = 85

Seite 140

6

a) – 50, – 25, + 15, + 30, + 45
b) – 180, – 170, – 155, – 130, – 100, – 85

7

a)

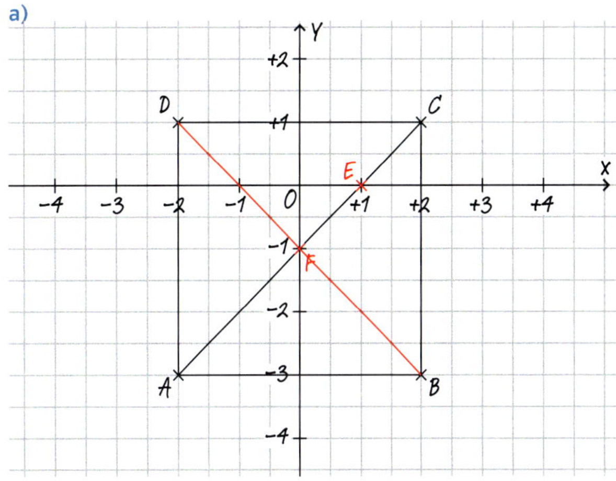

b) E(+ 1 | 0), F(0 | – 1)
c) S(0 | – 1) (= F)

Seite 141

12

a)

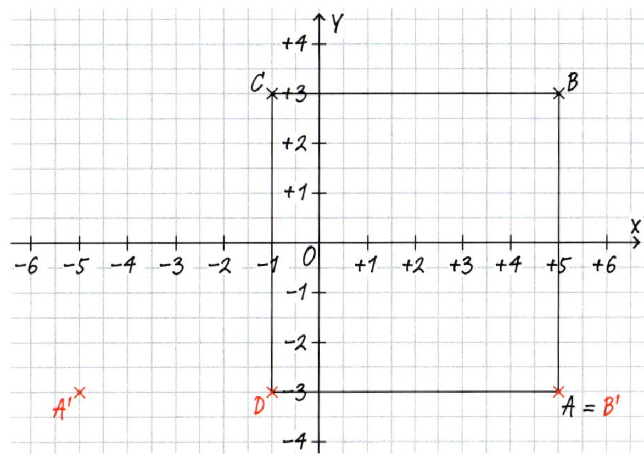

D(– 1 | – 3)
Die Seite des Quadrats ist 6 LE lang.
b) A′(– 5 | – 3)
c) B′(5 | – 3) (= A)

13

a) 20 cm
b) + 4

G **16**

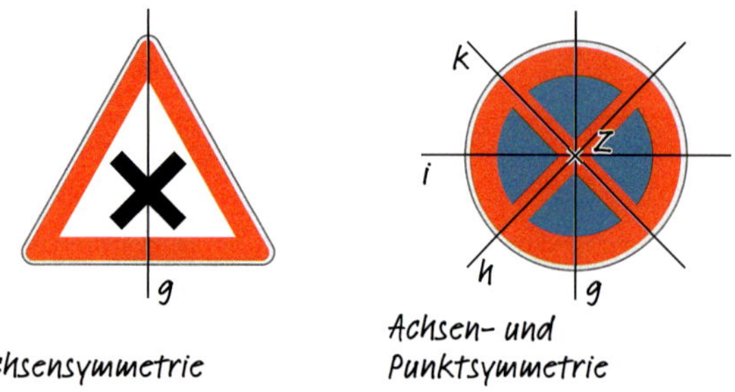

Seite 143

9

a) −555 < −110 < −89 < −5 < 55 < 66 < 101
b) −1026 < −256 < −10 < 5 < 10 < 666

10

a) 100, −100
b) −7, −6, −5, −4, −3, −2, −1, 0, 1, 2, 3, 4, 5, 6, 7
c) 3, −3
d) 122, 62

Seite 144

17

a) 3, 4, 5, −3, −4, −5: Es sind 6 Zahlen.
b) −2, −1, 0, 1, 2, 3, 4: Es sind 7 Zahlen.

18

a) 18 + 22 = 40 b) 17 · 5 = 85

G **22**

HEIKO BECK, HEIDI EICHE
Beide Namen bestehen nur aus achsensymmetrischen Buchstaben, deren Symmetrieachse waagerecht liegt.

Seite 147

6

a) −30 + 30 = 0 b) 5 − 18 = −13
c) −5 + 28 = 23 d) 9 − 17 = −8

7

−102 m − 112 m = −214 m
Die Rekordtiefe beim Tauchen mit Benutzung eines Tauchschlittens beträgt −214 m.

Seite 148

11

a) Die Rechnungssumme betrug 713 €.
b) Sie kann noch 1922 € abheben.

G **15**

Die beiden Geraden stehen senkrecht aufeinander.

Seite 150

7

a) −54 b) −100 c) −45 d) −12

8

a) Überschlag: 20 · (−40) = −800
Ergebnis: 22 · (−39) = −858
b) Überschlag: −20 · 60 = −1200
Ergebnis: −19 · 61 = −1159
c) Überschlag: −390 : 3 = −130
Ergebnis: −396 : 3 = −132
d) Überschlag: −520 : 4 = −130
Ergebnis: −536 : 4 = −134

Seite 151

14

a) 17 b) −5 c) −99

15

a) 3
b) Es gibt keine Zahl, die man einsetzen kann.
c) −13

G **18**

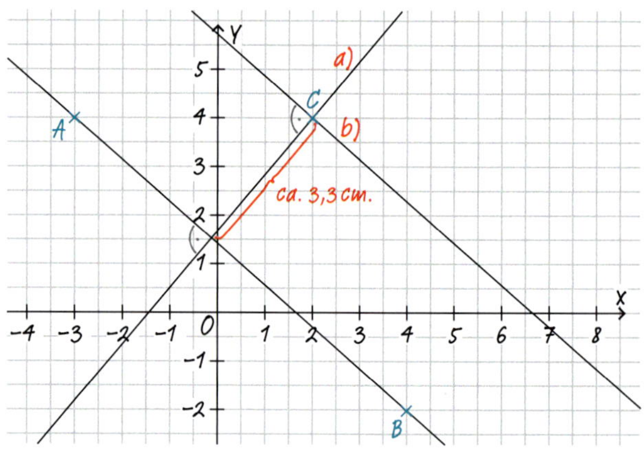

Der Abstand der Parallelen zur Geraden AB beträgt ca. 33 mm.

Seite 152

1

a) −540 < −504 < −450 < −405 < −404 < 405
b) Die Zahl −540 hat den größten Betrag.
Die Zahl −404 hat den kleinsten Betrag.

2

6 − 9 = −3; 18 − 20 = −2; −3 + 8 = 5; 8 − 13 = −5;
−2 − 5 = −7
−7 < −5 < −3 < −2 < 5

3
a) -40 b) -8 c) 15 d) -19
e) -30 f) -6 g) +5 h) -6
i) 21 j) -498 k) -2 l) -3

4
a) -24 b) -105 c) -48
d) -8 e) -6 f) -7
g) -27 : 9 = -3 h) 16·(-5) = -80 i) 19
j) -12 k) -39 l) 8 - 18 = -10

5
a)

:	2	3	8	12
-24	-12	-8	-3	-2
72	36	24	9	6
-120	-60	-40	-15	-10
-144	-72	-48	-18	-12

b)

·	-1	-3	-9	12
4	-4	-12	-36	48
5	-5	-15	-45	60
6	-6	-18	-54	72
13	-13	-39	-117	156

6
208 m - 737 m = -529 m
Es liegt 529 m unter dem Meeresspiegel.

7
3600 € + 2480 € = 6080 €
Er kann 6080 € abheben.

8
a) -180 < 5 b) -50 < 10 c) -150 < 100

9
a) 1: Mount McKinley 6194 m 2: Puerto-Rico-Graben 9219 m
3: Aconcagua 6962 m 4: Mont Blanc 4810 m
5: Kilimandscharo 5895 m 6: Mount Everest 8850 m
7: Sundagraben 7500 m 8: Marianengraben 11 304 m
b) Lisa muss beachten, dass die Längen für die Tiefseegräben unterhalb des Meeresspiegels liegen, die für die Berge oberhalb. Ihre Skala muss daher negative und positive Werte umfassen. Sie sollte von etwa -11 100 bis 8900 reichen.

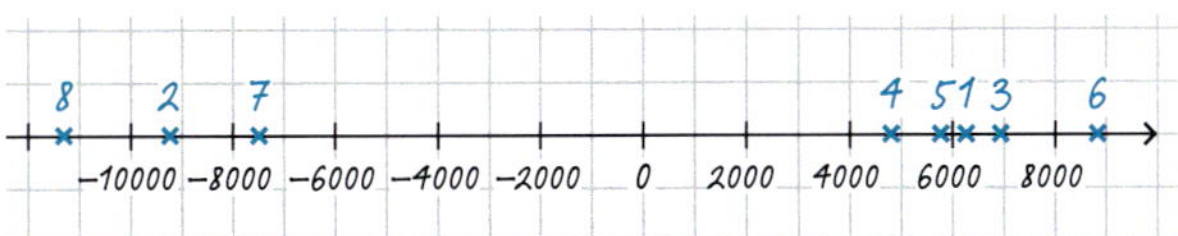

Seite 153

10
Wenn A und B negativ sind, und es gilt A < B, ist Anna auch ärmer als Benni. Sie hat mehr Schulden als Benni. Dies kann man an einem Zahlenbeispiel sehen:
Beispiel A = -10, B = -5. A und B sind negativ und es gilt -10 < -5.
Anna hat 10 Euro Schulden, während Benni „nur" 5 Euro Schulden hat.

11
Mark hat sich 4 ausgedacht.

12
22 Stockwerke nach unten

13
-72 : 8 - (13 · 5) = -9 - 65 = -74

14
2 erfüllt die Aussagen A, B und E.
-3 erfüllt die Aussagen A und D.
30 erfüllt die Aussagen B, C und E.
-55 erfüllt die Aussage D.
Daher erfüllt nur -3 genau zwei dieser Eigenschaften.

15
a) < b) < c) = d) <

16

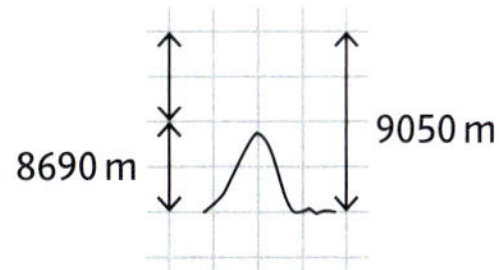

Sie liegt 360 m unter der Meeresoberfläche.

17
individuelle Lösung, zum Beispiel:
a) -13 + 0; -20 + 7; -50 + 37; -25 + 12; -33 + 20
b) 0 - 3; 9 - 12; 14 - 17; 100 - 103; 98 - 101

18
a) Die Alpenrose übersteht im Juli eine Temperatur von -4 °C.
b) Die Frostresistenz steigt um 36 °C an.

19
a) 57 51 43 33 21 7 -9 -27 -47 …
-6 -8 -10 -12 -14 -16 -18 -20

b) -8 -6 -10 -4 -12 -2 -14 0 -16 …
+2 -4 +6 -8 +10 -12 +14 -16

c) 0 2 -2 6 -10 22 -42 86 -170 …
+2 -4 +8 -16 +32 -64 +128 -256

20
a) a > b ist falsch; a < c ist wahr; c > b ist wahr
b) a < b < c ist wahr; a > c > b ist falsch
c) |a| < |c| ist falsch; |a| > b ist wahr; |c| < |b| ist falsch

21

a) Zwei Zahlen haben den Abstand 5 zur Null: 5 und −5.
Man kann also zur −13 die Zahlen 8 und 18 addieren.

b) Die Gegenzahl von −7 ist die 7. Man muss 14 addieren.

Seite 157

Runde 1

1

a) A: −60 B: −20 C: 10 D: 100

b) A: −11 020 B: −10 990 C: −10 960 D: −10 920 E: −10 880

2

a) wahr b) wahr c) falsch d) falsch

3

a) 10 b) 0 c) 4 d) −187
e) 11 f) −75 g) 17 h) 16

4

a) $-55 + 7 = -48$ b) $-55 - 7 = -62$ c) $7 - 55 = -48$

5

a) −72 b) −70 c) 2 d) −4

6

$2 \cdot (-7) = -14$; $-14 < 2$ und $-14 < -7$

Runde 2

1

a) $-44 < -43 < -7 < -4 < -1 < 0 < 1 < 3 < 11 < 12 < 45$

b) $-45 < -12 < -11 < -3 < -1 < 0 < 1 < 4 < 7 < 43 < 44$

2

a) 5 Zahlen: 13, 14, 15, 16, 17

b) 29 Zahlen: −17, −16, …, 10, 11

c) 5 Zahlen: −13, −14, −15, −16, −17

d) 29 Zahlen: −11, −10, …, 16, 17

3

a) −11 b) −73 c) −220 d) −23
e) −72 f) −410 g) −160 h) −29

4

2750 m − 4600 m = −1850 m
Es liegt 1850 m unter NN.

5

−2, −1, 0, 1, 2

6

a) −42 b) −48 c) −8 d) −3

7

a) $-51 < 5$ b) $6 > -32$ c) $1000 > -1000$

VI Flächen

Seite 159

Check-in

1

Man erkennt folgende geometrischen Figuren: Dreieck mit einem rechten Winkel, Dreieck ohne rechten Winkel, Rechteck, Quadrat, Trapez, unregelmäßiges Fünfeck, unregelmäßiges Sechseck.

2

individuelle Lösung
Es ergeben sich sechs verschiedene Möglichkeiten. Drei erhält man, wenn beide gefärbten Seiten der ausgeschnittenen Dreiecke „oben" liegen. Für die anderen drei muss man eines der beiden Dreiecke umdrehen.

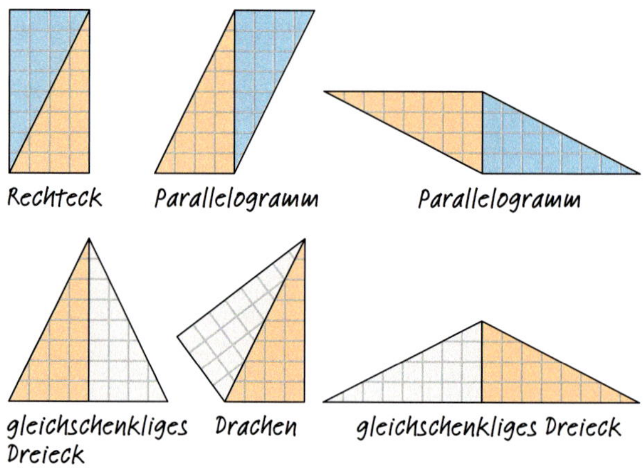

3

a)

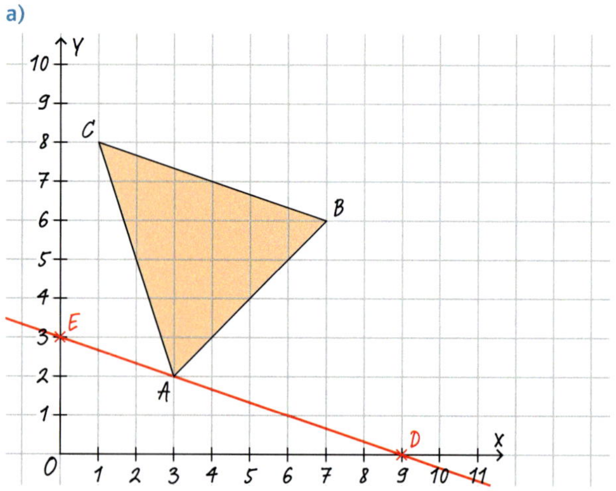

b) Der Punkt D hat die x-Koordinate 9 und die y-Koordinate 0.
Der Punkt E hat die x-Koordinate 0 und die y-Koordinate 3.

4

a)

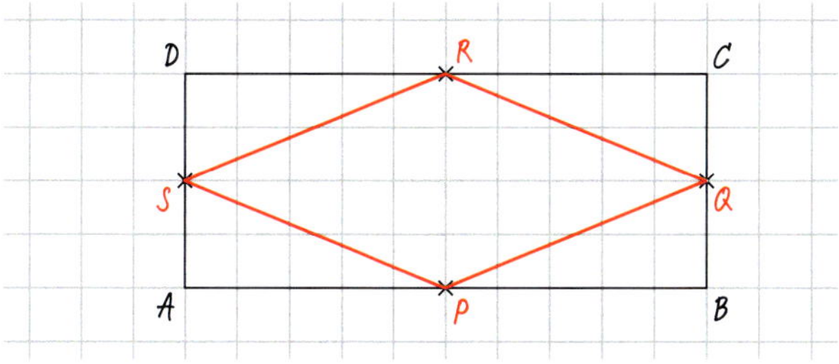

b) Die Seiten des Vierecks PQRS sind etwa 27 mm lang.

5

a) 42 000 mm = 4200 cm = 420 dm = 42 m

b) 85 km = 85 000 m = 850 000 dm = 8 500 000 cm

Seite 162

6

Figur A besteht aus 9 Kästchen, Figur B besteht aus 12 Kästchen, Figur C besteht aus 16 Kästchen, Figur D besteht aus 16 Kästchen.

Somit ist Fläche A < Fläche B < Fläche C = Fläche D.

10

a) Grundstück 1: 18 Kästchen, Grundstück 2: 18 Kästchen, Grundstück 3: 18 Kästchen.
Somit sind die Grundstücke gleich groß.

b) Mögliche Lösung:

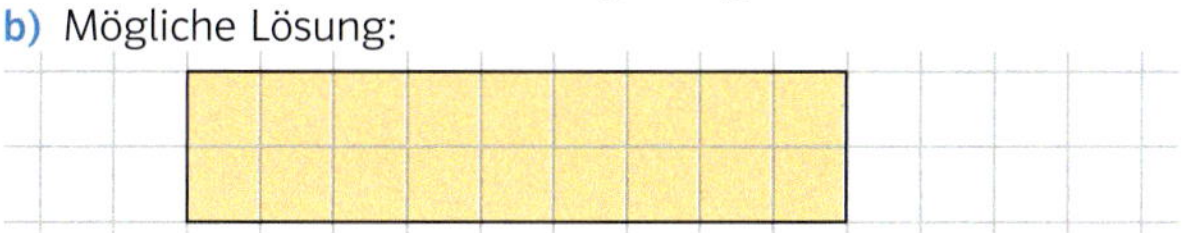

c) Mögliche Lösung:

G **13**

a) 48 + 169 + 52 + 31 = 169 + 31 + 52 + 48 = 200 + 100 = 300

b) $4 \cdot 23 \cdot 25 = (4 \cdot 25) \cdot 23 = 100 \cdot 23 = 2300$

c) $11 \cdot 12 + 11 \cdot 34 + 11 \cdot 54 = 11 \cdot (12 + 34 + 54) = 11 \cdot 100$
= 1100

Seite 166

11

individuelle Lösung. Werte zur Orientierung:

a) Basketballfeld: 420 m^2 (ungefähr 4 a)

b) Spielkarte: ungefähr 54 cm^2

c) Tischtennisplatte: ungefähr 4 m^2

d) Schachbrett: ungefähr 9 dm^2 bzw. 900 cm^2

12

a) 5 m^2 = 500 dm^2 = 50 000 cm^2

b) 170 000 m^2 = 1700 a = 17 ha

c) 30 000 ha = 3 000 000 a = 300 000 000 m^2

d) 3 dm^2 = 300 cm^2 = 30 000 mm^2

e) 10 000 mm^2 = 100 cm^2 = 1 dm^2

f) 30 000 a = 300 ha = 3 km^2

Seite 167

23

a) 5 dm^2 + 205 cm^2 = 500 cm^2 + 205 cm^2 = 705 cm^2

b) 3 ha − 125 a = 300 a − 125 a = 175 a

c) 125 cm^2 + 2 m^2 = 125 cm^2 + 20 000 cm^2 = 20 125 cm^2

d) 5 ha 20 m^2 + 230 m^2 = 50 020 m^2 + 230 m^2 = 50 250 m^2

24

2 m^2 = 200 dm^2; 200 dm^2 : 40 = 5 dm^2

Jedes Brett hat einen Flächeninhalt von 5 dm^2 (bzw. 500 cm^2).

G **28**

Überschlag: 250 € + 1200 € + 100 € + 100 € = 1650 €

Genaue Berechnung:

 249,99 + 1199,99 + 89,99 + 99,99
= 250 − 0,01 + 1200 − 0,01 + 90 − 0,01 + 100 − 0,01
= 250 + 1200 + 90 + 100 − 0,04
= 1640 − 0,04
= 1639,96

Er muss 1639,96 € zahlen.

Seite 170

9

a) $A = 120\,dm \cdot 4\,dm = 480\,dm^2$

b) $A = 7\,cm \cdot 5\,mm = 70\,mm \cdot 5\,mm = 350\,mm^2$

c) $A = 8\,cm \cdot 3\,dm = 8\,cm \cdot 30\,cm = 240\,cm^2$

10

$A = 32\,m \cdot 15\,m = 480\,m^2$

$480 \cdot 225 = 108\,000$

Der Bauplatz kostet 108 000 €.

Seite 171

20

Berechnet wird der Flächeninhalt des großen Rechtecks und dann wird der Flächeninhalt der beiden kleinen Rechtecke subtrahiert.

$A = 4\,cm \cdot 8\,cm - 1\,cm \cdot 2\,cm - 4\,cm \cdot 2\,cm$

$= 32\,cm^2 - 2\,cm^2 - 8\,cm^2 = 22\,cm^2$

21

a) 2 m^2 = 20 000 cm^2 (Fläche des Tisches)
 $2\,cm \cdot 2\,cm = 4\,cm^2$ (Fläche eines Steinchens)
 20 000 : 4 = 5000
 Sie benötigt 5000 Steinchen.

b) 20 000 : 80 = 250
 Die andere Seite ist 250 cm lang.

G **25**

a) 5612 + 1489 + 951 = 8052 ≈ 8100
b) 5879 + 1578 + 55 555 = 63 012 ≈ 63 000
c) 597 · 562 = 335 514 ≈ 335 500

Seite 174

5

a)

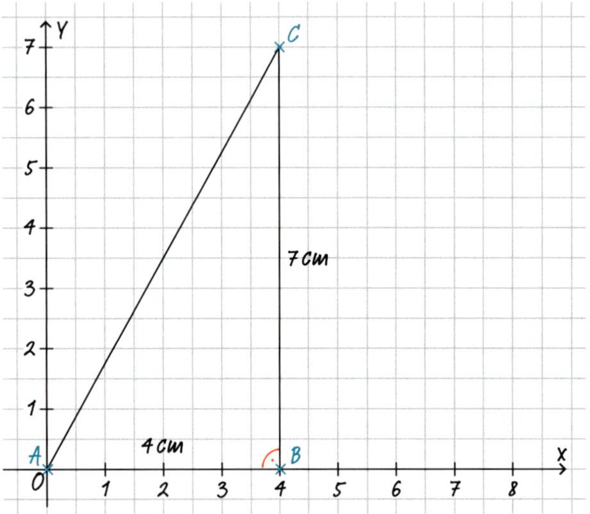

Das Dreieck hat einen rechten Winkel bei B.
$A = 4\,\text{cm} \cdot 7\,\text{cm} : 2 = 14\,\text{cm}^2$

b)

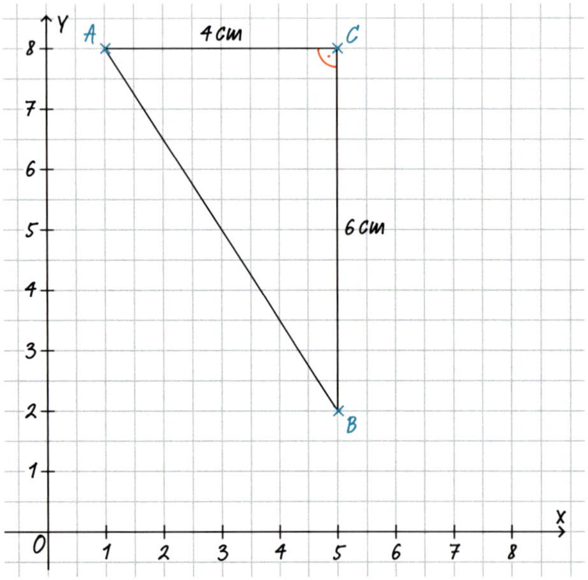

Das Dreieck hat einen rechten Winkel bei C.
$A = 4\,\text{cm} \cdot 6\,\text{cm} : 2 = 12\,\text{cm}^2$

c)

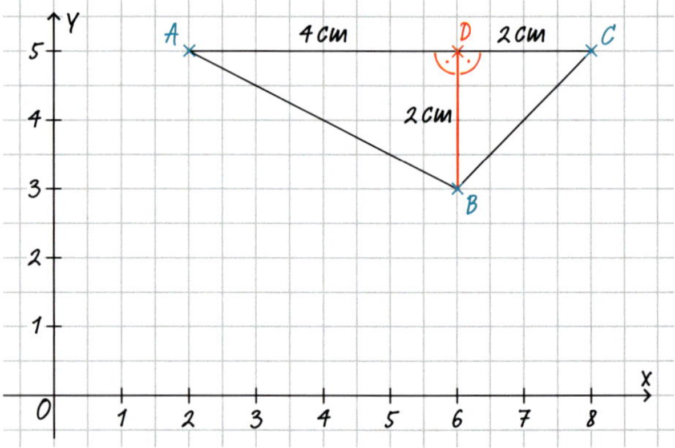

Das Dreieck ABC kann in die beiden rechtwinkligen Dreiecke ABD und BCD zerlegt werden.
$A = 4\,\text{cm} \cdot 2\,\text{cm} : 2 + 2\,\text{cm} \cdot 2\,\text{cm} : 2 = 4\,\text{cm}^2 + 2\,\text{cm}^2 = 6\,\text{cm}^2$

9

a) Schätzung: individuell, zum Beispiel $30\,\text{m} \cdot 20\,\text{m} = 600\,\text{m}^2$.
Rechnung:
$20\,\text{m} \cdot 20\,\text{m} + 20\,\text{m} \cdot 28\,\text{m} : 2 = 400\,\text{m}^2 + 280\,\text{m}^2 = 680\,\text{m}^2$
Das Grundstück ist $680\,\text{m}^2$ groß.

b) Das Grundstück kann durch ein rechtwinkliges Dreieck mit den Seitenlängen 28 m und 20 m zu einem Rechteck ergänzt werden.
$20\,\text{m} \cdot 28\,\text{m} : 2 = 280\,\text{m}^2$
Man muss mindestens $280\,\text{m}^2$ dazukaufen.

G **11**

a) 245 245 100 ≈ 245 000 000
b) 157 511 245 ≈ 158 000 000
c) 2 147 111 111 ≈ 2 147 000 000
d) 2 502 222 ≈ 3 000 000

Seite 176

7

U = 40 m + 40 m + 14 m + 30 m + 50 m = 174 m
Der Zaun muss 174 m lang sein.

8

U = 2 · (5 dm + 3 m) = 2 · (5 dm + 30 dm) = 2 · 35 dm
= 70 dm = 7 m
$A = 5\,\text{dm} \cdot 3\,\text{m} = 5\,\text{dm} \cdot 30\,\text{dm} = 150\,\text{dm}^2$

Seite 178

20

2 · b = 9 dm − 2 · 13 cm = 90 cm − 26 cm = 64 cm
Also ist b = 32 cm.
(Probe: 2 · (13 cm + 32 cm) = 2 · 45 cm = 90 cm = 9 dm)
$A = 32\,\text{cm} \cdot 13\,\text{cm} = 416\,\text{cm}^2$

21

Notwendig sind 4-mal 30 m Zaun, also 120 m.

G **25**

a) 17 + 28 + 33 + 22 = (17 + 33) + (28 + 22) = 50 + 50 = 100
b) 25 · 19 · 8 = 25 · 8 · 19 = 200 · 19 = 3800
c) 4 · (17 + 25) = 4 · 17 + 4 · 25 = 68 + 100 = 168

Seite 179

1

a) b) c)

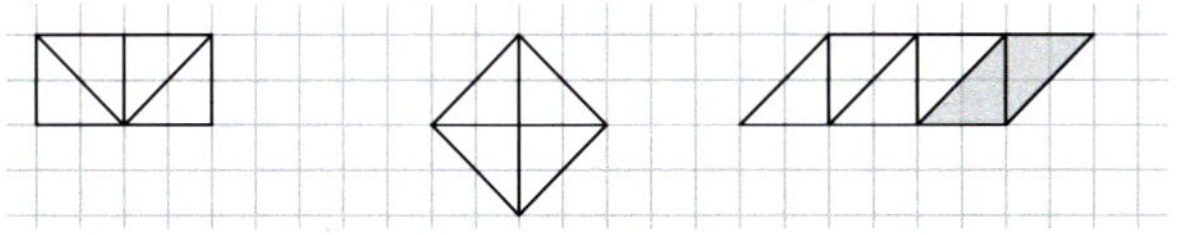

Bei a) und b) ist es möglich, bei c) bräuchte man sechs von den roten Dreiecken.

2

a) 200 dm^2 = 2 m^2 = 20 000 cm^2
b) 500 ha = 5 km^2 = 50 000 a
c) 1900 cm^2 = 190 000 mm^2 = 19 dm^2
d) 7 m^2 = 700 dm^2 = 70 000 cm^2
e) 1200 m^2 = 12 a = 120 000 dm^2
f) 1700 a = 17 ha = 170 000 m^2

3

a) 7 dm^2 = **700** cm^2
b) 29 ha = 2900 **a**
c) 3000 mm^2 = **30** cm^2
d) 500 **km^2** = 50 000 ha
e) 34 m^2 **2** dm^2 = 3402 dm^2
f) 97 **km^2** 12 a = 970 012 a
g) 99 m^2 = 990 000 **cm^2**
h) 70 **m^2** = 700 000 cm^2
i) **970** a = 9 700 000 dm^2

4

a) A = (2 cm · 2 cm) : 2 = 2 cm^2
b) A = (2 cm · 3 cm) : 2 = 3 cm^2
c) Man kann die Figur z. B. in ein Rechteck und zwei rechtwinklige Dreiecke zerlegen und erhält:
A = (5 mm · 10 mm) : 2 + 15 mm · 10 mm + (5 mm · 10 mm) : 2 = 200 mm^2 = 2 cm^2
d) Man kann die Figur z. B. in ein Rechteck und vier flächengleiche rechtwinklige Dreiecke zerlegen und erhält:
A = 4 · (5 mm · 5 mm) : 2 + 15 mm · 10 mm
= 50 mm^2 + 150 mm^2 = 200 mm^2 = 2 cm^2

5

a) Die Figuren haben alle denselben Flächeninhalt (2 cm^2).
b)

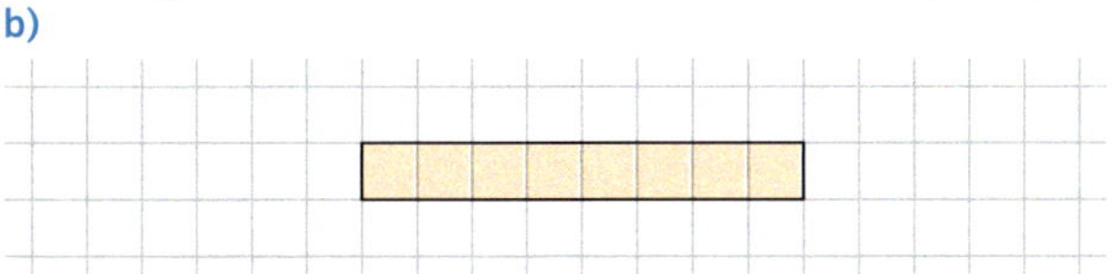

6

Wohnzimmer: 3 m · 5 m = 15 m^2
Bad: 2 m · 4 m = 8 m^2
Flur: 1 m · 5 m = 5 m^2
Küche: 3 m · 3 m = 9 m^2
Zimmer: 3 m · 4 m = 12 m^2

7

Zeichnung zu a) und b)

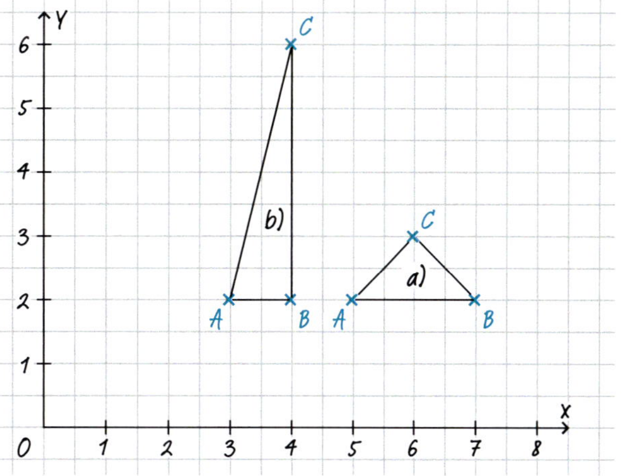

a) A = (1 cm · 1 cm) : 2 + (1 cm · 1 cm) : 2 = 1 cm^2,
U ≈ 20 mm + 14 mm + 14 mm = 48 mm
b) A = (1 cm · 4 cm) : 2 = 2 cm^2,
U ≈ 10 mm + 40 mm + 41 mm = 91 mm
c)

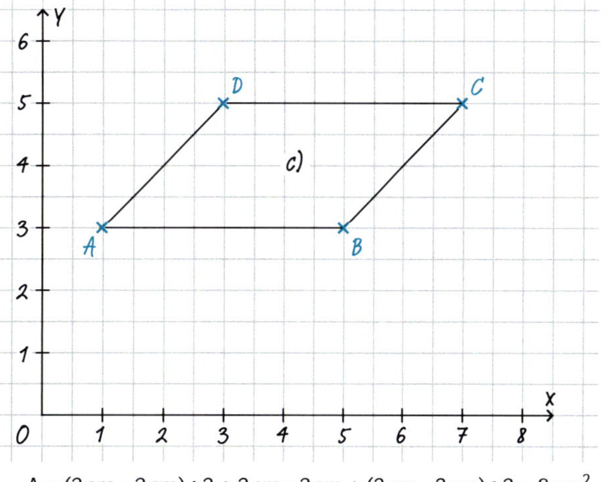

A = (2 cm · 2 cm) : 2 + 2 cm · 2 cm + (2 cm · 2 cm) : 2 = 8 cm^2,
U ≈ 40 mm + 28 mm + 40 mm + 28 mm = 136 mm
d)

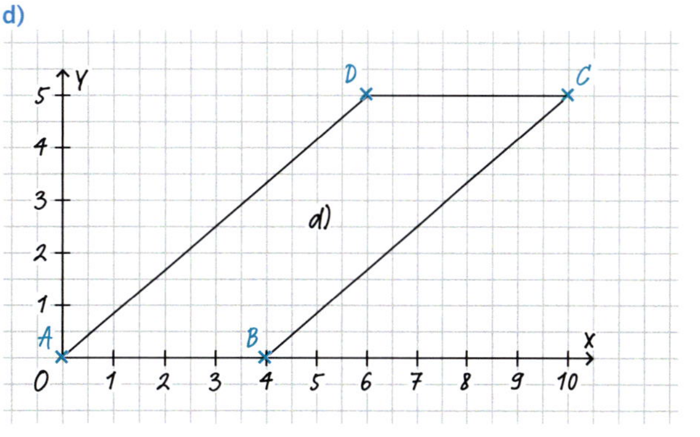

A = 10 cm · 5 cm − 2 · (6 cm · 5 cm) : 2 = 20 cm^2,
U ≈ 40 mm + 78 mm + 40 mm + 78 mm = 236 mm

8
a) $5\,cm \cdot 2500 = 12\,500\,cm = 125\,m$
$6\,cm \cdot 2500 = 15\,000\,cm = 150\,m$
Der Parkplatz ist tatsächlich 125 m lang und 150 m breit.
b) $A = 125\,m \cdot 150\,m = 18\,750\,m^2$

Seite 180

9
$A = 15\,m \cdot 260\,m = 3900\,m^2 = 39\,a$

10
A: $2\,cm^2$ B: $6\,cm^2$ C: $6\,cm^2$ D: $5\,cm^2$ E: $3\,cm^2$

11
a) $1\,ha - 1\,a = 100\,a - 1\,a = 99\,a$
b) $1\,ha - 95\,a = 100\,a - 95\,a = 5\,a$
c) $1\,ha - 800\,m^2 = 100\,a - 8\,a = 92\,a$
d) $1\,ha - 8000\,m^2 = 100\,a - 80\,a = 20\,a$
e) $1\,ha - 24\,a\ 40\,m^2 = 10\,000\,m^2 - 2440\,m^2 = 7560\,m^2$
f) $1\,ha - 1\,m^2 = 10\,000\,m^2 - 1\,m^2 = 9999\,m^2$

12
a) Überschlag: $4000 \cdot 2000 = 8\,000\,000$
exakt: $3840 \cdot 2160 = 8\,294\,400$
Ein Bildschirm mit der Auflösung UHD stellt rund 8 Millionen Pixel dar, exakt sind es 8 294 400.
b) Überschlagsrechnung:
Anzahl der Pixel pro Zentimeter in der Breite:
$3600 : 120 = 30$
Anzahl der Pixel pro Zentimeter in der Höhe:
$2100 : 70 = 30$
Anzahl der Pixel pro Quadratzentimeter:
$30 \cdot 30 = 900$

13
$10\,a = 1000\,m^2$
$1000\,m^2 - 64\,m^2 - 15\,m^2 - 25\,m^2 = 896\,m^2$
Es bleiben $896\,m^2$.

14
Die Fläche, die der Bart bedeckt, ist ca. $2\,dm^2$ groß.
Pro Jahr rasiert er dann $2\,dm^2 \cdot 365 = 730\,dm^2 \approx 7\,m^2$.
Für den Flächeninhalt des Rasens gilt: $15\,m \cdot 8\,m = 120\,m^2$
$120 : 7 \approx 17$
Herr Barth wäre dann vermutlich 34 Jahre alt.

15
a) $452\,m : 88 \approx 5\,m$
Jede Etage hat eine Höhe von etwa 5 m.
b) Gesamte Bürofläche: $88 \cdot 2000\,m^2 = 176\,000\,m^2$
$\approx 180\,000\,m^2 = 1800\,a$
Mögliche Maße eines einstöckigen Gebäudes mit $180\,000\,m^2$ Grundfläche: $300\,m \cdot 600\,m$
c) Flächeninhalt eines Fußballfeldes $\approx 100\,m \cdot 70\,m$
$= 7000\,m^2 = 70\,a$
Gesamte Bürofläche: $2 \cdot 176\,000\,m^2 = 352\,000\,m^2 = 3520\,a$
$3520\,a : 70\,a \approx 50$
Also hätten ungefähr 50 Fußballfelder den gleichen Flächeninhalt wie die gesamte Bürofläche der beiden Gebäude.

Seite 185

Runde 1

1
a) $7\,cm^2 = 700\,mm^2$
b) $3\,m^2\ 5\,dm^2 = 305\,dm^2$
c) $12\,km^2 = 1200\,ha$
d) $3\,km^2 = 30\,000\,a$
e) Wenn man einen Flächeninhalt in der nächstkleineren Einheit angeben will, dann ergänzt man bei der Maßzahl zwei Nullen, zum Beispiel $3\,m^2 = 300\,dm^2$.
Wenn man einen Flächeninhalt in der nächstgrößeren Einheit angeben will, dann lässt man bei der Maßzahl zwei Nullen weg, zum Beispiel $3000\,cm^2 = 30\,dm^2$.

2
Parallelogramm: Man kann das Parallelogramm in zwei rechtwinklige Dreiecke und ein Rechteck zerlegen und erhält: $A \approx (4\,mm \cdot 8\,mm) : 2 + 14\,mm \cdot 8\,mm + (4\,mm \cdot 8\,mm) : 2 = 144\,mm^2$
$U \approx 2 \cdot (9\,mm + 18\,mm) = 54\,mm$
Rechteck: $A \approx 18\,mm \cdot 8\,mm = 144\,mm^2$
$U \approx 2 \cdot (18\,mm + 8\,mm) = 52\,mm$
Dreieck: Man kann das Dreieck in zwei rechtwinklige Dreiecke zerlegen und erhält:
$A \approx (16\,mm \cdot 9\,mm) : 2 + (16\,mm \cdot 9\,mm) : 2 = 144\,mm^2$
$U \approx 3 \cdot 18\,mm = 54\,mm$

3
a) $7\,m^2 - 5\,dm^2 = 700\,dm^2 - 5\,dm^2 = 695\,dm^2$
b) $7\,m - 5\,dm = 70\,dm - 5\,dm = 65\,dm$
c) $2\,km^2 + 260\,ha = 200\,ha + 260\,ha = 460\,ha$
d) $4 \cdot 50\,a + 2\,ha = 200\,a + 2\,ha = 2\,ha + 2\,ha = 4\,ha$

4
a) Die andere Seite ist 25 mm lang, denn $40\,mm \cdot 25\,mm = 1000\,mm^2 = 10\,cm^2$

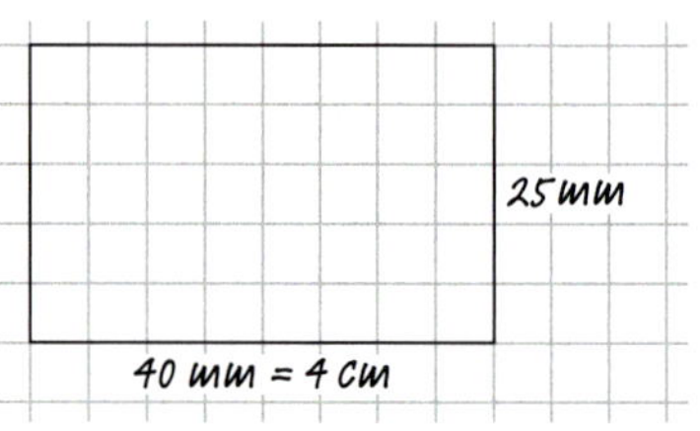

b) Mögliche Lösung (Abbildung im Maßstab 1 : 4):

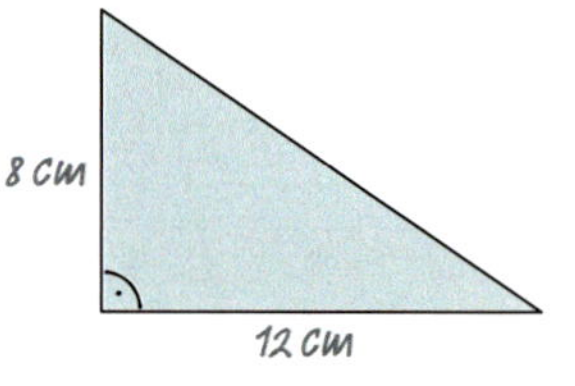

5
a) $A = 60\,m \cdot 40\,m = 2400\,m^2 = 240\,000\,dm^2$
Da ein Pflasterstein $10\,cm \cdot 10\,cm = 1\,dm \cdot 1\,dm = 1\,dm^2$ groß ist, benötigt man 240 000 Pflastersteine.
b) 240 000 Pflastersteine wiegen 360 t, denn
$240\,000 \cdot 1500\,g = 360\,000\,000\,g = 360\,000\,kg = 360\,t$
Wenn ein LKW 20 Tonnen laden darf, dann braucht man 18 Ladungen, denn $360\,t : 20\,t = 18$.

Runde 2

1

a) $6\,m^2 + 48\,dm^2 = 600\,dm^2 + 48\,dm^2 = 648\,dm^2$
b) $6\,m^2 - 48\,dm^2 = 600\,dm^2 - 48\,dm^2 = 552\,dm^2$
c) $6\,m - 48\,dm = 60\,dm - 48\,dm = 12\,dm$
d) $5\,ha + 9\,a = 500\,a + 9\,a = 509\,a$

2

Zeichnung zu a) und b)

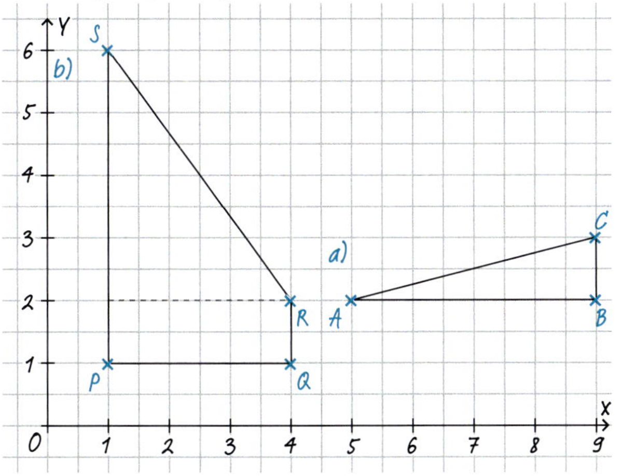

a) $A = (4\,cm \cdot 1\,cm) : 2 = 2\,cm^2$
$U \approx 40\,mm + 10\,mm + 41\,mm = 91\,mm$
b) $A = (3\,cm \cdot 4\,cm) : 2 + 3\,cm \cdot 1\,cm = 6\,cm^2 + 3\,cm^2 = 9\,cm^2$
$U \approx 3\,cm + 1\,cm + 5\,cm + 5\,cm = 14\,cm$

3

a) Mögliche Lösung (die Figuren sind im Maßstab 1:2 abgebildet):

(1)

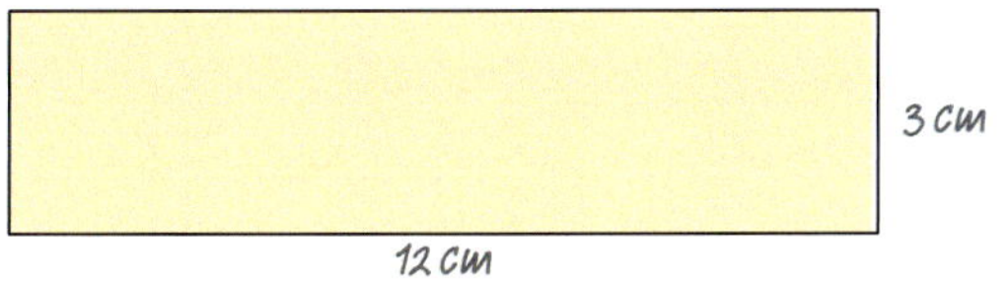

(2)

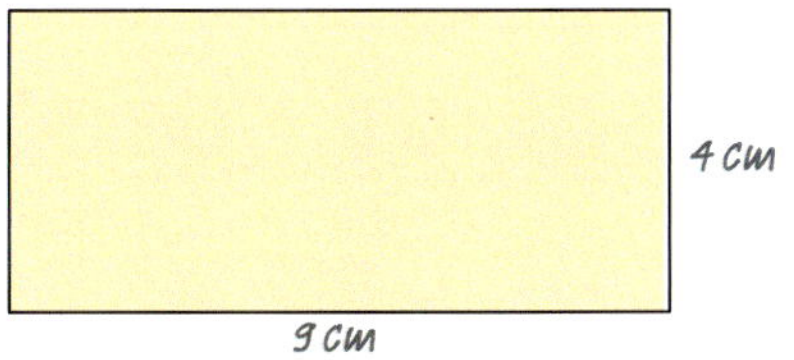

(3)

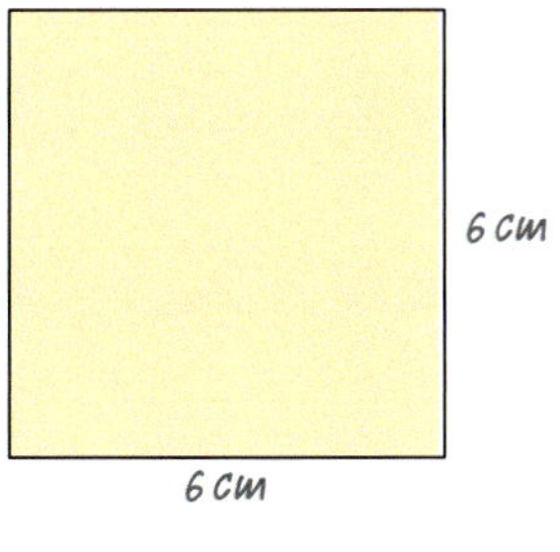

b) Es gilt:
$U_1 = 2 \cdot (12\,cm + 3\,cm) = 30\,cm$
$U_2 = 2 \cdot (9\,cm + 4\,cm) = 26\,cm$
$U_3 = 4 \cdot 6\,cm = 24\,cm$
Das Quadrat hat den kleinsten Umfang.
c) Ein Quadrat mit der Seitenlänge 4 cm hat einen Umfang von 16 cm und einen Flächeninhalt von $16\,cm^2$.

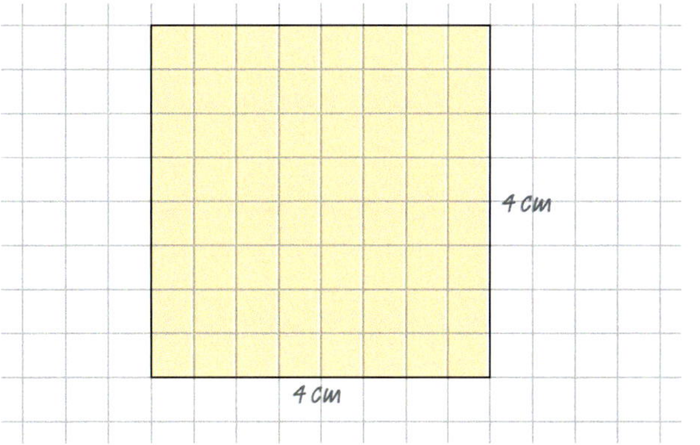

4

a) Eine Tür (nur eine Seite): $A = 2\,m \cdot 82\,cm = 200\,cm \cdot 82\,cm = 16\,400\,cm^2 = 164\,dm^2$
Zehn Türen (von innen und außen): $A = 10 \cdot 2 \cdot 164\,dm^2 = 3280\,dm^2$
b) $8\,m^2 = 800\,dm^2$
Man benötigt fünf Farbdosen, diese würden für $4000\,dm^2$ reichen.

5

a) $A = 15\,m \cdot 8\,m = 120\,m^2$
$U = 2 \cdot (15\,m + 8\,m) = 46\,m$
b) Die längere Seite muss um 5 m verlängert werden, damit sich der Flächeninhalt um $40\,m^2$ vergrößert, denn $5\,m \cdot 8\,m = 40\,m^2$. Man erhält dann $a = 20\,m$ und $b = 8\,m$.
Für den Umfang gilt dann $U = 2 \cdot (20\,m + 8\,m) = 56\,m$.
Der Umfang vergrößert sich um 10 m.

6

a) Die Aussage ist falsch. Der Flächeninhalt verhundertfacht sich dann.
Beispiel $a = 2\,cm,\ b = 3\,cm \Rightarrow A = 2\,cm \cdot 3\,cm = 6\,cm^2$
$a = 20\,cm,\ b = 30\,cm \Rightarrow A = 20\,cm \cdot 30\,cm = 600\,cm^2$
b) Die Aussage ist falsch. Man benötigt viermal so viel Papier. Wenn die Karte zum Beispiel im Maßstab 1:2000 1 m lang und 1 m breit ist, dann ist sie im Maßstab 1:1000 2 m lang und 2 m breit. Man braucht dann $4\,m^2$ Papier im Maßstab 1:1000 (anstatt $1\,m^2$ im Maßstab 1:2000).

Grundwissen

Seite 186

1

a) 2336; 2338 b) 1568; 1570 c) 2999; 3001 d) 4359; 4361

2

a) vorwärts: 18, 19, 20, 21, 22
rückwärts: 16, 15, 14, 13, 12
b) vorwärts: 250, 260, 270, 280, 290
rückwärts: 230, 220, 210, 200, 190
c) vorwärts: 2820, 2920, 3020, 3120, 3220
rückwärts: 2620, 2520, 2420, 2320, 2220

3

Zehntausender	Tausender	Hunderter	Zehner	Einer
5	5	8	9	6
	4	0	0	1
1	8	3	0	9
2	2	5	0	0
	2	3	0	4
		7	9	3

55 896 > 22 500 > 18 309 > 4001 > 2304 > 793

4

a) 16, 19, 23 b) 43, 65, 53 c) 62, 42, 65

5

a) 34 b) 18 c) 84 d) 12

Seite 187

1

a)

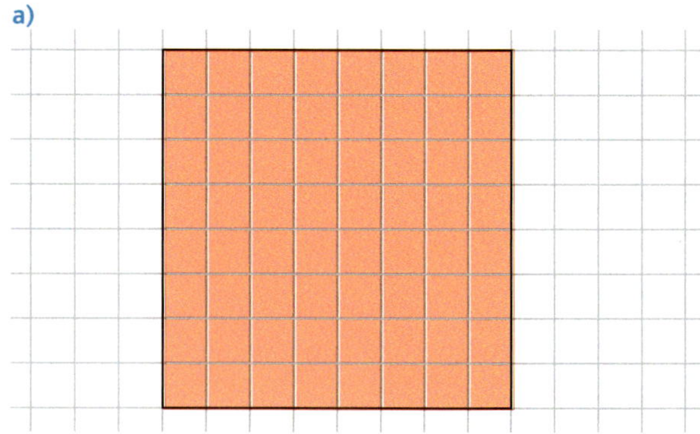

b)

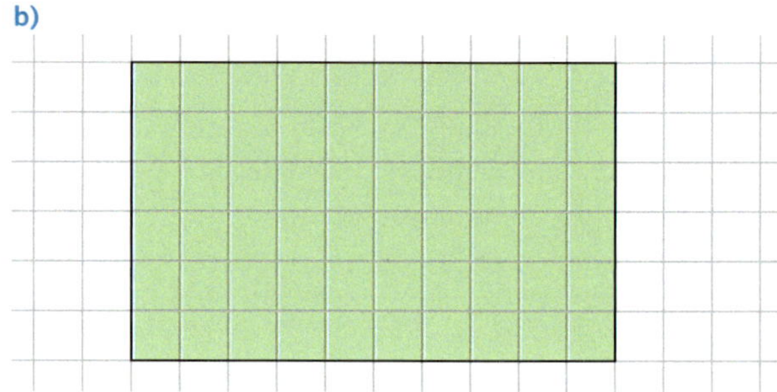

2

a) Siehe unten Grafik a).
b) Siehe unten Grafik b).

zu Seite 187, Aufgabe 2

a)

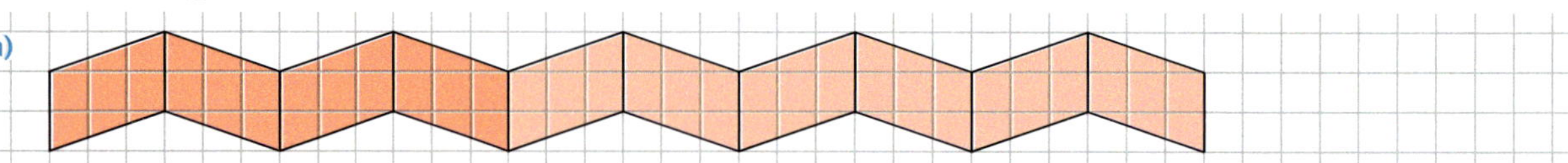

b)

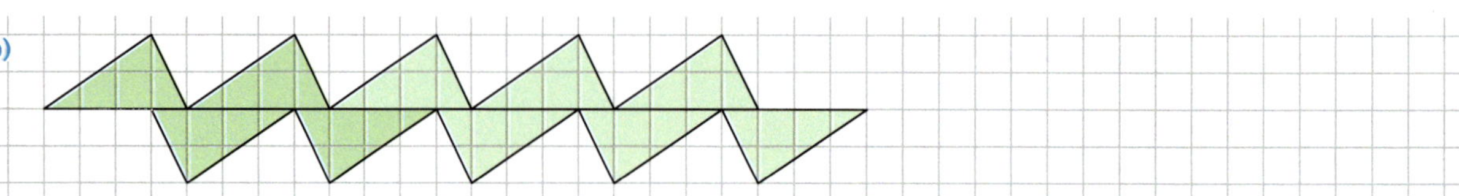

3

a) Umfang: 22 Kästchenlängen, Flächeninhalt: 12 Kästchen
b) Umfang: 18 Kästchenlängen, Flächeninhalt: 10 Kästchen
c) Umfang: 22 Kästchenlängen, Flächeninhalt: 12 Kästchen

4

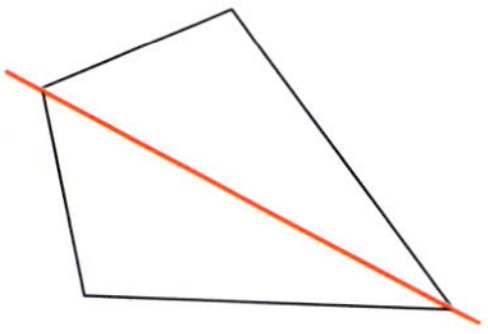

Seite 188

1

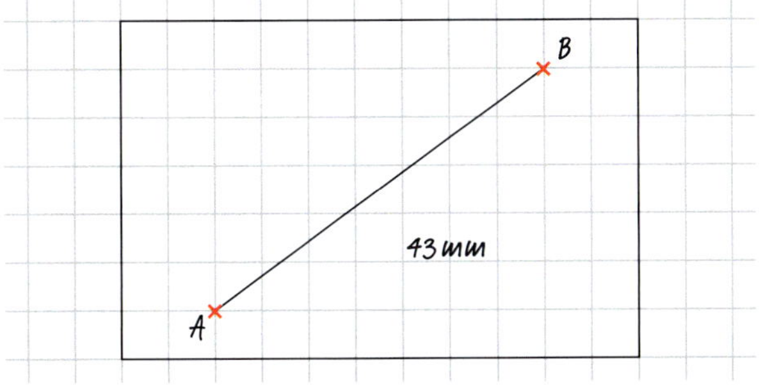

2

a) 1 mm b) 500 g c) 1 m

3

a) 5,00 € – 2,60 € = 2,40 €
Lisa erhält 2,40 € Wechselgeld.
b) 42,70 € + 12,00 € = 54,70 €
Mirkos Vater muss 54,70 € bezahlen.

Seite 189

1

a) Es sind 14 Mädchen in der Klasse.
b) 26 Kinder besuchen diese Klasse.
c) 8 Jungen bevorzugen eine Ballsportart.
d)

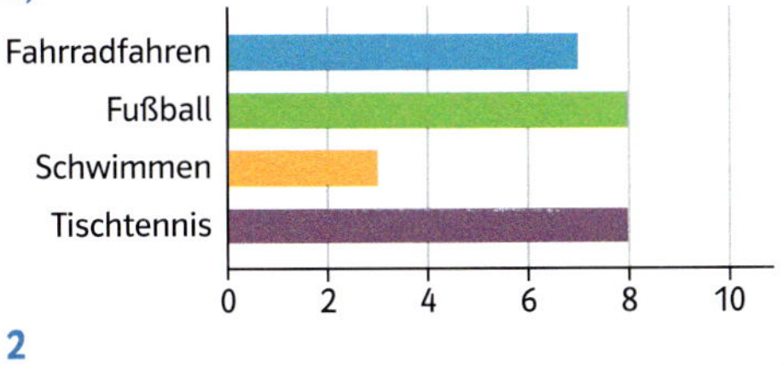

2

a) Die 1 liegt der 6 gegenüber, zudem liegen sich die 2 und die 5 gegenüber und die 3 und die 4.
b) Die kleinste Augensumme ist die 5, die größte die 30.

3

a) Die kleinste Augensumme ist die 2, die größte die 12. Alle Werte dazwischen sind ebenfalls möglich.
b) Um die Summe 12 zu würfeln, braucht man zwei Sechsen. Eine 7 kann man auf mehrere Arten würfeln, z. B. 1 und 6, 2 und 5, 3 und 4.

R

S

T

U

V

W

X

Y

Z

Quellennachweis

Text:
Christian Morgenstern (1871 - 1914): Die zwei Parallelen, **100**

Abbildungen:
Alamy stock photo, Abingdon (bilwissedition Ltd. & Co. KG), **45.2**; Alamy stock photo, Abingdon (Joern Sackermann), **159.1**; Alamy stock photo, Abingdon (Westend61), **38.1; 38.1**; Aslanidis, Stephanie, Stuttgart, **115.6**; Blühdorn GmbH, Fellbach, **112.5; 112.6; 112.7; 112.8; 112.9; 119.3; 119.4; 181.5; 181.6; 181.9**; Christian Morgenstern (1871 - 1914): Die zwei Parallelen, **100**; creativ collection Verlag GmbH, Freiburg, **112.3**; dreamstime.com, Brentwood, TN (Ang Wee Heng John), **35.2**; Elke Behrends, Berlin, **53.1**; Ernst Klett Verlag GmbH, Stuttgart (Klett intern), **181.3; 181.4**; Ernst Klett Verlag GmbH, Stuttgart (Klett), **98.1; 98.2; 98.3; 98.4; 131.1; 154.1**; Getty Images Plus, München (DAJ), **87.2**; Getty Images Plus, München (E+/DustyPixel), **72.3**; Getty Images Plus, München (iStock/RMfotografie), **91.1**; Getty Images Plus, München (iStock/3quarks), **11.4**; Getty Images Plus, München (The Image Bank Unreleased/Franz-Marc Frei), **94.2**; Getty Images RF, München (Photodisc/Stocktrek), **9.1**; Getty Images, München (Bongarts/Lutz Bongarts), **94.1**; Getty Images, München (Corbis Documentary/W. Geiersperger), **136.1; 136.1**; Getty Images, München (Corbis/Fuse), **38.2**; Getty Images, München (Corbis/Klaus Tiedge), **158.1**; Getty Images, München (Corbis/Tomas Rodriguez), **182.1**; Getty Images, München (E+/FotografiaBasica), **72.2; 72.2**; Getty Images, München (Photographer's Choice/Zena Holloway), **136.3**; Getty Images, München (Stockbyte), **4.1; 4.1**; Greulich, Dieter, Ulm, **92.2**; Holtermann, Helmut, Dannenberg, **120.2; 121.1; 121.4**; https://creativecommons.org/licenses/by/4.0/deed.de, By C. Löser - Own work, CC BY 3.0 de, https://commons.wikimedia.org/w/index.php?curid=5630186, siehe *1, **136.2**; imago images, Berlin (Hoch Zwei/Angerer), **177.1**; imprint, Zusmarshausen, **205.7; 211.1**; iStockphoto, Calgary, Alberta (Brasil2), **167.2**; iStockphoto, Calgary, Alberta (Clu), **11.2**; iStockphoto, Calgary, Alberta (Jan-Otto), **137.4**; iStockphoto, Calgary, Alberta (Mark Evans), **112.4**; iStockphoto, Calgary, Alberta (ptaxa), **102.1; 102.1**; iStockphoto, Calgary, Alberta (robcruse), **113.1**; KOMA AMOK ®, Stuttgart, **189.2**; Lackner, Christine, Ittlingen, **61.1; 78.1; 78.3; 78.5; 81.9; 81.10; 81.11; 96.4**; Malz, Anja, Taunusstein, **41.1; 42.1; 42.2; 43.2; 44.1; 45.1; 46.2; 47.1; 49.2; 51.1; 52.1; 52.2; 52.3; 53.2; 55.1; 56.1; 58.1; 59.1; 59.2; 67.1; 67.2; 71.1; 71.2; 74.2; 74.3; 74.7; 77.1; 77.2; 77.3; 77.4; 79.2; 80.1; 80.2; 80.6; 81.1; 81.1; 81.3; 81.4; 81.5; 81.6; 81.7; 81.8; 83.1; 85.1; 85.3; 85.4; 86.1; 86.2; 86.3; 87.1; 87.3; 89.1; 90.2; 90.3; 90.4; 91.3; 91.4; 91.5; 92.1; 93.1; 93.2; 94.3; 96.1; 96.2; 101.1; 101.2; 109.1; 163.1; 163.13; 188.3; 188.5; 188.8**; Mauritius Images, Mittenwald (dieKleinert / Rudolf Schuppler), **34.1**; Mauritius Images, Mittenwald (Masterfile RM / Rommel), **112.2**; Mauritius Images, Mittenwald (Westend61/Michael Reusse), **147**; Media Office GmbH, Kornwestheim, **103.3; 103.4; 104.6; 104.8; 106.4; 107.1; 109.3; 109.5; 111.1; 111.2; 115.3; 116.5; 118.1; 118.2; 121.3; 125.10; 126.13; 127.3; 127.4; 128.1; 129.1; 130.2; 134.1; 161.1; 161.2; 161.3; 162.3; 162.4; 163.17; 166.1; 169.1; 178.4; 179.3; 185.1; 186.1; 187.2; 187.3; 187.4; 187.5; 188.2; 188.4; 189.3; 201.3; 201.4; 202.3; 202.4; 203.5; 204.5; 204.6; 205.1; 205.2; 205.3; 205.4; 205.6; 205.8; 206.1; 206.2; 206.3; 207.1; 207.2; 207.3; 207.4; 207.5; 207.6; 207.7; 207.9; 213.3; 215.1; 215.2; 215.3; 215.5; 216.1; 217.1; 218.1; 218.2; 218.3; 218.4; 219.2**; medienwerkstatt adrion - Jörg Adrion, Bietigheim-Bissingen, **21.2; 25.2; 25.4; 78.2; 78.4; 125.6; 125.8; 126.1; 126.2; 126.6; 126.14; 134.4; 134.5; 146.7; 146.8; 187.1; 187.7; 190.3; 193.1; 193.4; 213.2; 219.1; 219.3**; Oehler, Sandra, Remseck, **135.1; 187.6; 190.1; 190.2; 191.1; 191.2; 192.1; 193.2; 193.3; 193.5; 193.6; 193.7; 194.1; 199.1; 199.2; 200.1; 202.1; 202.6; 203.1; 203.2; 203.4; 203.6; 204.1; 204.3; 208.1; 208.2; 208.3; 208.4**; PER Medien & Marketing GmbH, Braunschweig, **63.3; 65.1; 65.2; 65.3; 65.4; 65.5; 65.6; 122.4; 122.5; 123.3; 123.4; 123.6; 123.7; 124.1; 124.3; 124.5; 124.6; 124.7; 124.8; 124.9; 146.5; 146.6; 147.3; 147.4; 156.2; 156.3; 156.4; 156.5; 196.1; 196.2; 204.2; 211.2**; Petra Michel - Gestaltung & Typografie, Amberg, **35.5**; Picture-Alliance, Frankfurt/M. (dpa/Thomas Köhler), **171.6**; Picture-Alliance, Frankfurt/M. (ZB/Jens Kalaene), **104.1**; Riemer, Dr. Wolfgang, Pulheim, **99.1**; Sandmann, Rüdiger, Konstanz, **160.2**; Shutter Stock.com RF, New York (Igor Golovniov), **11.1**; ShutterStock.com RF, New York (João Seabra), **34.4**; ShutterStock.com RF, New York (kukiat B), **117.3**; ShutterStock.com RF, New York (PhotoBarmaley), **110.1**; ShutterStock.com RF, New York (Serg Dibrova), **11.4**; ShutterStock.com RF, New York (Sonia Sorbi), **55.2**; Smith, Duncan, Ilford, Essex, **138.3**; stock.adobe.com, Dublin (alisonhancock), **4.2**; stock.adobe.com, Dublin (Bill Ernest), **166.2**; stock.adobe.com, Dublin (Björn Wylezich), **72.1**; stock.adobe.com, Dublin (bst2012), **183.1**; stock.adobe.com, Dublin (Daniel Ernst), **63.1**; stock.adobe.com, Dublin (Dmitry Pichugin), **171.4**; stock.adobe.com, Dublin (Frédéric Boutard), **79.1**; stock.adobe.com, Dublin (Gabriele Rohde), **75.6**; stock.adobe.com, Dublin (lamax), **171.7**; stock.adobe.com, Dublin (Mariia), **158.2; 158.2**; stock.adobe.com, Dublin (Marina Ignatova), **180.3**; stock.adobe.com, Dublin (nordroden), **102.2**; stock.adobe.com, Dublin (Paul Pirosca), **35.1**; stock.adobe.com, Dublin (Petr Bonek), **U1.1**; stock.adobe.com, Dublin (pp76), **94.4**; stock.adobe.com, Dublin (SanGero), **167.1**; stock.adobe.com, Dublin (Taffi), **88.1**; stock.adobe.com, Dublin (travelers.high), **11.5**; stock.adobe.com, Dublin (yasar simit), **171.5**; Thinkstock, München (iStock/Pitroviz), **112.1**; Thinkstock, München (Stockbyte Platinum/Paul Tearle), **76.1**; Thinkstock, München (Stockbyte/Thomas Northcut), **35.3**; Tiffany, Berlin, **137.3; 146.1; 146.2; 146.3; 146.4; 146.9; 146.10; 146.11; 146.12; 146.13; 147.1; 148.1; 181.10**; ullstein bild, Berlin (Röhrbein), **180.1**; URW, Hamburg, **118.6; 118.7; 118.8; 118.9**; Uwe Alfer, Kråksmåla, Alsterbro, **6.1; 6.2; 6.4; 6.5; 6.6; 6.7; 7.1; 7.2; 8.1; 8.2; 8.3; 8.5; 12.1; 12.2; 12.3; 13.1; 13.2; 13.4; 14.1; 14.2; 14.3; 14.4; 14.5; 14.6; 15.1; 16.1; 17.1; 17.2; 17.4; 18.1; 18.2; 18.3; 18.4; 19.1; 19.2; 20.1; 20.2; 20.3; 20.4; 21.1; 22.1; 22.2; 22.3; 23.1; 23.2; 23.3; 24.1; 24.2; 24.3; 24.4; 25.1; 26.1; 27.1; 27.2; 27.3; 28.1; 30.1; 30.2; 31.1; 32.1; 33.1; 33.2; 33.3; 33.4; 33.5; 33.6; 34.2; 34.3; 34.5; 35.4; 36.1; 37.1; 37.2; 40.1; 42.3; 43.1; 46.1; 49.1; 52.4; 52.5; 56.2; 60.1; 63.2; 66.1; 74.1; 74.4; 74.5; 74.6; 75.1; 75.2; 75.3; 75.4; 75.5; 80.3; 80.4; 80.5; 80.7; 80.8; 81.2; 83.2; 84.1; 85.2; 90.1; 91.2; 95.1; 96.3; 99.2; 103.1; 103.2; 104.2; 104.3; 104.4; 104.7; 105.1; 105.3; 105.5; 105.6; 105.7; 106.1; 106.2; 106.3; 106.5; 107.2; 107.4; 107.5; 108.1; 108.2; 108.3; 109.2; 110.2; 110.3; 110.4; 111.3; 113.2; 113.3; 113.4; 114.1; 114.2; 114.5; 114.6; 114.7; 114.8; 115.1; 115.2; 115.7; 116.1; 116.2; 116.3; 116.4; 117.1; 117.2; 117.4; 118.3; 118.4; 118.5; 119.1; 119.2; 119.5; 119.6; 119.7; 120.1; 120.3; 120.4; 121.2; 122.1; 122.2; 122.3; 123.1; 123.2; 123.5; 124.10; 125.2; 125.3; 125.4; 125.5; 126.5; 126.9; 126.11; 126.12; 127.1; 127.2; 127.5; 128.2; 128.3; 129.2; 130.1; 130.3; 131.2; 132.1; 132.2; 132.3; 132.4; 132.5; 132.6; 132.7; 132.8; 132.9; 133.1; 133.2; 133.3; 134.2; 134.3; 135.2; 135.3; 137.1; 138.1; 138.2; 138.4; 139.1; 139.2; 139.3; 139.4; 139.5; 139.6; 140.1; 140.2; 140.3; 140.4; 140.5; 141.1; 141.2; 142.1; 142.2; 142.3; 143.1; 144.1; 145.1; 145.2; 145.4;**

147.5; 150.1; 152.1; 153.1; 154.13; 156.1; 157.1; 157.2; 159.2; 159.3; 160.1; 160.3; 160.4; 161.4; 161.5; 161.6; 161.7; 162.1; 162.2; 162.5; 163.2; 163.3; 163.6; 163.7; 163.10; 163.11; 163.16; 164.2; 165.1; 168.1; 169.2; 169.3; 169.4; 170.1; 170.2; 171.1; 171.2; 171.3; 172.1; 172.2; 172.3; 172.4; 173.1; 173.2; 173.3; 173.4; 174.1; 174.2; 174.3; 174.4; 174.5; 175.1; 175.2; 175.4; 176.1; 176.2; 178.1; 178.2; 178.3; 178.5; 179.1; 179.2; 179.4; 180.2; 181.1; 181.7; 181.8; 184.1; 184.2; 184.3; 184.4; 184.5; 184.6; 188.1; 188.6; 188.7; 188.9; 188.10; 189.1; 201.1; 201.2; 202.2; 202.5; 203.3; 204.4; 205.5; 209.1; 209.2; 209.3; 210.1; 210.2; 212.1; 212.2; 213.1; 214.1; 214.2; 214.3; 215.4; 216.2; 217.2; 217.3; VISUM Foto GmbH, München (Manfred Goergens), **125.1**; Wolters, Dorothee, Köln, **164.1; 168.2**; 123rf Germany, c/o Inmagine GmbH, Nidderau (gonewiththewind), **U1.2**

Die Reihenfolge und Nummerierung der Bild- und Textquellen im Quellennachweis erfolgt automatisch und entspricht u. U. nicht der Nummerierung der Bild- und Textquellen im Werk. Die automatische Vergabe der Positionsnummern erfolgt in der Regel von links oben nach rechts unten, ausgehend von der linken oberen Ecke der Abbildung.

Mathematische Begriffe und Bezeichnungen

Zahlen

0; 1; 2; 3; ...	Natürliche Zahlen	
...; −3; −2; −1; 0; 1; 2; 3; ...	Ganze Zahlen	

Beziehungen zwischen Zahlen und Größen

$a = b$	a gleich b	z. B. 4 m = 400 cm
$a \approx b$	a ungefähr gleich b	z. B. $768 \approx 770$
$a < b$	a kleiner b	z. B. $7 < 9$
$a \leq b$	a kleiner b oder a gleich b	z. B. $2 \leq 3$, $4 \leq 4$
$a > b$	a größer b	z. B. $9 > 7$
$a \geq b$	a größer b oder a gleich b	z. B. $6 \geq 1$, $6 \geq 6$
$a < b < c$	b liegt zwischen a und c	z. B. $-21 < -5 < 11$
$a \mid b$	a teilt b	z. B. $2 \mid 16$
$a \nmid c$	a ist kein Teiler von c	z. B. $2 \nmid 21$
$\lvert a \rvert$	Betrag von a	z. B. $\lvert -5 \rvert = 5$

Geometrie

P, Q, R, ...	Punkte
$P(x \mid y)$	Punkt P mit der ersten Koordinate x und der zweiten Koordinate y
$\overline{PQ}$	Strecke mit den Endpunkten P und Q
g, h, k, ...	Geraden
$g \perp h$	g ist senkrecht (orthogonal) zu h
$g \parallel h$	g ist parallel zu h